高等院校计算机任务驱动教改教材

计算机应用基础项目实用教程
（Windows 7+Office 2010）

贾如春　李林原　贺晓春　主　编

王兴兵　黄德军　副主编

U0306055

清华大学出版社

北京

内 容 简 介

本书从高等院校学生所必须具备的综合职业能力出发,结合实际工作中的综合案例,从教学理论和教学方法着手,以真实的工作任务为载体,促使学生在做中学,教师在做中教,提升学生的计算机操作能力和信息素养,充分培养学生先知其然,然后知其所以然的学习方法,提高学生分析问题、解决问题的计算思维能力。达到"教、学、做"合一和以"工作任务"为导向的学习目标。

本书适合本科及职业院校各个专业的学生学习,也适合作为计算机入门人员的学习用书。

图书在版编目(CIP)数据

计算机应用基础项目实用教程:Windows 7＋Office 2010/贾如春,李林原,贺晓春主编. --北京:清华大学出版社,2016 (2017.9重印)

高等院校计算机任务驱动教改教材

ISBN 978-7-302-44508-1

Ⅰ. ①计… Ⅱ. ①贾… ②李… ③贺… Ⅲ. ①Windows 操作系统－高等学校－教材 ②办公自动化－应用软件－高等学校－教材 Ⅳ. ①TP316.7 ②TP317.1

中国版本图书馆 CIP 数据核字(2016)第 171792 号

责任编辑:张龙卿
封面设计:徐日强
责任校对:袁　芳
责任印制:刘海龙

出版发行:清华大学出版社
　　　　网　　　址:http://www.tup.com.cn,http://www.wqbook.com
　　　　地　　　址:北京清华大学学研大厦 A 座　　　　　邮　　　编:100084
　　　　社 总 机:010-62770175　　　　　　　　　　　　邮　　　购:010-62786544
　　　　投稿与读者服务:010-62776969,c-service@tup.tsinghua.edu.cn
　　　　质量反馈:010-62772015,zhiliang@tup.tsinghua.edu.cn
　　　　课件下载:http://www.tup.com.cn,010-62770175-4278

印 装 者:清华大学印刷厂
经　　　销:全国新华书店
开　　　本:185mm×260mm　　　印　　　张:33.5　　　字　　　数:811 千字
版　　　次:2016 年 8 月第 1 版　　　　　　　　　　　印　　　次:2017 年 9 月第 3 次印刷
印　　　数:7001～9000
定　　　价:59.00 元

产品编号:070748-01

前　言

　　本书从现代办公应用中所遇到的实际问题出发，采用由浅入深的方法对计算机办公自动化应用相关知识进行了详细的讲解，并通过大量的操作指导与具有典型特征的实例，使读者快速、直观地了解和掌握办公自动化相关软件及设备的主要功能与使用技巧。全书以"项目引导""任务驱动"的项目化教学编写方式，体现"基于工作过程""教、学、做"一体化的教学理念和时间观念，并以"Windows 7＋Office 2010"作为平台。

　　全书共分为 8 个项目，项目一介绍计算机的基础知识，项目二介绍如何使用 Windows 7 管理计算机资料，项目三介绍如何使用文字编辑软件 Word 2010 进行文档编辑，项目四介绍如何使用 Excel 2010 制作电子表格，项目五介绍如何使用 PowerPoint 2010 制作演示文稿，项目六介绍 Internet 应用与网络基础知识，项目七介绍多媒体、图像、动画制作及常用工具软件，项目八介绍计算机应用新进展。

　　本书力图通过与实际工作密切结合的综合案例，提高学生的计算机操作能力，提高学生的信息素养，培养学生分析问题、解决问题的能力和计算机思维能力。

　　本书的特点如下：

　　(1) 本书采用任务驱动、案例引导的写作方式，从工作过程和项目出发，以现代办公应用为主线，通过"提出问题""分析问题""解决问题""总结提高"四部分展开内容的讲解。突破传统以知识点的层次递进为理论体系的传统模式，将职业工作过程系统化，以工作过程为基础，按照工作过程来组织和讲解知识，培养学生的职业技能和职业素养。

　　(2) 本书根据高等学校学生的学习特点，通过对案例进行适当拆分，分类介绍知识点。考虑到因学生基础参差不齐而给教师授课带来的困扰，本书在写作的过程中划分为多个任务，每一个任务又划分了多个子任务。以"做"为中心，"教"和"学"都围绕着"做"展开，在学中做，做中学，从而完成知识学习、技能训练，达到提升高职职业素养的教学目标。

　　(3) 本书体例采用项目、任务形式。教学内容从易到难、由简单到复杂，内容循序渐进。学生能够通过项目的学习，完成相关知识的掌握和技能的训练。本书每一个项目都基于企业工作过程，具有典型性和实用性。

　　(4) 本书符合高校学生的认知规律，有助于实现有效教学，可提高教学的效率和效果。本书打破传统的学科体系结构,将各个知识点与操作技能恰当地融入各个项目/任务中,突出了现代职业教育的职业性和实践性,强化实践,注重培养学生的实践动手能力,适应高校学生的学习特点,在教学过程中注意情感交流,因材施教,充分调动学生的学习积极性,提高教学效果。

(5)本书将课程学习与计算机技能认证相结合,适应全国计算机等级考试大纲的要求,学生学习完之后,可以参加相应的计算机等级考试。

本书由贾如春老师负责总体策划及统稿,并编写了部分内容,另外,王兴兵、贺晓春、李林原、黄德军、冯东、孙丹、杨浩共同参与了编写工作。

由于编者水平有限,涉及的知识面广,书中难免有疏漏之处,欢迎广大读者批评、指正。

编　者

2016 年 6 月

目　录

项目一 计算机基础知识

任务 1.1 认识计算机

子任务 1.1.1 从外观上认识计算机

 任务描述

在本任务中,大家将会了解到计算机的发展历史与外部结构,并能进行简单的计算机操作。

 相关知识

1. 计算机的产生

1621 年,英国人威廉·奥特瑞发明了计算机。1642 年,法国哲学家兼数学家布累斯·巴斯柯(Blaise Pascal)发明了第一台真正的机械计算器——加法器(Pascaline),如图 1-1-1 所示。当初发明它的目的是为了帮助父亲解决税务上的计算。其外观上有 6 个轮子,分别代表着个、十、百、千、万、十万。只需要顺时针拨动轮子,就可以进行加法,而逆时针拨动轮子则进行减法。原理和手表很像,算是计算机的开山鼻祖了。机械计算器用纯粹机械代替了人的思考和记录,标志着人类已经开始向自动计算工具领域迈进。

图 1-1-1 机械计算器

1822 年,英国人查尔斯设计并制造了差分机和分析机。设计的理论与现在的电子计算机理论类似。

机械计算机在程序自动控制、系统结构、输入/输出和存储等方面为现代计算机的产生奠定了技术基础。

1854 年，英国逻辑学家、数学家乔治·布尔出版 *An Investigation of the Laws of Thought* 一书，讲述符号及逻辑理由，从而建立了逻辑代数。应用逻辑数学可以从理论上解决具有两种状态的电子管作为计算机的逻辑元件问题，为现代计算机采用二进制奠定了理论基础。

1936 年，英国数学家图灵发表了论文《论可计算数及其在判定问题中的应用》，给出了现代电子数字计算机的数学模型，从理论上证明了通用计算机产生的可能性。

1945 年，美籍匈牙利数学家约翰·冯·诺依曼首先提出在计算机中"存储程序"的概念，奠定了现代计算机的结构理论。

1946 年 2 月 14 日，标志现代计算机诞生的第一台通用电子数字计算机 ENIAC (Electronic Numerical Integrator And Computer)在费城公之于世，如图 1-1-2 所示。ENIAC 代表了计算机发展史上的里程碑，它使用了 18 000 个电子管、70 000 个电阻器，有 500 万个焊接点，功率为 160kW，其总体积约 90m^3，重达 30t，占地约 170m^2。

图 1-1-2　通用电子数字计算机

1949 年 5 月，英国剑桥大学数学实验室根据冯·诺依曼的思想，制成电子迟延存储自动计算机 EDSAC(Electronic Delay Storage Automatic Calculator)，如图 1-1-3 所示。这是第一台带有存储程序结构的电子计算机。

图 1-1-3　电子迟延存储自动计算机

2. 计算机发展历程

从第一台电子计算机诞生到现在短短 60 多年中,计算机技术以前所未有的速度迅猛发展。根据组成计算机的电子逻辑器件不同,可将计算机的发展分成 5 个阶段。

(1) 电子管时代(1946—1957 年)

这个时代的计算机采用的主要元器件是电子管,其主要特征如下:

- 采用电子管元件,体积庞大、耗电量高、可靠性差、维护困难。
- 计算速度慢,一般为每秒 1000 次到 1 万次运算。
- 使用机器语言,几乎没有系统软件。
- 采用磁鼓、小磁芯作为存储器,存储空间有限。
- 输入/输出设备简单,采用穿孔纸带或卡片。
- 主要用于科学计算。

(2) 晶体管时代(1958—1964 年)

这个时代的计算机采用的主要元器件是晶体管,其主要特征如下:

- 采用晶体管元件,体积大大缩小、可靠性增强、寿命延长。
- 计算速度加快,达到每秒几万次到几十万次运算。
- 提出了操作系统的概念,开始出现了汇编语言,产生了如 FORTRAN 和 COBOL 等高级程序设计语言和批处理系统。
- 普遍采用磁芯作为内存储器,磁盘、磁带作为外存储器,存储容量大大提高。
- 计算机应用领域扩大,除科学计算外,还用于数据处理和实时过程控制等。
- 主流产品为 IBM 7000 系列。

(3) 中小规模集成电路时代(1964—1970 年)

20 世纪 60 年代中期,随着半导体工艺的发展,已研制出集成电路元件。集成电路可以在几平方毫米的单晶硅片上集成十几个甚至上百个电子元件。计算机开始采用中小规模的集成电路元件,其主要特征如下:

- 采用中小规模集成电路元件,体积进一步缩小,寿命更长。
- 计算速度加快,每秒可达几百万次运算。
- 高级语言的进一步发展、操作系统的出现,使计算机功能更强,计算机开始广泛应用于各个领域。
- 普遍采用半导体存储器,存储容量进一步提高,体积更小、价格更低。
- 计算机应用范围扩大到企业管理和辅助设计等领域。

(4) 大规模、超大规模集成电路时代(1971 年至今)

进入 20 世纪 60 年代后期,微电子技术发展迅猛,先后出现了大规模和超大规模集成电路。计算机进入了一个新时代,即大规模、超大规模集成电路时代,其主要特征如下:

- 采用大规模和超大规模元件,体积进一步缩小、可靠性更好、寿命更长。
- 计算速度加快,每秒几千万次到几十万次运算。
- 软件配置丰富,软件系统工程化、理论化,程序设计实现部分自动化。
- 发展了并行处理技术和多机系统,微型计算机大量进入家庭,产品更新加快。

- 计算机应用范围扩大到办公自动化、数据库管理和图像处理等领域。

（5）智能电子计算机时代（未来）

1988年，第五代计算机国际会议在日本召开，提出了智能电子计算机的概念，智能化是今后计算机发展的方向。智能电子计算机是一种有知识、会学习、能推理的计算机，具有能理解自然语言、声音、文字和图像的能力，并具有说话的能力，使人机能够用自然语言直接对话。它突破了传统的冯·诺依曼式机器的概念，把多处理器并联起来，并行处理信息，速度大大提高。通过智能化人机接口，人们不必编写程序，只需要发出命令或提出要求，计算机就会完成推理和判断。

 任务实施

概括地说，计算机是一种高速运行、具有内部存储能力、由程序控制操作过程的电子设备。计算机最早的用途是用于数值计算，随着计算机技术和应用的发展，计算机已经成为一种必备的信息处理工具。从外观上看，微型计算机由主机箱、显示器、键盘和鼠标等部分组成，如图1-1-4所示。

图1-1-5为主机箱正面。主机箱中有系统主板、外存储器、输入/输出接口、电源等。在主机箱的正面图上可以看到光盘驱动器和软盘驱动器、电源开关、复位开关、电源指示灯、硬盘指示灯等，这些部件的主要作用如表1-1-1所示。

图1-1-4　计算机的外观　　　　　图1-1-5　主机箱正面

表1-1-1　主机箱正面各个部件的作用

主机箱正面的各个部件	作　用
电源开关	用于接通和关闭电源
USB接口	用于连接USB接口的外设，如U盘或者USB接口鼠标等
硬盘指示灯	灯亮表示计算机硬盘正在进行读/写操作
电源指示灯	灯亮表示计算机电源接通
复位开关	用来重新启动计算机

主机箱背面如图1-1-6所示，有连接主机和外部设备的各种接口。主要部件的作用如表1-1-2所示。

表 1-1-2　主机箱背面主要部件的作用

主机箱背面的主要部件	作　用
电源插座	用于插上电源线
电源散热风扇	用于及时排走电源内部的热量
键盘接口	用于连接键盘
鼠标接口	用于连接鼠标(比较旧的微型机用串行端口来连接鼠标)
USB 接口	用于连接 USB 设备
串行接口	用于连接扫描仪等设备
并行接口	用于连接打印机等设备
视频接口	用于连接显示器信号电缆
声卡接口	用于连接音箱、话筒等

图 1-1-6　主机箱背面

 知识拓展

下面介绍我国计算机的发展历程。

我国计算机事业始于 1956 年,经过几十年的发展,取得了令人瞩目的成就。

1956 年,夏培肃完成了第一台电子计算机运算器和控制器的设计工作,同时编写了我国第一本电子计算机原理的讲义。

1957 年,哈尔滨工业大学研制成功中国第一台模拟式电子计算机。

1958 年 6 月,中国科学院计算所与北京有线电厂共同研制成我国第一台计算机——103 型通用数字电子计算机,如图 1-1-7 所示。9 月,数字指挥仪 901 样机问世,这是中国第一台电子管专用数字计算机。

1964 年,中国科学院计算所推出中国第一台大型晶体管电子计算机,代号为 441-B,这标志中国电子计算机技术进入第二代,如图 1-1-8 所示。

图 1-1-7　103 型通用数字电子计算机

图 1-1-8　中国首台晶体管电子计算机 441-B

1973 年 1 月 15～27 日,在北京召开了"电子计算机首次专业会议"。这次会议分析了计算机发展的形式,提出了我国计算机工业发展的政策,并规划了 DJS100 小型计算机系列、DJS200 大中型计算机系列的联合设计和试制生产任务。

1983 年 12 月,国防科技大学研制成功"银河 I 号"巨型计算机,运算速度达每秒 1 亿次,如图 1-1-9 所示。至此,中国成为继美、日等国之后,能够独立设计和研制巨型计算机的国家。

1987 年,第一台国产 286 微机——长城 286 正式推出。

1988 年,第一台国产 386 微机——长城 386 推出。

1993 年,中国第一台 10 亿次巨型计算机"银河Ⅱ号"通过鉴定,如图 1-1-10 所示。

图 1-1-9 "银河Ⅰ号"巨型计算机

图 1-1-10 "银河Ⅱ号"巨型计算机

1995 年,"曙光 1000"大型计算机通过鉴定,其峰值可达每秒 25 亿次,如图 1-1-11 所示。

1996 年,"银河Ⅲ号"并行巨型计算机研制成功。

1999 年,银河第四代巨型机研制成功。

2000 年,我国自行研制成功的高性能计算机"神威Ⅰ号",其主要技术指标和性能达到国际先进水平,如图 1-1-12 所示。

图 1-1-11 "曙光 1000"大型计算机

图 1-1-12 "神威Ⅰ号"高性能计算机

2001 年,"曙光 3000"超级服务器研制开发,计算速度峰值可达到每秒 4032 亿次,如图 1-1-13 所示。

2004 年,我国曙光计算机公司成功研制"曙光 4000A"超级计算机,运算速度峰值超过每秒 11 万亿次。

2009 年我国首款超百万亿次超级计算机"曙光 5000A"正式开通启用。这也意味着中国计算机首次迈进百亿次时代,如图 1-1-14 所示。

图 1-1-13 "曙光 3000"超级服务器

图 1-1-14 "曙光 5000A"超级计算机

技能拓展

1. 组装计算机的主要步骤

（1）在主板上安装 CPU、CPU 风扇和内存条。

（2）在主机箱中固定已安装 CPU 和内存的主板。

（3）在主机箱上装好电源。连接主板上的电源及 CPU 风扇电源线。

（4）安装硬盘和光驱驱动器。

（5）安装其他板卡，如显卡、声卡、网卡等。现在的大多数都集成到主板上了，不需要另行安装。

（6）连接主机箱面板上的开关、指示灯等信号线。

（7）连接各部件的电源插头和数据线到主板，并连接显示器。

（8）安装键盘、鼠标等设备，并连接显示器。

（9）开机前最后检查机箱内部。看看是否有剩余的螺钉、各板卡等遗落在里面。看看连接线整理是否到位。

（10）连接电源，加电开机检查和测试。

2. 组装计算机时的注意事项

（1）装机之前准备好所需要的工具：十字螺钉旋具、绝缘手套等。

（2）在安装前，先消除身上的静电，比如用手摸一摸自来水管等接地设备。

（3）对各个部件要轻拿轻放，不要碰撞，尤其是硬盘；安装主板一定要稳固，同时要防止主板变形。

 任务总结

通过本任务的实施，应掌握下列知识和技能。

- 了解计算机是如何产生的。
- 了解计算机的发展史及我国计算机发展史。
- 认识计算机基本部件。
- 在老师的指导下能够组装计算机。

子任务 1.1.2　计算机的分类与特点

 任务描述

在本任务中，大家会学习到按照不同的分类标准对计算机进行划分的方法、计算机的特点及应用，以及开/关机。

7

 **相关知识**

1. 计算机分类

计算机按不同的标准分类方法不同,下面列举几条分类标准及分类方法。

(1)按处理方式分类

按处理方式可以把计算机分为模拟计算机、数字计算机以及数字模拟混合计算机。

模拟计算机主要用于处理模拟信息,如工业控制中的温度、压力等。模拟计算机的运算部件是一些电子电路,其运算速度极快,但精度不高,使用也不够方便。

数字计算机采用二进制运算,其特点是解题精度高、便于存储信息,是通用性很强的计算工具,既能胜任科学计算和数字处理,也能进行过程控制和 CAD/CAM 等工作。通常所说的计算机,一般是指数字计算机。

数字模拟混合计算机是取数字、模拟计算机二者之长,既能高速运算,又便于存储信息。但这类计算机造价昂贵。

(2)按功能分类

按计算机的功能,一般可分为专用计算机与通用计算机。专用计算机的特点是功能单一、可靠性高、结构简单、适应性差。但在特定用途下最有效、最经济、最快速,是其他计算机无法替代的。如军事系统、银行系统属专用计算机。通用计算机功能齐全、适应性强,目前人们所使用的大都是通用计算机。

(3)按规模分类

按照计算机的规模,并参考其运算速度、输入/输出能力、存储能力等因素,通常可分为巨型机、大型机、小型机、微型机等几类。

- 巨型机。巨型机运算速度快、存储量大、结构复杂、价格昂贵,主要用于尖端科学研究领域,如 IBM 390 系列、银河机等。
- 大型机。大型机规模次于巨型机,有比较完善的指令系统和丰富的外部设备,主要用于计算机网络和大型计算中心中,如 IBM 4300。
- 小型机。小型机较之大型机成本较低,维护也较容易,小型机用途广泛,现可用于科学计算和数据处理,也可用于生产过程自动控制和数据采集及分析处理等。
- 微型机。微型机采用微处理器、半导体存储器和输入/输出接口等芯片组成,它较之小型机体积更小、价格更低、灵活性更好、可靠性更高、使用更方便。目前,许多微型机的性能已超过以前的大中型机。

(4)按工作模式分类

按照计算机的工作模式,一般可分为服务器和工作站两类服务器。

- 服务器。服务器是一种可供网络用户共享的,高性能和计算机、服务器一般具有大容量的存储设备和丰富的外部设备,其运行网络操作系统,要求较高的运行速度,对此,很多服务器都配置了双 CPU。服务器上的资源可供网络用户共享。
- 工作站。工作站是高档微机,它的独到之处就是易于联网,配有大容量主存、大屏幕显示器,特别适合于 CAD/CAM 和办公自动化。

2. 计算机的特点

（1）运算能力快

现在高性能计算机每秒能进行几百万亿次以上的加法运算。如果一个人在一秒钟内能作一次运算,那么一般的电子计算机一小时的工作量,一个人得做 100 多年。很多场合下,运算速度起决定作用。例如,计算机控制导航,要求"运算速度比飞机飞的还快";气象预报要分析大量资料,如用手工计算需要十天半月,失去了预报的意义,而用计算机,几分钟就能算出一个地区内数天的气象预报。

（2）计算精度高

计算机的计算精度主要取决于计算机的字长,字长越长,运算精度越高,计算机的数值计算更加精确。如计算圆周率 π,计算机在很短时间内就能精确计算到 200 万位以上。

（3）存储容量大

计算机的存储器类似于人的大脑,可以存储大量的数据和信息而不丢失,在计算的同时,还可把中间结果存储起来。

（4）逻辑判断能力

计算机在程序的执行过程中,会根据上一步的执行结果,运用逻辑判断方法自动确定下一步的执行命令。正因为计算机具有这种逻辑判断能力,使得计算机不仅能解决数值计算问题,而且能解决非数值计算问题,比如信息检索、图像识别等。

（5）自动化程度高

计算机可以按照预先编制的程序自动执行而不需要人工干预。

（6）使用范围广,通用性强

计算机不仅能进行数值计算,还能进行信息处理和自动控制。想让计算机解决什么问题,只要将解决问题的步骤用计算机能识别的语言编制成程序,装入计算机中运行即可。一台计算机能适应于各种各样的应用,具有很强的通用性。

 任务实施

1. 开机

开机的一般顺序是先打开外部设备（如显示器、打印机等）,后打开主机电源开关。

注意事项:

（1）在确认微型计算机系统各设备已经正确安装和连接并且所用的交流电源符合要求之后,才能开机。

（2）显示器电源一般由主机引出,一旦打开主机电源开关,同时也就打开了显示器。主机通电后,计算机系统进入自检和自启动过程。如果系统有故障,则屏幕显示提示信息或发出一些声音提醒用户;如果系统一切正常并且硬盘上已经安装有操作系统（如 Windows 7）,则计算自动启动操作系统。

2. 关机

关机的顺序与开机相反,一般顺序是先从软盘驱动器或 CD-ROM 中取出软盘或光盘,从 USB 接口取下 U 盘或移动硬盘等,然后在"开始"菜单中选择"关机"操作,如图 1-1-15 所示。

再关闭主机电源,最后关闭外部设备(如显示器、打印机等)的电源。

关机前,应先退出当前正在运行的软件系统,以免丢失数据信息或破坏系统配置。

图 1-1-15　Windows 7 系统的关机

由于计算机有运算速度快、计算精度高、记忆能力强等一系列特点,使计算机几乎进入了一切领域,包括科研、生产、交通、商业、国防、卫生等。可以预见,其应用领域还将进一步扩大。计算机的主要用途如下。

（1）数值计算

数值计算主要指计算机用于完成和解决科学研究和工程技术中的数学计算问题。计算机具有计算速度快、精度高的特点,在数值计算等领域里刚好是计算机施展才能的地方,尤其是一些十分庞大而复杂的科学计算,靠其他计算工具有时简直是无法解决的。如天气预报,只有借助于计算机,才能及时、准确地完成。

（2）数据及事务处理

所谓数据及事务处理,泛指非科技方面的数据管理和计算处理。其主要特点是：要处理的原始数据量大,而算术运算较简单,并有大量的逻辑运算和判断,结果常要求以表格或图形等形式存储或输出,如银行日常账务管理、股票交易管理、图书资料的检索等。事实上,计算机在非数值方面的应用已经远远超过了在数值计算方面的应用。

（3）自动控制与人工智能

由于计算机不但计算速度快且又有逻辑判断能力,所以可广泛用于自动控制。如对生产和实验设备及其过程进行控制,可以大大提高自动化水平,减轻劳动强度,节省生产和实验周期,提高劳动效率,提高产品质量和产量,特别是在现代国防及航空航天等领域。

（4）计算机辅助设计、辅助制造和辅助教学

计算机辅助设计（Computer Aided Design,CAD）和计算机辅助制造（Computer Aided Manufacturing,CAM）是设计人员利用计算机来协助进行最优化设计和生产设备

的管理、控制和操作。目前,在电子、机械、造船、航空、建筑、化工、电器等方面都有计算机的应用,这样可以提高设计质量,缩短设计和生产周期,提高自动化水平。计算机辅助教学(Computer Aided Instruction,CAI)是利用计算机的功能程序把教学内容变成软件,使得学生可以在计算机上学习,使教学内容更加多样化、形象化,以取得更好的教学效果。

(5)通信与网络

随着信息化社会的发展,通信业也发展迅速,计算机在通信领域的作用越来越大,特别是计算机网络的迅速发展。目前遍布全球的因特网(Internet)已把全地球上的大多数国家联系在一起。如网络远程教育,利用计算机辅助教学和计算机网络,在家里学习代替去学校、课堂这种传统教学方式已经在许多国家变成现实。

(6)人工智能

人工智能(Artificial Intelligence,AI)是研究如何利用计算机模仿人的智能,并在计算机与控制论学科上发展起来的边缘学科。围绕 AI 的应用主要表现在机器人研究、专家系统、模式识别、智能检索、自然语言处理、机器翻译、定理证明等方面。

 **技能拓展**

1. 用 Ctrl+Alt+Delete 快捷键打开任务管理器

按下 Ctrl+Alt+Delete 快捷键打开任务管理器,打开后的界面如图 1-1-16 所示。打开 Windows 任务管理器常用的操作有结束任务、结束进程、查看性能、启动或停止服务等。

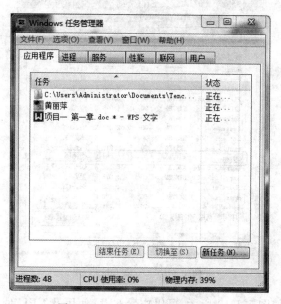

图 1-1-16 Windwos 任务管理器

(1)结束任务。当某些应用程序没有响应,无法关闭的时候,可以在这里结束。例如,名字为"项目一 第一章"的 Word 文档无法关闭,可以选择此文件,然后单击"结束任务"按钮,如图 1-1-17 所示。

图 1-1-17　结束任务

（2）结束进程。当某个进程导致 CPU 或者内存占用较多,计算机性能变慢,并且这个进程不是系统必需的,可以结束,以释放 CPU 和内存。如图 1-1-18 所示为结束 QQ 进程。

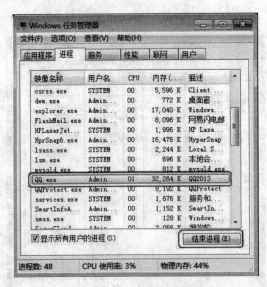

图 1-1-18　结束 QQ 进程

（3）查看性能。如图 1-1-19 所示,可以查看 CPU 使用及 CPU 使用记录。

（4）停止或者启动服务。如图 1-1-20 所示,选择一个状态为"正在运行"的服务后,右击并从弹出菜单中选择"停止服务"命令可以停止一个服务。选择一个状态为"已停止"的服务右击并从弹出菜单中选择"启动服务",可以启动一个服务。

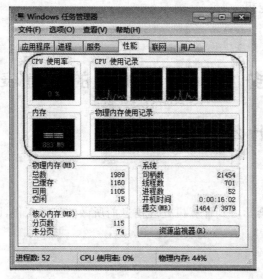

图 1-1-19　查看性能

图 1-1-20　停止正在运行的服务

2. 从任务栏启动任务管理器

将鼠标指针移动至任务栏,右击,选择"启动任务管理器"命令,或者按快捷键 K,可以启动任务管理器,如图 1-2-21 所示。

任务总结

通过本任务的实施,应掌握下列知识和技能。

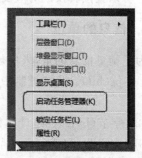

图 1-1-21　从任务栏启动任务管理器

13

- 了解计算机的分类与特点。
- 了解计算机的应用。
- 能正确开、关机。

任务 1.2 计算机中的信息表示

子任务 1.2.1 什么是数据信息编码

 任务描述

在本任务中,大家会学习到计算机处理信息前所做的编码工作,同时理解数据信息编码的概念和作用。

 相关知识

由于计算机要处理的数据信息十分繁杂,有些数据信息所代表的含义又使人难以记忆。为了便于使用,容易记忆,常常要对加工处理的对象进行编码,用一个编码符号代表一条信息或一串数据。

1. 编码的概念

数据编码是指把需要加工处理的数据信息,用特写的数字来表示的一种技术,是根据一定数据结构和目标的定性特征,将数据转换为代码或编码字符,在数据传输中表示数据组成,并作为传送、接受和处理的一组规则和约定。

2. 编码的作用

对数据进行编码在计算机的管理中非常重要,可以方便地进行信息分类、校核、合计、检索等操作。因此,数据编码就成为计算机处理的关键。即不同的信息记录应当采用不同的编码,一个编码可以代表一条信息记录。人们可以利用编码来识别每一个记录,区别处理方法,进行分类和核查,从而克服项目参差不齐的缺点,节省存储空间,提高处理速度。

计算机中的信息分为数值信息和非数值信息,非数值信息包括字符、图像、声音等。数值信息可以直接转换成对应的二进制数据,而非数值信息则需采用二进制数编码来表示。

3. 信息的单位

为了衡量信息的量,人们规定了一些常用单位。

(1) 位(bit)。是二进制中一个数位,简称比特,可以是 0 或 1。它是计算机中的最小单位。

(2) 字节(byte)。是计算机中最基本的单位,1B＝8bit。还有 KB(千字节)、MB(兆字节)、GB(吉字节)和 TB(太字节)。

(3) 信息单位之间的换算关系:1KB＝1024B,1MB＝1024KB,1GB＝1024MB,1TB＝

1024GB。

4. 字符编码

数字、字母、通用符号和控制字符统称为字符。用来表示字符的二进制编码称为字符编码。微型计算机中常用的字符编码是 ASCII(American Standard Code for Information Interchange)码,即美国标准信息交换码。

ASCII 码是国际标准化组织指定的国际标准,称为 ISO 646 标准。目前有 7 位码和 8 位码两个标准。国际通用的 7 位 ASCII 码是采用 7 位二进制数字表示一个字符的编码,同时能表示 27(128)个字符,如表 1-2-1 所示。例如,字符 A 的 ASCII 码为 1000001,对应的十进制数字为 65。标准的 ASCII 码采用了一个字节的低 7 位,扩充的 ASCII 码采用 8 位二进制数字表示一个字符。这套编码增加了许多外文和表格等特殊字符,成为目前最常用的编码。

表 1-2-1　ASCII 码表

$b_3 b_2 b_1 b_0$ \\ $b_6 b_5 b_4$	000	001	010	011	100	101	110	111
0000	NUL	DLE	SP	0	@	P	`	p
0001	SOH	DC1	!	1	A	Q	a	q
0010	STX	DC2	"	2	B	R	b	r
0011	ETX	DC3	#	3	C	S	c	s
0100	EOT	DC4	$	4	D	T	d	t
0101	ENQ	NAK	%	5	E	U	e	u
0110	ACK	SYN	&	6	F	V	f	v
0111	BEL	ETB	'	7	G	W	g	w
1000	BS	CAN	(	8	H	X	h	x
1001	HT	EM	)	9	I	Y	i	y
1010	LF	SUB	*	:	J	Z	j	z
1011	VT	ESC	+	;	K	[	k	{
1100	FF	FS	,	<	L	\	l		
1101	CR	GS	-	=	M	]	m	}
1110	SO	RS	.	>	N	^	n	~
1111	SI	US	/	?	O	_	o	DEL

5. 汉字编码

在利用计算机处理汉字时,必须对汉字进行编码。汉字编码主要有以下几种。

(1) 汉字输入、输出码(机外码)

在汉字输入过程中,每个汉字对应一组由键盘符号构成的编码。常见的输入码有:数字编码(区位码)和拼音编码,汉字输出过程中使用的编码是字形编码。

(2) 数字编码(区位码)

数字编码就是用数字串代表一个汉字的输入,将国家标准局公布的 6763 个两级汉字组成一个 94×94 的矩阵。每一行称为一个"区",每一列称为一个"位"。一个汉字的区号和位号合在一起构成"区位码",如"中"字位于第 54 区 48 位,区位码为 5448。因此,输入一个汉字需要按键 4 次。

（3）字形码

字形码又称汉字字模,用于汉字的输出。所有汉字字形的集合称为汉字库。汉字的字形通常采用点阵的方式产生,点阵中的每一位都是一个二进制数字。常见的汉字点阵有 16×16 点阵、32×32 点阵、64×64 点阵。点阵不同,汉字字形码的长度也不同。点阵数越大,字形质量越高,字形码占用的字节数越多,如图 1-2-1 所示。

（4）国标码

国标码是指国家标准汉字编码。一般是指国家标准局 1981 年发布的《信息交换用汉字编码字符集（基本集)》,简称 GB 2312—1980。在这个集中,用两个字节的十六进制数字表示一个汉字,每个字节都只使用低 7 位。国标码收进 6763 个汉字、682 个符号,共 7445 个编码。其中一级汉字 3755 个,二级汉字 3008 个。一级汉字为常用字,按拼音顺序排列;二级汉字为次常用字,按部首排列。国标码主要用于信息交换。

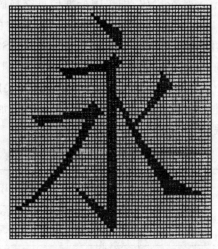

图 1-2-1　汉字字形码

（5）汉字内码（机内码）

为了避免 ASCII 码和国标码同时使用产生二义性,大部分汉字系统一般都采用将国标码每个字节高位置 1 作为汉字内码。例如,汉字"大"的国标码是 3473H,则 3473H＋8080H＝B4F3H,得到汉字内码为 B4F3H。汉字内码主要用于计算机内部处理和存储汉字的代码。

各编码之间的关系如图 1-2-2 所示。

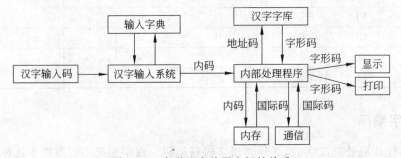

图 1-2-2　各种汉字编码之间的关系

任务实施

鼠标是计算机重要的输入设备之一,本次任务主要讲解鼠标的基本操作,在此之前先认识主流鼠标的组成。

图 1-2-3　主流鼠标

1. 鼠标的组成

目前主流的鼠标为三键鼠标，如图 1-2-3 所示，其由左键、右键、滚轮组成。

2. 鼠标的基本操作

鼠标的基本操作包括移动、单击、双击、右击、选取和拖动。在计算机中看到的光标，即为鼠标的运动轨迹。

- 移动：在桌面或鼠标垫上移动。此时，计算机中的指针也会做相应移动，如图 1-2-4 所示，将鼠标指针从"开始位置"移动到"结束位置"。

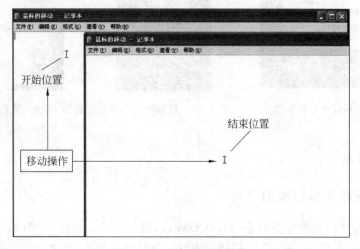

图 1-2-4　鼠标的移动操作

- 单击：当鼠标指针移动到某一图标上时，就可以使用单击操作来选定该图标。用食指按下鼠标左键，然后快速松开，对象被单击后，通常显示为高亮状态。该操作主要用来选定目标对象，选取菜单等。例如，用鼠标单击"计算机"，该对象即为高亮状态，如图 1-2-5 所示。

图 1-2-5　鼠标的单击操作

- 双击：用食指快速地按下鼠标左键两次，注意两次按下鼠标左键的间隔时间要短。该操作主要用来打开文件、文件夹、应用程序等。如双击桌面上的"计算机"图标，即可打开"计算机"窗口。

- 右击：右击即用中指按下鼠标右键即可。该操作主要用来打开某些右键菜单或快捷菜单。如在桌面上空白处右击就可以打开快捷菜单，如图 1-2-6 所示。

- 选取：单击鼠标左键并按住不放，这时移动鼠标出现一个虚线框，最后释放鼠标左键。这样在该虚线框中的对象都会被选中。该操作主要用来选取多个对象，如图 1-2-7 所示。

- 拖动：将鼠标移动到要拖动的对象上，按住鼠标左键不放，然后将该对象拖动到其他位置后再释放鼠标左键。该操作主要用来移动图标、窗口等，如图1-2-8所示。

图1-2-6　鼠标的右击操作　　　　图1-2-7　鼠标的选取操作　　图1-2-8　鼠标的拖动操作

 知识拓展

1. 常见鼠标按接口类型分类

常见鼠标按接口类型分类有串行口(COM口)鼠标、PS/2鼠标、USB鼠标(多为光电鼠标)三种。串行口鼠标(见图1-2-9)是通过串行口与计算机相连，有9针接口和25针接口两种；PS/2接口鼠标(见图1-2-10)通过一个六针微型DIN接口与计算机相连，它与键盘的接口非常相似，使用时要注意区分，PS/2接口设备不支持热插拔，强行带电插拔有可能烧毁主板；USB鼠标(见图1-2-11)通过一个USB接口，直接插在计算机的USB口上。

图1-2-9　串行口鼠标　　　　图1-2-10　PS/2接口鼠标　　　　图1-2-11　USB鼠标

2. 常见鼠标指针形状及含义

在Windows系统中，鼠标指针在屏幕上显示的形状会根据用户不同的操作而发生变化。常见鼠标指针形状的定义如表1-2-2所示。

表 1-2-2　常见鼠标指针形状及含义

指针形状	含　义	指针形状	含　义
↖	正常选择	↕	垂直调整
↖?	帮助选择	↔	水平调整
↖°	后台运行	↘	沿对角线调整 1
○	忙	↗	沿对角线调整 2
＋	精确选择	✛	移动
Ⅰ	文本选择	↑	候选
＼	手写	🖑	连接选择
○⃠	不可用		

技能拓展

鼠标指针的样式可以根据个人使用习惯设置,下面将分别介绍系统自带的鼠标指针样式设置方法和下载的鼠标指针样式设置方法。

1. 系统自带的鼠标指针样式

(1) 单击屏幕左下角的"开始"菜单,选择"控制面板"选项并打开,如图 1-2-12 所示。

(2) 在打开的窗口中选择"鼠标"选项,如图 1-2-13 所示。

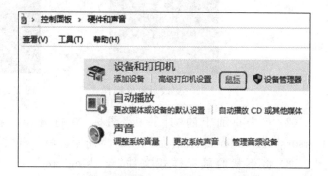

图 1-2-12　打开"控制面板"　　　　　　图 1-2-13　控制面板中的"鼠标"选项

(3) 例如,在方案里选择"Windows 标准(大)(系统方案)"样式,单击"确定"按钮,即将鼠标样式修改为"Windows 标准(大)(系统方案)",如图 1-2-14 所示。更改后的鼠标样式如图 1-2-15 所示。

图 1-2-14　选择鼠标样式

2. 自定义鼠标指针样式

（1）在网络上下载一个鼠标指针样式文件，文件的扩展名为".ani"。例如，下载的鼠标样式名为"working.ani"，如图 1-2-16 所示。

图 1-2-15　更改后的鼠标样式

图 1-2-16　下载的鼠标样式

（2）双击桌面上的"计算机"图标，在打开窗口的地址栏中输入"C：\Windows\Cursors"，按 Enter 键，操作如图 1-2-17 所示。将打开"鼠标指针"文件夹。

（3）将下载的鼠标样式文件"working.ani"拖动到打开的"鼠标指针"文件夹，如图 1-2-18 所示。

（4）用鼠标单击屏幕左下角的"开始"菜单，选择"控制面板"，在打开的窗口中选择"鼠标"选项，打开"鼠标属性"对话框并打开"指针"选项卡。单击"浏览"按钮，如图 1-2-19 所示。打开文件夹"C：\Windows\Cursors"，找到鼠标指针样式文件"working.ani"，单击选中后再单击"打开"按钮，在返回的窗口中单击"确定"按钮，至此鼠标样式更改完毕，如图 1-2-20 所示。更改后的鼠标样式如图 1-2-21 所示。

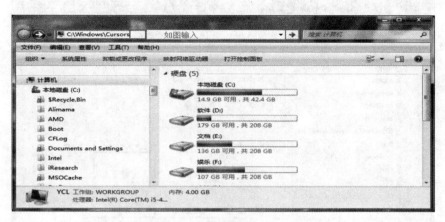

图 1-2-17 在地址栏中输入鼠标样式的目录地址

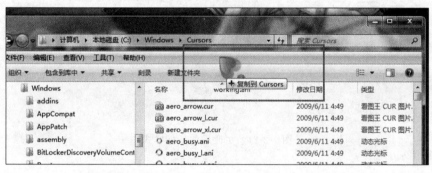

图 1-2-18 拖动下载的样式到"鼠标指针"文件夹中

图 1-2-19 单击"浏览"按钮

图 1-2-20　更改鼠标样式

图 1-2-21　更改后的鼠标样式

 任务总结

通过本任务的实施,应掌握下列知识和技能。

- 了解编码的概念及其作用。
- 掌握信息单位及其换算方法。
- 了解字符编码及其标准。
- 了解汉字编码及其种类。
- 掌握鼠标的基本操作。

子任务1.2.2　计算机中的数据表示

 任务描述

通过本次任务,大家将学习到什么是数制、数制的三要素、计算机中常用的数制、计算机中的数据表示等内容。

 相关知识

数制的相关知识是学习计算机内部信息存储转换的基础。下面将详细讲解数制、数制的三要素以及计算机中常用的数制。

1. 数制

数制就是计数的方法,它是进位计数制的简称,即按进位的原则进行计数。数制有三个要素:数码、基、权。

- 数码:表示数的符号。例如,十进制数的全部数码为 $1\sim9$。
- 基:数码的个数。例如,十进制的基为 10。
- 权:数码所在位置标示数制的大小。例如,十进制数每一位的权值为 $10n$。

2. 计算机中常用的进制

计算机采用二进制表示数据和信息。在计算机科学中,为了书写方便,也经常采用八进制和十六进制数,因八进制数和十六进制数与二进制数之间的换算关系简单方便。由于十进制、二进制、八进制、十六进制的英文分别为 Decimal、Binary、Octal、Hexadecimal,我们经常也在十进制、二进制、八进制、十六进制数后面加 D、B、O、H 以示区分。十进制数是日常生活中用的最多的,如果一串数字不加任何进制标记,通常就认为是十进制数。

表 1-2-3 从数制的三要素分别认识十进制数、二进制数、八进制数和十六进制数。如表 1-2-3 所示。

表 1-2-3　常用的数制

数制	十进制	二进制	八进制	十六进制
数码	$0\sim9$	$0\sim1$	$0\sim7$	$0\sim9,A\sim F$
基	10	2	8	16
权	$10^0,10^1,\cdots,10^n$	$2^0,2^1,\cdots,2^n$	$8^0,8^1,\cdots,8^n$	$16^0,16^1,\cdots,16^n$
特点	逢十进一	逢二进一	逢八进一	逢十六进一
表示	十进制: $3874=3\times10^3+8\times10^2+7\times10^1+4\times10^0$			
	二进制: $11010=1\times2^4+1\times2^3+0\times2^2+1\times2^1+0\times2^0$			
	八进制: $4785=4\times8^3+7\times8^2+8\times8^1+5\times8^0$			
	十六进制: $3CB0=3\times16^3+12\times16^2+11\times16^1+0\times16^0$			

3. 计算机内部采用二进制的原因

(1)易于物理实现。具有两种稳定状态的物理器件容易实现,如电压的高低、开关的通断,这样的两种状态可以表示为二进制数字中的 0 和 1。

(2)运算规则简单。两个二进制数和、积运算组合各有 3 种,运算规则简单,有利于简化计算机内部结构,提高运算速度。

(3)适合逻辑运算。逻辑代数是逻辑运算的理论依据,二进制只有两个数字,正好与逻辑代数中的"真"和"假"相吻合。

(4)工作可靠。两个状态代表两个数字,数字传输和处理不容易出错,信号抗干扰性强。

任务实施

键盘是计算机非常重要的输入设备之一,依靠计算机完成的工作大多都离不开键盘输入。

1. 认识键盘

常用键盘的布局如图 1-2-22 所示,分为功能键区、状态指示区、主键盘区、编辑键区和辅助键盘区五大区。

功能键区

状态指示区

主键盘区　　　　　　　　　编辑键区　辅助键盘区

图 1-2-22　常用键盘布局

功能键区 F1～F12 键的功能根据具体的操作系统或应用程序而定。

状态指示区的第一个 Num Lock 是数字灯,灯亮的是打开状态,此时可通过辅助键区的数字键输入数字;灯灭则不能通过辅助键区输入数字,这个指示灯的状态可以通过辅助键区的第一个键 Num Lock 更改。状态指示区中间的 Caps Lock 是大小写状态指示灯,灯开只能输入大写字母,这个指示灯的状态可通过主键盘区 Caps Lock 键更改。最后一个 Scroll Lock 灯是滚动锁指示灯,灯亮表示滚动锁起作用,该指示灯的状态通过编辑键区上方中间的 Scroll Lock 键更改。

主键盘区是键盘输入使用最频繁的键盘区域。

编辑键区中包括插入字符键 Insert,删除当前光标位置后的字符键 Delete,将光标移至行首的 Home 键和将光标移至行尾的 End 键,向上翻页的 Page Up 键和向下翻页的 Page Down 键,以及上下左右箭头键。

辅助键盘区(小键盘区,也称为数字键盘区)有 10 个数字键,可用于数字的连续输入,用于大量输入数字的情况。

键盘中的某些键具有特殊功能,见表 1-2-4。

表 1-2-4　基本功能键的功能与用法

键 面 名	中 文 键 名	功能与用法
Tab	制表键	按下制表键可移动 8 个字符位
Caps Lock	字母锁定键	改变键盘 Caps Lock 指示灯状态,灯亮时,输入的字母为大写,灯灭时为小写;若输入状态为中文输入时,灯亮时输入大写字母,灯灭时输入中文

续表

键　面　名	中文键名	功能与用法
Shift	换档键	与其他键组合使用,输入该键键面上端的字符。如单独按时输入数字1,按住 Shift 键后按此键则输入"!"
Ctrl	控制键	一般不单独使用,与其他键组合使用,常见功能见后续内容
Alt	变换键	
Space	空格键	输入空格
Enter	回车键	结束命令行,文字编辑过程中换行,选取菜单项
Backspace	退格键	删除光标前一字符
Insert	插入键	切换插入状态与改写状态
Delete	删除键	删除光标后的字符
Num Lock	数字开关键	改变键盘 Num Lock 指示灯状态,灯亮时可在数字键盘区输入数字
End		显示当前窗口的底端,光标回到屏幕最后一行字符上
Home		显示当前窗口的顶端,光标回到屏幕左上角

2. Windows 系统中的常用快捷键

Windows 系统中的快捷键较多,常用的有以下几种,掌握这些快捷键的使用方法,可以更方便快捷地操作计算机。

- Ctrl＋A　全部选中当前页面的内容。
- Ctrl＋C　复制当前选中的内容。
- Ctrl＋F　打开"查找"面板。
- Ctrl＋N　新建一个空白窗口。
- Ctrl＋O　打开。
- Ctrl＋P　打印。
- Ctrl＋R　刷新当前页面。
- Ctrl＋S　保存。
- Ctrl＋V　粘贴当前剪贴板内的内容。
- Ctrl＋X　剪切当前选中的内容(一般只用于文本操作)。
- Ctrl＋Y　重做刚才的动作(一般只用于文本操作)。
- Ctrl＋Z　撤销刚才的动作(一般只用于文本操作)。

 知识拓展

键盘已经成为计算机必备的输入设备之一,键盘是如何来的？现在我们使用的计算机键盘最左上端键依次为 Q、W、E、R、T,故称为 QWERT 键盘。QWERT 键盘的发明者叫克里斯托夫·肖尔斯(C. Sholes)。肖尔斯在好友索尔协助下,曾研制出页码编号机,并获得发明专利。1860 年,他们进一步制成了打字机原型。然而,肖尔斯发现只要打字速度稍快,他的机器就不能正常工作。按照常规,肖尔斯把 26 个英文字母按 ABCDEF 的顺序排列在键盘上,为了使打出的字迹一个挨一个,按键不能相距太远。在这种情况下,只要手指的动作稍快,连接按键的金属杆就会相互产生干涉。为了克服干涉现象,肖尔斯重新安排了字母键的位置,把常用字母的间距尽可能排列远一些(也就是现在我们所使用的 QWERT 布局),以延长手指移动的过程。1868 年 6 月 23 日,美国专利局正式接受肖尔斯、格利登和索尔共同注册的打字机发明专利。

肖尔斯发明的 QWERT 键盘字母排列方式缺点太多。例如,英文中 10 个最常用的字母就有 8 个离规定的手指位置太远,不利于提高打字速度;此外,键盘上需要用左手打入的字母排放过多,因一般人都是"右撇子",英语里也只有三千来个单词能用左手打,所以用起来十分别扭。有人曾作过统计,使用 QWERT 键盘,一个熟练的打字员 8 小时内手指移动的距离长达 25.7 公里。然而,习惯成自然,QWERT 键盘今天仍是计算机键盘"事实上"的标准。虽然 1932 年华盛顿大学教授奥古斯特·多芙拉克(A. Dvorak)设计出键位排列更科学的 DVORAK 键盘,但始终得不到普及。

 技能拓展

使用键盘打字之前一定要端正坐姿,并要养成良好的习惯。如果坐姿不正确,不仅影响打字速度的提高,而且还会很容易疲劳,长期用不良坐姿打字和操作计算机,可能导致身体病变。

正确的坐姿应该是:两脚平放,腰部挺直,两臂自然下垂,两肘贴于腋边。身体可略倾斜,离键盘的距离约为 20～30 厘米。打字时若有手写或印刷文稿,将文稿放在键盘左边,打字时眼观文稿,切记眼观文稿时身体不要跟着倾斜。

打字时手在键盘上的姿势如图 1-2-23 所示,后面章节将详细介绍打字部分的内容。

图 1-2-23　打字时手的姿势

任务总结

通过本任务的实施,应掌握下列知识和技能。

- 十进制、二进制、八进制和十六进制的数码、基和权。
- 了解常用键盘的布局分区。
- 了解基本功能键的作用与方法。
- 掌握 Windows 系统中常用的快捷键。

子任务 1.2.3 数制的转换

任务描述

通过本次任务,大家应掌握常见的数制之间互相转换的规则,并能准确快速地完成各种数制之间的相互转换。

相关知识

常用的数制有十进制、二进制、八进制和十六进制,这些数制之间存在转换关系。常见的数制及其转换关系是学习计算机基础必须掌握的重要内容,如图 1-2-24 所示。

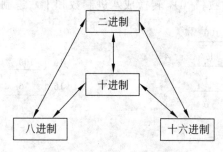

图 1-2-24 进制转换关系

基本概念:如果采用的数制有 r 个基本符号,则称为基 r 数制,简称 r 进制。

r 进制数:"逢 r 进一,借一当 r"。

1. r 进制转换成十进制(r 可以是二、八、十六)

方法:利用按权展开公式(每个数字乘以它的权,再以十进制的方法相加)。

基数:r。

权:基数的若干次幂,一个数可按权展开成为多项式。

【例 1.2.1】 把二进制数 $(1011.01)_2$ 转换成十进制数。

$(1011.01)_2 = 1 \times 2^3 + 0 \times 2^2 + 1 \times 2^1 + 0 \times 2^0 + 0 \times 2^{-1} + 1 \times 2^{-2} = (10.25)_{10}$

【例 1.2.2】 把八进制数 $(2670.2)_8$ 转换成十进制数。

$(2670.2)_8 = 2 \times 8^3 + 6 \times 8^2 + 7 \times 8^1 + 0 \times 8^0 + 2 \times 8^{-1} = (1464.25)_{10}$

【例 1.2.3】 把十六进制数 $(2D3B)_{16}$ 转换成十进制数。

$(2D3B)_{16} = 2 \times 16^3 + 13 \times 16^2 + 3 \times 16^1 + 11 \times 16^0 = (11579)_{10}$

2. 十进制数转换成 r 进制数(r 可以是二、八、十六或任意值)

方法如下。

(1)整数部分:除 r 求余,直到商为零,先余为低位,后余为高位。

(2)小数部分:乘 r 取整,直到小数位为零,先整为高位,后整为低位。

【例 1.2.4】 将十进制数 $(91.453)_{10}$ 转换成二进制数。

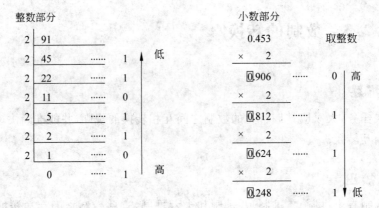

整数部分

$$2 \quad 91$$
$$2 \quad 45 \quad \cdots\cdots \quad 1$$
$$2 \quad 22 \quad \cdots\cdots \quad 1$$
$$2 \quad 11 \quad \cdots\cdots \quad 0$$
$$2 \quad 5 \quad \cdots\cdots \quad 1$$
$$2 \quad 2 \quad \cdots\cdots \quad 1$$
$$2 \quad 1 \quad \cdots\cdots \quad 0$$
$$0 \quad \cdots\cdots \quad 1$$

小数部分

取整数

$$0.453$$
$$\times \quad 2$$
$$0.906 \quad \cdots\cdots \quad 0 \quad 高$$
$$\times \quad 2$$
$$0.812 \quad \cdots\cdots \quad 1$$
$$\times \quad 2$$
$$0.624 \quad \cdots\cdots \quad 1$$
$$\times \quad 2$$
$$0.248 \quad \cdots\cdots \quad 1 \quad 低$$

结果为$(91.453)_{10} = (1011011.0111)_2$

【例 1.2.5】 将十进制数$(100)_{10}$转换成八进制数和十六进制数。

$$
\begin{array}{r|l}
8 & 100 \\
8 & 12 \quad 4 \\
8 & 1 \quad 4 \\
& 0 \quad 1
\end{array}
\qquad
\begin{array}{r|l}
16 & 100 \\
16 & 6 \quad 4 \\
& 0 \quad 6
\end{array}
$$

结果为$(100)_{10} = (144)_8 = (64)_{16}$

3. 二进制与八进制和十六进制相互转换

由于 2 的 3 次幂等于 8,所以每个八进制数字可以由 3 个二进制数字表示。2 的 4 次幂等于 16,所以每个十六进制数字可以由 4 个二进制数字表示,如表 1-2-5 所示。

表 1-2-5 十进制、二进制、八进制与十六进制相互转换对照表

十进制	二进制	八进制	十六进制	十进制	二进制	八进制	十六进制
0	000	0	0	8	1000	10	8
1	001	1	1	9	1001	11	9
2	010	2	2	10	1010	12	A
3	011	3	3	11	1011	13	B
4	100	4	4	12	1100	14	C
5	101	5	5	13	1101	15	D
6	110	6	6	14	1110	16	E
7	111	7	7	15	1111	17	F

(1) 1 位八进制数对应 3 位二进制数。

【例 1.2.6】 将八进制数 144(O)转换成二进制数。

$$144(O) = 001 \underline{100}.100(B)$$

(2) 1 位十六进制数对应 4 位二进制数。

【例 1.2.7】 将十六进制数 64(H)转换成二进制数。

$$64(H) = \underline{0110} \ \underline{0100}(B)$$

（3）二进制转化成八（十六）进制，以小数点为基准，整数部分从右向左按三（四）位进行分组。小数部分从左向右按三（四）位进行分组，如位数不足则补零。

【**例 1.2.8**】　将二进制数 1101101110.110101(B)转换成八进制数和十六进制数。

$$\underline{001}\ \underline{101}\ \underline{101}\ \underline{110}.\underline{110}\ \underline{101}(B) = 1556.65(O)$$

$$\underline{0011}\ \underline{0110}\ \underline{1110}.\underline{1101}\ \underline{0100}(B) = 36E.D4(H)$$

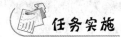 **任务实施**

1. 中文输入法及技巧

中文输入法按照编码方式主要采用音码、形码、音形码 3 类。音码输入法也就是拼音输入法，常用的有全拼输入法、智能 ABC、微软拼音输入法，近年来流行的有搜狗拼音输入法、谷歌拼音输入法、QQ 拼音输入法等。而形码输入法主要是五笔输入法，常用的五笔输入法有智能陈桥五笔、搜狗五笔输入法、极点五笔、QQ 五笔等。

用拼音输入法输入汉字非常简单，只需要在该输入法的状态下按照汉字的拼音顺序输入键盘上的相应键位，然后按照输入法的提示选择所需汉字对应的数字即可输入。而五笔输入法的学习相对来说困难一些，将在后续进一步介绍。

要快速准确地输入汉字，一般要注意三个问题：一是通过训练掌握"盲打"键盘的技能；二是选择一种功能齐全并适合自己的输入方法，并且能够掌握好所用输入法的各项设置；三是要养成词组输入的习惯。

2. 输入法状态条

在 Windows 7 系统中，默认提供了 4 种中文输入法，选择其中某个输入法（输入法的切换）的方法是：按住 Ctrl 键和 Space 键可在中文输入法和英文输入法之间切换，按住 Ctrl 和 Shift 键可在不同输入法之间切换。切换到某种输入法后，屏幕会出现该输入法的状态条，如图 1-2-25 所示是搜狗拼音输入法的状态条。

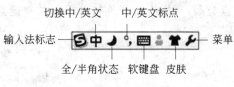

图 1-2-25　搜狗拼音输入法状态条

在输入法状态条上有两个重要的提示状态标志：一个是全/半角状态指示，该指示有两种状态，一是"半月"模式，此时输入法为半角状态，输入的英文字母、阿拉伯数字只占半个汉字的位置；二是"满月"状态，此时输入法为全角状态，输入的英文字母、阿拉伯数字占一个汉字的位置。另一个是中/英标点指示，该指示上的句号和逗号显示成空心时为中文标点状态，此时输入的标点为中文标点，符合中文书写规范。若该指示上的句号和逗号显示为实心时为英文标点状态，此时输入的标点为英文标点，符合英文书写规范。单击这两个状态指示，可以切换它们的状态模式。

1. 如何选择拼音输入法

提高拼音输入法输入汉字速度的关键是提高输入的效率,因此,衡量拼音输入法好与差主要是看输入法提高输入效率的功能是否丰富。同时用户在选择输入法时,还要考虑所选输入法是否符合自己的操作习惯。有些地方有惯用的方言,经常将 c 和 ch 或者将前鼻音和后鼻音混淆,可根据这些特点选择具有模糊音匹配功能的输入法以提高输入汉字的速度。

2. 流行输入法简介

(1) 搜狗拼音输入法

搜狗拼音输入法的主要特点:支持简拼、双拼、模糊音、拼音纠错、网址与邮件输入模式、自定义短语等功能,词库中收录互联网流行词汇且首选词准确率高,功能丰富,能够快速输入特殊符号、快速输入时间、智能删除误造错词、自动纠错(如自动将 ign 更正为 ing),外观漂亮。号称"新一代的网络输入法"。

(2) 五笔字型

五笔字型的重码率低,在熟练掌握五笔字型的字根后,能准确快速地输入汉字。

某些特殊的字符和标点用键盘无法直接输入,则可以利用输入法的软键盘来完成特殊字符的输入。如在使用搜狗拼音输入法时,单击输入法状态栏中的▦按钮(软键盘),选择打开软键盘(见图 1-2-26),单击软键盘上的所需字符,则可直接将其输入到光标所在位置。再单击一次输入法状态栏中的▦按钮,则关闭软键盘。

如果右击软键盘按钮,弹出的右键菜单上可以列出软键盘的不同类型,见图 1-2-27,在该菜单上单击需要的软键盘类型,可以有选择地打开不同的软键盘。

图 1-2-26 输入法对应的软键盘

图 1-2-27 右击"软键盘"后弹出的菜单

任务总结

通过本任务的实施,应掌握下列知识和技能。

- 十进制、二进制、八进制和十六进制的转换规则及相互转换。
- 利用输入法对应的软键盘输入汉字。
- 至少熟练应用一种中文输入法。

子任务1.2.4 计算机中数据储存的概念

任务描述

通过本次任务,大家将学习到信息技术、信息产业以及计算机储存的概念。

相关知识

1. 信息技术的概念

信息技术就是指以计算机技术与网络通信技术为核心,用以设计、开发、利用、管理、评价一系列信息加工处理的电子技术。信息技术是指信息存储技术、输入/输出技术、信息处理技术、通信(网络)技术等。

2. 冯·诺依曼计算机的基本工作原理

"存储程序"原理是由美籍匈牙利数学家冯·诺依曼于1946年提出的,内容如下:

(1) 数据和指令以二进制方式表示,存入存储器中。

(2) 控制器能够将程序自动读出并自动地执行。

计算机是利用存储器(内存)来存放所要执行的程序,CPU依次从存储器中取出程序中的每一条指令,并加以分析和执行,直至完成全部指令任务为止。

3. 计算机存储器是计算的重要组成部分

计算机存储器可分为内部存储器和外部存储器。

存储器的容量以字节为基本单位,存储容量单位如下。

K字节:1KB=1024B

M(兆)字节:1MB=1024KB

G(吉)字节:1GB=1024MB

T(太)字节:1TB=1024GB

(1) 计算机的内部存储器(简称内存)

内存一般用半导体构成,通过电路与CPU相连。用来存放当前运行的程序、待处理的数据以及运算结果。它可直接跟CPU进行数据交换,存储速度快。

内部存储器分类如下。

31

- 只读存储器(Read Only Memory,ROM)：CPU 对它们只取不存,用于永久存储特殊的专用数据。

  例如,BIOS(Basic Input/Output System)芯片(快速电擦除可编程只读存储器,即闪存)在启动计算机时负责通电后的自检(显卡、RAM、键盘、驱动器),并把磁盘中的部分操作系统文件(内含基本输入输出设备的驱动程序)调入 RAM。

- 随机读写存储器(Random Access Memory,RAM)：CPU 对它们可存可取,分为 SRAM 和 DRAM,是内存的主要部分。内存条主要由 DRAM 构成,一旦切断计算机的电源(关机或事故),其中的所有数据便随即丢失。

- 特殊存储器：CMOS 芯片,用来存放机器系统配置的基本信息(如时间、日期等)。用户可进入 CMOS Setup 程序来修改其中的信息,关机后由电池供电以保持其中的信息。

(2) 计算机的外部存储器(简称外存)

外存容量比内存大,可移动。有磁盘(硬盘和软盘)、光盘、磁带等。

- 软盘：一般分为 5.25 英寸、3.5 英寸两种尺寸。

  软盘存储系统包括软盘、软盘驱动器。

- 硬盘(温盘)：由若干硬盘片组成的盘片组,且存储介质与驱动机构密封在同一盘体内。

- CD 光盘(Compact Disc)：分为只读、一次写入光盘和可读性光盘。

- DVD 光盘(Digital Versatile Disc)：分为单面单层、单面双层、双面双层几种类型。

- U 盘：采用 Flash Memory(也称闪存)存储技术的 USB 设备,支持即插即用。

 任务实施

硬盘是系统中极为重要的设备,存储着大量的用户资料和信息。

硬盘主要包括的几个部分如图 1-2-28 所示。

图 1-2-28　硬盘的基本构造

硬盘的主要性能参数如下。

(1) 硬盘容量：硬盘内部往往有多个叠起来的磁盘片,所以说：硬盘容量＝单碟容量×

碟片数,单位为 GB。

(2) 转速:是硬盘内电机主轴的旋转速度,也就是硬盘盘片在一分钟内所能完成的最大转数。

(3) 平均访问时间:是指磁头从起始位置到达目标磁道位置,并且从目标磁道上找到要读写的数据扇区所需的时间。

(4) 传输速率:硬盘的数据传输率是指硬盘读写数据的速度,单位为兆字节每秒(MBps)。

(5) 缓存:是硬盘控制器上的一块内存芯片,具有极快的存取速度,它是硬盘内部存储和外界接口之间的缓冲器。

(6) 硬盘接口包括数据接口和电源接口。根据数据接口的不同,大致分为 ATA(IDE) 和 SATA 以及 SCSI 和 SAS。

 知识拓展

下面介绍固态硬盘的选购方法。

1. 查看存储单元

(1) 一般固态硬盘使用 MLC 作为存储单元,这样的硬盘寿命在 5~10 年,足够日常使用(读写次数为 3000 次以上)。

(2) 另一种使用 SLC 作为存储单元,价格较高,但使用年限变得更久(读写次数为 100 000 次以上)。

(3) 还有一种就是我们要避免购买的 TLC 单元,这样的固态硬盘只有 500 次左右的读/写次数,而且速度相对前两个都有所不及。

2. 接口

固态硬盘接口分以下三种。

(1) mSATA 接口:这个接口的固态硬盘其实只是作为系统加速用的加速盘,已经脱离了传统硬盘的使用功能。

(2) SATA2/3:这是机械硬盘的传统接口,一般大部分的硬盘都是使用这种接口。

(3) PCI-E:这个接口的硬盘都是被高端硬盘使用,相对于 SATA 速度更快,不过由于价高而导致使用的人并不多。

3. 移动硬盘的选购

(1) 容量是我们选购移动硬盘时首先考虑的问题,目前主流的大容量硬盘 500GB 和 1TB 都是比较适用的。

(2) 除了移动硬盘的大容量,应该特别注意该产品的数据传输速率。现在市场上有 USB 1.0、USB 2.0、SATA、IEEE 1394、USB 3.0 几种。国内外的几大知名厂家基本上都采用了 USB 3.0 的接口,传输速率可以高达 100Mbps。

(3) 当我们了解了移动硬盘的主要技术性能之后,外观的制作也是必须要考虑的一个因素。由于移动硬盘在携带过程中不可避免地要发生碰撞,因此,建议尽量选购金属外壳的产品,而且金属外壳的质感和光泽都是其他材料所无法比拟的。

技能拓展

五笔输入法具有重码率低的特点,掌握好五笔输入法能迅速提高打字速度。

五笔打字训练步骤如下:

(1)看字根。字根图(表)如图 1-2-29 所示,首先在大脑中建立初步印象:哪些笔画组合是字根。可以结合汉字书写的偏旁、部首来比较记忆。

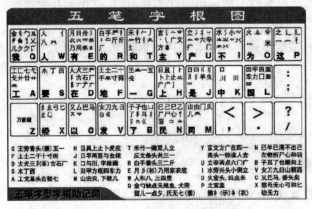

图 1-2-29　五笔字型输入法字根图

(2)记键盘分区。但要能根据键盘分区规律很快推断出每个键位的区位号。

(3)记字根。总规律如下:按照字根自然书写的第一笔布局,如第一笔是横的字根,一定在第一区;第一笔是竖的字根,一定布局在第二区。

(4)看字拆字训练。随便取一个汉字,先判断它是否成字的字根,如果是则不用拆分。

(5)打字训练。

可以用两种方法训练,一是利用金山打字通软件的五笔练习中的“文章练习”来训练,二是直接在办公软件中或者是聊天窗口中输入文字来练习。

在实际输入汉字的过程中,要么是输入一段文章,要么是输入一句完整的话,很少有单独输入某个汉字的情况,因此,在学习五笔字型输入法的最初就要养成整句输入的习惯。

要学好五笔输入法,需要课后付出更多努力。图 1-2-30 给出了一级简码字表。

图 1-2-30　一级简码字表

任务总结

通过本任务的实施,应掌握下列知识和技能。

- 了解到信息技术、信息产业以及计算机存储的概念。

- 了解计算机的内、外部存储器及硬盘的主要参数。
- 熟悉五笔字型输入法。

任务 1.3 计算机组成

子任务 1.3.1 了解完整的计算机系统

 任务描述

计算机的功能很强大,能完成强大功能的计算机系统是由什么组成的? 通过本次任务, 大家将学习计算机系统的组成及计算机各部件的功能与主要性能指标。

 相关知识

任何一个计算机系统都是由硬件系统和软件系统组成的。硬件指组成一台计算机的能看得见、摸得着的各种物理装置,包括运算器、控制器、存储器、输入设备和输出设备五大部分。这五大部分是用各种总线连接为一体的。硬件是各种软件赖以运行和实现的物质基础。软件是指能在硬件系统上运行的各种程序等。软件包括系统软件和应用软件两大部分。计算机系统的组成如图 1-3-1 所示。

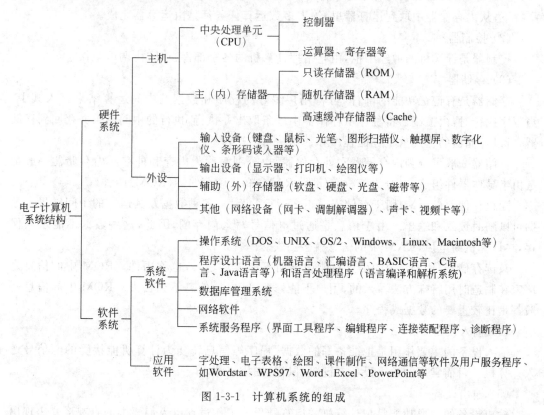

图 1-3-1 计算机系统的组成

35

按照冯·诺依曼存储程序的原理,计算机在执行程序时须先将要执行的相关程序和数据放入内存储器中,在执行程序时 CPU 根据当前程序指针寄存器的内容取出指令并执行指令,然后再取出下一条指令并执行,如此循环下去直到程序结束指令时才停止执行。其工作过程就是不断地取指令和执行指令的过程,最后将计算的结果放入指令指定的存储器地址中。计算机工作过程中所要涉及的计算机硬件部件有内存储器、指令寄存器、指令译码器、计算器、控制器、运算器和输入/输出设备等。计算机的基本工作流程如图 1-3-2 所示。

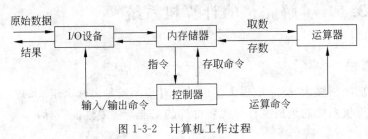

图 1-3-2　计算机工作过程

1. 计算机硬件系统

计算机硬件系统主要包括以下几部分。

（1）运算器

运算器是计算机数据形成信息的加工厂,它的主要功能是对二进制数码进行算术运算或逻辑运算,所以也称它为算术逻辑部件(ALU)。参加运算的数据全部是在控制器的统一指挥下,从内存储器中取到运算器里,绝大多数运算任务都是由运算器完成。

（2）控制器

控制器是计算机的神经中枢,由它指挥计算机的各个部件自动、协调地工作。

（3）存储器

存储器是有记忆功能的部件,可将用户编好的程序和数据及中间运算结果存入其中。当程序执行时,由控制器将程序从存储器中逐条取出并执行,执行的中间结果又存回到存储器,所以存储器的作用就是存储程序和数据。

存储器一般可分为内存储器和外存储器,也分别简称为内存和外存。内存储器一般都是由半导体器件组成,又分为随机存储器(RAM)和只读存储器(ROM)两种。

随机存储器(RAM)用于存储当前正在运行的程序、各种数据及其运行的中间结果。数据可以随时读入和输出。由于信息是通过电信号写入内存的,因此,这些数据不能永久保存,在计算机断电后,RAM 中的信息就会丢失。

只读存储器(ROM)中的信息只能读出而不能随意写入,也称固件。ROM 中的信息是厂家在制造时用特殊方法写入的,用户不能修改,断电后信息不会丢失。ROM 中的信息一般都是比较重要的数据或程序。

（4）输入设备

输入设备的主要作用是把准备好的数据、程序等信息转变为计算机能接受的电信号送入计算机。目前常用的输入设备有键盘、鼠标、扫描仪等。

（5）输出设备

输出设备的主要功能是把计算机的运算结果或工作过程以人们要求的直观形式表现出

来。常见的输出设备有显示器、打印机、绘图仪等。

2. 计算机软件系统

计算机软件系统主要分为系统软件和应用软件。

（1）系统软件

系统软件是指面向计算机管理的、支持应用软件开发和运行的软件。系统软件的通用性很强。系统软件一般由计算机生产厂家提供，其目的是最大限度地发挥计算机的作用，充分利用计算机资源，便于用户使用和维护计算机。

（2）应用软件

应用软件一般是指用户在各自的应用领域中为解决各种实际问题而开发编制的程序，如本课程将会学习的 Office 办公软件。

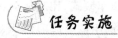
任务实施

1. 计算机连接的主要步骤

（1）连接主机电源线。

（2）连接主机和显示器间的接线。

（3）连接显示器的电源线。

（4）接好鼠标和键盘线。

（5）以上所有接线完成后，将主机和显示器与电源接通，计算机就可以正常开机。

2. 连接计算机时的注意事项

在接线过程中始终保持与电源线保持断开状态，直到所有的接线工程完成后才将主机和显示器与电源相连。计算机的主机和显示器连接电源后，如果接线不对或接触不良，需要拔出某些接线，请先确保计算机与电源已经断开连接。

知识拓展

计算机操作系统的种类较多，下面介绍几类常见的操作系统。

1. MS-DOS

MS-DOS 是 Microsoft Disk Operating System 的简称，是由美国微软公司提供的操作系统。在 Windows 95 以前，DOS 是 IBM PC 及兼容机中的最基本配备，而 MS-DOS 则是个人计算机中最普遍使用的 DOS 操作系统之一。在当前的 Windows 7 系统下按下快捷键 Windows＋R，在打开的运行窗口中输入 CMD，即可以看到 DOS 操作界面。

2. UNIX

UNIX 是一个强大的多用户、多任务操作系统，支持多种处理器架构，最早由 KenThompson、DennisRitchie 和 Douglas Mcllroy 于 1969 年在 AT&T（American Telephone & Telegraph 的缩写，中文译名为美国电话电报公司，但近年来已不用全名）的贝尔实验室开发。

3. Linux

Linux 是一种自由和开放源码的类 UNIX 操作系统。存在着许多不同的 Linux 版本，但它们都使用了 Linux 内核。Linux 是一个领先的操作系统，世界上运算最快的 10 台超级计算机运行的都是 Linux 操作系统。严格来讲，Linux 这个词本身只表示 Linux 内核，但实际上人们已经习惯了用 Linux 来形容整个基于 Linux 内核并且使用 GNU 工程各种工具和数据库的操作系统。Linux 得名于天才程序员林纳斯·托瓦兹。

4. Windows

Windows 操作系统是一款由美国微软公司开发的窗口化操作系统。现在使用的计算机大都是 Windows 操作系统。Windows 操作系统采用了 GUI 图形化操作模式，比起从前的指令操作系统如 DOS 更为人性化。Windows 操作系统是目前世界上使用最广泛的操作系统。目前最新的版本是 Windows 10。

技能拓展

使用计算机完成的任务根据用户不同会有差异，很多情况下需要借助其他应用软件，当任务完成后，为节省计算机磁盘空间等，需要卸载某些不需要的应用软件。下面将讲解软件的卸载步骤。

（1）选择 Windows 主窗口左下角的"开始"菜单，选择"控制面板"选项，打开控制面板，如图 1-3-3 所示。

图 1-3-3 打开控制面板

（2）选择"程序和功能"，如图 1-3-4 所示。

图 1-3-4 打开"程序和功能"

（3）打开程序和功能界面，如图 1-3-5 所示，在"名称"一栏中罗列出了系统中安装的软件。如果想卸载某款软件，选中这款软件后右击，再单击"卸载/更改"命令即可。

图 1-3-5 系统中安装的软件

 任务总结

通过本任务的实施，应掌握下列知识和技能。
- 了解完整的计算机系统的组成。
- 能正确连接一台计算机。
- 掌握在计算机的控制面板查看本机安装的软件以及卸载软件的方法。

子任务 1.3.2 计算机硬件系统的组成和功能

 任务描述

通过本次任务，学生将学习计算机硬件的组成、计算机部件以及计算机各部件的作用。

 相关知识

从外观上看，微型计算机通常由主机、显示器、键盘、鼠标组成，还可以增加一些外部设备，如打印机、扫描仪、音响设备等。

39

1. 主机内部

在计算机内部主要的硬件设备有主板、CPU、内存条、硬盘、光盘及光盘驱动器、声卡、网卡等。

（1）主板

主板(Motherboard)又称系统板或母板,它是一块控制和驱动微机的电路板,也是 CPU 与其他部件联系的桥梁,如图 1-3-6 所示。微型计算机的性能主要由主板的性能决定。

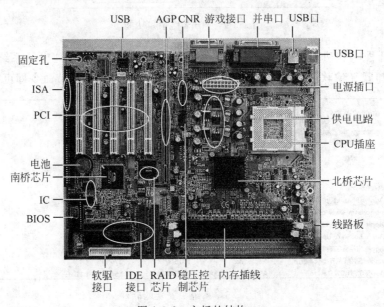

图 1-3-6 主板的结构

（2）CPU

CPU 即英文 Central Processing Unit 首字母的缩写,也就是中央处理器。CPU 是微型计算机的核心部件,主要由运算器和控制器构成,并采用大规模集成电路工艺制成的芯片,又称微处理器芯片。

CPU 的功能主要是解释计算机指令以及处理计算机软件中的数据。CPU 由运算器、控制器和寄存器及实现它们之间联系的数据、控制及状态的总线构成。差不多所有的 CPU 的运作原理可分为四个阶段:提取（Fetch）、解码（Decode）、执行（Execute）和写回（Writeback）。CPU 从存储器或高速缓冲存储器中取出指令,放入指令寄存器,对指令译码,并执行指令。

（3）内存条

内存条是将多个存储芯片并列焊接在一块电路板上,构成内存组,如图 1-3-7 所示。

在微型计算机中,内存主要是指 RAM,RAM 存储器又分为静态 RAM（Static RAM）和动态 RAM（Dynamic RAM）。其类型有 SDRAM(Synchronous DRAM)、RDRAM (Rambus DRAM)、DDR （Double Data Rate SDRAM）、

图 1-3-7 内存条

DDR2(Double Data Rate 2SDRAM)、DDR3(Double Data Rate 3SDRAM)和DDR4(Double Data Rate 4SDRAM)6种。其中SDRAM内存规格已不再发展,处于被淘汰的行列。

(4) 硬盘

硬盘是微型计算机的外部存储器,用来长期存储大量的信息。硬盘由硬盘片、硬盘驱动器和接口构成,硬盘内的硬盘片有若干张,每一片硬盘片是一个涂有磁性材料的铝合金圆盘片,每个盘片上下两面各有一个读写磁头,磁头传动装置将磁头快速而准确地移动到指定的磁道。硬盘与硬盘驱动器一起固定安装在主机内,如图1-3-8所示。

图1-3-8 硬盘及硬盘驱动器

不同的硬盘接口决定着硬盘与计算机之间的连接速度,常见的硬盘接口分为IDE、SATA、SCSI、光纤通道和USB这5种。IDE接口硬盘多用于家用产品中,也部分应用于服务器;SCSI接口的硬盘则主要应用于服务器市场;而光纤通道只在高端服务器上,价格昂贵;SATA是种新生的硬盘接口类型,并逐步取代IDE接口;USB接口的硬盘常常被用作移动硬盘。

(5) 光盘及光盘驱动器

光盘也是一种可移动存储器,存储容量大、价格便宜,是多媒体软件的主要载体。光盘分为只读型光盘(CD-ROM、DVD-ROM)、只写一次性光盘(CD-R、DVD-R)和可擦写型光盘(CD-RW、DVD-RW),如图1-3-9所示。

图1-3-9 CD-R光盘

光盘驱动器是用来读写光盘的设备,简称光驱。光盘驱动器分为只读型光驱和刻录机(可擦写型光驱)。只读光驱又分为CD-ROM光驱和DVD-ROM光驱,其中CD-ROM光驱只能读取CD-ROM光盘。刻录机又分为CD刻录机和DVD刻录机,其中CD刻录机只能读写CD-ROM光盘。

(6) 声卡

声卡是多媒体计算机的主要部件之一,它由记录和播放声音所需的硬件构成。其作用是从话筒中获取声音,经过模/数转换器对声音进行采样,得到数字信息,这些数字信息可以存储到计算机中。在播放声音时,再把这些数字信息经数/模转换器以同样的采样频率还原为模拟信号,以音频形式输出。

(7) 网卡

网卡(Network Interface Card,NIC)又称为网络适配器,是连接计算机和网络硬件的设备。网卡一端插在微型计算机主板的扩展槽上,另一端与网络传输介质相连。常用的网络传输介质有双绞线、同轴电缆、光纤。目前市场上主流网卡生产厂家有3COM、TP-Link、D-Link、Relteak等。

2. 外设

(1) 闪存盘及移动硬盘

闪存盘又称U盘,采用半导体存储介质存储信息,通过USB接口连入微型计算机。其最大特点是可以热插拔、携带方便、容量大,如图1-3-10所示。

移动硬盘顾名思义是以硬盘为存储介质,强调便携性的存储产品。移动硬盘多采用

USB、IEEE 1394、SATA 等传输速度较快的接口,可以用较高的速度与系统进行数据传输,如图 1-3-11 所示。

图 1-3-10 U 盘

图 1-3-11 移动硬盘

(2) 显示器与显卡

显示器按其工作原理分为 4 种类型,比较常见的是阴极射线管显示器(CRT)和液晶显示器(LCD),另外还有等离子体显示器(PDP)和真空荧光显示器(VFD)。后两种还未广泛应用。

显卡是 CPU 与显示器之间的接口电路(显示适配器),也就是现在通常所说的图形加速卡,它的基本作用就是将 CPU 送出的数据转换成显示器可以接收的信号。其主要性能指标是图形处理芯片,目前的图形处理芯片都已经具有 2D、3D 图形处理能力。市场上主要的显卡芯片生产厂家有 nVIDIA、ATI、Matrox 和 3DFX。

(3) 键盘与鼠标

键盘是微型计算机最常用的输入设备之一,主要采用 PS/2 接口或 USB 接口。鼠标因其外观像一只拖着长尾巴的老鼠而得名,它是微型计算机最常用的输入设备之一,主要采用 PS/2 接口和 USB 接口,按其工作方式分为滚轮式和光电式等类型。键盘和鼠标前面已经介绍过,在这里不详细介绍。

(4) 扫描仪

图像扫描仪(Image Scanner)简称扫描仪。主要作用是将图片、照片、各类图纸图形以及文稿资料输入到计算机中,进而实现对这些图像信息的处理、管理、使用和输出。扫描仪的类型一般有台式扫描仪(见图 1-3-12)、手持式扫描仪和滚筒式扫描仪。

(5) 打印机

打印机是在计算机的控制下,快速、准确地输出各种信息的输出设备。打印机有针式打印机、喷墨打印机和激光打印机 3 个种类,随着打印技术的发展,激光打印机已成为打印机中的主流产品,如图 1-3-13 所示。

图 1-3-12 台式扫描仪

图 1-3-13 激光打印机

任务实施

下面介绍主板跳线的安装方法。

1. 注意事项

在安装前,先消除身上的静电,比如用手摸一摸自来水管等接地设备。对各个部件要轻拿轻放,不要碰撞,尤其是硬盘。安装主板一定要稳固,同时要防止主板变形,不然会对主板的电子线路造成损伤。

2. 足够宽敞的活动空间

安装跳线,如图 1-3-14 所示,POWER(电源)开关线一般是两根,有正负极之分。图 1-3-15 所示为 HDD 硬盘指示灯线,图 1-3-16 所示为 RESET 复位开关线,图 1-3-17 所示为 POWER LED 电源指示灯线。在主板上有相应的插针,一般都有标识,没有的请看主板说明书。还有前置 USB 线和前置音频线,请参照主板说明书——一对应接上就可以了。

统一归纳如下:正极位于正面的左边,负极位于正面的右边。

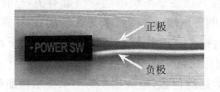

图 1-3-14 电源开关线

图 1-3-15 硬盘指示灯线

图 1-3-16 复位开关线

图 1-3-17 电源指示灯线

上述连接线接口在主板上的位置如图 1-3-18 所示。

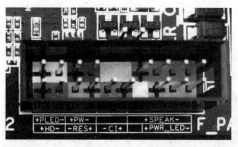

开关接口:底座上的针分2排,每排对应的符号主板下面会有提示(一般位于主板右下边),上对上,下对下

图 1-3-18 连接口示意

 知识拓展

一台计算机的性能如何,必须要有一定的指标来衡量。通常衡量一台计算机性能的指标有 CPU 主频、字长和存储容量。

CPU 主频:即 CPU 内核工作的时钟频率(CPU Clock Speed),是 CPU 内核(整数和浮点运算器)电路的实际运行频率。通常说的计算机的 CPU 是多少兆赫的,就是指的"CPU 的主频"。很多人认为 CPU 的主频就是其运行速度,其实不然。CPU 的主频表示在 CPU 内数字脉冲信号震荡的速度,与 CPU 实际的运算能力并没有直接关系。主频和实际的运算速度存在一定的关系,但还没有一个确定的公式能够定量两者的数值关系,因为 CPU 的运算速度还要看 CPU 的流水线的各方面的性能指标(缓存、指令集和 CPU 的位数等)。

CPU 的主频不代表 CPU 的速度,但提高主频对于提高 CPU 运算速度却是至关重要的。例如,假设某个 CPU 在一个时钟周期内执行一条运算指令,那么当 CPU 运行在 100MHz 主频时,将比它运行在 50MHz 主频时速度快一倍,因为 100MHz 的时钟周期比 50MHz 的时钟周期占用时间减少了一半,也就是工作在 100MHz 主频的 CPU 执行一条运算指令所需时间仅为 10ns,比工作在 50MHz 主频时的 20ns 缩短了一半,自然运算速度也就快了一倍。只不过计算机的整体运行速度不仅取决于 CPU 运算速度,还与其他各分系统的运行情况有关,只有在提高主频的同时,各分系统运行速度和各分系统之间的数据传输速度都能得到提高后,计算机整体的运行速度才能真正得到提高。由于主频并不直接代表运算速度,所以在一定情况下,很可能会出现用了主频较高的 CPU,实际运算速度却较低的现象。

字长:字长是指 CPU 可以同时处理的二进制数据的位数,是最重要的一个技术性能指标。计算机指令是用 0 和 1 组成的一串代码,它们有一定的位数,并分成若干字长段,各段的编码表示不同的含义,如某台计算机字长为 16 位,即有 16 个二进制数组成一条指令或其他信息。16 个 0 和 1 可组成各种排列组合,通过线路变成电信号,让计算机执行各种不同的操作。

存储容量:存储容量是指存储设备(如内存、硬盘、光盘)能够存储数据的数量。

计算机存储信息的最小单位为位。8 个二进制位称为一个字节。存储容量的基本单位为字节(Byte,简称 B),由于计算机的存储容量和数据处理量极大,经常用 KB(千字节)、MB(兆字节)、GB(千兆字节)来做计量单位。

 技能拓展

应用拼音输入法输入汉字操作简单,只要知道汉字的读音,很容易就会找到要输入的汉字。但如果遇到未知读音的汉字该如何输入呢? 在这里讲解搜狗拼音输入法输入未知读音汉字的方法。如输入"弄",具体步骤如下:

(1) 按下字母键 U,即出现一个笔画输入窗口。

(2) 用鼠标按照汉字的笔顺,单击"横、竖、撇、捺(点)、折"五种笔画,或者在用键盘输入对应笔画拼音的首字母"h、s、p、n、z"即可写出汉字。本例中写汉字"弄"的笔顺依次是"撇横横竖撇横横竖撇横横竖",因此输入每种笔顺的首字母,即输入 u 后再依次输入 phhsphhsphhs,按 Space 键(空格键)即可以输入汉字"弄",如图 1-3-19 所示。

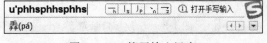

图 1-3-19　笔画输入汉字

任务总结

通过本任务的实施,应掌握下列知识和技能。
- 认识计算机的硬件部件。
- 了解计算机硬件部件的功能。
- 了解输入法切换及相关键的设置。

子任务 1.3.3 计算机软件系统的组成和功能

 任务描述

通过本次任务,大家将学习到计算机软件的组成及相应操作。

 相关知识

软件系统(Software Systems)是由系统软件、支撑软件和应用软件组成的,它是计算机系统中由软件组成的部分。

1. 操作系统的功能及作用

操作系统是管理软硬件资源、控制程序执行、改善人机界面、合理组织计算机工作流程和为用户使用计算机提供良好运行环境的一种系统软件。操作系统是位于硬件层之上,软件层之下的一个必不可少的、最基本又是最重要的一种系统软件。它对计算机系统的全部软、硬件和数据资源进行统一控制、调度和管理。

从用户的角度看,它是用户与计算机硬件系统的接口。从资源管理的角度看,它是计算机系统资源的管理者。其主要作用及目的就是提高系统资源的利用率;提供友好的用户界面;创造良好的工作环境,从而使用户能够灵活、方便地使用计算机,使整个计算机系统能高效地运行。

操作系统的任务是管理好计算机的全部软硬件资源,提高计算机的利用率;担任用户与计算机之间的接口,使用户通过操作系统提供的命令或菜单方便地使用计算机。操作系统用于管理计算机的资源和控制程序的运行。

(1)语言处理系统是对软件语言进行处理的程序子系统。它的作用是把用软件语言书写的各种程序处理成可在计算机上执行的程序,或最终的计算结果,或其他中间形式。

(2)数据库系统是用于支持数据管理和存取的软件,它包括数据库、数据库管理系统等。数据库是常驻在计算机系统内的一组数据,它们之间的关系用数据模式来定义,并用数据定义语言来描述。

(3)分布式软件系统包括分布式操作系统、分布式程序设计系统、分布式文件系统、分布式数据库系统等。

(4)人机交互系统是提供用户与计算机系统之间按照一定的约定进行信息交互的软件系统,可为用户提供一个友善的人机界面。

操作系统的功能包括处理器管理、存储管理、文件管理、设备管理和作业管理,其主要研究内容包括操作系统的结构、进程(任务)调度、同步机制、死锁防止、内存分配、设备分配、并行机制、容错和恢复机制等。

2. 软件系统的功能

(1) 语言处理系统的功能是各种软件语言的处理程序,它把用户用软件语言书写的各种源程序转换成为可为计算机识别和运行的目标程序,从而获得预期结果。其主要研究内容包括:语言的翻译技术和翻译程序的构造方法与工具,此外,它还涉及正文编辑技术、连接编辑技术和装入技术等。

(2) 数据库系统的主要功能包括数据库的定义和操纵、共享数据的并发控制、数据安全和保密等。按数据定义模块划分,数据库系统可分为关系数据库、层次数据库和网状数据库。按控制方式划分,可分为集中式数据库系统、分布式数据库系统和并行数据库系统。数据库系统研究的主要内容包括:数据库设计、数据模式、数据定义和操作语言、关系数据库理论、数据完整性和相容性、数据库恢复与容错、死锁控制和防止、数据安全性等。

(3) 分布式软件系统的功能是管理分布式计算机系统资源和控制分布式程序的运行,提供分布式程序设计语言和工具,提供分布式文件系统管理和分布式数据库管理关系等。分布式软件系统的主要研究内容包括分布式操作系统和网络操作系统、分布式程序设计、分布式文件系统和分布式数据库系统。

(4) 人机交互系统的主要功能是在人和计算机之间提供一个友善的人机接口。其主要研究的内容包括人机交互原理、人机接口分析及规约、认知复杂性理论、数据输入、显示和检索接口、计算机控制接口等。

任务实施

本次任务实施是制作一个 U 盘启动盘。下面将详细介绍制作 U 盘启动盘的步骤。

打开浏览器,使用搜索引擎搜索"U 盘启动工具下载",找到下载好的 U 盘启动工具并打开它,如图 1-3-20 所示,此处以电脑店 U 盘启动制作工具为例说明。

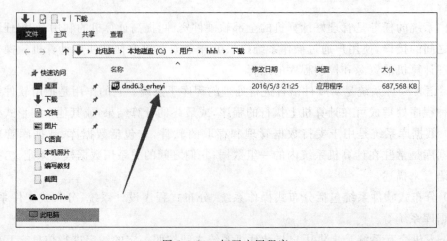

图 1-3-20　打开应用程序

选择需要的解压路径,单击"下一步"按钮,如图 1-3-21 所示。

图 1-3-21　选择安装位置

然后现出解压界面,如图 1-3-22 所示,等待解压完成即可。

图 1-3-22　解压进度条

解压完成后,出现 U 盘启动盘制作工具界面。在计算机上插入 U 盘后,单击"开始制作 U 盘启动"按钮,如图 1-3-23 所示。

图 1-3-23　U 盘启动盘制作工具的主界面

在"请选择 U 盘"下拉菜单中选择需要制作的 U 盘(在此软件中如提前已插入了 U 盘,那么会直接默认为需要制作的 U 盘），"分配隐藏空间"和"请选择模式"默认即可，如图 1-3-24 所示。

图 1-3-24　选择界面

单击"开始制作"按钮，出现如图 1-3-25 所示的对话框，单击"确定"按钮后，会将此 U 盘格式化，在确定 U 盘中无重要文件后，单击"确定"按钮开始启动 U 盘的制作。

图 1-3-25　开始制作

接着出现如图 1-3-26 所示界面,等待启动 U 盘制作完成。

图 1-3-26　制作进度

制作启动 U 盘的操作完成后,会出现是否"模拟 U 盘启动"对话框,单击"是"按钮就可以开始模拟 U 盘启动,如图 1-3-27 所示。

图 1-3-27　模拟 U 盘启动

在"模拟 U 盘启动"对话框中,可以模拟进入此 U 盘工具的所有功能,需要通过键盘控制光标来选择需要模拟的功能。我们将光标移动到"【02】运行电脑店 Win03PE2013 增强版"后,按 Enter 键进入模拟的 PE 系统中,如图 1-3-28 所示。

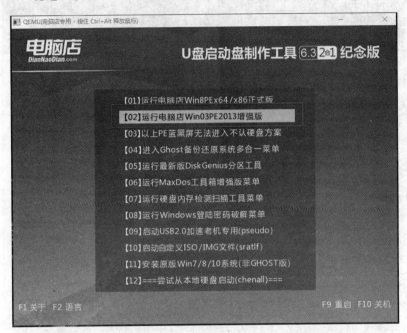

图 1-3-28 启动盘功能选择界面

成功进入模拟 PE 系统,就可以确定启动 U 盘制作完成,在模拟的 PE 系统中会有一些工具出现在桌面上,在模拟环境中建议不要使用这些工具,如图 1-3-29 所示。

这样,一个 U 盘启动盘的制作就完成了。

图 1-3-29 模拟 PE 系统界面

 知识拓展

Photoshop 介绍如下。

Photoshop 简称 PS，如图 1-3-30 所示，是 Adobe 公司旗下最为出名的图像处理软件之一。多数人对于 Photoshop 的了解仅限于"一个很好的图像编辑软件"，并不知道它的诸多应用，实际上，Photoshop 的应用领域很广泛，在图像、图形、文字、视频、出版各方面都有涉及。

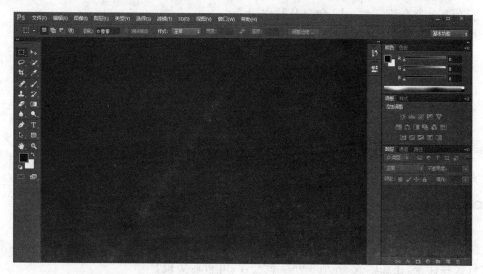

图 1-3-30　Photoshop 主界面

其主要用途如下。

（1）平面设计：平面设计是 Photoshop 应用最为广泛的领域，无论是图书封面，还是大街上看到的招贴、海报，这些具有丰富图像的平面印刷品，基本上都需要 Photoshop 软件对图像进行处理。

（2）修复照片：Photoshop 具有强大的图像修饰功能。利用这些功能，可以快速修复一张破损的老照片，也可以修复人脸上的斑点等缺陷。

（3）影像创意：影像创意是 Photoshop 的特长，通过 Photoshop 的处理，可以将原本风马牛不相及的对象组合在一起，也可以使用"狸猫换太子"的手段使图像发生面目全非的巨大变化。

（4）艺术文字：当文字遇到 Photoshop 处理，就已经注定不再普通。利用 Photoshop 可以使文字发生各种各样的变化，并利用这些艺术化处理后的文字为图像增加效果。

（5）网页制作：网络的普及是促使更多人需要掌握 Photoshop 的一个重要原因。因为在制作网页时 Photoshop 是必不可少的网页图像处理软件。

（6）建筑效果图后期修饰：在制作的建筑效果图中包括许多三维场景时，人物与配景，包括场景的颜色常常需要在 Photoshop 中增加并调整。

（7）绘画：由于 Photoshop 具有良好的绘画与调色功能，许多插画设计制作者往往使用铅笔绘制草稿，然后用 Photoshop 填色来绘制插画。除此之外，近些年来非常流行的像素画也多为设计师使用 Photoshop 创作的作品等。

技能拓展

以前人们刚接触计算机的时候是从 DOS 系统开始，DOS 时代根本就没有 Windows 这样的视窗操作界面，只有一个黑漆漆的窗口，让你输入命令。所以学 DOS 系统操作，cmd 命令提示符是不可或缺的。直到今天的 Windows 系统，还是离不开 DOS 命令的操作。只有先了解每个命令提示符的作用，才能灵活地运用。

下面为大家介绍一些 cmd 命令及其作用。

在"开始"菜单中打开"运行"界面，输入 cmd，单击"确定"按钮，如图 1-3-31 所示。

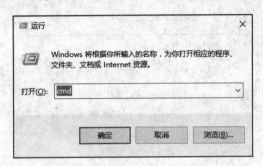

图 1-3-31　运行 cmd 命令

然后会出现一个黑色窗口，我们可以直接输入一些命令，如图 1-3-32 所示，cmd.exe 可以执行这些命令，比如输入 shutdown-s 就会在 30 秒后关机。

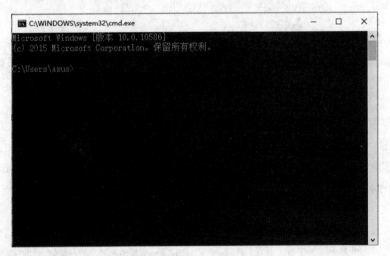

图 1-3-32　命令输入界面

下面列举出了一部分常用的命令。

winver：检查 Windows 版本。

notepad：打开记事本。

sfc.exe：系统文件检查器。

taskmgr：打开任务管理器。

osk：打开屏幕键盘。

write：打开写字板。

Msconfig.exe：系统配置实用程序。

任务总结

通过本任务的实施，应掌握下列知识和技能。

- 认识计算机软件系统的分类。
- 了解 Photoshop 的功能。
- 了解并灵活运用 cmd 命令符。

任务 1.4　计算机安全与病毒

子任务 1.4.1　网络信息安全概述

任务描述

网络信息安全是一个关系国家安全和主权、社会稳定、民族文化继承和发扬的重要问题。其重要性，正随着全球信息化步伐的加快越来越重要。通过本次任务，大家能对网络信息安全有一个初步的了解。

相关知识

1. 什么是网络信息安全

网络信息安全是一门涉及计算机科学、网络技术、通信技术、密码技术、信息安全技术、应用数学、数论、信息论等多种学科的综合性学科。

它主要是指网络系统的硬件、软件及其系统中的数据受到保护，不受偶然的或者恶意的原因而遭到破坏、更改、泄露，系统连续可靠正常地运行，网络服务不中断。

2. 信息安全的主要特征

（1）完整性

完整性是指信息在传输、交换、存储和处理过程保持非修改、非破坏和非丢失的特性，即保持信息原样性，使信息能正确生成、存储、传输，这是最基本的安全特征。

（2）保密性

保密性是指信息按给定要求不泄漏给非授权的个人、实体或过程，或提供其利用的特性，即杜绝有用信息泄漏给非授权个人或实体，强调有用信息只被授权对象使用的特征。

（3）可用性

可用性是指网络信息可被授权实体正确访问，并按要求能正常使用或在非正常情况下能恢复使用的特征，即在系统运行时能正确存取所需信息，当系统遭受攻击或破坏时，能迅速恢复并能投入使用。可用性是衡量网络信息系统面向用户的一种安全性能。

（4）不可否认性

不可否认性是指通信双方在信息交互过程中,确信参与者本身,以及参与者所提供的信息的真实性,即所有参与者都不可能否认或抵赖本人的真实身份,以及提供信息的原样性和完成的操作与承诺。

（5）可控性

可控性是指对流通在网络系统中的信息传播及具体内容能够实现有效控制的特性,即网络系统中的任何信息要在一定传输范围和存放空间内可控。除了采用常规的传播站点和传播内容监控这种形式外,最典型的如密码的托管政策,当加密算法交由第三方管理时,必须严格按规定可控执行。

 任务实施

下面以 Windows 7 账户安全进行的相关配置为例说明,步骤如下:

（1）使用"WIN＋R"快捷键调出"运行"对话框,然后输入 secpol. msc 并按 Enter 键,如图 1-4-1 所示。

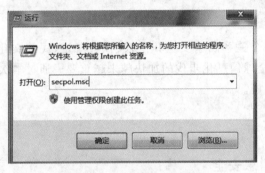

图 1-4-1 "运行"对话框

（2）按 Enter 键后,可以看到本地安全策略界面,如图 1-4-2 所示。

图 1-4-2 本地安全策略界面

（3）首先单击"账户策略"，然后单击"账户锁定策略"，可以看到右方出现如图 1-4-3 所示界面。

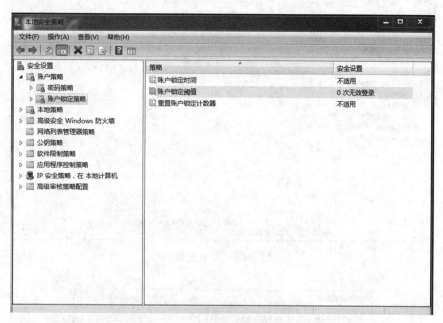

图 1-4-3　"账户锁定策略"界面

（4）双击"账户锁定阈值"，进入如图 1-4-4 所示界面。

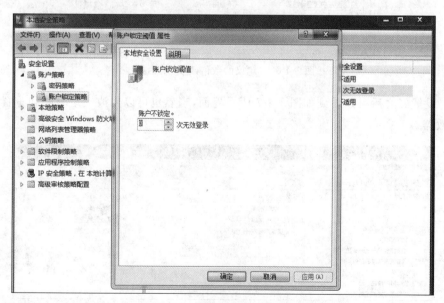

图 1-4-4　"账户锁定阈值"界面

（5）尝试设置输错两次密码就锁定系统，输入 2，单击"确定"按钮，如图 1-4-5 所示。

（6）确定后弹出如图 1-4-6 所示对话框，意思是当输错密码 2 次后，30 分钟后才能重新输入密码。单击"确定"按钮。

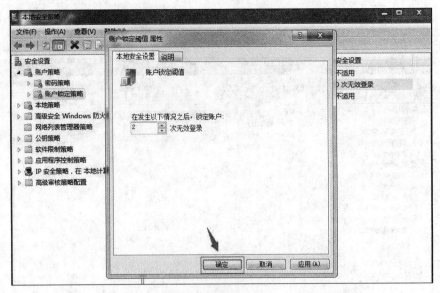

图 1-4-5　设置次数

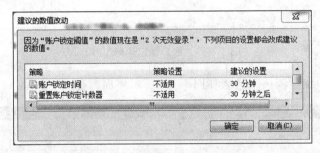

图 1-4-6　"建议的数值改动"对话框

（7）设置好之后可以看到如图 1-4-7 所示界面，当然也可以修改锁定时间和重置账户来锁定计数器。

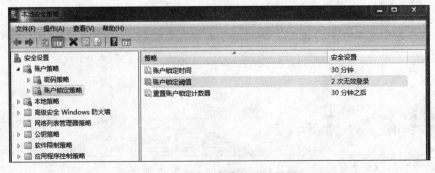

图 1-4-7　设置完毕的显示界面

下面介绍云计算的基本知识。

引言：楚国人坐船渡河，不慎将剑掉入河中。他在舟上刻下记号，说："云标记。"当船靠岸时他跳入河中轻松将剑捞了起来。旁人都很诧异，楚国人淡定地说："云搜索。"

1. 概念

关于云计算的定义有很多，现阶段广为接受的是美国国家标准与技术研究院（NIST）的定义：云计算是一种按使用量付费的模式，这种模式提供可用的、便捷的、按需的网络访问，进入可配置的计算资源共享池（资源包括网络、服务器、存储、应用软件、服务），这些资源能够被快速提供，只需投入很少的管理工作，或与服务供应商进行很少的交互。简单理解就是把所有的物理资源重新整合，所有资源形成一个资源池，再把源池按需分配出去，就像用水、用电一样，按需缴费，不用关心水、电是哪里来的，如图 1-4-8 所示。

图 1-4-8　云计算的概念

2. 云计算安装服务

- IaaS：消费者使用"基础计算资源"，如处理能力、存储空间、网络组件或中间件。消费者能掌控操作系统、存储空间、已部署的应用程序及网络组件（如防火墙、负载平衡器等），但并不掌控云基础架构。如 Amazon AWS、Racks pace。
- PaaS：消费者使用主机操作应用程序。消费者掌控运作应用程序的环境（也拥有主机部分掌控权），但并不掌控操作系统、硬件或运作的网络基础架构。平台通常是应用程序基础架构。如 Google App Engine。
- SaaS：消费者使用应用程序，但并不掌控操作系统、硬件或运作的网络基础架构。是一种服务观念的基础，软件服务供应商，以租赁的概念提供客户服务，而非购买，比较常见的模式是提供一组账号密码。如 Microsoft CRM 与 Salesforce.com。

3. 应用领域

云计算在中国主要行业应用还仅仅是"冰山一角"，但随着本土化云计算技术产品、解决方案的不断成熟，云计算理念的迅速推广普及，云计算必将成为未来中国重要行业领域的主流 IT 应用模式，为重点行业用户的信息化建设与 IT 运维管理工作奠定核心基础。

(1) 医药医疗领域

医药企业与医疗单位一直是国内信息化水平较高的行业用户，在"新医改"政策推动下，医药企业与医疗单位将对自身信息化体系进行优化升级，以适应医改业务调整要求，在此影响下，以"云信息平台"为核心的信息化集中应用模式将孕育而生，逐步取代各系统分散为主体的应用模式，进而提高医药企业的内部信息共享能力与医疗信息公共平台的整体服务能力。

(2) 制造领域

随着"后金融危机时代"的到来，制造企业的竞争将日趋激烈，企业在不断进行产品创新、管理改进的同时，也在大力开展内部供应链优化与外部供应链整合工作，进而降低运营成本、缩短产品研发生产周期，未来云计算将在制造企业供应链信息化建设方面得到广泛应用，特别是通过对各类业务系统的有机整合，形成企业云供应链信息平台，加速企业内部"研发—采购—生产—库存—销售"信息一体化进程，进而提升制造企业的竞争实力。

(3) 金融与能源领域

金融、能源企业一直是国内信息化建设的"领军性"行业用户，在未来几年里，中石化、中保、农行等行业内企业信息化建设已经进入"IT 资源整合集成"阶段，在此期间，需要利用"云计算"模式，搭建基于 IaaS 的物理集成平台，对各类服务器基础设施应用进行集成，形成能够高度复用与统一管理的 IT 资源池，对外提供统一硬件资源服务，同时在信息系统整合方面，需要建立基于 PaaS 的系统整合平台，实现各异构系统间的互联互通。因此，云计算模式将成为金融、能源等大型企业信息化整合的"关键武器"。

(4) 电子政务领域

未来，云计算将助力中国各级政府机构"公共服务平台"建设，各级政府机构正在积极开展"公共服务平台"的建设，努力打造"公共服务型政府"的形象，在此期间，需要通过云计算技术来构建高效运营的技术平台，其中包括：利用虚拟化技术建立公共平台服务器集群，利用 PaaS 技术构建公共服务系统等方面，进而实现公共服务平台内部可靠、稳定的运行，提高平台不间断服务能力。

(5) 教育科研领域

未来，云计算将为高校与科研单位提供实效化的研发平台。云计算已经在清华大学、中科院等单位得到了初步应用，并取得了很好的应用效果。在未来，云计算将在我国高校与科研领域得到广泛的应用普及，各大高校将根据自身研究领域与技术需求建立云计算平台，并对原来各下属研究所的服务器与存储资源加以有机整合，提供高效可复用的云计算平台，为科研与教学工作提供强大的计算机资源，进而大大提高研发工作效率。

总之，云计算作为 IT 领域一项革新的计算服务模式，一种新的应用模式，不论是从商业模式上还是信息化服务上，都具有许多现有模式所不具备的优势、高效率、高可靠性、低成本，因而受到了人们的追捧。云计算技术在各个领域的应用将会不断成熟，势必会越来越向科学化、体系化、规范化、标准化发展。

 技能拓展

Windows 防火墙的配置方法如下：

（1）依次选择"开始"菜单→"控制面板"，如图1-4-9所示。

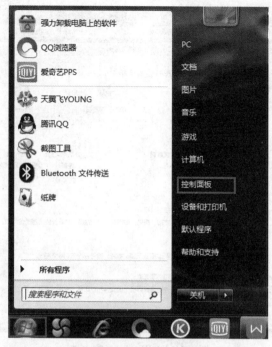

图1-4-9 打开"控制面板"

（2）打开"网络和共享中心"，如图1-4-10所示。

图1-4-10 网络和共享中心

（3）选择"Windows 防火墙"，如图 1-4-11 所示。

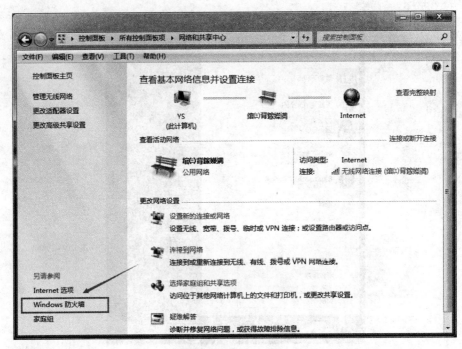

图 1-4-11　Windows 防火墙

（4）选择"打开或关闭 Windows 防火墙"，如图 1-4-12 所示。

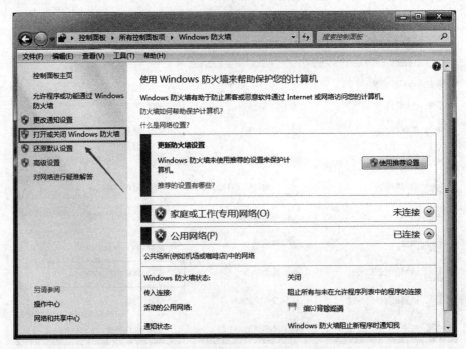

图 1-4-12　打开或关闭 Windows 防火墙

（5）选择"启用 Windows 防火墙"，如图 1-4-13 所示。

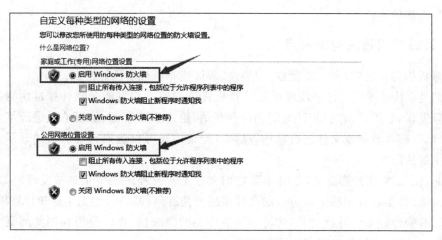

图 1-4-13 启用 Windows 防火墙

 任务总结

通过本任务的学习,应掌握下列知识。

- 了解网络信息安全的重要性。
- 了解网络信息中存在的安全隐患。
- 初步了解云计算的基本概念。
- 能够进行账户安全和防火墙的配置。

子任务 1.4.2　了解计算机病毒

 任务描述

计算机能帮我们完成很多工作,但是计算机也会因为计算机病毒的原因变得不听指挥或者运行效率非常低。通过本次任务,大家会了解到什么是计算机病毒以及杀毒软件的相关知识。

 相关知识

1. 什么是计算机病毒

计算机病毒(Computer Virus)在《中华人民共和国计算机信息系统安全保护条例》中被明确定义,病毒是指"编制者在计算机程序中插入的破坏计算机功能或者破坏数据,影响计算机使用并且能够自我复制的一组计算机指令或者程序代码"。与医学上的"病毒"不同,计算机病毒不是天然存在的,是某些人利用计算机软件和硬件所固有的脆弱性编制的一组指令集或程序代码。它能通过某种途径潜伏在计算机的存储介质(或程序)里,当达到某种条件时即被激活,通过修改其他程序的方法将自己的精确拷贝或者可能演化的形式放入其他程序中,从而感染其他程序,对计算机资源进行破坏。所谓的病毒就是人为造成的,对其他用户的危害性极大。

2. 计算机病毒共同的特点

计算机病毒具有破坏性、隐蔽性、传染性、潜伏性和可触发性等特点。

破坏性：凡是通过软件手段能触及计算机资源的地方均可能受到计算机病毒的破坏，病毒一旦发作，它可以占用 CPU 时间和内存开销、抢占系统资源，从而造成进程堵塞、删除系统文件、对磁盘数据或文件进行破坏等后果，严重的还可以造成打乱屏幕的显示、系统瘫痪甚至主板故障等。

隐蔽性：通常病毒都具备"隐身术"，它们夹在正常的程序之中很难被发现。如果不是专业的人员，你很难看出感染病毒后的文件跟感染前有何种区别，也无法得知计算机的内存中是否已有病毒驻留。除此之外，病毒还具备传染的隐蔽性，也就是说在浏览网页、打开文档或者执行程序的时候，病毒就有可能悄悄到来。

传染性：对于绝大多数计算机病毒来讲，传染是它的一个重要特性。它通过修改别的程序，并将自身的拷贝包括进去，从而达到扩散的目的。这种特性也是判断病毒程序的最重要的衡量标准之一。

潜伏性：病毒侵入后一般都寄生在计算机媒体中，平时的主要任务是悄悄地感染其他系统或文件，并不会立刻发作，而需要等一段时间，当条件成熟、时机合适的时候才突然爆发。

可触发性：病毒的感染和发作都是有触发条件的，如同一枚定时炸弹，当具备了合适的外界条件，它才突然行动，而且一发不可收拾。

3. 计算机病毒的分类

（1）按破坏性分类

- 良性病毒。
- 恶性病毒。
- 极恶性病毒。
- 灾难性病毒。

（2）按传染方式分类

- 引导区型病毒。引导区型病毒主要通过软盘在操作系统中传播，感染引导区，蔓延到硬盘，并能感染到硬盘中的"主引导记录"。
- 文件型病毒。文件型病毒是文件感染者，也称为寄生病毒。它运行在计算机存储器中，通常感染扩展名为 COM、EXE、SYS 等类型的文件。
- 混合型病毒。混合型病毒具有引导区型病毒和文件型病毒两者的特点。
- 宏病毒。宏病毒是指用 BASIC 语言编写的病毒程序寄存在 Office 文档上的宏代码。宏病毒影响对文档的各种操作。

（3）按连接方式分类

- 源码型病毒。它攻击高级语言编写的源程序，在源程序编译之前插入其中，并随源程序一起编译，连接成可执行文件。源码型病毒较为少见，亦难以编写。
- 入侵型病毒。入侵型病毒可用自身代替正常程序中的部分模块或堆栈区。因此这类病毒只攻击某些特定程序，针对性强。一般情况下也难以被发现，清除起来也较困难。

- 操作系统型病毒。操作系统型病毒可用其自身部分加入或替代操作系统的部分功能。因其直接感染操作系统,这类病毒的危害性也较大。
- 外壳型病毒。外壳型病毒通常将自身附在正常程序的开头或结尾,相当于给正常程序加了个外壳。大部分的文件型病毒都属于这一类。

4. 产生病毒的原因

病毒的产生不是偶然,计算机病毒的制造却来自于一次偶然的事件,那时的研究人员是为了计算出当时互联网的在线人数,然而它却自己"繁殖"了起来,导致了整个服务器的崩溃和堵塞,有时一次突发的停电和偶然的错误,会在计算机的磁盘和内存中产生一些乱码和随机指令,但这些代码是无序和混乱的,病毒则是一种比较完美的、精巧严谨的代码,按照严格的秩序组织起来,与所在的系统网络环境相适应和配合起来,病毒不会偶然形成,并且需要有一定的长度,这个基本的长度从概率上来讲是不可能通过随机代码产生的。

5. 计算机病毒的主要危害

- 病毒激发对计算机数据信息的直接破坏作用。
- 引导区型病毒。
- 占用磁盘空间和对信息的破坏。
- 抢占系统资源。
- 影响计算机的运行速度。
- 计算机病毒错误与不可预见的危害。
- 计算机病毒的兼容性对系统运行的影响。
- 计算机病毒给用户造成严重的心理压力。

6. 计算机病毒的命名

一般格式为:

<病毒前缀>.<病毒名>.<病毒后缀>

说明:

(1) 病毒前缀是指一个病毒种类,如木马病毒的前缀为 Trojan,蠕虫病毒的前缀是 Worm 等。

(2) 病毒名是指一个病毒家族的特征,如 CIH、Sasser。

(3) 病毒后缀是指一个病毒的变种特征,如 Worm、Sasser. b。

7. 预防

提高系统的安全性是防病毒的一个重要方面,但完美的系统是不存在的,过于强调提高系统的安全性将使系统多数时间用于病毒检查,系统失去了可用性、实用性和易用性,另外,信息保密的要求让人们在泄密和抓住病毒之间无法选择。加强内部网络管理人员以及使用人员的安全意识,很多计算机系统常用口令来控制对系统资源的访问,这是防病毒进程中最容易和最经济的方法之一。另外,安装杀毒软件并定期更新病毒库也是预防病毒的重中之重。

 **任务实施**

1. 杀毒软件介绍

杀毒软件也称反病毒软件或防毒软件,是用于消除计算机病毒、特洛伊木马和恶意软件的一类软件。杀毒软件通常集成监控识别、病毒扫描及清除和自动升级等功能,有的杀毒软件还带有数据恢复等功能,是计算机防御系统(包含杀毒软件、防火墙、特洛伊木马和其他恶意软件的查杀程序、入侵预防系统等)的重要组成部分。

下面从四个方面了解杀毒软件。

(1) 杀毒软件不可能查杀所有病毒。

(2) 杀毒软件能查到的病毒,不一定能杀掉。

(3) 一台计算机每个操作系统下不能同时安装两套或两套以上的杀毒软件(除非有兼容或绿色版,现在很多杀毒软件兼容性很好,国产杀毒软件几乎不用担心兼容性问题),另外建议查看不兼容的程序列表。

(4) 杀毒软件现在对被感染的文件杀毒有多种方式:清除、删除、禁止访问、隔离、不处理。

清除:清除被蠕虫感染的文件,清除后文件恢复正常。相当于如果人生病,清除是给这个人治病。

删除:删除病毒文件。这类文件不是被感染的文件,本身就含毒,无法清除,可以删除。

禁止访问:禁止访问病毒文件。在发现病毒后用户如选择不处理,则杀毒软件可能将病毒禁止访问。用户打开时会弹出错误对话框,内容是"该文件不是有效的 Win32 文件"。

隔离:病毒删除后转移到隔离区。用户可以从隔离区找回删除的文件。隔离区的文件不能运行。

不处理:不处理该病毒。如果用户暂时不知道是不是病毒,可以暂时先不处理。

2. 常见的杀毒软件

目前国内反病毒软件有三大巨头:360 杀毒、金山毒霸、瑞星杀毒软件。介绍如下。

(1) 360 杀毒软件

360 杀毒是永久免费,因此中国市场占有率相当高。具有以下优点:查杀效率高、资源占用少、升级迅速等。

360 杀毒采用领先的病毒查杀引擎及云安全技术,不但能查杀数百万种已知病毒,还能有效防御最新病毒的入侵。360 杀毒和 360 安全卫士常配合使用。

(2) 金山毒霸

金山公司推出的计算机安全产品,监控、杀毒全面、可靠,占用系统资源较少。其软件的组合版功能强大(金山毒霸 2011、金山网盾、金山卫士),集杀毒、监控、防木马、防漏洞为一体,是一款具有市场竞争力的杀毒软件。

（3）瑞星杀毒软件

瑞星杀毒软件的监控能力是十分强大的，但同时占用系统资源较大。拥有在不影响用户工作的情况下进行病毒处理即后台查杀、断点续杀（智能记录上次查杀完成文件，针对未查杀的文件进行查杀）、异步杀毒处理（在用户选择病毒处理的过程中，不中断查杀进度，提高查杀效率）、空闲时段查杀（利用用户系统空闲时间进行病毒扫描）、嵌入式查杀（可以保护MSN 等即时通信软件，并在 MSN 传输文件时进行传输文件的扫描）、开机查杀（在系统启动初期进行文件扫描，以处理随系统启动的病毒）等功能，缺点是卸载后注册表残留一些信息。

 知识拓展

计算机病毒之所以称为病毒是因为其具有传染性的本质。病毒的传播途径多种多样，传统渠道通常有以下几种。

（1）通过软盘

通过使用外界被感染的软盘，例如，不同渠道来的系统盘、来历不明的软件、游戏盘等是最普遍的传染途径。由于使用带有病毒的软盘，使机器感染病毒发病，并传染给未被感染的"干净"的软盘。大量的软盘交换，合法或非法的程序拷贝，不加控制地随便在机器上使用各种软件造成了病毒感染、泛滥蔓延的温床。

（2）通过硬盘

通过硬盘传染也是重要的渠道，由于带有病毒机器移到其他地方使用、维修等，将干净的软盘传染并再扩散。

（3）通过光盘

因为光盘容量大，存储了海量的可执行文件，大量的病毒就有可能藏身于光盘，对只读式光盘不能进行写操作，因此光盘上的病毒不能清除。以谋利为目的非法盗版软件的制作过程中，不可能为病毒防护担负专门责任，也绝不会有真正可靠可行的技术保障避免病毒的传入、传染、流行和扩散。当前，盗版光盘的泛滥给病毒的传播带来了很大的便利。

（4）通过网络

这种传染扩散极快，能在很短时间内传遍网络上的机器。

随着 Internet 的风靡，给病毒的传播又增加了新的途径，它的发展使病毒可能成为灾难，病毒的传播更迅速，反病毒的任务更加艰巨。Internet 带来两种不同的安全威胁，一种威胁来自文件下载，这些被浏览的或是被下载的文件可能存在病毒。另一种威胁来自电子邮件。大多数 Internet 邮件系统提供了在网络间传送附带格式化文档邮件的功能，因此，遭受病毒的文档或文件就可能通过网关和邮件服务器涌入企业网络。网络使用的简易性和开放性使得这种威胁越来越严重。

 **技能拓展**

下面介绍常见的计算机中病毒的症状。

(1) 计算机系统运行速度减慢。

(2) 计算机系统经常无故发生死机。

(3) 计算机系统中的文件长度发生变化。

(4) 计算机存储的容量异常减少。

(5) 丢失文件或文件损坏。

(6) 计算机屏幕上出现异常显示。

(7) 系统不识别硬盘。

(8) 对存储系统异常访问。

(9) 键盘输入异常。

(10) 文件的日期、时间、属性等发生变化。

(11) 文件无法正确读取、复制或打开。

(12) 命令执行出现错误。

(13) 换当前盘。有些病毒会将当前盘切换到 C 盘。

(14) Windows 操作系统无故频繁出现错误。

(15) 系统出现异常并重新启动。

(16) 一些外部设备工作异常。

(17) 系统出现异常,要求用户输入密码。

(18) Word 或 Excel 提示执行"宏"。

(19) 使不应驻留内存的程序驻留内存。

 任务总结

通过本任务的实施,应掌握下列知识和技能。

- 了解常见的杀毒软件。
- 了解计算机病毒的传播方式。
- 了解计算机中毒后常见的征兆。

子任务 1.4.3 预防、检测、清除计算机病毒

 任务描述

前面已经讲解了一些病毒的传播方式,计算机中毒后的常见症状以及杀毒软件相关的知识。本次任务中将对杀毒软件的使用进行详细讲解。

 相关知识

下面介绍防止计算机中毒的小常识。

(1) 建立良好的安全习惯

对一些来历不明的邮件及附件不要打开,不要上一些不太了解的网站、不要执行从Internet 下载后未经杀毒处理的软件等,这些必要的习惯会使你的计算机更安全。

（2）关闭或删除系统中不需要的服务

默认情况下，许多操作系统会安装一些辅助服务，如 FTP 客户端、Telnet 和 Web 服务器。这些服务为攻击者提供了方便，而又对用户没有太大用处，如果删除它们，就能大大减少被攻击的可能性。

（3）经常升级安全补丁

据统计，有 80％的网络病毒是通过系统安全漏洞进行传播的，像蠕虫王、冲击波、震荡波等，所以我们应该定期到微软网站去下载最新的安全补丁，以防患于未然。

（4）使用复杂的密码

有许多网络病毒就是通过猜测简单密码的方式攻击系统的，因此使用复杂的密码，将会大大提高计算机的安全系数。

（5）迅速隔离受感染的计算机

当你的计算机发现病毒或异常时应立刻断网，以防止计算机受到更多的感染，或者成为传播源，再次感染其他计算机。

（6）了解一些病毒知识

这样就可以及时发现新病毒并采取相应措施，在关键时刻使自己的计算机免受病毒破坏。如果能了解一些注册表知识，就可以定期看一看注册表的自启动项是否有可疑键值；如果了解一些内存知识，就可以经常看看内存中是否有可疑程序。

（7）最好安装专业的杀毒软件进行全面监控

在病毒日益增多的今天，使用杀毒软件进行防毒，是越来越经济的选择，不过用户在安装了反病毒软件之后，应该经常进行升级，将一些主要监控经常打开（如邮件监控），进行内存监控，遇到问题要上报，这样才能真正保障计算机的安全。

（8）用户还应该安装个人防火墙软件进行防黑

由于网络的发展，用户计算机面临的黑客攻击问题也越来越严重，许多网络病毒都采用了黑客的方法来攻击用户计算机，因此，用户还应该安装个人防火墙软件，将安全级别设为中、高，这样才能有效地防止网络上的黑客攻击。

 任务实施

1. 360 杀毒软件的使用

现有很多工具软件，虽不是专业杀毒软件，但它能对系统进行各项安全管理。本书简单介绍用户使用较多的免费杀毒软件——360 杀毒软件的用法。

（1）下载安装 360 杀毒软件最新版本

到安全卫士官方网站免费下载软件，然后安装。安装成功后，系统任务栏右端会出现"360 杀毒软件实时运行"图标。

（2）运行 360 杀毒软件，进行系统安全性维护

双击任务栏中的"360 杀毒软件实时运行"图标，可以快速打开 360 杀毒软件，该软件运行窗口是一个对话框，如图 1-4-14 所示。在这里可以选择"快速扫描""全盘扫描"和"自定义扫描"模式，常用"快速扫描"模式。使用"快速扫描"模式的杀毒窗口如图 1-4-15 所示。选中图 1-4-15 中左下方的"扫描完成后自动处理并关机"功能，可以实现杀毒完成后自动关机功能。

图 1-4-14　360 杀毒软件的启动界面

图 1-4-15　360 杀毒软件的杀毒界面

2. 360 安全卫士的使用

360 安全卫士有电脑体检、木马查杀、漏洞修复、系统修复、电脑清理等功能。这里简单讲解电脑体检、木马查杀、漏洞修复的操作。

（1）电脑体检

① 下载安装 360 安全卫士最新版本。

到安全卫士官方网站免费下载软件，然后安装。安装成功后，系统任务栏右端会出现"360 安全卫士实时运行"图标 ➕。

② 运行 360 安全卫士。

双击任务栏上的"360 安全卫士实时运行"图标 ➕，可以快速打开 360 安全卫士。

③ 单击"立即体检"按钮，如图 1-4-16 所示。

图 1-4-16　360 安全卫士体检界面

（2）木马查杀

单击"查杀修复"选项，如图 1-4-16 所示。在打开的界面中单击"快速扫描"，也可以单击"全盘扫描"或者"自定义扫描"，如图 1-4-17 所示。

图 1-4-17　360 安全卫士查杀木马

（3）漏洞修复

单击"漏洞修复"，如图 1-4-17 所示。在"漏洞修复"选项下单击"立即修复"按钮，如图 1-4-18 所示。

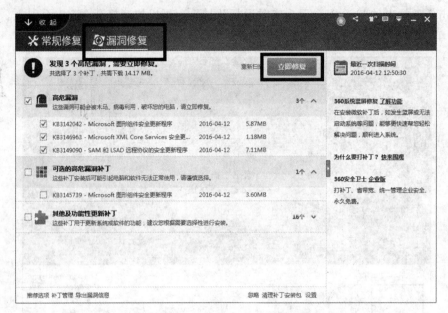

图 1-4-18　360 安全卫士进行漏洞修复

 知识拓展

常见的杀毒软件在前面已经介绍，除了杀毒软件以外，还有病毒专杀工具。病毒专杀工具通常是杀毒软件公司针对某个病毒或某类型病毒设计的专用杀毒软件。某些病毒可能用杀毒软件无法解决，可以采取用病毒专杀工具。如"熊猫烧香"专用清除工具、"木马群"病毒专杀及修复工具、灰鸽子专杀工具、QQ 病毒专杀工具等。这些专杀工具一般都是免费的，当我们遇到杀毒软件无法清除的可知病毒时，可以考虑下载安装这些专杀工具来解决。

技能拓展

如何检查计算机是否中了病毒？以下就是检查步骤。

（1）检查进程

首先排查的就是进程了，方法简单，开机后，什么都不要启动。

① 直接打开任务管理器，查看有没有可疑的进程，不认识的进程可以从互联网上搜索一下。

② 打开杀毒软件，先查看有没有隐藏进程，然后查看系统进程的路径是否正确。

③ 如果进程全部正常，则利用 Wsyscheck 等工具，查看是否有可疑的线程注入正常进程中。

（2）检查自启动项目

进程排查完毕，如果没有发现异常，则开始排查启动项。

用 msconfig 命令查看是否有可疑的服务。按"Windows 键＋R"打开"运行"对话框,输入 msconfig,确认后,切换到"服务"选项卡,选中"隐藏所有 Microsoft 服务"复选框,然后逐一确认剩下的服务是否正常(可以凭经验识别,也可以利用搜索引擎)。同时查看是否有可疑的自启动项,切换到"启动"选项卡,逐一排查就可以了。

（3）检查网络连接

ADSL 用户在这个时候可以进行虚拟拨号并连接到 Internet。然后直接用冰刃的网络连接查看是否有可疑的连接。对于 IP 地址如果发现异常,不要着急,关掉系统中可能使用网络的程序(如迅雷等下载软件、杀毒软件的自动更新程序、IE 浏览器等),再次查看网络连接信息。

（4）安全模式

重启系统,直接进入安全模式。如果无法进入,并且出现蓝屏等现象,则应该引起警惕,可能是病毒入侵的后遗症,也可能病毒还没有清除。

 任务总结

通过本任务的实施,应掌握下列知识和技能。

- 掌握如何防止计算机中毒的方法。
- 掌握杀毒软件的使用方法。
- 学会检查计算机是否中毒。

课 后 练 习

1. 计算机从诞生到现在共经历了哪几个时代？

2. 计算机从外观上看有哪几部分？

3. 计算机主要应用领域有哪些？

4. 组装计算机主要有哪几个步骤？

5. 什么是编码？编码有什么作用？

6. 下载一个鼠标指针样式文件,将计算机鼠标指针修改为对应的样式后,再修改为系统默认的指针样式。

7. 将下列数据单位转换为 KB。

　　(1) 3072B　　(2) 10MB　　(3) 5GB　　(4) 2TB

8. 分别说出十进制、二进制、八进制和十六进制的数码、基和权。

9. 至少列举 3 个你知道的 Windows 系统中常用的快捷键。

10. 至少列举 2 个键盘上的基本功能键并简述这些功能键的作用。

11. 将下列十进制数分别转换为二进制、八进制、十六进制。

　　(1) 28　　(2) 64　　(3) 156　　(4) 256

12. 输入下列文字。

周公《尔雅》:"槚,苦茶。"《广雅》云:"荆巴间采叶作饼,叶老者饼成,以米膏出之。欲煮茗饮,先炙,令赤色,捣末置瓷器中,以汤浇覆之,用葱、姜、橘子芼之,其饮醒酒,令人不眠。"

《吴志·韦曜传》:"孙皓每飨宴坐席,无不率以七胜为限。虽不尽入口,皆浇灌取尽,曜饮酒不过二升,皓初礼异,密赐茶荈以代酒。"

《晋中兴书》:"陆纳为吴兴太守,时卫将军谢安常欲诣纳,纳兄子俶怪纳,无所备,不敢问之,乃私蓄十数人馔。安既至,所设唯茶果而已。俶遂陈盛馔珍馐必具,及安去,纳杖俶四十,云:'汝既不能光益叔父,奈何秽吾素业?'"

《搜神记》:"夏侯恺因疾死,宗人字苟奴,察见鬼神,见恺来收马,并病其妻,著平上帻单衣人,坐生时西壁大床,就人觅茶饮。"

13. 用输入法对应的软键盘输入第 12 题中的第一段。

14. 说出你熟悉的计算机硬件部件并简述其作用。

15. 尝试用搜狗拼音输入法的笔画模式输入下列生僻字。

    (1) 焱   (2) 垚   (3) 犇   (4) □

16. 简述计算机的主要技术指标。

17. 指法训练进度表(见题表 1)。

题表 1 输入速度测试进度表

序 号	测 试 时 间	速度(字/分钟)	准确率(%)	备 注
第一次				
第二次				
第三次				
学期结束				

18. 什么是计算机病毒?它们有哪些特点?

19. 简述计算机病毒的危害有哪些。

20. 描述你知道的杀毒软件。

21. 简述计算机病毒常见的传播方式。

22. 给你的计算机安装一款杀毒软件,并使用它对计算机进行安全维护。

项目二 使用 Windows 7 系统

任务 2.1 认识 Windows 7

子任务 2.1.1 Windows 7 的启动与退出

 任务描述

操作系统是计算机中最基本的软件,所有应用程序的使用都必须在操作系统的支持下进行。通过本次任务,大家会了解到 Windows 7 的基本使用方法,为进一步使用计算机打下基础。

 相关知识

1. Windows 7 系统介绍

Windows 7 是由微软公司开发的、具有革命性变化的操作系统,核心版本号为 Windows NT 6.1,可供家庭及商业工作环境、笔记本电脑、平板电脑、多媒体中心等使用。Windows 7 在以往操作系统的基础上做了较大的调整和更新,除了支持更多的应用程序和硬件,还提供了许多贴近用户的人性化设计,使用户的操作更加方便快捷。

图 2-1-1 Windows 7 标志

Windows 7 有简易版、家庭普通版、家庭高级版、专业版、企业版和旗舰版等几个不同的版本,每个版本针对不同的用户群体,具有不同的功能。Windows 7 的标志如图 2-1-1 所示。

2. 最低配置要求

最低配置要求见表 2-1-1。

表 2-1-1 最低配置要求

设备名称	基 本 要 求	备 注
CPU	2GHz 及以上	Windows 7 包括 32 位和 64 位两种版本。若安装 64 位版本,则需要支持 64 位运算的 CPU
内存	1GB 及以上	安装识别的最低内存是 512MB,小于 512MB 会提示内存不足(只在安装时提示)

续表

设备名称	基 本 要 求	备 注
硬盘	20GB 以上可用空间	安装占用 20GB
显卡	有 WDDM 1.0 或更高版驱动的集成显卡要用 64MB 以上显存	128MB 为打开 Aero 的最低配置
其他设备	DVD-R/RW 驱动器或者 U 盘等其他储存介质	安装用

3. 系统特色

- 易用：Windows 7 做了许多方便用户的设计，如快速最大化、窗口半屏显示、跳转列表(Jump List)和系统故障快速修复等。

- 快速：Windows 7 大幅缩减了 Windows 的启动时间。据实测，在 2008 年的中低端配置下运行，系统加载时间一般不超过 20 秒，这与 Windows Vista 的 40 余秒相比，是一个很大的进步。

- 简单：Windows 7 让搜索和使用信息更加简单，包括本地、网络和互联网搜索功能，直观的用户体验更加高级，全新的任务栏将传统的快速启动栏和窗口按钮进行了整合，使程序的启动和窗口预览变得更加轻松。

- 安全：Windows 7 包括了改进的安全和功能合法性，还会把数据保护和管理扩展到外围设备。Windows 7 改进了基于角色的计算方案和用户账户管理，在数据保护和坚固协作的固有冲突之间搭建沟通桥梁，同时也会开启企业级的数据保护和权限许可。

- 特效：Windows 7 的 Aero 效果华丽，有碰撞效果、水滴效果，还有丰富的桌面主题，与此同时用户还可以轻松搭配出符合用户个性的系统界面，这些都比 Vista 增色不少。

- 效率：Windows 7 中，系统集成的搜索功能非常强大，只要用户打开"开始"菜单并开始输入搜索内容，无论要查找应用程序、文本文档等，搜索功能都能自动运行，给用户的操作带来极大的便利。

- 小工具：Windows 7 的小工具更加丰富，并没有像 Windows Vista 的侧边栏，这样，小工具可以放在桌面的任何位置，而不只是固定在侧边栏。用户可以通过各类小工具查看日历、时钟、系统性能、硬件温度及电池用量等。

- 高效搜索框：Windows 7 系统资源管理器的搜索框在菜单栏的右侧，可以灵活调节宽窄。它能快速搜索 Windows 中的文档、图片、程序、Windows 帮助甚至网络等信息。Windows 7 系统的搜索是动态的，当我们在搜索框中输入第一个字的时候，Windows 7 的搜索就已经开始工作，大大提高了搜索效率。

 任务实施

1. 启动 Windows 7

如果计算机只安装了唯一的操作系统，那么启动 Windows 7 与启动计算机是同步的。

启动计算机时,首先要连通计算机的电源,然后依次打开显示器电源开关和主机电源开关。稍后,屏幕上将显示计算机的自检信息,如显卡型号、主板型号和内存大小等。

通过自检程序后,将显示欢迎界面,如果用户在安装系统时设置了用户名和密码,将出现 Windows 7 登录界面,如图 2-1-2 所示。在用户名下方的密码空格框中输入正确密码后按 Enter 键,计算机将开始载入用户配置,并进入 Windows 7 的工作界面。

图 2-1-2　Windows 7 旗舰版登录界面

Windows 7 是图形化的计算机操作系统,用户通过对该操作系统的控制来实现对计算机软件和硬件系统各组件的控制,使它们能协调工作。完成登录进入 Windows 7,首先看到的就是桌面,如图 2-1-3 所示,Windows 7 的所有程序、窗口和图标都是在桌面上显示和运行的。

图 2-1-3　Windows 7 旗舰版桌面

2．切换用户及注销用户

（1）切换用户

如果在操作过程中需要切换到另一个用户账户，可单击"开始"按钮，在弹出的"开始"菜单中，用鼠标指向"关闭"按钮旁边的箭头，然后在弹出的子菜单中选择"切换用户"命令，如图 2-1-4 所示。此时系统会保持当前用户工作状态不变，返回到登录界面中，选择其他用户账户登录即可。

图 2-1-4　"开始"菜单中的"关机"按钮

（2）注销

单击"开始"按钮，鼠标指向"关闭"按钮旁边的箭头，然后单击"注销"命令，即可将当前用户注销。注销后，正在使用的所有程序都会关闭，但计算机不会关闭。此时其他用户可以登录而无须重新启动计算机。注销和切换用户不同的是，注销功能不会保存当前用户的工作状态。

3．关机

正确关闭计算机需单击"开始"按钮，然后选择"开始"菜单下方的"关机"命令，则计算机关闭所有打开的程序以及 Windows 本身，然后完全关闭计算机和显示器。关机不会保存数据，因此必须首先保存好文件。

 知识拓展

1．什么是操作系统

操作系统（Operating System，OS）实际上是一组程序，用于管理计算机硬件、软件资源，合理地组织计算机的工作流程，协调计算机系统各部分之间、系统与用户之间、用户与用户之间的关系。

操作协调的主要功能如下。

（1）处理器管理：当多个程序同时运行时，解决处理器（CPU）时间的分配问题。

（2）作业管理：完成某个独立任务的程序及其所需的数据组成一个作业。作业管理的任务主要是为用户提供一个使用计算机的界面使其方便地运行自己的作业，并对所有进入系统的作业进行调度和控制，以便尽可能高效地利用整个系统的资源。

（3）存储器管理：为各个程序及其使用的数据分配存储空间，并保证它们互不干扰。

（4）设备管理：根据用户提出使用设备的请求进行设备分配，同时还能随时接收设备的请求（称为中断），如要求输入信息。

（5）文件管理：主要负责文件的存储、检索、共享和保护，为用户操作文件提供方便。

2. Windows 操作系统的发展史

微软公司从 1983 年开始研制 Windows 系统，第一个版本的 Windows 1.0 于 1985 年问世，它是一个具有图形用户界面的系统软件。

1987 年推出了 Windows 2.0，最明显的变化是采用了相互叠盖的多窗口界面形式。

1990 年 5 月 22 日，Windows 3.0 正式发布，由于在界面、人性化、内存管理等多方面的巨大改进，Windows 3.x 系列成为 Windows 发展的转折点，获得了用户的认同，开始成为主流的操作系统。

1995 年 8 月 24 日，Windows 95 发布，它是一个混合的 16 位/32 位系统，可以脱离 DOS 运行，成为一个独立的操作系统，它彻底地取代了 3.x 系列和 DOS 版 Windows，获得了巨大的成功。Windows 95 新的桌面、任务栏及开始菜单依然存在于今天的 Windows 系统中。

1998 年 6 月，Windows 98 正式发布。人们普遍认为，Windows 98 并非一款新的操作系统，它只是提高了 Windows 95 的稳定性。

2000 年 2 月，Windows 2000 发布。Windows 2000 包括一个用户版和一个服务器版。Windows 2000 是一个可中断的、图形化的、面向商业环境的操作系统，为单一处理器或对称多处理器的 32 位 Intel x86 计算机而设计。

2001 年 10 月 25 日，Microsoft 发布了 Windows XP，Windows XP 提供了全新的用户界面、更加易用的操作方式、更加优秀的稳定性，获得了用户广泛的认同，成为 Windows 系列最为成功的操作系统之一。著名的市场调研机构 Forrester 统计的数据显示，Windows XP 发布 7 年后的 2009 年 2 月份，Windows XP 仍占据 71％ 的企业用户市场。

2006 年 11 月 30 日，Windows Vista 开发完成并正式进入批量生产。此后的两个月仅向 MSDN 用户、计算机软硬件制造商和企业客户提供。在 2007 年 1 月 30 日，Windows Vista 正式对普通用户出售。该系统相对于 Windows XP，内核几乎全部重写，带来了大量的新功能。但此后便爆出该系统兼容性存在很大的问题。微软 CEO 史蒂芬·鲍尔默也公开承认，Vista 是一款失败的操作系统产品。

2009 年 10 月 22 日微软于美国正式发布 Windows 7，此版本集成了 DirectX11 和 Internet Explorer 8，桌面窗口管理器（DWM.exe）能充分利用 GPU 的资源进行加速，而且支持 Direct3D 10.1 API。

技能拓展

1. 锁定计算机

在临时离开计算机时，为保护个人的信息不被他人窃取，可将计算机设置为“锁定”状态。操作方法是单击“开始”按钮，在弹出的“开始”菜单中，单击“关闭”按钮右侧的扩展按钮，选择“锁定”命令。一旦锁定计算机，则只有当前用户或管理员才能将其解除。

2. 睡眠

如果在使用过程中需要短时间离开计算机,可以选择睡眠功能,而不是将其关闭,一方面可以省电,另一方面又可以快速地恢复工作。在计算机进入睡眠状态时,只对内存供电,用以保存工作状态的数据,这样计算机就处于低功耗运行状态中。

睡眠功能并不会将桌面状态保存到硬盘当中,启动睡眠功能前虽然不需要关闭程序和文件,但如果在睡眠过程中断电,那么未保存的信息将会丢失,因此在将计算机置于低功耗模式前,最好还是保存数据。

若要唤醒计算机,可按一下电源按钮或晃动 USB 鼠标,不必等待 Windows 启动,数秒钟内即可唤醒计算机,快速恢复离开前的工作状态。

 任务总结

通过本任务的实施,应掌握下列知识和技能。

- 了解操作系统的概念和功能。
- 了解 Windows 操作系统的发展历程。
- 熟悉 Windows 7 操作系统的启动和关闭。
- 能够使用注销、锁定、睡眠等功能。

子任务 2.1.2 设置个性化桌面

 任务描述

桌面是 Windows 7 最基本的操作界面,启动计算机并登录到 Windows 7 之后看到的主屏幕区域就是桌面,我们每次使用计算机都是从桌面开始的。Windows 7 桌面的组成元素主要包括桌面背景、图标、"开始"按钮、快速启动工具栏、任务栏等。本任务将讲述桌面的各组成部分和基本操作方法,以及设置个性化桌面的技巧。

 相关知识

1. 桌面背景

桌面背景是指系统的背景图案,也称为墙纸。用户可以根据需要设置桌面的背景图案。

2. 图标

Windows 7 操作系统中,所有的文件、文件夹和应用程序都是由相应的图标来表示的。操作系统将各个复杂的程序和文件用一个个生动形象的小图片来表示,可以很方便地通过图标辨别程序的类型,并进行一些文件操作,如双击图标即可快速启动或打开该图标对应的项目。桌面图标一般可分为系统图标、快捷方式图标和文件图标。

- 系统图标:由操作系统定义的,安装操作系统后自动出现的图标,包括"计算机""回收站"等。

- 快捷方式图标：在桌面图标中,有些图标上面带有小箭头,表示文件的快捷方式。快捷方式并不是原文件,而是指向原文件的一个链接,删除后不会影响其指向的原文件。
- 文件图标：桌面和其他文件夹一样,可以保存文件,如图片、文档、音乐等可以保存在桌面上以方便直接查看和应用。这些文件在桌面上显示的图标即为文件图标。文件图标是一个具体的文件,删除后文件即丢失。

3. 任务栏

任务栏是一个水平的长条,默认情况下位于桌面底端,由一系列功能组件组成,从左到右依次为"开始"按钮、程序按钮区、通知区域和"显示桌面"按钮。

- "开始"按钮：位于任务栏最左侧,图标为,用于打开"开始"菜单。"开始"菜单中包含了系统大部分的程序和功能,几乎所有的工作都可以通过"开始"菜单进行。
- 程序按钮区：位于任务栏中间,外观如图 2-1-5 所示。用于显示正在运行的程序和打开的文件。所有运行的程序窗口都将在任务栏中以按钮的形式显示,单击程序按钮即可显示相应的程序。
- 通知区域：位于任务栏右侧,包括时钟、音量图标、网络图标、语言栏等,外观如图 2-1-6 所示。双击通知区域中的图标通常会打开与其相关的程序或设置,有的图标还能显示小的弹出窗口(也称通知)以通知某些信息。一段时间内未使用的图标会被自动隐藏在通知区域中,用户也可自己设置图标的显示或隐藏。

图 2-1-5　任务栏程序按钮区　　图 2-1-6　任务栏通知区域

- "显示桌面"按钮：位于任务栏的最右侧,是一个透明的按钮,可快速通过透视的方式查看桌面状态。

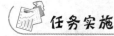
任务实施

1. 设置桌面背景

(1) 在桌面空白处右击,在弹出的快捷菜单中选择"个性化"命令。

(2) 在弹出的"个性化"窗口中选中位于下方的"桌面背景"选项,即弹出"桌面背景"窗口,可选择系统自带的背景图片,单击选中图片左上方的复选框,也可选择计算机中保存的其他图片,单击"浏览"按钮,在"浏览"对话框中选择需要的图片。

(3) 选择完成后单击"保存修改"按钮,即可更换桌面背景。操作如图 2-1-7～图 2-1-9 所示。

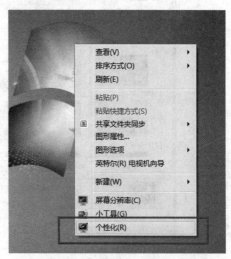

图 2-1-7　桌面右键快捷菜单

图 2-1-8 "个性化"窗口

图 2-1-9 "桌面背景"窗口

2. 添加和删除桌面上的图标

（1）添加和删除系统图标

在桌面图标中，"计算机""回收站""网络""控制面板"等图标属于 Windows 系统图标。添加和删除系统图标的具体操作如下：

① 在桌面空白处右击，在弹出的快捷菜单中选择"个性化"命令，弹出"个性化"窗口；或单击"开始"按钮，在"开始"菜单中单击"控制面板"，打开"外观和个性化"中的"个性化"窗口。

② 在"个性化"窗口的左窗格中，单击"更改桌面图标"，弹出"桌面图标设置"对话框（见图 2-1-10 和 2-1-11）。

③ 在"桌面图标"栏中选中要在桌面上显示的图标对应的复选框，单击"确定"按钮。单击"更改图标"按钮可以更改默认图标。

若要删除系统图标，则只需按照前面的操作，在"桌面图标"栏中取消图标对应的复选框，单击"确定"按钮即可。

图 2-1-10　更改桌面图标

（2）添加和删除快捷方式图标

以创建系统自带的"画图"程序的快捷方式为例，介绍如何为程序添加快捷方式。

① 单击"开始"按钮，打开"开始"菜单，依次选择"所有程序"→"附件"命令。

② 在展开的程序列表中右击"画图"命令，在弹出的快捷菜单中依次选择"发送到"→"桌面快捷方式"命令即可，如图 2-1-12 所示。

图 2-1-11　"桌面图标设置"窗口

图 2-1-12　创建"画图"程序的快捷方式

　　删除桌面上的快捷方式图标：在桌面上选择想要删除的快捷方式，右击，在弹出的快捷菜单中选择"删除"命令，或在选取对象后按 Delete 键（或按 Shift＋Delete 快捷键），都可以删除选中的快捷方式图标。但删除应用程序的快捷方式并非是卸载了程序。

（3）排列桌面图标

如果用户桌面上的图标较多，可安排图标的排列顺序，使桌面看起来更加整洁、美观且方便操作。操作如下：

① 在桌面空白处右击，出现一个快捷菜单。

② 选择"查看"命令，将弹出一个子菜单，如图 2-1-13 所示。

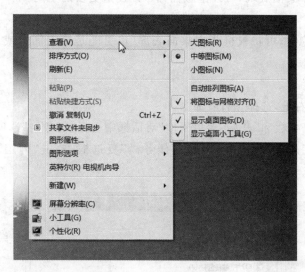

图 2-1-13　"查看"子菜单

③ 在菜单中如果取消"显示桌面图标"命令的选中状态，则桌面的图标会全部消失。如果取消"自动排列图标"命令的选中状态，则可以使用鼠标拖动图标将图标摆放在桌面的任意位置。

Windows 7 提供多种图标排序方式，如图 2-1-14 所示，在"排序方式"命令的下一级子菜单中，可以选择按名称、大小、项目类型、修改日期进行排序。

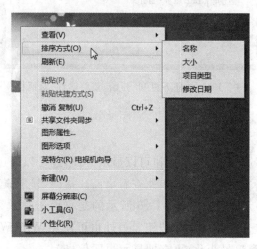

图 2-1-14　"排序方式"子菜单

Windows 7 还提供大、中、小图标的查看方式,通过"查看"子菜单可进行设置,也可使用鼠标上的滚轮调整桌面图标的大小。在桌面上,滚动鼠标滚轮的同时按住 Ctrl 键,即可放大或缩小图标。

3. 显示或隐藏任务栏

任务栏通常位于桌面底端,可以隐藏任务栏以创造更多的空间。

(1) 显示任务栏

如果任务栏被隐藏,可将鼠标指向桌面底部(也可能是指向侧边或顶部),任务栏即可弹出。

(2) 隐藏任务栏

① 在任务栏中右击,选择"属性"命令。

② 在弹出的"任务栏和「开始」菜单属性"对话框中选择"任务栏"选项卡。

③ 选中"任务栏外观"下的"自动隐藏任务栏"复选框,单击"确定"按钮,如图 2-1-15 所示。

图 2-1-15 "任务栏和「开始」菜单属性"对话框

4. 快速显示桌面

单击任务栏最右侧的"显示桌面"按钮可以显示桌面,还可以通过只将鼠标指针指向"显示桌面"按钮而不是单击来临时查看或快速查看桌面。指向"显示桌面"按钮时,所有打开的窗口都会淡出视图,以显示桌面,如图 2-1-16 所示的是桌面透视效果。若要再次显示这些窗口,只需将鼠标光标移开"显示桌面"按钮。另外也可使用 Win(Windows 徽标键)＋D 快捷键将所有当前打开的窗口最小化,可立即显示桌面信息。

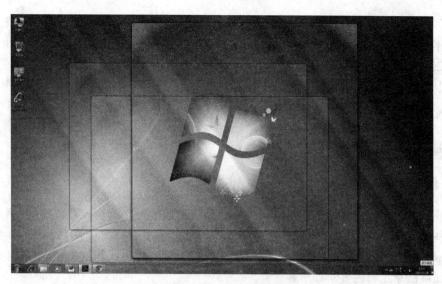

图 2-1-16　桌面透视效果

 知识拓展

下面认识一下"开始"菜单。

"开始"菜单是 Windows 7 操作系统中最常用的组件,它是启动程序的一条捷径,从"开始"菜单中可以启动程序、打开文件、获得帮助和支持、搜索文件等。单击任务栏最左端的"开始"按钮 或者按下键盘上的"Windows 徽标键",则可以打开 Windows 7 的"开始"菜单,如图 2-1-17 所示。

图 2-1-17　"开始"菜单

在"开始"菜单的右上方显示的是当前登录用户的账户图片,通过该账户按钮可以方便地对本地账户进行管理。"开始"菜单的左侧一列区域中列出了用户经常使用的程序的快捷方式,右侧一列区域中汇集了包括诸如"计算机""文档""控制面板""运行"等常见任务,同时提供了更多的如"图片""音乐""游戏"等许多功能选项,使用户的操作更加简单快捷。

 技能拓展

1. 添加桌面小工具

Windows 7 桌面小工具是在 Windows XP 系统后新增的一款功能,可以方便用户使用。其中一些小工具可以让用户查看时间、天气,一些可以了解计算机的使用情况(如 CPU 仪表盘)。某些小工具是联网时才能使用的(如天气等),某些不用联网就能使用(如时钟等)。

添加桌面小工具的方法如下:

(1) 在桌面空白处右击,在弹出的菜单中选择"小工具"命令。

(2) 在弹出的如图 2-1-18 所示窗口中选择要在桌面显示的小工具。也可单击窗口右下方的"联机获取更多小工具"选项,可以联网下载喜欢的小工具。

图 2-1-18 "桌面小工具"设置窗口

2. 使用跳转列表

跳转列表(Jump List)是 Windows 7 中的新增功能,可帮助用户快速访问常用的文档、图片、歌曲或网站。在跳转列表中看到的内容完全取决于程序本身。如 Internet Explorer 的跳转列表可显示经常浏览的网站,Windows Media Player 12 会列出经常播放的歌曲,Word 2010 列出最近使用过的文档。跳转列表不仅仅显示文件的快捷方式,有时还会提供相关命令,例如撰写新电子邮件或播放音乐的快捷访问。

使用跳转列表的方法:右击 Windows 7 任务栏中的"程序"按钮,即可打开跳转列表,如图 2-1-19 所示。

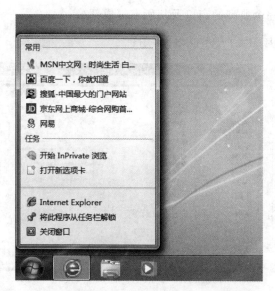

图 2-1-19 使用跳转列表进行便捷的访问

 任务总结

通过本任务的实施,应掌握下列知识和技能。

- 了解"开始"菜单的功能。
- 掌握任务栏的构成和显示、隐藏方法。
- 掌握创建应用程序快捷方式的方法。
- 掌握在桌面添加小工具的方法和技巧。
- 掌握跳转列表的使用技巧。

子任务 2.1.3　窗口与对话框的操作

 任务描述

窗口是 Windows 7 操作系统的主要工作界面,不管是打开一个文件还是启动一个应用程序,它们都以窗口的形式运行在桌面,用户对系统中各种信息的浏览和处理基本上是在窗口中进行的。本任务将介绍窗口的构成和对话框的操作,为进一步使用 Windows 7 操作系统打下基础。

 相关知识

1. 窗口的构成

程序所具备的全部功能都浓缩在窗口的各种组件中,虽然每个窗口的内容各不相同,但大多数窗口都具有相同的基本组件,主要包括标题栏、工具栏、滚动条等。

图 2-1-20 所示是一个典型的窗口及其所有组成部分。

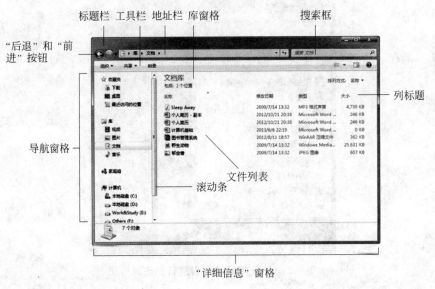

图 2-1-20 "文档"窗口

标题栏：位于窗口的最顶端，主要用于显示文档和程序的名称。其中左侧显示了应用程序的图标和标题，单击该图标可以显示如图 2-1-21 所示的系统菜单，从中可以选择移动、最小化、最大化、关闭等命令。其最右侧有三个按钮：最小化按钮、最大化按钮和关闭按钮，这些按钮分别可以隐藏窗口、放大窗口使其填充整个屏幕以及关闭窗口。

工具栏：一般位于标题栏的下方，它上面的每一个选项都是一个下拉式菜单，每个菜单中都有一些命令(见图 2-1-22)。如果在菜单命令后面有省略号，表示选择该命令会打开对话框；如果在菜单命令后面有一个小三角形，表示该命令还有下一级子菜单；如果某个菜单命令为灰色，表示该命令当前不能使用。一般来说，通过菜单可以访问应用程序的所有命令。

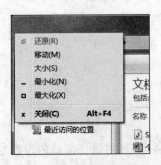

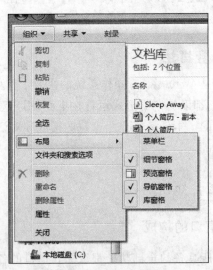

图 2-1-21 程序图标下的系统菜单　　　　图 2-1-22 菜单栏中的子菜单

滚动条：滚动条包括水平滚动条和垂直滚动条，在当前窗口无法显示文档的全部内容时，通过拖动滚动条可以显示文档的不同部分。图 2-1-20 显示的是垂直滚动条。

2. 认识对话框

对话框是用户更改程序设置或提交信息的特殊窗口，常用于需要人机对话等进行交互操作的场合。对话框有许多和窗口相似的元素，如标题栏、关闭按钮等，不同的是，通常对话框没有菜单栏，大小固定，不能进行缩放和最大化等操作。

对话框通常包含标题栏、选项卡、复选框、单选按钮、文本框、列表框等。对话框中的标题栏同窗口中的标题栏相似，给出了对话框的名称和关闭按钮。对话框的选项呈黑色表示为可用选项，呈灰色时则表示为不可用选项。如图 2-1-23 所示就是一个 Windows 的对话框。

图 2-1-23 "字体"对话框

 **任务实施**

1. 最大化与最小化窗口

窗口通常有三种显示方式：一种是占据屏幕的一部分显示，另一种是全屏显示，还有一种是将窗口隐藏。改变窗口的显示方式需要涉及三种操作，即最大化、还原和最小化窗口。

（1）最大化与还原窗口

当窗口较小不便操作时，可将窗口最大化到整个屏幕。方法有多种。

① 单击窗口右上角的"最大化"按钮，即可将窗口最大化。最大化窗口之后，"最大化"按钮将变为"向下还原"按钮，单击该按钮，窗口将恢复为原来的大小。

② 双击窗口的标题栏可将窗口最大化，在最大化时再次双击标题栏即可还原为原窗口

大小。

③ 单击标题栏并拖动窗口至屏幕顶端,窗口会自动变为最大化状态,向下拖动窗口,窗口将还原为原始大小。

（2）最小化窗口

该操作可以使窗口暂时不在屏幕上显示。具体方法是：直接单击窗口右上角的"最小化"按钮,或在标题栏左侧应用程序图标处单击（见图 2-1-21）,在弹出的菜单中选择"最小化"命令。

最小化窗口后,窗口并未关闭,对应的应用程序也未终止运行,只是暂时被隐藏起来在后台运行,只要单击任务栏上相应的程序按钮,即可恢复窗口的显示。

2. 移动窗口的位置

移动窗口的位置就是改变窗口在屏幕上的位置。方法是将鼠标指针指向窗口的标题栏上,按住鼠标左键向任意方向拖动鼠标,这时窗口会跟着鼠标指针一起移动,拖到合适的位置后释放鼠标左键即可。"计算机"窗口移动前后如图 2-1-24 和图 2-1-25 所示。

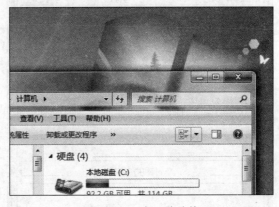

图 2-1-24　窗口移动前

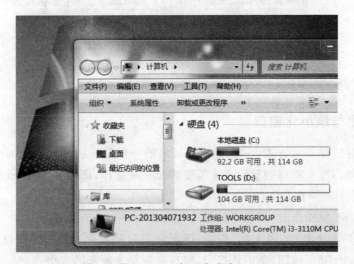

图 2-1-25　窗口移动后

3. 改变窗口的大小

如果用户需要改变窗口的大小,可以对窗口进行缩放操作。将鼠标指针移动到窗口的边框或边角上,当鼠标指针变成双向箭头时(见图 2-1-26),按下鼠标左键并拖动窗口大小到合适位置时松手即可。

4. 关闭窗口

要关闭窗口,只需单击窗口右上方(标题栏右侧)的"关闭"按钮 █ x █ 即可。另外,还可以通过以下方法来关闭窗口。

(1)通过标题栏图标关闭窗口

如图 2-1-27 所示,在程序窗口的标题栏左侧图标处单击,在弹出的下拉菜单中选择"关闭"命令。

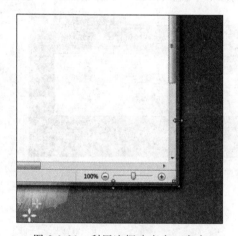

图 2-1-26　利用边框改变窗口大小

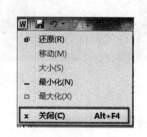

图 2-1-27　单击图标关闭窗口

(2)通过任务栏关闭窗口

① 将鼠标指向任务栏中的"程序"按钮,弹出程序窗口的缩略图,如图 2-1-28 所示,单击缩略图右上方的"关闭"按钮即可。

② 在任务栏"程序"按钮处右击,在弹出的快捷菜单中选择"关闭窗口"命令,也可关闭窗口,如图 2-1-29 所示。

图 2-1-28　在缩略图中关闭窗口

图 2-1-29　右击"程序"按钮并选择"关闭窗口"命令

（3）通过快捷键关闭窗口

利用快捷键也可关闭窗口。选择需要关闭的窗口，按 Alt＋F4 快捷键，即可快速关闭当前活动的窗口。

 知识拓展

1. Live Taskbar 预览

在 Windows 7 中，鼠标指向任务栏上的按钮可以查看其打开窗口的实时预览（包括网页和视频等）。将鼠标移动至缩略图上方可全屏预览窗口，单击其可打开窗口。还可以直接从缩略图预览中关闭窗口以及暂停视频和歌曲，非常方便快捷。如图 2-1-30 所示为预览效果。

Live Taskbar 预览仅在 Windows 7 家庭高级版、专业版、旗舰版和企业版中适用。

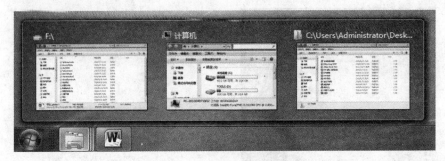

图 2-1-30　Live Taskbar 预览

2. 切换窗口

在 Windows 7 系统中，用户可以同时运行多个应用程序。如果想要对其中某个窗口进行程序操作或编辑，需要先将该窗口变为当前活动窗口。默认情况下，当前窗口会显示在最前端，切换窗口可让窗口变为当前窗口，基本方法主要有以下两种。

方法 1：在桌面上用鼠标单击某个窗口的任意位置，即切换到该窗口。

方法 2：在任务栏中单击某个程序的窗口，即切换到该窗口。

如果打开了多个同一类型的窗口，在任务栏中它们会被合并到同一按钮中，将鼠标光标指向程序按钮，会显示该组所有窗口的缩略图，单击要切换的窗口的缩略图，即可切换到该窗口。

 技能拓展

1. 使用 Alt＋Tab 快捷键进行窗口的预览与切换

使用 Alt＋Tab 快捷键可以在所有打开的窗口之间轮流切换，操作方法是：按下 Alt 键不放，然后按下 Tab 键，在桌面中央将出现一个对话框，它显示了目前正在运行的所有窗口，还有一个透明的突出外框框住其中一个窗口缩略图，如图 2-1-31 所示。按住 Alt 键，不

停地按动 Tab 键,透明外框会依次从左到右在不同的缩略图中移动(如按住 Shift＋Alt＋Tab 快捷键,则可以从右往左切换),框住的是什么缩略图,在释放 Alt 键时,该程序窗口就会显示在桌面的最上层。

图 2-1-31　窗口切换缩略图

2. 使用 Aero 三维窗口进行窗口的预览与切换

Windows 7 还提供了一种 3D 模式的窗口切换方式——Areo 三维窗口切换,它以三维堆栈排列窗口,按下"Windows 徽标键＋Tab"快捷键可进入到 Windows Flip 3D 模式。使用三维窗口切换的步骤如下:

(1) 按下 Windows 徽标键(简称 Win 键)的同时按 Tab 键,可打开三维窗口进行切换,此时所有窗口将显示斜角度的 3D 预览界面,如图 2-1-32 所示。

(2) 在按住 Win 键不放的同时反复按 Tab 键,可以让当前打开的程序窗口从后向前滚动。

(3) 释放 Win 键可以显示堆栈中最前面的窗口,用户也可以用鼠标单击堆栈中的某个窗口的任意部分来选择窗口作为当前窗口。

图 2-1-32　窗口切换的 3D 预览界面

任务总结

通过本任务的实施,应掌握下列知识和技能。

- 了解窗口的构成。
- 了解对话框的构成。
- 掌握窗口的菜单操作。
- 熟悉 Windows 7 系统下窗口的打开、关闭、最大化、最小化和还原操作。

任务 2.2 管理文件和文件夹

子任务 2.2.1 认识文件与文件夹

 任务描述

信息资源的主要表现形式是程序和数据，在 Windows 7 系统中，所有的程序和数据都是以文件的形式存储在计算机中。要管理好计算机中的信息资源，就要管理好文件和文件夹。本任务将介绍文件和文件夹的基本概念和操作方法，便于大家管理好计算机中的资源。

 相关知识

1. 文件的基本概念

文件是指存储在磁盘上的一组相关信息的集合，包含数据、图像、声音、文本、应用程序等，它们是独立存在的，且都有各自的外观。一个文件的外观由文件图标和文件名称组成，用户通过文件名对文件进行管理。文件名由主文件名和扩展名两部分组成，中间用“.”隔开，如“志忑.mp3”“歌词.txt”“光雾山.jpg”等，其中主文件名表示文件的内容，扩展名表示文件的类型。如图 2-2-1 所示是一些常见的文件图标。

图 2-2-1 常见的文件图标

2. 文件的类型

在 Windows 7 操作系统下，文件大致可以分为两种：程序文件和非程序文件。当用户选中程序文件，用鼠标双击或按 Enter 键后，计算机就会打开程序文件，打开的方式就是运行它。当用户选中非程序文件，用鼠标双击或按 Enter 键后，计算机也会打开它，这个打开的方式是用特定的程序去打开，而用什么特定程序来打开取决于这个文件的类型。

文件的类型一般以扩展名来标识，表 2-2-1 列出了常见的扩展名对应的文件类型。

表 2-2-1 常见的扩展名对应的文件类型

扩 展 名	文 件 类 型	扩 展 名	文 件 类 型
.com	命令程序文件	.txt /.doc /.docx	文本文件
.exe	可执行文件	.jpg /.bmp /.gif	图像文件
.bat	批处理文件	.mp3 /.wav /.wma	音频文件
.sys	系统文件	.avi /.rm /.asf /.mov	影视文件
.bak	备份文件	.zip /.rar	压缩文件

3. 文件夹的作用

文件夹是文件的集合,即把相关的文件存储在同一个文件夹中,它是计算机系统组织和管理文件的一种形式。由于对文件进行合理的分类是整理计算机文件系统的重要工作之一,因此文件夹显得十分重要。文件夹也有名称,但是没有扩展名,在文件夹中还可以建立其他文件夹(子文件夹)和文件。默认情况下文件夹的外观是一个黄色的图标,如图 2-2-2 所示。

图 2-2-2 空文件夹和包含文件的文件夹

任务实施

1. 浏览文件和文件夹

用户查看和管理文件的主要工具是"计算机"窗口,通过"开始"菜单打开"计算机"窗口,可看到窗口中显示了所有连接到计算机的存储设备,如果要浏览某个盘中的文件,只需双击该盘的分区图标即可。

在打开文件夹时,可以更改文件在窗口中的显示方式来进行浏览。操作方式有两种。

方法 1:单击窗口工具栏中的"视图"按钮,每单击一次都可以改变文件和文件夹的显示方式,显示方式在五个不同的视图间循环切换:大图标、列表、详细信息、平铺、内容。

方法 2:单击"视图"按钮右侧的黑色箭头,则有更多的显示方式可供选择,如图 2-2-3 所示,向上或向下移动滑块可以微调文件和文件夹图标的大小,随着滑块的移动,可以改变图标的显示方式。

2. 查找文件

如果计算机中的文件信息较多,查找文件可能会浏览众多的文件夹和子文件夹,为了快速查找到所需文件,可以使用搜索框进行查找。

(1)使用"开始"菜单中的搜索框

若要使用"开始"菜单查找文件或程序,可按以下

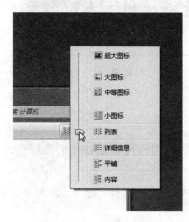

图 2-2-3 "视图"选项

步骤操作。

① 单击"开始"按钮,打开"开始"菜单。

② 鼠标定位在"开始"菜单下方的搜索框中,如图 2-2-4 所示。

③ 在搜索框中输入文件名或文件名的一部分,如图 2-2-5 所示。

④ 在搜索框中输入内容后,与所输入本文相匹配的项将出现在"开始"菜单上,搜索结果基于文件名中的文本、文件中的文本、标记以及其他文件属性。

图 2-2-4 "开始"菜单搜索框

(2)使用文件夹窗口中的搜索框

搜索框位于窗口的顶部,搜索将查找文件名和内容中的文本,以及标识等文件属性中的文本。执行的操作是:打开某个窗口作为搜索的起点,在搜索框中输入文件名或文件名的一部分,输入时,系统将筛选文件夹中的内容,以匹配输入的每个连续字符,看到需要的文件后,可停止输入,图 2-2-6 和图 2-2-7 所示为在窗口的搜索框中查找文件。

图 2-2-5 "开始"菜单搜索框匹配结果

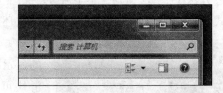

图 2-2-6 "计算机"窗口搜索框

3. 设置个性化的文件夹图标

默认模式下文件夹都为黄色的图标,难免单调且不易区分,用户可根据自己的喜好更改文件夹图标的样式,操作步骤如下:

(1)右击需要更改图标的文件夹,在弹出的快捷菜单中选择"属性"命令,如图 2-2-8 所示。

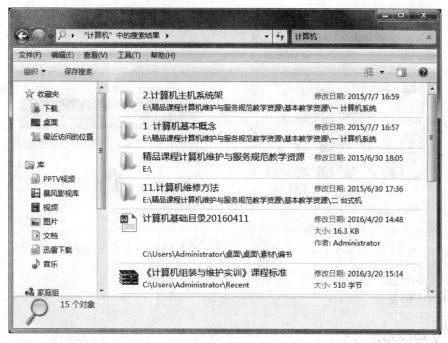

图 2-2-7　搜索框匹配结果

（2）在弹出的"属性"对话框中，切换到"自定义"选项卡，单击"更改图标"按钮，如图 2-2-9 所示。

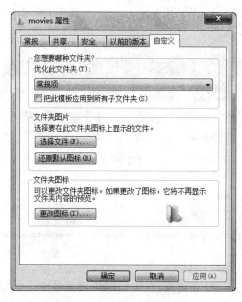

图 2-2-8　文件夹属性　　　　　　　　　图 2-2-9　"自定义"选项卡

（3）在弹出的"更改图标"对话框图标列表中选择需要设置的图标，如图 2-2-10 所示。

（4）依次单击"确定"按钮以保存设置，文件夹的图标就被更换了，如图 2-2-11 所示。

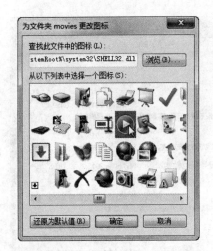 

图 2-2-10　"更改图标"对话框　　　　图 2-2-11　文件夹更改图标后的效果

 知识拓展

1. 文件的属性

文件属性是一组描述计算机文件或与之相关的元数据，提供了有关文件的详细信息，如作者姓名、标记、创建时间、上次修改文件的日期、大小、类别、只读属性、隐藏属性等。查看文件属性一般有两种操作方法。

方法 1：单击选中文件，在窗口底部的详细信息窗格中，会显示出该文件的部分属性，如图 2-2-12 所示。

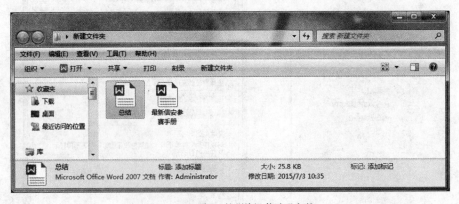

图 2-2-12　窗口的"详细信息"窗格

方法 2：右击文件，在弹出的快捷菜单中选择"属性"命令，也可查看文件属性，如图 2-2-13 所示。

2. 路径

在 Windows 7 中，文件夹是按树形结构来组织和管理的，在文件夹树形结构中，每一个磁盘分区都有唯一的一个根文件夹，在根文件夹下可以建立子文件夹，子文件夹下还可以继续建立子文件夹。从根文件夹开始到任何一个文件或文件夹都有唯一的一条通路，我们把这条通路成为路径。路径以盘符开始，盘符是用来区分不同的硬盘分区、光盘、移动设备等的字母。一般硬盘分区从字母 C 开始排列。路径上的文件或文件夹用反斜线"\"分隔，盘符后面应带有冒号，如"C:\Windows\System32\cmd.exe"，表示 C 盘下 Windows 文件夹中的 System32 文件夹的 cmd.exe 文件。

技能拓展

1. 更改文件的只读或隐藏属性

文件通常有存档、只读、隐藏几种属性。如果不希望文件被他人查看或修改，可将文件属性设置为"只读"或"隐藏"。设置的步骤如下：

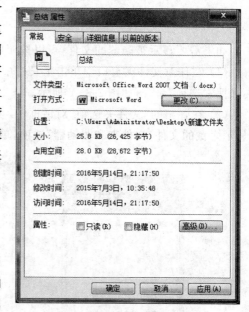

图 2-2-13　文件的"属性"对话框

（1）在文件夹窗口中右击要设置的文件，在弹出的快捷菜单中选择"属性"命令，如图 2-2-14 所示。

（2）在弹出的文件"属性"对话框中，如图 2-2-15 所示，选中下方的"只读"或"隐藏"复选框，然后单击"确定"按钮即可。若设置为"隐藏"，则文件变成浅色图标，刷新窗口后，文件即消失了。

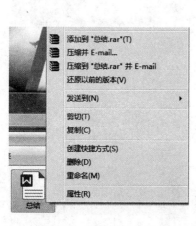

图 2-2-14　文件的快捷菜单

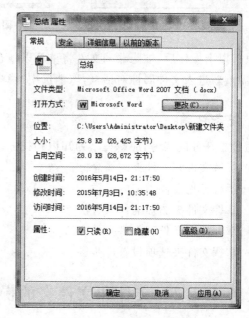

图 2-2-15　将文件设为"只读"

如果要取消文件的"只读"或"隐藏"属性，只需按上面的操作方法取消选中"只读"或"隐藏"复选框即可。

2. 显示隐藏的文件和文件夹

如果需要显示被隐藏的文件，可以按照以下的操作修改文件夹的设置。

（1）在任意文件夹窗口中单击工具栏中的"组织"按钮，在弹出的下拉菜单中单击"文件夹和搜索选项"命令，如图 2-2-16 所示。

（2）在弹出的"文件夹选项"对话框中，切换到"查看"选项卡，在高级设置列表框中选中"显示隐藏的文件、文件夹和驱动器"选项，单击"确定"按钮保存设置，如图 2-2-17 所示。

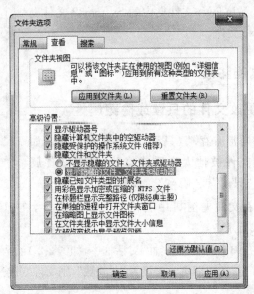

图 2-2-16　"组织"下拉菜单　　　　图 2-2-17　"文件夹选项"对话框

执行以上操作后，被隐藏的文件将重新以浅色图标显示在窗口中。如果要取消隐藏文件，只需重新进入文件属性对话框，取消选中"隐藏"复选框即可。

 任务总结

通过本任务的实施，应掌握下列知识和技能。

- 了解文件和文件夹的概念。
- 了解常见文件类型的分类。
- 掌握文件夹图标的修改方法。
- 掌握搜索文件和文件夹的方法。
- 掌握文件夹选项设置的步骤。

子任务 2.2.2　文件和文件夹的操作

 任务描述

管理文件和文件夹是日常使用最多的操作之一，除了可以对文件和文件夹进行浏览查看以外,文件和文件夹的基本操作还包括:新建文件(夹)、重命名文件(夹)、移动和复制文件(夹)、删除和恢复文件(夹)等。本次任务就将介绍这些操作的方法,以完成对计算机信息资源的管理。

 相关知识

1. 认识 Windows 7 的库

库是 Windows 7 提供的新功能,使用库可以更加便捷地查找、使用和管理计算机文件。库可以收集不同位置的文件,并将其显示为一个集合,而无须从其存储位置移动文件。可以在任务栏上单击 打开库,也可通过"开始"菜单→"所有程序"→"附件"→"Windows 资源管理器"打开。

2. 库的类别

Windows 7 提供了文档库、图片库、音乐库和视频库,如图 2-2-18 所示。用户可以对库进行快速分类和管理。

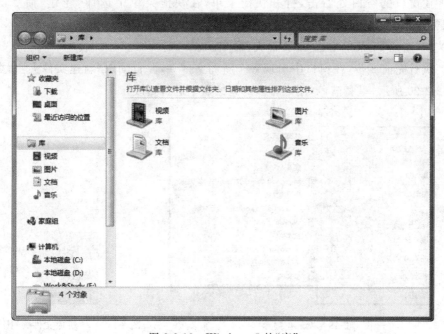

图 2-2-18　Windows 7 的"库"

- 文档库:使用该库可组织和排列字处理文档、电子表格、演示文稿以及其他与文本有关的文件。

  默认情况下,移动、复制或保存到文档库的文件都存储在"我的文档"文件夹中。
- 图片库:使用该库可组织和排列数字图片,图片可从照相机、扫描仪或者从其他人的电子邮件中获取。

  默认情况下,移动、复制或保存到图片库的文件都存储在"我的图片"文件夹中。
- 音乐库:使用该库可组织和排列数字音乐,如从音频 CD 翻录或从 Internet 下载的

101

歌曲。

默认情况下，移动、复制或保存到音乐库的文件都存储在"我的音乐"文件夹中。

- 视频库：使用该库可组织和排列视频，例如取自数字相机、摄像机的剪辑，或者从 Internet 下载的视频文件。

默认情况下，移动、复制或保存到视频库的文件都存储在"我的视频"文件夹中。

 任务实施

1. 创建文件夹

当我们对文件进行归类整理时，通常需要创建新文件夹，以便将不同用途或类型的文件分别保存到不同的文件夹中。

用户几乎可以从 Windows 7 的任何地方创建文件夹，Windows 7 将新建的文件夹放在当前位置。创建新文件夹的具体步骤如下：

（1）在计算机的驱动器或文件夹中找到要创建文件夹的位置。

（2）在窗口的空白处右击，打开快捷菜单，在快捷菜单中选择"新建"命令，弹出如图 2-2-19 所示的菜单。

（3）在"新建"子菜单中选择"文件夹"命令。

（4）执行完前 3 步，在窗口中出现一个新的文件夹，并自动以"新建文件夹"命名，名称框如图 2-2-20 所示，呈亮蓝色，用户可以对它的名字进行更改。

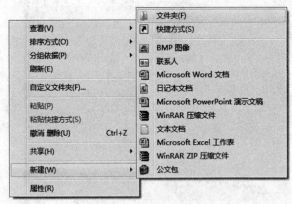

图 2-2-19 "新建"子菜单　　　　　　　　　图 2-2-20 "新建文件夹"图标

（5）输入文件夹的名称，在窗口中的其他位置单击鼠标或按 Enter 键即完成了文件夹的建立。

如果当前文件夹窗口中已经有了一个新建文件夹且未改名，则再次新建的文件夹将命名为"新建文件夹(1)"，以此类推。

2. 选定文件和文件夹

在对文件或文件夹进行移动、复制、删除等操作时首先应选定文件或文件夹，也就是说对文件和文件夹的操作都是基于选定操作对象的基础上的。

- 选定单个对象：单击对象即可。
- 选定连续对象：如果要选定一系列连续的对象，可在列表中选定所需的第一个对象后按住 Shift 键，再单击所需的最后一个对象，这样就能将首尾之间的文件全部选中。还可以单击文件列表中的空白处，按住鼠标左键不放，然后拖动鼠标拉出一个大小可变的选框，如图 2-2-21 所示，框中要选取的对象即可。

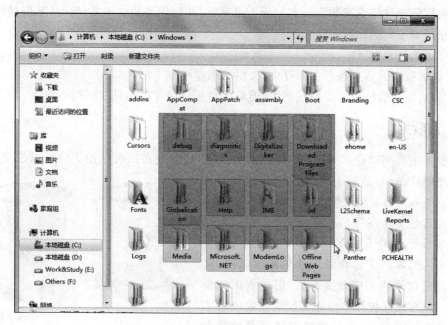

图 2-2-21 拖动鼠标框选文件和文件夹

- 选定多个分散的对象：如果要选定多个不连续的对象，按住 Ctrl 键，然后单击每个所需选择的对象。
- 选定全部对象：如果要选定窗口中的所有对象，选择"组织"→"全选"命令，也可以使用 Ctrl＋A 快捷键快速选定所有对象。

将鼠标移动到窗口上任何空白处单击，就可以取消选中的文件或文件夹。

3. 重命名文件和文件夹

在使用计算机的过程中，经常要重新命名文件或文件夹，因此可以给文件或文件夹一个清晰易懂的名字。要重命名文件或文件夹，可以按照下列方法之一进行操作。

方法 1：单击需要重命名的文件或文件夹，停顿片刻（避免双击）再次在名称的位置单击，使之变成可修改状态，输入新名称后按 Enter 键确认。

方法 2：右击需要修改的文件或文件夹，在弹出的快捷菜单中选择"重命名"命令，输入新名称后按 Enter 键确认。

方法 3：单击需要修改的文件或文件夹，再按 F2 键，使其名称变为可修改状态，输入新名称后按 Enter 键确认。

知识拓展

1. 剪贴板的概念和特点

剪贴板是内存中的一部分,是 Windows 系统用来临时存放数据信息的区域。它好像是数据的中间站,可以在不同的磁盘或文件夹之间做文件(或文件夹)的移动或复制,也可以在不同的应用程序之间交换数据。剪贴板不可见,因此即使使用它来复制和粘贴信息,在执行操作时也是看不到剪贴板的。

剪贴板的特点如下:

* 剪贴板中的信息保存在内存中,关机后不存在。
* 剪贴板中的信息可以使用多次,但是剪贴板中保存的信息是最近一次的。

2. 回收站

回收站主要用来存放用户临时删除的文档资料,存放在回收站的文件可以恢复。用好和管理好回收站、打造富有个性功能的回收站可以更加方便我们日常的文档维护工作。

回收站是一个特殊的文件夹,默认在每个硬盘分区根目录下的 RECYCLER 文件夹中,而且是隐藏的。当你将文件删除并移到回收站后,实质上就是把它放到了这个文件夹,仍然占用磁盘的空间。只有在回收站里删除它或清空回收站才能使文件真正被删除,使计算机获得更多的磁盘空间,如图 2-2-22 所示是回收站的默认图标。

回收站(空)　　　　回收站(满)

图 2-2-22　"回收站"图标

 **技能拓展**

1. 移动和复制文件、文件夹

每个文件和文件夹都有它们的存放位置。复制是将选定的文件或文件夹复制到其他位置,新的位置可以是不同的文件夹、不同的磁盘驱动器。复制包含"复制"与"粘贴"两个操作。复制文件或文件夹后,原位置的文件或文件夹不发生任何变化。

移动是将选定的文件或文件夹移动到其他位置,新的位置可以是不同的文件夹、不同的磁盘驱动器。移动包含"剪切"与"粘贴"两个操作。移动文件或文件夹后,原位置的文件或文件夹被删除。

(1)复制操作

用鼠标拖动:选定对象,按住 Ctrl 键的同时拖动鼠标到目标位置。

用快捷键:选定对象,先按 Ctrl＋C 快捷键,将对象内容存放于剪贴板中,然后切换到目标位置,再按 Ctrl＋V 快捷键。

用快捷菜单:选定对象后鼠标右击,在弹出的快捷菜单中选择"复制"命令,然后切换到目标位置,用鼠标右击窗口空白处,在弹出的快捷菜单中选择"粘贴"命令。

用菜单命令：选定对象后，在工具栏中选择"组织"→"复制"命令，然后切换到目标位置，选择"组织"→"粘贴"命令。

（2）移动操作

用鼠标拖动：选定对象，按住鼠标左键不放，拖动鼠标到目标位置。

用快捷键：选定对象，先按 Ctrl＋X 快捷键，将对象内容存放于剪贴板中，然后切换到目标位置，再按 Ctrl＋V 快捷键。

用快捷菜单：选定对象后右击，在弹出的快捷菜单中选择"剪切"命令，然后切换到目标位置，用鼠标右击窗口空白处，在弹出的快捷菜单中选择"粘贴"命令。

用菜单命令：选定对象后，在工具栏中选择"组织"→"剪切"命令，然后切换到目标位置，选择"组织"→"粘贴"命令。

2．删除和恢复文件、文件夹

在管理文件或文件夹时为了节省磁盘空间，可以将不再使用的文件或文件夹删除。删除方式有两种：一种是逻辑删除；另一种是物理删除。逻辑删除可以恢复；物理删除是永久删除，无法直接恢复。

（1）逻辑删除文件或文件夹

① 在窗口中选定要删除的对象。

② 单击工具栏中的"组织"→"删除"命令，或者右击并在弹出的快捷菜单中选择"删除"命令，或者直接按下键盘上的 Delete 键，这时会出现如图 2-2-23 所示的"删除文件"的消息对话框。如果直接拖动要删除的对象至桌面回收站图标上，也可快速完成删除操作，如图 2-2-24 所示，但不会显示消息对话框。

图 2-2-23　"删除文件"对话框

图 2-2-24　用鼠标拖动文件（夹）至回收站

③ 如果要删除到回收站，可单击"是"按钮，否则单击"否"按钮取消操作。

（2）恢复文件或文件夹

恢复被删除文件或文件夹的具体步骤如下：

① 在桌面上双击"回收站"图标，打开"回收站"窗口，如图 2-2-25 所示。

② 在窗口中选中要恢复的文件或文件夹。

③ 在工具栏中单击"还原此项目"按钮，如图 2-2-26 所示，或者右击并选择"还原"命令，如图 2-2-27 所示，即可将被选中的文件或文件夹恢复到原来的位置上。

图 2-2-25 "回收站"窗口

图 2-2-26 工具栏中的"还原此项目"按钮

图 2-2-27 利用快捷菜单还原文件或文件夹

（3）永久删除文件或文件夹

在窗口中选定要删除的文件或文件夹，在键盘上按 Shift＋Delete 快捷键，弹出如图 2-2-28 所示的消息对话框，如果要删除，可单击"是"按钮；如果不打算删除则单击"否"按钮来取消操作。单击"是"按钮之后不会删除至回收站，文件（夹）无法恢复，因此需要谨慎操作。

图 2-2-28 永久删除文件的对话框

永久删除也可以在回收站中进行。操作方法如下：

① 在桌面上双击"回收站"图标，打开"回收站"窗口。

② 在窗口中选中要永久删除的文件或文件夹，右击并选择"删除"命令，如图 2-2-29 所示。

图 2-2-29　利用快捷菜单永久删除文件或文件夹

③ 弹出类似图 2-2-28 所示的消息对话框，单击"是"按钮，确认用户进行永久删除的行为。

任务总结

通过本任务的实施，应掌握下列知识和技能。

- 了解库的概念和运用。
- 了解剪贴板的特点。
- 掌握剪贴板和回收站的功能和使用方法。
- 掌握新建文件（夹）、重命名文件（夹）、移动和复制文件（夹）、删除和恢复文件（夹）的方法。

任务 2.3　Windows 7 设置

子任务 2.3.1　外观和主题设置

任务描述

我们都希望在使用计算机的时候能有轻松自在的感觉，而 Windows 7 操作系统在 XP 版本基础上对系统外观上做了很大的改进，有许多使计算机更有个性、更加便捷和有趣的方式。本任务主要讲述如何设置一个合适且美观的系统外观，将计算机与我们的心情融为一体。

相关知识

1. Aero

Windows Aero 为我们的计算机带来了全新的外观，它的特点是透明的玻璃图案带有精致的窗口动画和新窗口颜色。它包括与众不同的直观样式，将轻型透明的窗口外观与强大的图形高级功能结合在一起，提供更加流畅、更加稳定的桌面体验，让我们可以享受具有视觉冲击力的效果和外观，方便浏览和处理信息。

Aero 包括以下几种特效。

- 透明毛玻璃效果。
- Windows Flip 3D 窗口切换。
- Aero Peek 桌面预览。
- 任务栏缩略图及预览。

计算机的硬件和视频卡必须满足硬件要求才能显示 Aero 图形。运行 Aero 的最低硬件要求如下：

- 1000 兆赫(MHz)32 位(x86)或 64 位(x64)处理器。
- 1000 兆字节(MB)的随机存取内存(RAM)。
- 128 兆字节(MB)图形卡。
- Aero 还要求硬件中具有支持 Windows Display Driver Model 驱动程序、Pixel Shader 2.0 和每像素 32 位的 DirectX 9 类图形处理器。

2. 屏幕保护程序

设计屏幕保护程序的初衷是为了防止计算机监视器出现荧光粉烧蚀现象。早期的 CRT 监视器(特别是单色 CRT 监视器)在长时间显示同一图像时往往会出现这种问题。这些荧光粉用于生成显示的像素,若一个亮点长时间在屏幕上某一处显示,则该点容易老化,而整个屏幕长时间显示固定不变的画面,则老化程序就不均匀,影响显示器的寿命,屏幕保护程序就是通过不断变化的图形显示避免电子束长期轰击荧光粉的相同区域来减少这种损害。虽然显示技术的进步和节能监视器的出现从根本上已经消除了对屏幕保护程序的需要,但我们仍在使用它。主要因为它能给用户带来一定的娱乐性和安全性等。如设置好带有密码保护的屏保之后,用户可以放心地离开计算机,而不用担心别人在计算机上看到机密信息。

 任务实施

1. 更改窗口的颜色

Aero 提供了直观的玻璃窗口边框和精致的窗口动画效果,用户可以使用其提供的颜色对窗口着色,或者使用颜色合成器创建自己的自定义颜色。操作步骤如下:

(1) 在桌面空白处右击,在弹出的图 2-3-1 所示快捷菜单中选择"个性化"命令。

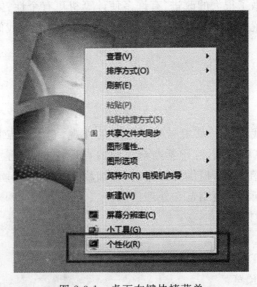

图 2-3-1　桌面右键快捷菜单

（2）打开"个性化"窗口，单击窗口下方的"窗口颜色"选项，如图 2-3-2 所示。

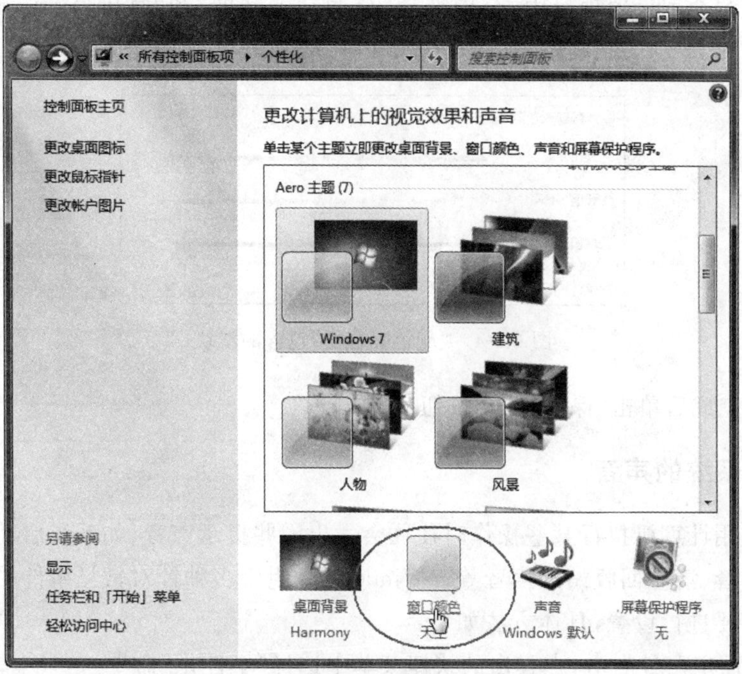

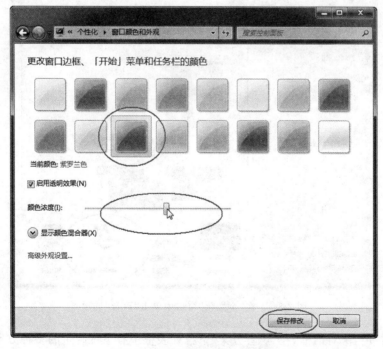

图 2-3-2　单击"个性化"窗口中的"窗口颜色"选项

（3）弹出"窗口颜色和外观"窗口，在由各种色块组成的列表框中选择一款喜欢的颜色，然后拖动"颜色浓度"滑块调节颜色深浅，在当前窗口中即可预览颜色效果，如图 2-3-3 所示。

图 2-3-3　"窗口颜色和外观"窗口

（4）如果对 Aero 提供的颜色均不满意，可以单击窗口下方的"显示颜色混合器"按钮，在显示的颜色混合器设置项目中，分别拖动"色调""饱和度"和"亮度"滑块，调出满意的颜色，如图 2-3-4 所示。

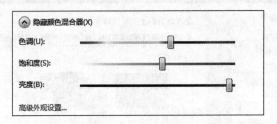

图 2-3-4　"颜色混合器"包含的滑块

（5）设置完成后单击"保存修改"按钮。

2. 设置系统的声音

当用户使用计算机执行某些操作时往往会发出一些提示声音，如系统启动退出的声音、硬件插入的声音、清空回收站的声音等。Windows 7 附带多种针对常见事件的声音方案，用户也可根据需要进行设置，具体方法如下：

（1）在桌面空白处右击，在弹出的快捷菜单中选择"个性化"命令。

（2）打开"个性化"窗口，单击窗口下方的"声音"选项，如图 2-3-5 所示。

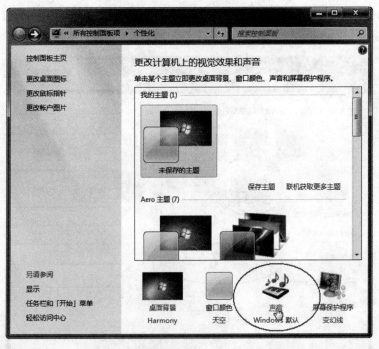

图 2-3-5　在"个性化"窗口中单击"声音"选项

（3）弹出"声音"对话框，在"声音方案"下拉列表框中有系统附带的多种方案，任选其一后，可在下方"程序事件"列表框中选择一个事件进行试听，如图 2-3-6 所示。

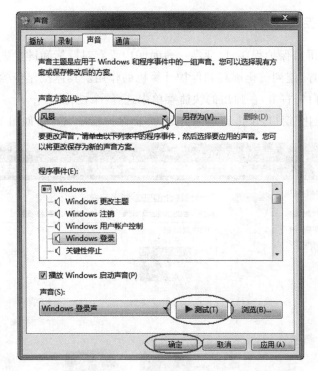

图 2-3-6 "声音"对话框

（4）单击"确定"按钮保存设置。

如要更改音量大小，可在桌面任务栏右侧单击音量图标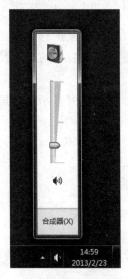，弹出如图 2-3-7 所示的消息框，拖动滑块可增大减小音量。如需对不同程序进行音量控制，可单击"合成器"链接，打开"扬声器"对话框，如图 2-3-8 所示，拖动不同程序下方的滑块即可。

图 2-3-7 "扬声器"消息框   图 2-3-8 "扬声器"对话框

3. 设置屏幕保护程序

用户可以设置屏幕保护程序,以便在一段时间内没有对鼠标和键盘进行任何操作时,自动启动屏幕保护程序,起到美化屏幕和保护计算机的作用。具体操作步骤如下:

(1) 在桌面空白处右击,在弹出的快捷菜单中选择"个性化"命令。

(2) 打开"个性化"窗口,单击窗口下方的"屏幕保护程序"选项,如图 2-3-9 所示。

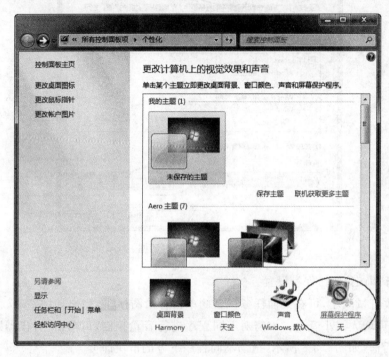

图 2-3-9　在"个性化"窗口中单击"屏幕保护程序"选项

(3) 弹出"屏幕保护程序设置"对话框,如图 2-3-10 所示。在"屏幕保护程序"下拉列表框中选择一种方案如"彩带",如果选择"三维文字""照片"等,还可单击右侧的"设置"按钮,进行更详细的参数设置。

(4) 设置等待时间,如需要在退出屏保时输入密码,可选中"在恢复时显示登录屏幕"复选框。

(5) 单击"确定"按钮保存设置。

 知识拓展

1. 屏幕分辨率

屏幕分辨率指的是屏幕上显示的文本和图像的清晰度。分辨率越高,项目越清楚。同时屏幕上的项目越小,因此屏幕可以容纳越多的项目。

可以使用的分辨率取决于监视器支持的分辨率。CRT 监视器通常显示 800 像素×600 像素或 1024 像素×768 像素的分辨率,使用其他分辨率可能效果更好。LCD 监视器和笔记

图 2-3-10 "屏幕保护程序设置"对话框

本电脑屏幕通常支持更高的分辨率,并在某一特定分辨率效果最佳。

监视器越大,通常所支持的分辨率越高。是否能够增加屏幕分辨率取决于监视器的大小和功能及视频卡的类型。

2. 刷新频率

刷新频率是指图像在屏幕上更新的速度,也即屏幕上的图像每秒钟出现的次数,它的单位是赫兹(Hz)。刷新频率越高,屏幕上图像闪烁感就越小,稳定性也就越高,换而言之对视力的保护也越好。闪烁的 CRT 监视器可以导致眼睛疲劳和头痛,可以通过加大屏幕刷新频率来减少或消除闪烁。LCD 监视器不创建闪烁,因此不需要为其设置较高的刷新频率。一般人的眼睛不容易察觉 75Hz 以上刷新频率带来的闪烁感,因此最好能将显示卡刷新频率调到 75Hz 以上。

 **技能拓展**

1. 设置桌面字体的大小

当分辨率过大时,用户会感觉到桌面上的图标文字、任务栏提示文字、窗口标题及菜单文字等会很小。为了不影响观看,可以自己设置桌面字体。操作方式如下:

(1)单击"开始"按钮,打开"开始"菜单,选择"控制面板"命令,弹出"控制面板"窗口。

(2)单击如图 2-3-11 所示"外观和个性化"选项,打开"外观和个性化"窗口。

图 2-3-11 "控制面板"窗口

(3) 在如图 2-3-12 所示的"外观和个性化"窗口中单击"放大或缩小文本和其他项目"超链接,打开"显示"窗口。

图 2-3-12 "外观和个性化"窗口

(4) 在如图 2-3-13 所示的"显示"窗口中单击"中等"或"较大",单击"应用"按钮,稍等片

114

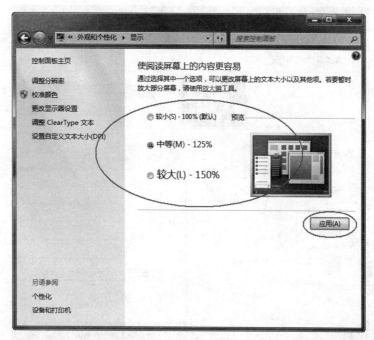

图 2-3-13 "显示"窗口

刻,桌面字体将会更改。

2. 设置屏幕的分辨率和刷新频率

(1) 设置屏幕分辨率的具体方法

① 在桌面空白处右击,在弹出的快捷菜单中选择"屏幕分辨率"命令,如图 2-3-14 所示。

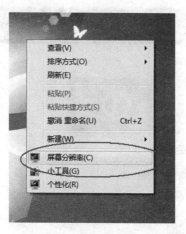

图 2-3-14 桌面右键快捷菜单

② 在打开的如图 2-3-15 所示的"屏幕分辨率"窗口中,单击"分辨率"下拉列表框,拖动滑块可改变屏幕的分辨率。

③ 单击"确定"按钮,保存设置即可。

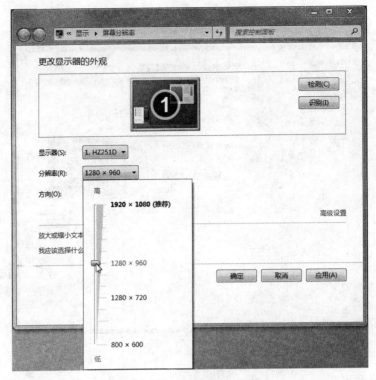

图 2-3-15　设置屏幕分辨率

（2）设置刷新频率的具体方法

① 在桌面空白处右击,在弹出的快捷菜单中选择"屏幕分辨率"命令,单击右侧的"高级设置",如图 2-3-16 所示。

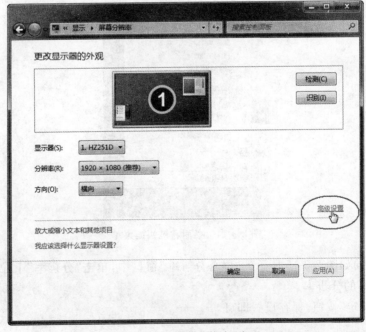

图 2-3-16　"屏幕分辨率"窗口

② 弹出如图 2-3-17 所示的"通用即插即用监视器"对话框,单击"监视器"选项卡。

图 2-3-17 "通用即插即用监视器"对话框

③ 在"屏幕刷新频率"下拉列表框中单击所需的屏幕刷新频率,这时监视器将花费一小段时间进行调整。如果要保留更改,则单击"应用"按钮,否则在 15 秒之内没有应用更改,刷新频率将返回到之前的原始设置。

3. 更改主题

主题是桌面背景、窗口颜色、声音和屏幕保护程序的组合,是操作系统视觉效果和声音的组合方案,如图 2-3-18 所示。

图 2-3-18 Windows 7 的主题内容

在"控制面板"的"个性化"窗口中,包含有四种类型的主题。

* 我的主题:用户自定义、保存或下载的主题。在对某个主题进行更改的时候,这些新设置会在此处显示为一个未保存的主题。
* Aero 主题:对计算机进行个性化设置的 Windows 主题。所有的 Aero 主题都包括 Aero 毛玻璃效果,其中的许多主题还包括桌面背景幻灯片放映。
* 已安装的主题:计算机制造商或其他非 Microsoft 提供商创建的主题。
* 基本和高对比度主题:为帮助提高计算机性能或让屏幕上的项目更容易查看而专门设计的主题。基本和高对比度主题不包括 Aero 毛玻璃效果。

如果用 Windows 7 系统预置的主题来修改,具体操作如下:

(1) 单击"开始"按钮打开"开始"菜单,选择"控制面板"命令,弹出"控制面板"窗口。

(2) 单击"更改主题"选项,或者在桌面空白处右击,在弹出的快捷菜单中选择"个性化"命令,弹出"个性化"窗口。

117

（3）选中 Aero 主题中的"建筑"，则会看到桌面背景变成了建筑图片，黄昏的窗口颜色，都市风景的系统声音等，如图 2-3-19 所示。

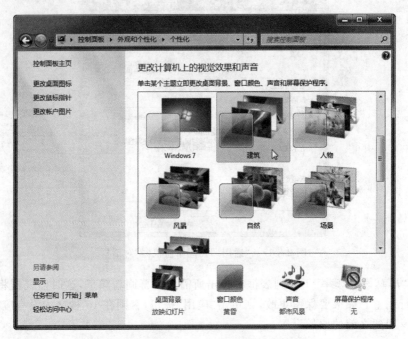

图 2-3-19　在"个性化"窗口中更改主题

 任务总结

通过本任务的实施，应掌握下列知识和技能。

- 了解 Aero 的特点和运行 Aero 特效的硬件配置要求。
- 了解设置屏幕保护程序的意义。
- 掌握屏幕分辨率和刷新频率的概念。
- 能够进行外观和主题的各种设置。

子任务 2.3.2　其他系统的设置

 任务描述

在使用 Windows 7 操作系统过程中，经常需要对系统的硬件和软件配置进行适当地修改，这些配置主要由控制面板来完成。本任务讲述通过控制面板可完成的一系列系统设置。

 相关知识

1. 认识控制面板

控制面板是用户对 Windows 7 操作系统进行硬件和软件配置的主要工具。利用控制面板里的选项可以设置系统的外观和功能,还可以添加删除程序、设置网络连接、管理用户账户、更改辅助功能等。

控制面板有两种视图模式,一种是类别模式;另一种是图标模式,如图 2-3-20 和图 2-3-21 所示。单击窗口右侧的"查看方式"下拉按钮,在弹出的下拉列表中可以选择视图模式。在任何一种模式下,单击图标或选项都能进入相关的设置页面进行设置。

图 2-3-20 "控制面板"窗口的类别模式

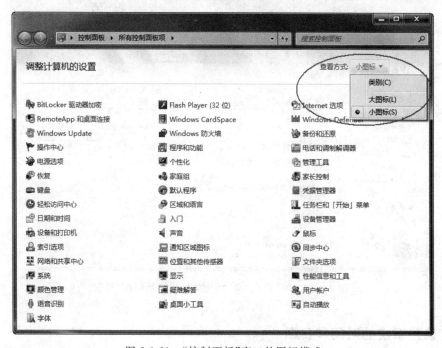

图 2-3-21 "控制面板"窗口的图标模式

2. 鼠标操作

用户可以使用鼠标与计算机屏幕上的对象进行交换,如对对象进行移动、打开、更改等操作,这些操作只需要借助鼠标就能完成。

鼠标一般有两个按钮:主要按钮(通常是左键)和次要按钮(通常是右键),通常情况下使用主要按钮。一般按钮之间还有一个滚轮,用于滚动文档和网页等。

鼠标的操作包括:指向、拖动、单击、双击、右击等。

用户可通过多种方式自定义鼠标,如交换鼠标按钮的功能,改变鼠标指针样式,更改鼠标指针的移动速度、滚轮的滚动速度、双击速度等。

 任务实施

1. 启动控制面板

利用控制面板对系统环境进行设置,需要首先启动控制面板。可以通过多种方式启动控制面板。

方法1:单击"开始"按钮,在弹出的"开始"菜单中选择"控制面板"命令,即可打开"控制面板"窗口。

方法2:打开"计算机"窗口,在如图 2-3-22 所示位置单击"打开控制面板"按钮,即可启动控制面板。

方法3:在"运行"窗口中输入 control 命令,即可打开"控制面板"。

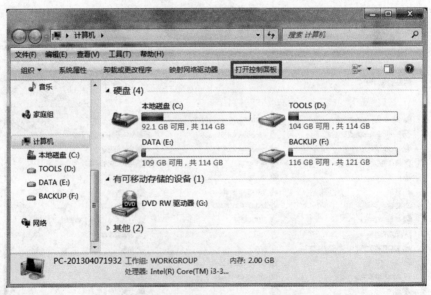

图 2-3-22　"计算机"窗口中的"打开控制面板"按钮

2. 设置系统的时间和日期

在 Windows 7 中,系统会自动为存档文件标上日期和时间,以供用户检索和查询。任

务栏右侧显示了当前系统的日期和时间,用户可以更改,具体步骤如下:

(1) 单击任务栏右侧的时钟图标,弹出如图 2-3-23 所示消息框,单击"更改日期和时间设置"超链接。

(2) 在弹出的"日期和时间"对话框中,单击"更改日期和时间"按钮,如图 2-3-24 所示。

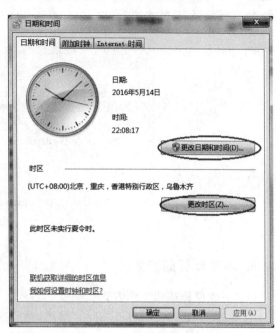

图 2-3-23 "时钟"按钮弹出的消息框　　　　　图 2-3-24 "日期和时间"对话框

(3) 在如图 2-3-25 所示的"日期和时间设置"对话框中,在日期栏设置好当前年月日,在时间栏设置好时、分、秒。

图 2-3-25 "日期和时间设置"对话框

（4）连续单击两次"确定"按钮,即可完成系统日期和时间的设置。

如果用户所在的时区与系统默认的时区不一致,可在"日期和时间"对话框中单击"更改时区"按钮,弹出"时区设置"对话框。用户可以根据所在的具体位置,在"时区"下拉列表框中选择本地区所属的时区,如图 2-3-26 所示,中国用户应选择"(UTC＋08:00)北京,重庆,香港特别行政区,乌鲁木齐"选项。

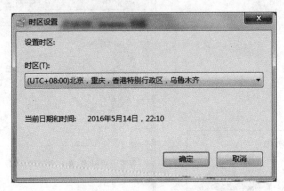

图 2-3-26 "时区设置"对话框

3. 修改鼠标的设置

（1）更改鼠标按钮工作方式

① 单击"开始"按钮,打开"开始"菜单,然后选择"控制面板"命令。

② 切换到图标模式,单击"鼠标"选项,打开"鼠标 属性"对话框,如图 2-3-27 所示。

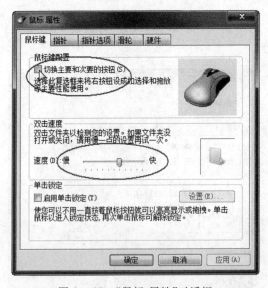

图 2-3-27 "鼠标 属性"对话框

③ 若要交换鼠标左右键的功能,则选中"切换主要和次要的按钮"前的复选框;若要更改双击的速度,可在"双击速度"下方拖动速度滑块进行调整。

④ 单击"确定"按钮完成设置。

（2）更改鼠标指针外观

① 单击"开始"按钮，打开"开始"菜单，然后选择"控制面板"命令。

② 切换到图标模式，单击"鼠标"选项，打开"鼠标属性"对话框，单击"指针"选项卡，如图 2-3-28 所示。

图 2-3-28 "鼠标 属性"对话框的"指针"选项卡

③ 若要为所有指针修改新的外观，可单击"方案"下拉列表，然后单击新的鼠标方案；若只是更改单个指针样式，可在"自定义"下单击列表中要更改的指针，单击"浏览"按钮，选择要使用的指针样式，然后单击"打开"按钮。

④ 单击"确定"按钮完成设置。

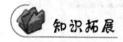 知识拓展

1. 电源管理

Windows 7 系统增强了自身的电源管理功能，使用户对系统电源的管理更加方便和有效。Windows 7 系统为用户提供了包括"已平衡""节能程序"等多个电源使用计划，同时还可快速通过电源查看选项，调整当前屏幕亮度和查看电源状态，如电源连接状态、充电状态、续航状态等。

电源计划是控制便携式计算机如何管理电源的硬件和系统设置的集合。Windows 7 有两个默认计划。

（1）已平衡。此模式为默认模式，CPU 会根据当前应用程序的需求动态调节主频，在需要时提供完全性能和显示器亮度，但是在计算机闲置时 CPU 耗电量下降，会节省电能。

（2）节能程序。延长电池寿命的最佳选择，此模式会将 CPU 限制在最低倍频工作，同时其他设备也会应用最低功耗工作策略，电压也低于 CPU 标准工作电压，整个计算机的耗电量和发热量都最低，性能也会更慢。

2. 应用程序的安装

操作系统自带了一些应用软件,我们可以直接使用,例如画图工具、多媒体播放软件Windows Media Player、图片浏览工具 Windows 照片查看器等。但这些软件远远不能满足我们的应用需要,因此还需要下载第三方应用程序,对其进行安装、卸载和使用。

要在计算机上安装的程序取决于用户的应用需求,常用的有办公辅助软件、影音播放软件、图片浏览和处理软件、压缩解压缩软件、聊天软件、下载软件、系统安全软件等。

一般情况下,大部分应用软件的安装过程都是大致相同的,安装方式通常有两种:一种是从光盘直接安装;另一种是通过双击相应的安装图标启动安装程序。一般启动安装程序后,会出现安装向导,用户可以按照向导提示一步一步地进行操作,正确设置其中的选项,就能安装成功。在安装成功后,计算机会给出提出,表示安装成功,有些软件在安装成功后需要重启计算机才能生效。如果安装不成功,计算机也会给出提示,用户可以根据提示重新安装。

技能拓展

1. 更改电源设置

Windows 7 提供的电源计划并非不可改变,如果觉得系统默认提供的方案都无法满足要求,可以对其进行详细设置,具体操作如下:

(1) 打开"控制面板",在图标模式下单击"电源选项"选项,打开"电源选项"窗口,如图 2-3-29 所示。

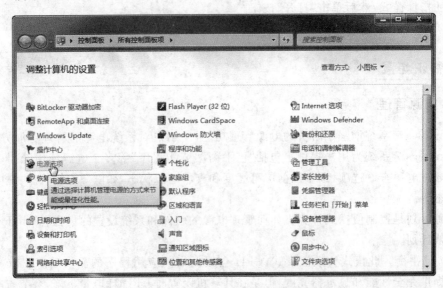

图 2-3-29　在"控制面板"中选择"电源选项"选项

(2) 选择要设置的电源计划,单击其后的"更改计划设置"链接,如图 2-3-30 所示。

(3) 进入"编辑计划设置"窗口,修改关闭显示器的时间和自动进入睡眠状态的时间。如果还需要更详细的设置,则单击"更改高级电源设置"超链接,如图 2-3-31 所示。

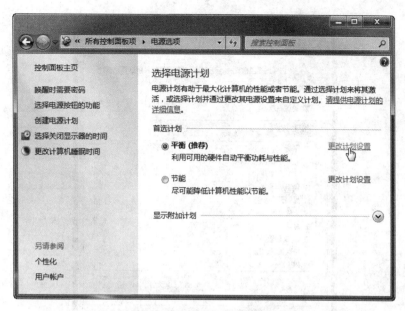

图 2-3-30 "电源选项"对应的设置

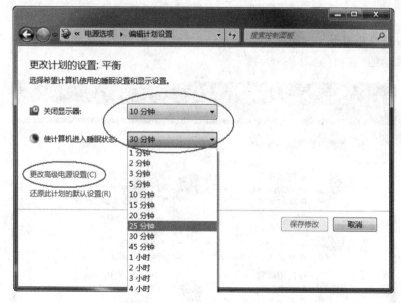

图 2-3-31 "编辑计划设置"窗口

（4）弹出"电源选项"对话框，如图 2-3-32 所示，对所需设置的项目（如 USB 设置、笔记本盒子设置等）进行选择即可。

（5）单击"确定"按钮，再回到"编辑计划设置"对话框中单击"保存修改"完成设置。

2. 卸载应用程序

对于不再使用的应用程序，可以将其删除（又叫卸载）以释放磁盘空间。当应用程序出现故障时，也可以将其卸载后重新安装。卸载应用程序的具体步骤如下：

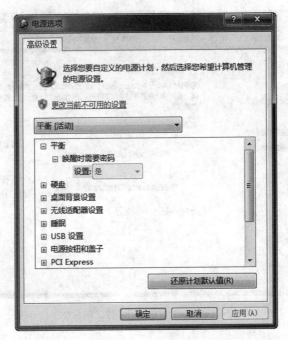

图 2-3-32　"电源选项"对话框

　　(1) 打开"控制面板",在类别模式下单击"卸载程序"选项(见图 2-3-33)或图标模式下单击"程序和功能"选项(见图 2-3-34)。

图 2-3-33　类别模式中的"卸载程序"选项

　　(2) 进入"程序和功能"窗口,此窗口显示了系统当前所有已安装的工具软件,从程序列表中单击选中要卸载的程序,单击列表框上方的"卸载"按钮,或者右击并在弹出的快捷菜单中选择"卸载"命令,如图 2-3-35 所示。

图 2-3-34　图标模式中的"程序和功能"选项

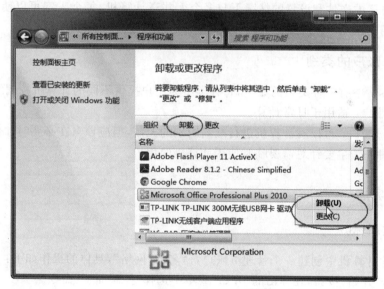

图 2-3-35　"程序和功能"窗口

（3）弹出程序卸载向导对话框，根据提示完成程序的删除。

 任务总结

通过本任务的实施，应掌握下列知识和技能。

- 了解控制面板的功能。
- 了解鼠标的操作和电源的管理。
- 掌握更改日期时间及安装卸载程序的方法。
- 能够使用"控制面板"对系统进行各种设置。

子任务 2.3.3　管理用户账户

任务描述

Windows 7 是一个多用户的操作系统,当多个用户使用一台计算机时,可以使用不同的用户账户来保留各自对操作系统的环境设置,以使每一个用户都有一个相对独立的空间。Windows 要求一台计算机上至少有一个管理员账户。本任务介绍用户账户的概念和用户账户的相关操作。

相关知识

1. 什么叫用户账户

用户账户是一个信息集,定义了用户可以在 Windows 系统中执行的操作。在独立计算机或作为工作组成员的计算机上,用户账户建立了分配给每个用户的特权。通过用户账户,可以在拥有自己的文件和设置的情况下与多个人共享计算机,每个人都可以使用用户名和密码访问其用户账户。

2. 用户账户的类别

Windows 7 中有三种类型的账户,每种类型为用户提供不同的计算机控制级别。
- 标准账户:适用于日常计算。
- 管理员账户:可以对计算机进行最高级别的控制,但应该只在必要时才使用。
- 来宾账户:主要针对需要临时使用计算机的用户。

任务实施

1. 创建新账户

如在本地计算机中创建一个管理员账户,命名为"网络",具体的操作如下:

(1) 单击"开始"按钮,在弹出的"开始"菜单中选择"控制面板"命令。

(2) 打开"控制面板"窗口,在图标模式下单击"用户账户"选项(见图 2-3-36),进入"用户账户"窗口,单击"管理其他账户"选项(见图 2-3-37),或者在类别模式下单击"添加或删除用户账户"选项(见图 2-3-38)。

(3) 进入"管理账户"窗口,单击"创建一个新账户"选项,如图 2-3-39 所示。

(4) 进入"创建新账户"窗口,输入账户名称,选择账户类型,如图 2-3-40 所示。

(5) 单击"创建账户"按钮,返回到"管理账户"窗口,新账户已经被创建成功,如图 2-3-41 所示。

2. 设置用户密码

为了保障账户的安全,为新创建的账户"网络"设置密码。创建用户密码的方法如下:

图 2-3-36　"所有控制面板项"窗口

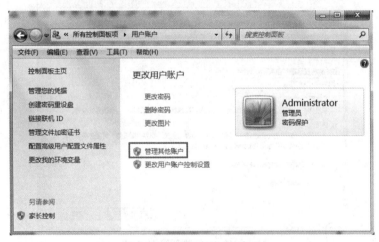

图 2-3-37　"用户账户"窗口

图 2-3-38　"控制面板"窗口的类别模式

图 2-3-39 "管理账户"窗口

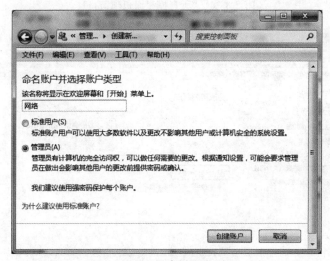

图 2-3-40 "创建新账户"窗口

图 2-3-41 新账户创立成功

（1）在"管理账户"窗口中，单击"网络"账户的图标，进入到如图 2-3-42 所示的"更改账户"窗口。

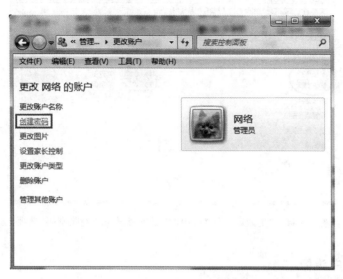

图 2-3-42　"更改账户"窗口中"创建密码"选项

（2）单击"创建密码"选项，打开"创建密码"窗口，在"新密码"文本框中输入新设置的密码，在"确认新密码"文本框中重复输入一次密码，在"键入密码提示"文本框中的输入提示信息以避免忘记密码，也可不填写，如图 2-3-43 所示。

图 2-3-43　"创建密码"窗口

（3）单击"创建密码"按钮，返回到"用户账户"窗口，密码创建成功。此时出现"更改密码"和"删除密码"选项，如图 2-3-44 所示。用户可根据需要修改密码或删除密码。

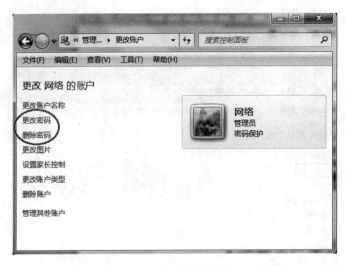

图 2-3-44　"更改账户"窗口中的"更改密码"和"删除密码"选项

3. 更改账户头像

为账户"网络"选择一张动物的图片并显示在欢迎屏幕和"开始"菜单中。更改账户头像的方法如下：

(1) 打开"控制面板"，进入"用户账户"窗口，单击"管理其他账户"选项。

(2) 单击"网络"账户图标，打开"更改账户"窗口。

(3) 单击"更改图片"选项，进入如图 2-3-45 所示"选择图片"窗口，在图片列表框中选择

图 2-3-45　"选择图片"窗口

喜欢的"足球"图片,或者单击"浏览更多图片"并在计算机硬盘中选择喜欢的图片。

(4)单击"更改图片"按钮,返回到"更改账户"窗口,图片即被更换,如图 2-3-46 所示。

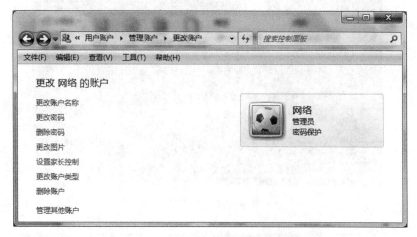

图 2-3-46 "更改账户"窗口中的图片已更换

4. 切换账户

如要从当前账户切换到新创建的"网络"账户,操作如下:

(1)单击"开始"按钮,打开"开始"菜单,鼠标指针指向菜单右下方"关机"按钮右侧的箭头。

(2)在箭头上短暂停留后,弹出的子菜单如图 2-3-47 所示,选择"切换用户"命令。

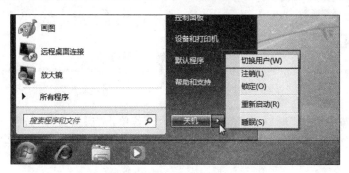

图 2-3-47 "切换用户"命令

(3)系统保持当前账户工作状态不变,返回到登录界面,选择"网络"账户,输入密码即可登录。登录界面如图 2-3-48 所示。

5. 删除账户

如果要删除账户"网络",则必须使用管理员账户登录系统,并且不能删除当前正在使用的账户。删除账户的操作如下:

(1)确认当前登录的用户是管理员账户,如果不是则切换用户。

(2)打开"控制面板",进入"用户账户"窗口,单击"管理其他账户"选项。

(3)单击"网络"账户图标,进入"更改账户"窗口,单击"删除账户"选项,如图 2-3-49 所示。

图 2-3-48   登 录 界 面

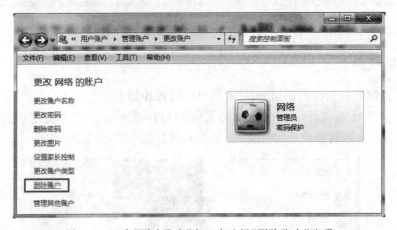

图 2-3-49   在"更改账户"窗口中选择"删除账户"选项

（4）打开"删除账户"窗口，如图 2-3-50 所示。若单击"保留文件"按钮，则在删除该账户后将保留该用户的桌面文件、个人文档和收藏夹等信息；若单击"删除文件"按钮，则不保留这些文件。

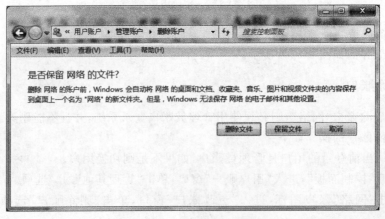

图 2-3-50   "删除账户"窗口

（5）进入"确认删除"窗口，如图 2-3-51 所示，单击"删除账户"按钮确认删除。返回到"管理账户"窗口，"网络"账户已消失，如图 2-3-52 所示。

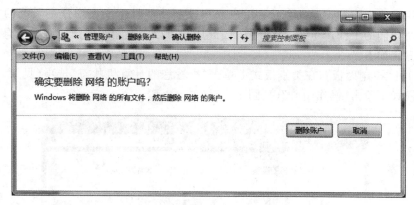

图 2-3-51　"确认删除"窗口

图 2-3-52　在"管理账户"窗口中选择希望更改的账户

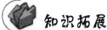 知识拓展

下面介绍用户账户控制的知识。

用户账户控制（User Account Control，UAC）是微软为提高系统安全而引入的技术，可帮助计算机防范黑客或恶意软件的攻击。它要求所有用户在标准账户模式下运行程序和任务，只要程序要对计算机执行重要更改，UAC 就会通知用户，并询问用户是否许可。

UAC 最初在 Windows Vista 中引入，现在它产生的干扰已经减少，而且更加灵活了。UAC 的工作原理是调整用户账户的权限级别。如果正在执行标准用户可以执行的任务（如阅读电子邮件、听音乐或创建文档），即使以管理员的身份登录，也具有标准用户的权限。

如果具有管理员特权，则还可以在"控制面板"中微调 UAC 的通知设置。对计算机做出需要管理员级别权限的更改时，UAC 会发出通知。如果是管理员，则可以单击"是"按钮以继续。如果不是管理员，则必须由具有计算机管理员账户的用户输入其密码才能继续。如果授予权限，则将暂时具有管理员权限来完成任务，任务完成后，所具有的权限将仍是标准用户权限。

技能拓展

更改用户账户控制设置的方法：用户账户控制功能虽然大大增强了系统的安全性，但是难免会对我们的工作产生一定的干扰，因此用户可以定义用户账户控制的消息通知方式。

操作方式如下：

（1）打开"控制面板"，在类别模式下单击"查看您的计算机状态"选项（见图 2-3-53），或者在图标模式下单击"操作中心"（见图 2-3-54）。

图 2-3-53　在类别模式下的"查看您的计算机状态"选项

图 2-3-54　在图标模式下的"操作中心"选项

（2）进入"操作中心"窗口，如图 2-3-55 所示窗口中单击左侧的"更改用户账户控制设置"选项。

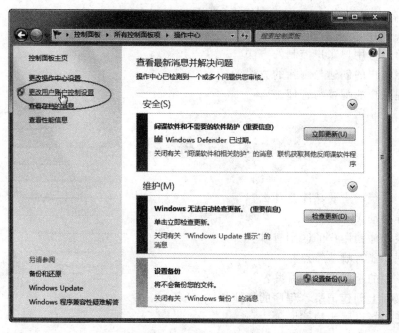

图 2-3-55　"操作中心"窗口

（3）打开"用户账户控制设置"窗口，拖动左侧的滑块即可设置用户账户控制的通知方式。每一个选项都有相应的说明，可根据需要进行设置，如图 2-3-56 所示。

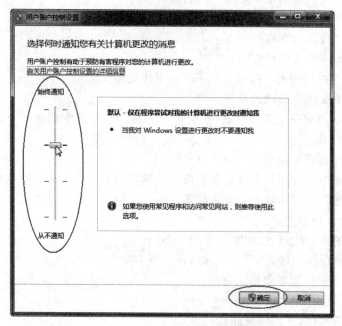

图 2-3-56　"用户账户控制设置"窗口

（4）单击"确定"按钮完成设置。

任务总结

通过本任务的实施,应掌握下列知识和技能。

- 了解 Windows 7 用户账户。
- 了解进行用户账户控制的方法。
- 掌握账户的创建与删除的方法。
- 掌握账户的配置与管理。

课 后 练 习

1. 操作系统的主要功能是什么?

2. 怎样启动 Windows 7?

3. 切换和注销用户的区别有哪些?

4. 睡眠功能有哪些特点?

5. 任务栏的组成部分有哪些?

6. 在桌面上创建记事本程序的快捷方式。

7. 将任务栏设置为隐藏。

8. 更改桌面背景,图片可以任意选择。

9. 简述窗口的构成。

10. 窗口和对话框的区别有哪些?

11. 使用快捷键在不同窗口之间进行切换。

12. 简述文件和文件夹的区别。

13. 常见的文件类型有哪些?

14. 如何更改文件夹图标?

15. 在 D 盘中搜索所有扩展名为".jpg"的图片文件。

16. 简述更改文件夹选项的步骤。

17. 在 D 盘下创建一个新文件夹"我的学习资料",并在其中建立一个以用户本人名字为文件夹名的文件夹。

18. 在 C 盘中搜索扩展名为".txt"的文件。

19. 将第 2 题中搜索到的文件复制到第 1 题建立的个人姓名命名的文件夹中。

20. 在第 3 题的操作基础上任意选定多个不连续的文件进行逻辑删除。

21. 简述 Aero 的特点。

22. 更改系统声音的设置,调整音量的大小。

23. 更改屏幕保护程序为"照片",选择计算机中某个图片文件夹的图片显示,设置等待时间为 10 分钟,退出屏保需要输入密码。

24. 自定义主题并保存主题。

25. 安装迅雷软件,然后将其卸载。

26. 修改显示器关闭的时间和自动进入睡眠状态的时间。

27. 为计算机创建一个标准账户,设置密码和图片。

项目三　文档编辑

任务 3.1　Word 2010 基本操作

Office 2010 是美国微软公司开发的最新版本的办公软件,它是一个功能强大的软件包,囊括了用于文档编辑和排版的 Word;用于数据计算、数据分析、数据处理的电子表格 Excel;用于制作演示文稿的 PowerPoint 等组件。

其中 Word 凭借着强大的文本处理能力,成为 Office 办公软件中最重要的组件之一。而本书将通过 5 个大的任务依次介绍 Word 2010 操作界面、文本的输入与编辑、文档的设置、表格处理以及文档的图文混排等功能的使用。

子任务 3.1.1　认识 Word 2010 操作界面

 任务描述

系学生会宣传部需要为系部开展的某项活动撰写一份宣传稿,要求做到文字精练,内容生动,图文并茂。作为宣传部部长的小周在最新的系统上创建了一个 Word 文档以便其录入稿件的内容,通过此任务的实现,也让大家掌握 Word 2010 文字处理软件的启动方法,熟悉 Word 的操作界面,为后续完成 Word 的基本操作打下基础。

 相关知识

1. Word 2010 的启动

要使用 Word 开始录入文档,必须先"启动"Word。启动 Word 有三种方式。

(1) 单击桌面左下方的"开始"图标,依次选择"所有程序"→Microsoft Office → Microsoft Word 2010 选项,便可启动 Word。

(2) 如果 Office 2010 安装时创建了快捷方式,则可以直接双击桌面图标 来启动 Word。

(3) 可通过双击一个现有的 Word 文件来启动 Word。

前两种方法启动 Word 2010 后,系统会自动生成一个名为"文档 1.docx"的空白文档,Word 2010 创建的所有文档扩展名均为"docx"。

2．Word 2010 的操作界面

当 Word 启动后，就可以进入 Word 的操作界面，Word 2010 的操作界面由快速访问工具栏、标题栏、功能选项卡、功能区、文档编辑区等组成，其窗口组成如图 3-1-1 所示。

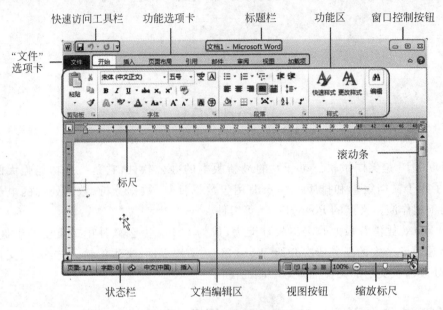

图 3-1-1　Word 2010 操作界面

Word 窗口各组成部分功能如下。

（1）快速访问工具栏：位于整个操作窗口的左上方，用于放置一些常用工具按钮，在默认情况下包括"保存""撤销""恢复"3 个按钮，用户可以根据需要添加，通过单击快速访问工具栏最右边的下拉按钮 ，在需要添加的功能前打钩，即可添加新的工具按钮。

（2）功能选项卡：用于切换功能区，单击某个功能选项卡，便能完成功能选项卡的切换，比如可从"开始"选项卡切换到"插入"选项卡。

（3）标题栏：用于显示当前正在编辑的文档名称。

（4）功能区：用于放置编辑文档时所需的功能按钮。系统将功能区的按钮根据功能划分为一个一个的组，称为工作组。在某些工作组右下角有"对话框启动器"按钮 ，单击该按钮可以打开相应的对话框，在打开的对话框中包含了该功能区中的相关操作选项。

（5）窗口控制按钮：此组按钮包括"最小化""最大化""关闭"3 个按钮，"最大化"和"最小化"按钮主要用于对文档窗口大小进行控制，"关闭"按钮可以关闭当前文档。

（6）"文件"选项卡：用于打开"文件"面板，"文件"面板包括"保存""打开""关闭""新建""打印"等针对文件的操作命令。

（7）标尺：标尺包括水平标尺和垂直标尺，用于显示或定位文本所在的位置。标尺可以通过单击文本编辑区右上角的 图标来显示或隐藏。

（8）滚动条：滚动条分为水平滚动条和垂直滚动条，拖动滚动条可以查看窗口中没有完全显示的文档内容。

（9）文档编辑区：显示或编辑文档内容的工作区域，编辑区中不停闪烁的光标称为插

入点,用于输入文本内容和插入各种对象。

(10) 状态栏:用于显示当前文档的页数、字数、拼写和语法状、使用语言、输入状态等信息。

(11) 视图按钮:用于切换文档的视图方式。单击相应选项卡,便可切换到相应视图。Word 2010 提供了"页面视图""阅读版式视图""Web 版式视图""大纲视图"以及"草稿"视图 5 种视图。

(12) 缩放标尺:用于对编辑区的显示比例和缩放尺寸进行调整,用鼠标拖动缩放滑块后,标尺左侧会显示缩放的具体数值。

 任务实施

完成子任务 3.1.1 提出的任务的操作步骤如下:

(1) 启动 Word。在屏幕左下方的"开始"菜单中选择"所有程序"→Microsoft Office →Microsoft Word 2010 选项,启动 Word 2010。

(2) 创建 Word 文档。当 Word 2010 启动后,系统自动生成一个文件名为"文档1.docx"的空白文档。也可以通过选择"文件"选项卡的"新建"命令建立空白文档,其操作如下:

单击"文件"选项卡,选择"新建"命令,在右侧的"可用模板"选项区中双击"空白文档",如图 3-1-2 所示。或者先选择"空白文档",再单击右侧的"创建"图标。

图 3-1-2 "可用模板"选项区的"空白文档"选项

 **知识拓展**

1. 熟悉 Word 2010 的"文件"选项卡

在 Word 窗口的左上角,单击"文件"选项卡,便会出现该选项卡所包含的关于文件的

141

相关操作,如图 3-1-3 所示。对文件的"保存""另存为""打开""关闭"等操作命令都包含其中。

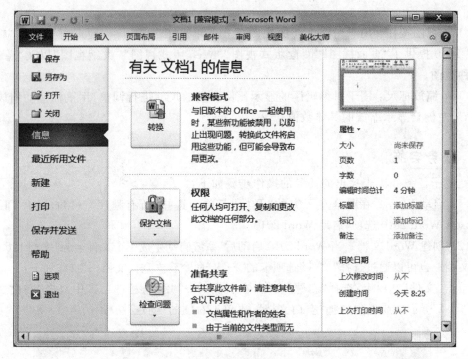

图 3-1-3　"文件"选项卡

2. 认识"开始"选项卡的各个功能区

Word 2010"功能选项卡"中的"开始"选项卡中设有关于 Word 的基本操作功能区,其界面如图 3-1-4 所示。

图 3-1-4　"开始"选项卡的功能区

功能区各模块功能简介如下。

(1) 剪贴板:包括了对文档内容的剪切、复制、粘贴、格式刷等设置及操作功能。

(2) 字体:提供了对字体的字体、字号、文字颜色、文字加粗设置等操作功能。

(3) 段落:提供了文字的对齐方式、文字边框、段落间距设置等操作功能。

(4) 样式:提供了对文字标题样式、正文样式的设置功能。

(5) 编辑:提供了对文的查找、替换、选择等功能。

技能拓展

1. 直接在 Word 软件中创建新文档

（1）利用快捷键新建

在当前打开的文档中，按下 Ctrl＋N 快捷键，便可直接创建一个空白文档。

（2）通过"新建"命令建立空白文档

单击"文件"按钮，选择"新建"命令，在右侧的"可用模板"选项区中双击"空白文档"，或者先选择"空白文档"再单击右侧的"创建"图标。

2. 利用模板创建文档

如果对新建的文档在格式方面有比较严格的要求，可以通过已有的模板文档进行新建，例如要求用 Word 软件创建一张系部某项比赛的获奖证书，便可通过 Word 提供的"证书、奖状"模板来创建一个 Word 文档。Office.com 中的模板网站为许多类型的文档提供模板，包括证书奖状、简历、传单海报、邀请函等。利用模板创建文档的方法有两种。

（1）利用"文件"→"新建"命令创建文档

① 单击"文件"选项卡，执行"新建"命令。

② 在"可用模板"下，执行下列操作之一：

• 单击"样本模板"以选择计算机上的可用模板。

• 单击"Office.com 模板"下的超链接之一。（注意：要使用"Office.com 模板"，需要将网络连接至 Internet。）

③ 双击所需的模板。

（2）通过已有模板创建文档

如果更改了下载的模板，则可以将其保存在自己的计算机上以再次使用。通过单击"新建文档"对话框中的"我的模板"，可以轻松找到所有的自定义模板。新建的文档中包含有所选模板中的所有内容。

任务总结

通过本任务的实施，应掌握下列知识和技能。

• 掌握 Word 2010 启动的方法。

• 掌握 Word 2010 操作界面的组成。

• 了解 Word 2010 中"文件"及"开始"选项卡的组成及功能。

• 掌握 Word 文档的新建方法。

• 学会利用 Word 模板创建文档。

子任务 3.1.2　文档的保存、关闭与退出

 任务描述

　　文档创建好后,小周同学在 Word 的文档编辑区录入了以下样文,并将输入的内容以文件名"植树活动.docx"保存在"E:\Word 素材"目录中。通过此任务的完成,让大家熟悉 Word 2010 文档的保存、关闭等基本操作。

> 　　今年 3 月 12 日是我国第 38 个植树节,是开展全民义务植树运动 35 周年,同时也是开展"学雷锋"活动 53 周年。为全面贯彻"绿色和谐,你我同盟"和"弘扬雷锋精神"这两大宗旨,也为增强大学生保护大自然的意识和热情,电子信息工程系的全体老师携部分同学在校园内开展了植树绿化活动。

 相关知识

1. 文件的保存

　　当文档中输入的内容需要保留时,需要对文档执行"保存"操作。文件的保存有两种方式:一是直接保存新文档;二是使用"另存为"命令保存文档。

　　(1)直接保存新文档

　　在新文档中完成编辑操作后,需要对新文档进行保存。Word 2010 提供了三种文档的保存方法。

　　① 单击"快捷访问工具栏"中的"保存"按钮 🖫。

　　② 单击"文件"按钮,执行其中的"保存"命令。

　　③ 使用 Ctrl＋S 快捷键,也可以实现保存功能。

　　当文档首次执行"保存"操作时,会弹出一个文件"保存"对话框。

　　在"保存"对话框中,在对话框左侧的"组织"列表框选择文档的保存路径,默认情况下保存在"我的文档"文件夹中;"文件名"文本框用于输入用户设定的文件名;文件的"保存类型"默认为"Word 文档"。当设定好保存路径、文件名及保存类型后,单击右下方的"保存"按钮,系统即执行保存操作。若不想保存,则单击"取消"按钮继续编辑文档。

　　(2)使用"另存为"命令保存文档

　　在保存编辑的文档时,如果要将当前文档以新名字和格式保存到其他位置时,可以使用"另存为"命令保存,这样的操作形成一个当前文档的副本,可以防止因原始文档被覆盖而造成的内容丢失。其操作方法如下:

　　① 单击"文件"选项卡,在打开的"文件"面板中单击"另存为"命令,弹出"另存为"对话框,如图 3-1-5 所示。

　　② 在"另存为"对话框中可为文件选择不同的保存位置,或输入不同的文件名,单击"保存"按钮,原文档被关闭,取而代之的是在原文档基础上以新地址或新文件名打开的文档。

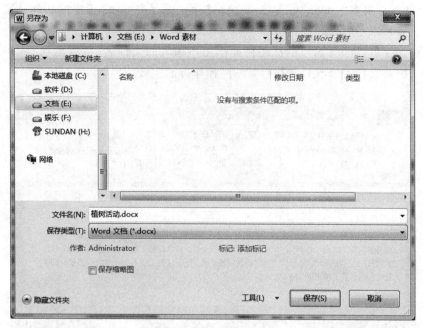

图 3-1-5　"另存为"对话框

2. 文档的关闭、退出

文档编辑完成，就可关闭文档，Word 可以关闭单个文档，也可以直接退出 Word 程序并关闭所有文档。

（1）单个文档的关闭

单个文档的关闭有以下有四种方法。

- 单击文档窗口右上角"窗口控制按钮区"的"关闭"按钮⊠。
- 单击"文件"选项卡，执行"关闭"命令 📄 关闭 。
- 按下 Alt＋F4 快捷键。
- 双击屏幕左上角的控制图标⬜。

（2）多个文档的关闭

退出 Word 程序可关闭所有打开的 Word 文档。操作方法如下：单击"文件"按钮，执行"退出"命令，如图 3-1-6 所示。

图 3-1-6　Word 的退出

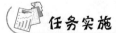

任务实施

完成子任务 3.1.2 提出的任务的操作步骤如下。

（1）输入文档内容

按照样文输入汉字、数字和标点符号。

（2）保存文档

在"快速访问工具栏"中单击"保存"按钮 💾，在"另存为"对话框的"保存位置"列表框中选择文档保存位置"E:\Word 素材"，在"文件名"文本框中输入新建文档的文件名"植树活动.docx"(文件扩展名".docx"可省略,系统将按照"保存类型"中指定的文件类型自动为文件加上扩展名),单击"保存"按钮。

文档被保存后,Word 窗口的标题栏显示用户输入的文件名"植树活动",如图 3-1-7 所示。任何一次对文档的修改必须执行"保存"操作方能生效。

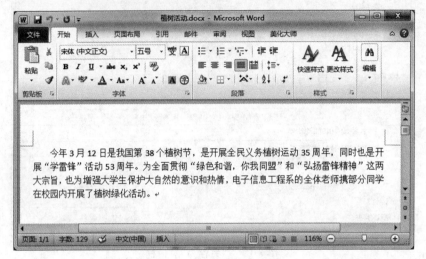

图 3-1-7　保存样文的操作结果

（3）关闭文档

在窗口控制按钮中单击"关闭"按钮,或选择"文件"→"关闭"命令,便可关闭当前文档。如果当前文档在编辑后没有保存,关闭前会弹出提示框,询问是否保存对文档的修改,如图 3-1-8 所示。

图 3-1-8　"保存"文件提示框

单击"保存"按钮可保存并关闭文档;单击"不保存"按钮可不保存并关闭文档;单击"取消"按钮则取消关闭文档,可继续编辑。

Word 2010 的五种文档显示视图介绍如下。

Word 2010 提供了页面视图、阅读版式视图、Web 版式视图、大纲视图以及草稿视图,这 5 种视图能以不同角度和方式来显示文档。下面详细介绍这 5 种视图的功能和作用。

1. 页面视图

页面视图是最常用的视图,它的浏览效果和打印效果完全一样,即"所见即所得"。页面视图用于编辑页眉页脚、调整页边距、处理分栏和插入各种图形对象,文档的页面视图如图 3-1-9 所示。

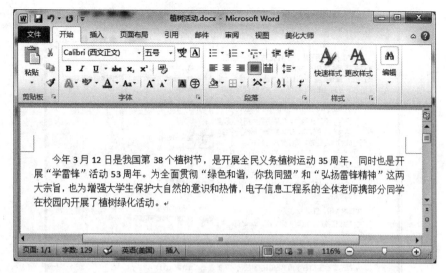

图 3-1-9　文档的"页面视图"效果

2. 阅读版式视图

阅读版式视图是便于在计算机屏幕上阅读文档的一种视图，文档页面在屏幕上充分显示，大多数的工具栏被隐藏，只会保留导航、批注和查找字词等工具，阅读版式视图文档如图 3-1-10 所示。

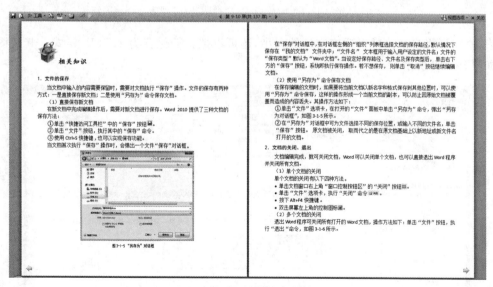

图 3-1-10　文档的"阅读版式视图"效果

在文档阅读版式视图的右上角，可以通过设置"视图选项"（见图 3-1-11）来设置阅读版式视图的显示方式。

3. Web 版式视图

Web 版式视图是文档在 Web 浏览器中的显示外观，将显示为不带分页符的长页面，并

图 3-1-11　阅读版式的"视图选项"列表

且表格、图形将自动调整以适应窗口的大小，还可以把文档保存为 HTML 格式。其视图效果如图 3-1-12 所示。

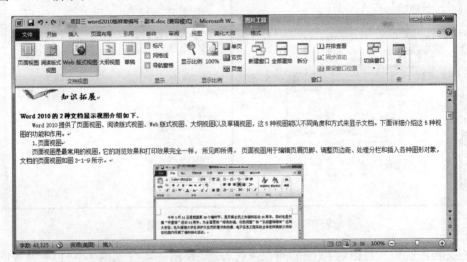

图 3-1-12　文档的"Web 版式视图"效果

4. 大纲视图

大纲视图以缩进文档标题的形式显示文档结构的级别，并显示大纲工具。大纲视图显示文档结构默认为显示3级别。大纲视图如图3-1-13所示。

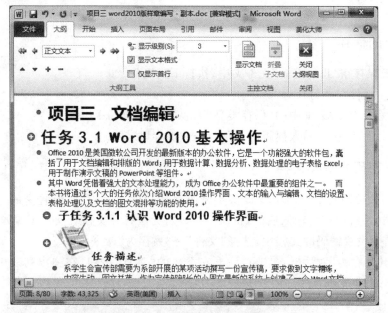

图3-1-13 文档的"大纲视图"效果

5. 草稿视图

在草稿视图中,可以输入、编辑和设置文本格式,但草稿视图只显示文本格式,简化了页面布局,可以快速地输入和编辑文本。草稿视图效果如图3-1-14所示。

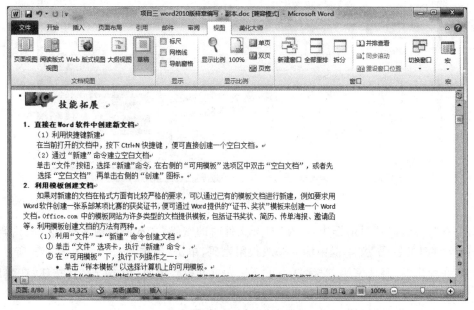

图3-1-14 文档的"草稿视图"效果

 技能拓展

1. 模板的保存

要将模板保存在"我的模板"文件夹中,执行下列操作。

(1) 选择"文件"→"另存为"命令。

(2) 在"另存为"对话框中的"保存类型"列表中单击"Word 模板"。

(3) 在"文件名"框中输入模板的名称,单击"保存"按钮。

2. 设置密码并保存文档

为了提高文档的安全性,Word 提供了密码保护功能,在保存时设置密码,当其他用户打开此文档时,系统会提示输入密码,密码不正确将无法打开文档。操作步骤如下:

(1) 在需要设置密码的文档中,选择"文件"→"另存为"命令。

(2) 弹出"另存为"对话框,单击对话框左下角的"工具"按钮,在弹出列表中选择"常规选项",如图 3-1-15 所示。

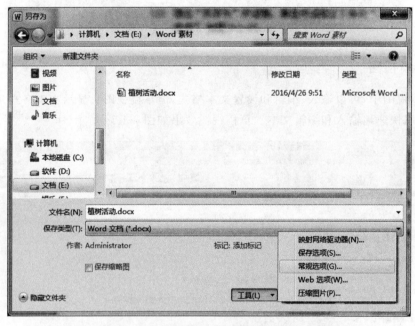

图 3-1-15 "另存为"对话框的"工具"列表

(3) 在"常规选项"对话框中,可在"打开文件时的密码"文本框中输入打开权限密码,可在"修改文件时的密码"文本框中输入修改权限密码,单击"确定"按钮,如图 3-1-16 所示。

(4) 在弹出的"确认密码"对话框中重新输入打开权限密码,单击"确定"按钮;在弹出的"确认密码"对话框中再次输入修改权限密码,单击"确定"按钮。

(5) 单击"另存为"对话框中的"保存"按钮。

注意:密码是区分大小写的。

图 3-1-16　"常规选项"对话框

3. 文档自动保存的时间设置

在使用 Word 2010 编辑文档的过程中,为了尽可能减少文档在损坏或被非法修改后所造成的损失,用户可以启用 Word 2010 自动创建备份文件的功能。通过启用自动创建备份文件功能,可以在每次修改而保存 Word 文档时自动创建一份备份文件。除此之外,还可以设置文档每隔一段时间自动保存一次。

(1)选择"文件"→"选项"命令,弹出"Word 选项"对话框,选择"保存"选项,如图 3-1-17所示。

图 3-1-17　"Word 选项"对话框的"保存"选项页面

151

（2）在"保存"选项页面中，修改"保存自动恢复信息时间间隔"，默认情况下是 10 分钟，可以对该数据进行修改，再单击"确定"按钮。

任务总结

通过本任务的实施，应掌握下列知识和技能。

- 熟悉文字输入法的切换。
- 掌握 Word 2010 的保存操作，学会设置文档的打开密码和编辑密码。
- 掌握文档自动保存时间间隔的设置。

任务 3.2　输入与编辑文档

Word 有强大的文字排版、表格处理、数据统计、图文混排功能。用户对文档进行复杂的排版前，必须掌握对文档最基本的操作，如文本的输入、选择、复制、粘贴、移动、查找、替换等操作。本节通过 4 个子任务的实现，学生便能将文本的基本操作完全掌握。

子任务 3.2.1　输入文本

任务描述

电子信息工程系计划举办一次演讲比赛，请制作一份通知，通知样文如图 3-2-1 所示。通过完成此任务应掌握文字、标点符号、英文字母和数字、符号等文本的输入方法，掌握空格键和 Enter 键的应用。

请按照以下样文输入文字，以文件名"演讲比赛.docx"保存在"E:\Word 素材"文件夹下。

＊＊＊电子信息工程系关于举办英文演讲比赛的通知＊＊＊

为提高学生的英文交流能力，电子信息工程系决定举办英文演讲比赛，欢迎我系各班同学积极报名参赛。比赛相关事项安排如下：

演讲主题：I Have A Dream

报名时间：2016-03-14 至 2016-03-16

报名地点：电子信息工程系办公室(一教 309 室)

比赛时间：2016-04-01　19：00～21：00

比赛地点：学术报告厅

电子信息工程系

二〇一六年三月十二日

图 3-2-1　通知样文

相关知识

1. 输入法的切换

Word 文档中通常既有英文字符,也有中文字符。英文字符输入非常简单,直接按键盘上对应的字母即可,中文字符则需在 Word 中切换到中文输入法状态才能输入。

(1) 中文输入法的切换

中文输入法的切换有两种方法。

① 通过鼠标切换

在打开的文档中,单击任务栏右下角的输入法图标 ,在弹出列表中移动鼠标指针到需要的输入法上,单击即可选中该输入法,如图 3-2-2 所示。

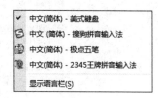

图 3-2-2　输入法选择列表

② 用快捷键切换

在 Word 中,可以通过 Ctrl+Shift 快捷键在各种已安装的输入法之间切换。

(2) 中/英文输入法的切换

中/英文输入法的切换可以通过 Ctrl+Space 快捷键实现。若当前是中文输入法,按下 Ctrl+Space 快捷键则转换成英文输入法,若再次按下 Ctrl+Space 快捷键,则又回到默认的中文输入法。

2. 符号的插入

为了美化文档,可在需要的位置插入 Word 提供的符号。单击 Word 功能卡中的"插入"选项卡,在"插入"面板中的"符号"组单击"符号"选项,如图 3-2-3 所示。

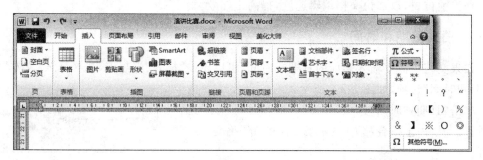

图 3-2-3　"插入"面板的"符号"组

单击"其他符号(M)...",进入"符号"对话框,如图 3-2-4 所示,在"字体"列表中选择需要的字体,再在符号选择区单击需要的符号,单击"插入"按钮即可。

3. 段落的产生

Word 系统对于段的定义以回车符" ↵ "为单位,一个回车符表示一段文本。当一个自然段文本输入完毕时,按 Enter 键,便会自动插入一个段落标记" ↵ "。

在录入文本时,输入的文字到达右边界时不用使用 Enter 键换行,Word 会自动根据纸张的大小和段落的左右缩进量自动换行。

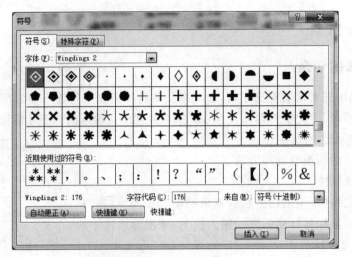

图 3-2-4 "符号"对话框

如果需要在一行内容没有输入满时强制另起一行,则可按下 Shift＋Enter 快捷键,此时产生一个向下的箭头符"↓",这样新起行的内容与上行的内容将会保持同一个段落属性。

4. 文本的输入

选择需要的输入法后,便可在文档编辑区输入文本。当输入的文本中出现多余的或出错的字符时,则可按下键盘上的退格键 Backspace 删除闪烁的插入点前的字符;或者按下 Delete 键也可以删除插入点后的字符。

如果需输入的文本在当前文档或者其他文档中部分或全部存在时,则可将已有的文本复制到当前位置,以加快文档编辑速度,提高工作效率。

5. 插入日期和时间

如果文档中需要输入当前的日期或时间,可以单击"插入"选项卡,选择插入"文本"组的
"日期和时间"选项,如图 3-2-5 所示。

单击"日期和时间"选项,弹出"日期和时间"格式选择
对话框。从中选择合格的显示方式,单击"确定"按钮
即可。

图 3-2-5 "插入"面板的"文本"组

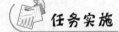 **任务实施**

完成子任务 3.2.1 提出的任务的操作步骤如下。

(1) 新建 Word 文档

在打开的 Word 软件中,按下 Ctrl＋N 快捷键新建一个文档。

(2) 插入符号

在打开的文档编辑区中单击"插入"选项,在"插入"面板的"符号"组中单击"符号"→"其他符号(M)...",出现"符号"对话框。选择字体为"Wingdings 2",在符号选择区选择符号
"＊",单击对话框中的"插入"按钮,连续插入 3 次。

（3）输入文本

① 按下 Ctrl＋Shift 快捷键，将输入法切换为合适的中文输入法，如"搜狗输入法"。

② 按照样文输入文字"电子信息工程系关于举办英文演讲比赛的通知"，再插入三个符号" ＊ "。

③ 按下 Enter 键，在新段落中输入余下的文字。

（4）插入日期和时间

单击"插入"选项卡，在"文本"组单击"日期和时间"选项，进入"日期和时间"对话框，如图 3-2-6 所示。选择倒数第三种格式，便可插入当前的日期。

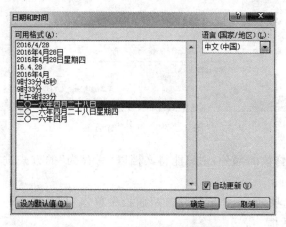

图 3-2-6　"日期和时间"对话框

在"日期和时间"对话框中选中"自动更新"复选框，则在每次打开该文档时，插入的时间都会按当前的时间进行更新显示。

（5）保存文档

单击"快速启动工具栏"中的"保存"按钮，将文档命名为"演讲比赛.docx"，保存路径是"E:\Word 素材"。

 **知识拓展**

1. 打开已有的文档

文档的打开是指计算机将指定文档从外存调入内存，并显示出来。若对一个已经存在的文档进行再次编辑时，则需要先"打开"文档。

Word 文档的打开方法通常有以下两种。

（1）进入到文档所在的文件夹，双击要打开的 Word 文件。

（2）进入 Word 操作界面，选择"文件"→"打开"命令，在弹出的"打开"对话框中，选择文件所在的文件夹，选中需要打开的文档，单击"打开"按钮即可，如图 3-2-7 所示。

2. 以特殊方式打开文档

（1）以只读方式打开文档

为了提高文档的安全性，禁止随便对文档进行修改，可以选择以只读方式打开文档。此

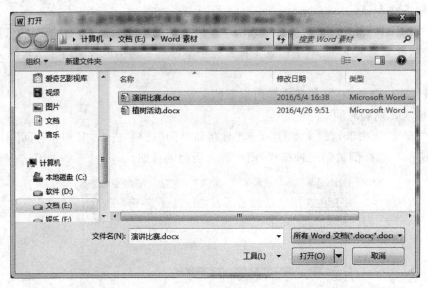

图 3-2-7 "打开"对话框

时如果要保存文档中修改的部分,则只能将文档以"另存为"的方式进行保存。以只读方式打开文档的方法如下:

    ① 单击"文件"选项卡,在弹出的"文件"面板中单击"打开"命令,弹出"打开"对话框。

    ② 在对话框的文件列表中单击要打开的文件,单击"打开"按钮右侧的下拉按钮,如图 3-2-8 所示。

    ③ 选择"以只读方式打开(R)"打开文档后,会在标题栏的文档名后显示"只读"两字。

(2) 以副本方式打开文档

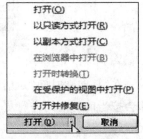

图 3-2-8 打开方式选择列表

为了避免对源文件的损坏,可以以副本的方式打开文档,当以这种方式打开文件时,Word 会自动创建一个与源文件完全相同的文件,用户在打开文档并完成文件编辑后,对源文件所做的改变将保存在副本文档中,对源文件不会产生影响。操作步骤如下:

    ① 单击"文件"选项卡,在弹出的"文件"面板中选择"打开"命令,弹出"打开"对话框。

    ② 在对话框的文件列表中单击要打开的文件,单击"打开"按钮右侧的下拉按钮,如图 3-2-7 所示。

    ③ 选择"以副本方式打开(C)",打开的文件自动命令为"副本(1)源文件名"。如果重复以副本方式打开同一文件,文件名将会依然命名为"副本(2)源文件名""副本(3)源文件名"。

技能拓展

1. 快速输入重复文字

Word 2010 提供了随时记忆功能,当用户在编辑文档时,有些内容需要反复输入,便可使用 F4 功能键快速输入已经输入过的内容。

操作方法：按下 F4 功能键，输入需要重复输入的内容，再次按下 F4 功能键，便可实现两次按下 F4 功能键期间输入内容的重复输入。

需注意的是，在输入英文和中英文内容时，F4 功能键的作用不完全相同。

（1）当输入英文时，按 F4 功能键则重复输入上一次使用 F4 功能键后输入的所有内容，包括回车和换行符。

（2）当输入中文时，按 F4 功能键重复输入的是上一次输入完成的一句话。若输入的内容中包含数字或者英文字母，则从数字或英文字母的后一个文字后开始重复。如果在句子后按了 Space 或者 Enter 键，再次按下 F4 功能键后只会重复输入一个空格或增加一个段落标记。

2. 插入状态和改写状态的切换

在编辑文档时，有时需要在插入点插入文本，此时文本的输入状态应为"插入"状态。若是要修改部分文本，则将插入点定位到需要修改的文本前，将文本的输入状态设置为"改写"。改变输入状态有两种方法。

（1）按键盘上的插入键 Insert，可以在"插入"状态和"改写"状态间切换。

（2）用鼠标单击 Word 窗口状态栏中的"插入"按钮，可以实现"插入"状态和"改写"状态的切换，如图 3-2-9 所示。

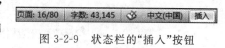

图 3-2-9　状态栏的"插入"按钮

3. 在文档中输入公式

在文档中，有的文档需要输入各种公式，公式的输入有两种方式。

（1）插入 Word 内置的公式

Word 2010 提供了一个新颖的工具，内置了一些常用的公式，如果需要，直接插入相应的公式即可。该工具只能在 2010 版本下才能用，兼容模式下不能用。操作步骤如下：

① 单击"插入"选项卡，在"插入"面板的"符号"组，单击"公式"选项的下拉按钮，如图 3-2-10 中插入点所指，在弹出的列表中选择需要的内置公式，便会在文档中的插入点创建一个公式。

单击公式对象中的内容，按 Delete 键，可将原来的内容删除，并输入新的内容，便可修改公式。

② 如果内置公式中没有需要的公式，可在如图 3-2-9 所示的列表中单击"插入新公式"命令，此时文档中会插入一个小窗口，用户在其中输入公式，通过"公式工具"的"设计"选项卡内的各种工具可以输入公式，如图 3-2-11 所示。

（2）使用公式编辑器

Word 2010 依然自带有公式编辑器。使用公式编辑器输入公式的操作步骤如下：

① 在文档中将插入点定位到输入公式的位置，单击"插入"选项卡，在"文本"组中单击"对象"选项，如图 3-2-12 所示。单击"对象"选项，弹出"对象"对话框。

② 在"对象"对话框中选择"对象类型"列表框中的"Microsoft 公式 3.0"选项，如图 3-2-13 所示。

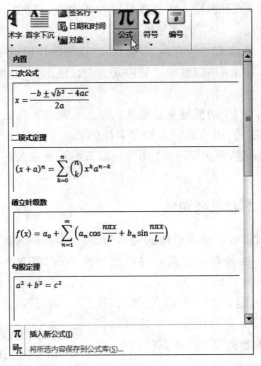

图 3-2-10　插入选项卡"符号"组的"公式"列表

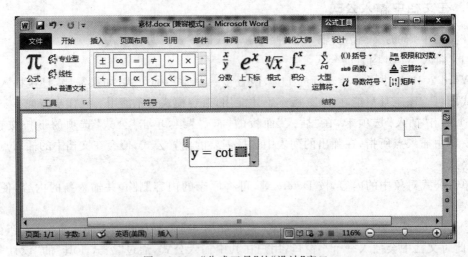

图 3-2-11　"公式工具"的"设计"窗口

图 3-2-12　"插入"功能卡的"文本"组

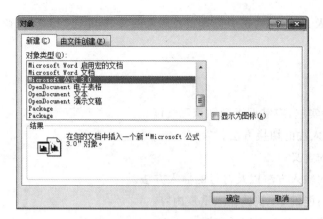

图 3-2-13　"对象"对话框

③ 单击"确定"按钮,启动公式编辑器,如图 3-2-14 所示,选择需要的公式符号,插入公式模板,即可编辑公式。

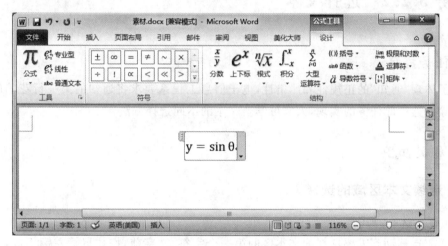

图 3-2-14　公式编辑器

4．文本的插入

文本的插入通常操作如下：将插入点定位到需要插入新内容的位置,从键盘上输入要插入的内容即可。

除此之外,也可以通过其他方式向文档中添加、补充新内容。

（1）插入空行

如果要在两个段落之间插入空行,可采用两种方法：一是把插入点定位到段落的结束处,按Enter 键,将在当前段落下方产生一个空行。二是把插入点定位到段落的开始处,按 Enter 键,将在当前段落的上方产生一个空行。

（2）插入其他文档的内容

若需在当前文档中插入另一文档中的内容,单击"插入"选项卡,在"文本"组中单击"对象"右侧的下拉按钮,单击"文件中的文字",如图 3-2-15 所示。

图 3-2-15　插入文件中的文字

159

在弹出的"插入文件"对话框中选择需要插入的文件,单击"插入"按钮,便可完成文档的插入。

 任务总结

通过本任务的实施,应掌握下列知识和技能。

- 中/英文输入法的切换方法。
- 理解段落的含义。
- 掌握文本的输入方法以及符号的插入方法。
- 学会使用功能键 F4 快速输入重复内容。
- 会使用只读/副本方式打开文档。
- 会在文档中插入公式。

子任务 3.2.2 选择文本

 任务描述

为了体现"通知"的正规性和严肃性,电子信息工程系要求将通知的第一行花哨的符号"﹡"删除。通过此任务的实现,大家可学会文本的不同选择方法。

 相关知识

1. 连续文本区域的选择

(1) 鼠标选择方式

将插入点移动到需要选择的文本区的第一个字符/文字前,按住鼠标左键不放,拖动鼠标到文本的最后一个字符后,即可选定此连续的区域。

(2) 键盘选择方式

将插入点移动到需要选择的文本区的第一个字符/文字前,按住 Shift 键不放,移动键盘上的方向键,可选择一片连续文本。

(3) 键盘鼠标相结合的方式

将插入点移动到需要选择的文本区的第一个字符/文字前,按住 Shift 键不放,将鼠标光标移动到待选择区的最后一个字符后,再次单击,即可选定此连续的区域。

2. 非连续文本区域的选择

(1) 选中需要选择的一个区域。

(2) 按住 Ctrl 键不放,用鼠标选择下一个需要选择的区域。

(3) 重复步骤(2)的操作,选择其他需要选择的区域。

任务实施

完成子任务 3.2.2 提出的任务的操作步骤如下。

（1）打开文件

进入"E:\Word 素材"文件夹下，双击文档"演讲比赛.docx"，打开该文档。

（2）选定删除对象

移动鼠标，将插入点定位到需要删除的对象"＊＊＊"之前，按住鼠标左键拖动至第三个"＊"后。按住 Ctrl 键不放，以同样的方式选择后面的符号"＊＊＊"，如图 3-2-16 所示。

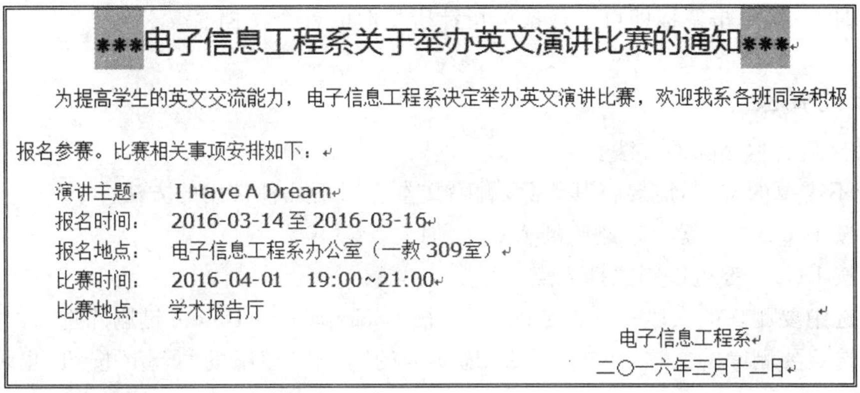

> **＊＊＊电子信息工程系关于举办英文演讲比赛的通知＊＊＊**
>
> 为提高学生的英文交流能力，电子信息工程系决定举办英文演讲比赛，欢迎我系各班同学积极
>
> 报名参赛。比赛相关事项安排如下：
>
> 演讲主题：　**I Have A Dream**
> 报名时间：　2016-03-14 至 2016-03-16
> 报名地点：　电子信息工程系办公室（一教 309室）
> 比赛时间：　2016-04-01　19:00~21:00
> 比赛地点：　学术报告厅
>
> 　　　　　　　　　　　　　　　　　电子信息工程系
> 　　　　　　　　　　　　　　　　　二〇一六年三月十二日

图 3-2-16　删除对象的选择

3. 删除对象

按下 Delete 键，删除"＊＊＊"。

知识拓展

1. 一行文本的选择

若要选择一行文本，将光标移动到要选择的文本行左侧的空白位置，当鼠标指针由"Ⅰ"变换为"⏶"时，单击即可选择整行文本，如图 3-2-17 所示。

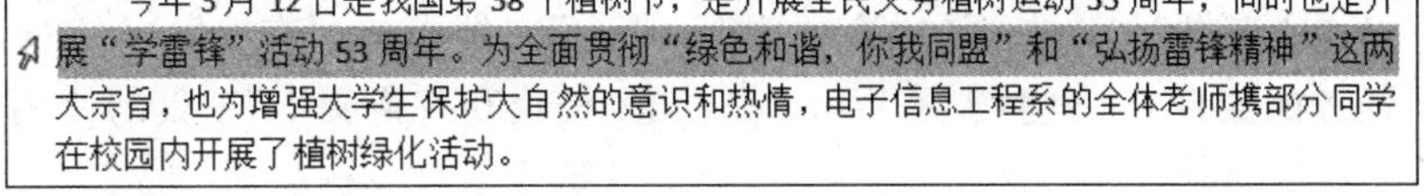

> 　　今年 3 月 12 日是我国第 38 个植树节，是开展全民义务植树运动 35 周年，同时也是开
> 展"学雷锋"活动 53 周年。为全面贯彻"绿色和谐，你我同盟"和"弘扬雷锋精神"这两
> 大宗旨，也为增强大学生保护大自然的意识和热情，电子信息工程系的全体老师携部分同学
> 在校园内开展了植树绿化活动。

图 3-2-17　单行文本的选择示例

2. 一段文本的选择

选择一段文本，将鼠标移动到所要选择的段落左侧空白区，当鼠标指针由"Ⅰ"变换为"⏶"时，双击即可选择指针所指向的整个段落，如图 3-2-18 所示。

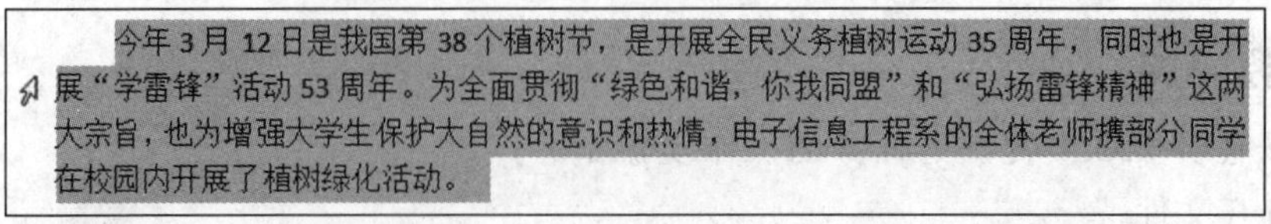

今年 3 月 12 日是我国第 38 个植树节，是开展全民义务植树运动 35 周年，同时也是开展"学雷锋"活动 53 周年。为全面贯彻"绿色和谐，你我同盟"和"弘扬雷锋精神"这两大宗旨，也为增强大学生保护大自然的意识和热情，电子信息工程系的全体老师携部分同学在校园内开展了植树绿化活动。

图 3-2-18　整段文本的选择示例

3. 整个文档内容的选择

选择整个文档内容，将鼠标光标移动到所要选择的文档的左边界，当鼠标指针由"Ⅰ"变换为"↗"时，三次单击鼠标即可选择鼠标指针所指向的整个文档。

技能拓展

下面介绍文本删除的方法。

对于不需要的文本，需要将其删除，删除文本有以下几种常用的方法。

（1）按 Backspace 键可以删除插入点之前的文本。

（2）按 Delete 键可以删除插入点之后的文本。

（3）选中要删除的大段一片区域的文本，按 Backspace 或 Delete 键删除选中的文本。

（4）选定要删除的文本，单击"开始"选项卡的"剪贴板"组的"剪切"按钮，也可以删除文本。

任务总结

通过本任务的实施，应掌握下列知识和技能。

• 会通过键盘、鼠标选择连续区域和非连续区域的文本。

• 掌握文本的几种插入方法。

• 会删除文本。

子任务 3.2.3　查找与替换文本

任务描述

将"E:\Word 素材"文件夹下的"演讲比赛.docx"文档中的所有"英文"字样修改为"英语"，通过本任务的实现，让学生掌握 Word 提供的"查找和替换文本"工具的使用方法。

相关知识

1. 查找

Word 2010 增强了查找功能，用户在文档中查找不同类型的内容时更方便，可以使用查找功能找到长文档中指定的文本并定位该文本，还可以将查找到的文本突出出来。查找步骤如下：

（1）打开文档，单击"开始"选项卡，在"编辑"组单击"查找"选项，弹出"导航"窗格。

（2）在"导航"窗格的文本框中输入要查找的内容，如"植树节"，此时文档中的"植树节"字样将在文档窗口中呈黄色突出显示，"导航"窗格及查找结果如图 3-2-19 所示。

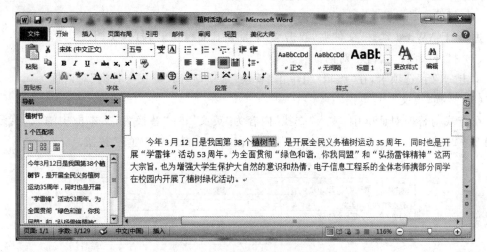

图 3-2-19　文本查找对应的"导航"窗格

2．替换

当在长文本中修改大量文本时，可以使用 Word 的替换功能，文本的替换与查找内容的操作相似，因为替换内容之前需要到指定的被替换内容，再设置替换内容，然后进行替换。操作方法如下：

（1）打开文档，单击"开始"选项卡，在"编辑"组单击"替换"选项，弹出"查找和替换"对话框，如图 3-2-20 所示。

图 3-2-20　"查找和替换"对话框

（2）在"查找和替换"对话框中的"查找内容"文本框中输入要查找的文本，在"替换为"文本框中输入要替换的文本，单击"全部替换"按钮，弹出替换操作提示框，如图 3-2-21 所示。

如果要有选择性地替换文档中的内容，则单击"替换"按钮，系统在每一次替换前，都将要替换的内容以淡蓝色背景突出显示。如果不替换当前的内容，则单击"查找下一处"按钮。

图 3-2-21　替换操作提示框

任务实施

完成子任务 3.2.3 提出的任务的操作步骤如下。

（1）打开文档

进入"E:\Word 素材"文件夹，双击文档"演讲比赛.docx"，打开文档。

（2）打开"查找与替换"对话框

单击"开始"选项卡，在"编辑"组单击"替换"选项，弹出"查找与替换"对话框。

（3）替换"英文"为"英语"

在查找与替换对话框中，输入"查找"内容为"英文"，在"替换为"文本框中输入"英语"，如图 3-2-22 所示。单击"全部替换（A）"按钮，在提示窗口单击"确定"按钮。

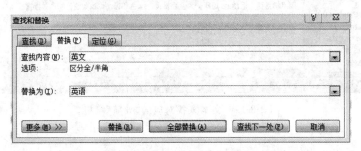

图 3-2-22　将"英文"替换为"英语"

（4）保存文档

按下 Ctrl＋S 快捷键，保存文档。

 知识拓展

用户在录入文本、编辑文本时，Word 会将用户所做的操作记录下来，如果用户出现错误的操作，可以通过"撤销"功能将错误的操作取消，如果在"撤销"时也产生错误，则可以利用"恢复"功能恢复到"撤销前的内容"。

1. 撤销操作

（1）撤销最近一次的操作

单击快速访问工具栏中的"撤销"按钮 ↶，可撤销最近一次的操作。

（2）撤销多步操作

单击"撤销"按钮旁的下拉按钮 ▾，在弹出的列表中选择需要撤销到的某一步操作，如图 3-2-23 所示。移动鼠标到需要恢复的内容前，单击。

2. 恢复操作

恢复操作可恢复上一步的撤销操作，每执行一次恢复操作只能恢复一次，如果要恢复多次操作就需要多次执行恢复操作。只有执行了"撤销"操作后，"恢复"功能才能生效。

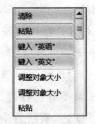

图 3-2-23　撤销多步操作的示例

（1）鼠标方式的"恢复"操作

单击"快速访问工具栏"中的恢复按钮 ↻，可恢复上一次的操作。多次单击"恢复"按钮，可恢复多步操作。

（2）键盘方式的"恢复"操作

也可以按 Ctrl＋Z 快捷键，以撤销最近一次操作。连续多次按 Ctrl＋Z 快捷键，也可恢复多次操作。

 **技能拓展**

下面介绍 Word 2010 的查找替换技巧。

（1）按下 Ctrl＋H 快捷键，可以快速启动"查找和替换"对话框。

（2）将查找出来的文本突出显示。

按下 Ctrl＋H 快捷键，启动"查找和替换"对话框，单击"更多"按钮，再单击左下角的"格式（O）"按钮，如图 3-2-24 所示。

图 3-2-24　查找对象的格式设置选择窗口

 任务总结

通过本任务的实施，应掌握下列知识和技能。

- 掌握文本的查找操作。
- 掌握文本的替换操作。
- 掌握文档的撤销和恢复操作。
- 了解查找与替换的操作技巧。

子任务 3.2.4　复制与移动文本

 任务描述

文本的复制、粘贴、剪切、移动是文本编辑最常用的操作，通过这些操作，可以修改输入的位置错误，可以节约录入时间，从而提高录入速度。通过下列任务的完成，让大家掌握文本编辑中最常用的文本的复制、粘贴、移动等常用操作。

打开"项目三\子任务 3.2.4"文件夹下的文档"计算机.docx"，文档内容如下所示，将第 3 段文本复制到第 1 段文本之前，将"计算机是一种……"所在段移动到"早期的计算机……"所在段之前。

 相关知识

1. 文本的复制

当文档中需要输入已存在的内容或者将前文中的内容移动到当前位置时，可以使用文本的复制与剪切功能。"复制"是指把文档中的一部分"拷贝"一份,然后放到其他位置,而被"复制"的内容仍按原样保留在原位置。文本的复制粘贴的步骤如下:

(1)选择文本。

(2)复制。

文本的复制有以下几种实现方式。

① 使用快捷键方式:选择复制的文本,按 Ctrl+C 快捷键。

② 选择需要复制的文本,右击,在弹出的快捷列表中选择"复制"命令。

③ 在"开始"功能卡面板单击"剪贴板"组的"复制"按钮。

(3)定位文本插入的位置。

(4)粘贴。

粘贴操作的实现方法如下:

① 在"开始"功能卡面板,单击"剪贴板"组的"粘贴"按钮。

② 右击,选择快捷菜单中的"粘贴选项",如图 3-2-25 所示。可根据需要选择不同的粘贴模式。

图 3-2-25　快捷菜单中的"粘贴选项"示意

③ 按 Ctrl+V 快捷键。

2. 文本的移动

(1)利用剪贴板移动文本

利用剪贴板移动文本的操作如下:

① 剪切文本:选择要剪切的文本,按 Ctrl+X 快捷键,或右击并在弹出的快捷菜单中选择"剪切"命令。

② 移动鼠标,将插入点定位到移动的目标位置。

③ 粘贴已经剪切的文本。

(2)鼠标拖动方式

将鼠标光标放在选定文本上,同时按住鼠标左键将其拖动到目标位置,松开鼠标左键。在此过程中鼠标指针右下方带一方框。

 任务实施

完成子任务 3.2.4 提出任务的操作步骤如下。

(1)选择并复制第 3 段文本

将光标移动到第 3 段左侧空白区,当鼠标指针由"I"变换为"A"时,双击,选择第 3 段文本;按下 Ctrl+C 快捷键,将第 3 段文本复制到剪贴板,如图 3-2-26 所示。

(2)定位插入文本的位置

移动鼠标光标至第 1 段文本之前,将插入点定位在文本"计算机及其相关……"之前。

(3)粘贴文本

按下 Ctrl+V 快捷键,第 3 段文本便被复制到第 1 段文本之前,如图 3-2-27 所示。

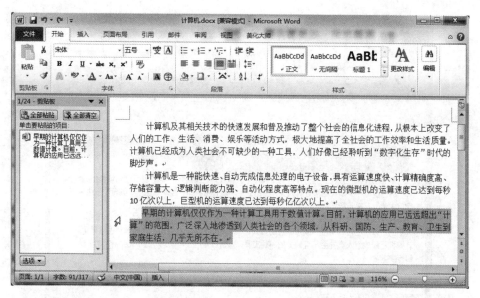

图 3-2-26　第 3 段文本的选择结果

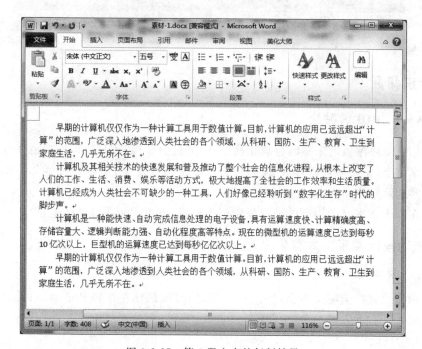

图 3-2-27　第 3 段文本的复制结果

（4）移动文本

选中"计算机是一种……"这段文本，按住鼠标左键不放拖动文本到"早期的计算机……"之前，松开鼠标左键，文本移动完成，如图 3-2-28 所示。

（5）删除文本

选中最后一段文本，按下 Backspace 键或者 Delete 键删除多余的文本。

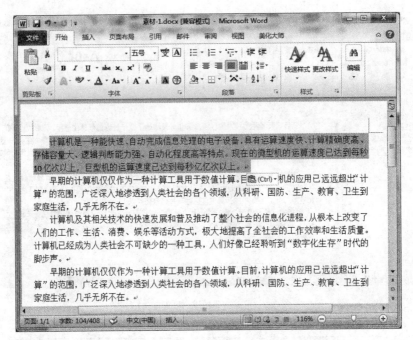

图 3-2-28　文本移动的结果

1. Word 2010 剪贴板

Word 2010 剪贴板用来临时存放交换信息,通过剪贴板,用户可以方便地在各个文档中传递和共享信息,它最多可以存放 24 项内容。如果继续复制,复制的内容会添加至剪贴板最后一项并清除第一项内容。

若把在输入文本时常用到的词组复制到剪贴板,就可大大提高输入速度。

2. 拖动鼠标实现文本复制及粘贴

(1) 左键拖动

将鼠标指针放在选定文本上,按住 Ctrl 键,同时按鼠标左键将其拖动到目标位置,在此过程中鼠标指针右下方带一个"+"号。

(2) 右键拖动

将鼠标指针置于选定文本上,按住右键向目标位置拖动,到达目标位置后,松开右键,在快捷菜单中选择"复制到此位置"。

1. 剪贴板的使用方法

通过 Office 剪贴板,可以有选择地粘贴暂存于 Office 剪贴板中的内容,使粘贴操作更加灵活。Word 中使用 Office 剪贴板的步骤如下所述。

（1）打开需要操作的文档，选中一部分需要复制或剪切的内容，并执行"复制"或"剪切"命令。单击"开始"选项卡，单击"剪贴板"组右下角对话框启动器，弹出剪贴板窗格，如图 3-2-29 所示。

（2）在打开的"剪贴板"任务窗格中可以看到暂存在剪贴板中的项目列表，如果需要粘贴其中一项，只需单击该选项即可，如图 3-2-30 所示。

图 3-2-29　剪贴板任务空格　　　图 3-2-30　在剪贴板窗格中选择粘贴项

（3）如果需要删除 Office 剪贴板中的其中一项或几项内容，可以单击该项目右侧的下拉三角按钮，在打开的下拉列表中执行"删除"命令，如图 3-2-31 所示。

（4）如果需要删除 Office 剪贴板中的所有内容，可以单击 Office 剪贴板内容窗格顶部的"全部清空"按钮，如图 3-2-32 所示。

图 3-2-31　执行"删除"剪贴板内容　　　图 3-2-32　单击"全部清空"按钮

2. 将内容粘贴为无格式文本

当通过复制粘贴方式录入文本时，如果直接粘贴文本，有时会出现不希望的格式，如文本带有边框。如果不需要这些格式，可以通过"选择性粘贴"功能将文字粘贴为无格式文本。

方法如下：

(1) 将需要的内容复制到粘贴板，单击"开始"选项卡。

(2) 在"剪贴板"工具组中单击"粘贴"选项的下拉按钮，单击"选择性粘贴"选项，如图 3-2-33 所示。

(3) 在弹出的列表中单击"只保留文本"选项。

图3-2-33　粘贴选项
选择窗格

 任务总结

通过本任务的实施，应掌握下列知识和技能。

- 掌握文本复制的 3 种方法。
- 掌握文本粘贴的 3 种方法。
- 掌握文本移动的方法。
- 掌握剪贴板的使用。

任务 3.3　文档格式的设置

文档格式的设置包括设置字符格式、段落格式以及页面格式等内容。在 Word 中设置文档格式通常要用到"字体"组和"段落"组、"字体"和"段落"对话框以及"页面布局"选项卡中的"页面设置"工具来设置文档的格式，使文档变得更加规范和美观。

子任务 3.3.1　设置字符格式

 任务描述

冯翊伦是某学院电子信息工程系的副主任，他要求制作一张个人名片，名片正面和反面内容如图 3-3-1 所示。输入文本并设置字符格式，以文件名"名片.docx"将其保存在"E:\Word 素材"文件夹下。通过本任务的完成，学生可掌握文本的字体、字号、字体颜色等有关字符格式的设置操作。

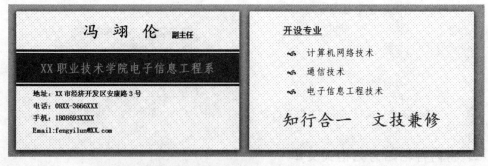

图 3-3-1　个人名片的正面和反面

相关知识

字符格式的设置包括文本的字体、字形、大小、颜色、下划线等内容的设置，Word 提供了两种对文本格式的设置方式。

1. 工具组方式

（1）选定需要设置格式的文本。

（2）单击"开始"选项卡，可在其中的"字体"组提供的功能按钮设置文本格式。

① 设置字体。单击"字体"组（见图 3-3-2）"字体"列表框右侧的下拉按钮 宋体(中文正) ，弹出字体设置列表框，如图 3-3-3 所示。选择需要的字体，单击。

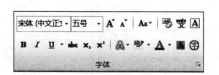

图 3-3-2　"字体"组

图 3-3-3　"字体"选择列表框

② 设置字号。单击"字体"组"字号"列表框右侧的下拉按钮 五号 ，弹出字号设置对话框，如图 3-3-4 所示。选择需要的字号，单击。

③ 设置字体颜色。单击"字体"组的颜色设置按钮 A 旁的下拉按钮，在弹出的颜色选择列表中选择合格的颜色（见图 3-3-5），若列表框中没有需要的颜色，可单击"其他颜色"，再选择合适的颜色。

④ 设置下划线。设置字体的下划线，单击"字体"组的下划线按钮 U 旁的下拉按钮，在弹出的下划线选择列表中选择需要的"点-短线下划线"（见图 3-3-6），还可单击"下划线颜色"按钮，设置下划线的颜色。

 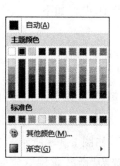 

图 3-3-4　"字号"选择列表框　　图 3-3-5　"颜色"选择列表框　　图 3-3-6　"下划线"选择列表框

2. 对话框方式

在"开始"选项卡的"字体"组，可以设置字符底纹 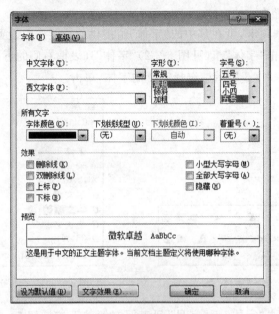，设置文字效果 等字符的格式，但在"字体"组面板提供的设置功能按钮中没有"字符间距"这样的设置按钮，此时可单击"字体"组的对话框启动器，启动"字体"对话框（见图 3-3-7）。在此对话框的"字体"选项卡中可设置字体、字形、字号、效果等，在"高级"选项卡中可设置字符的间距。设置完毕，单击"确定"按钮。

图 3-3-7 "字体"对话框

3. 以快捷菜单方式打开"字体"对话框

选中需要设置格式的文本，右击，在弹出的快捷菜单中单击"字体"选项，也可启动如图 3-3-7 所示的"字体"对话框。

如果对文档内容设置了多次格式，文档的最终格式是最后一次设置的格式。

 任务实施

完成子任务 3.3.1 提出任务的操作步骤如下。

（1）输入文本

新建一文档，按照图 3-3-1，输入文本内容。

（2）设置名片正面的字符格式

① 选择名片正面第 1 行的"冯翊伦"，在"字体"组单击 字体(中文正文) ，选择字体为"楷体"；单击 二号 ，设置字号为"二号"；单击"字体"组的对话框启动器，启动"字体"对话框，单击"高级"选项，将字符间距加宽 8 磅，如图 3-3-8 所示。

② 选择文本"副主任"，字体设置为"微软雅黑"，字号为"小五号"。

③ 选择第 2 行文本"××职业技术学院电子信息工程系"，字体设置为"仿宋"，字号为

图 3-3-8　设置字符间距

"小三号",字体颜色设置为"黄色"。

④ 选择第 3～6 行文本,设置字体为"宋体",字号为"小五号"。

（3）设置名片反面的字符格式

① 选择第 1 行文本,单击 字体(中文正文 ▼),弹出"字体"对话框,字体设置为"黑体",字号设为"小四号",字体颜色为"蓝色"。单击"下划线"按钮 **U** ▼右侧的下拉按钮,选择列表中第一种下划线。

② 选择第 2～4 行文本,字体设置为"仿宋",字号为"小四号",字体颜色为"蓝色"。

③ 选择第 5 行文本,字体设置为"楷体",字号为"二号",字体颜色为"红色"。

（4）保存文档

单击"快速启动工具栏"中的"保存"按钮,将文档命名为"名片.docx",保存路径是"E:\Word 素材"。

 知识拓展

下面介绍清除文字格式的方法。

如果对设置的文字格式和效果不满意,可以清除格式并重新进行设置。格式的清除操作方法是:选中要清除格式的文字,单击"开始"选项卡,单击"字体"组中的"清除格式"按钮，即可清除所选文本的格式。

 **技能拓展**

1. 设置带圈字符

带圈字符一般用于将一些标注性的文字圈起来,其设置方法如下:

（1）在文档中选择要设置带圈字符的文本,单击"开始"选项卡,在"字体"组中单击"带圈字符"按钮，如要将文字"龙"设置为带圈字符,则需要先选择文本"龙",再单击按钮。

（2）在弹出的"带圈文字"对话框中,在"文字"文本框中输入需要设置的文字"龙",再单击圈号列表框内的圆圈选项,设置样子为"缩小文字",单击"圆圈"圈号,如图 3-3-9 所示,单击"确定"按钮,得到带圈字符。

图 3-3-9　"带圈字符"对话框

2. 设置文字的上下标

为了区分标记和处理文字,通常设置文字的上下标,它将标记的位置设置在文字的右上方或右下方,如 5^3。其设置方法如下:

(1) 选择要设置为上标的文字,如数字 3,单击"开始"选项卡,单击"字体"组的上标按钮 $\mathbf{x^2}$,则将数字 3 设置成了上标。

(2) 若需将文本设置为下标,如其操作方式基本与设置上标的方法基本相同,不同之处在选定文本后,单击下标按钮 $\mathbf{x_2}$。则将数字 3 设置成了下标。

(3) 选择设置上/下标的文字,右击,弹出"字体"对话框,在"效果"栏的"上标"或"下标"前的方框中打钩,单击"确定"按钮,也可设置文字的上下标。

 任务总结

通过本任务的实施,应掌握下列知识和技能。

- 了解字符设置的内容。
- 掌握字符格式设置的途径。
- 能够设置文本的字体、字号、效果、字体颜色、字间距、字符底纹等格式。
- 学会"清除文本格式"的操作。
- 学会设置带圈字符、文字的上标或下标。

子任务 3.3.2 设置段落格式

 任务描述

将文档"名片.docx"中的所有段落设置成与图 3-3-1 样文相同的段落格式,通过此任务的实现,大家能掌握段落中文本的对齐方式、段落的缩进、段落底纹、行和段间距、边框和底纹等有关段落格式的设置方法。通过段落格式的设置可以使文档的层次分明。

 相关知识

段落格式的设置包括段落文本对齐方式、段间距、段缩进、边框和底纹的设置等内容。在"开始"选项卡可以打开"段落"组(见图 3-3-10),可通过该组提供的功能按钮设置段落格式。

图 3-3-10 "段落"组

1. 文本对齐方式的设置

Word 段落的对齐方式有五种:左对齐、居中对齐、右对齐、两端对齐以及分散对齐。Word 的默认文本对齐方式是两端对齐。用户可以根据需要为文本设置对齐方式。如设置某一段落的文本对齐方式为左对齐,操作步骤如下:

（1）选定需要设置格式的段落。

（2）选单击"段落"组的"左对齐"按钮▤，则可将段落设置为左对齐。

2. 底纹的设置

（1）选中需要设置底纹的段落或文本。

（2）单击"段落"组的"底纹"按钮右侧的下拉按钮▦，在弹出的颜色选择列表中选择需要的颜色，如图 3-3-11 所示。

3. 行和段间距的设置

段间距是指段落与段落之间的间距，包括本段与上一段之间的段前间距、本段与下一段之间的段后间距。行间距是指每行文本之间的距离。它们的设置可以通过"段落"对话框来设置，也可以通过"段落"组来设置。

（1）设置行间距

① 选择需要设置行间距的段落。

② 单击"行和段间距"按钮右侧的下拉按钮▤▾。

③ 在弹出的下拉列表框（见图 3-3-12）中选择合适的行间距。

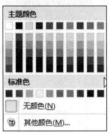 

图 3-3-11　"底纹颜色"选择列表　　图 3-3-12　"行和段间距"选择列表

若没有合适的行间距值可选，单击"行距"选项，则会启动"段落"对话框，在"间距"栏可设置行间距，如图 3-3-13 所示。

图 3-3-13　"段落"对话框

（2）设置段落间距

① 单击"段落"组的"对话框启动器"。

② 在"间距"栏的"段前""段后"文本框中输入距离。

4. 段落缩进的设置

段落的缩进包括首行缩进、左缩进、右缩进及悬挂缩进。设置段落缩进可以使段落区别

175

于前面的段落,使段落层次分明。

段落缩进的设置可以通过借助标尺来设置,也可以利用"段落"对话框准确地设置缩进值,如将文档的第一段设置为"左缩进,2 字符",操作步骤如下:

(1) 选中文档中的第一段文本。

(2) 右击,在快捷菜单中选择"段落"命令,或直接单击"段落"组的"对话框启动局"按钮,启动"段落"对话框。在"缩进"栏的"左侧"文本框中输入"2 字符"。

(3) 单击"确定"按钮。

5. 边框和底纹的设置

通过设置文本/段落的边框和底纹,能够让所设置的对象突出显示。

(1) 边框设置

① 选中需要设置边框的文本或段落。

② 单击"段落"组的"边框" ⊞ ▾ 旁的下拉按钮,启动边框选择列表框,如图 3-3-14 所示。

③ 若要设置边框的颜色,可单击列表框中的"边框和底纹"选项,启动"边框和底纹"对话框,如图 3-3-15 所示。

图 3-3-14　"边框"下拉列表　　　　图 3-3-15　"边框和底纹"对话框

④ 通过"样式"列表框中设置选择边框的线条,"颜色"框设置线条颜色,"宽度"框设置线条的粗细。

⑤ 在"应用于"列表框选择设置所起作用的范围,单击"确定"按钮。

(2) 底纹设置

单击"连续和底纹"对话框的"底纹"选项,单击"填充"下拉按钮,弹出类似图 3-3-11 的"颜色"选择列表。选择填充颜色,单击"确定"按钮。

6. 设置项目符号

项目符号是添加在段落前面的符号,可以是字符、符号,也可以是图片。添加项目符号可以让项目内容显示更清新。项目符号的插入方法如下：

（1）选择需要添加项目符号的段落。

（2）在"开始"选项卡的"段落"组单击"项目符号"按钮 旁的下拉按钮，启动"项目符号库"列表框，如图3-3-16所示。

若项目符号库中没有需要的项目符号，则单击"定义新项目符号"，从中可选择需要的项目符号。

完成子任务3.3.2提出任务的操作步骤如下。

（1）打开文档

打开"E:\Word素材"文件夹，双击文档"名片.docx"。

（2）设置名片正面的段落格式

① 选择名片正面的第一行，单击"段落"组的"对话框启动器"。其设置内容如下：左缩进8字符，段前、段后0.5行，如图3-3-17所示。单击"确定"按钮。

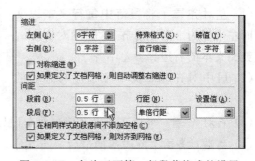

图3-3-16　"项目符号库"列表框　　　　图3-3-17　名片正面第一行段落格式的设置

② 选择第2行文本，单击"段落"组的居中对齐按钮 。单击"段落"组的"对话框启动器"，在"段落"对话框中将"行距"设置为1.5倍行距，单击"确定"按钮。

③ 选择第3～6行文本，右击并选择"段落"命令，启动"段落"对话框，在"缩进"栏设置"左侧"为2个字符。行距设置为固定值15磅。

④ 选择第4行，启动"段落"对话框，设置"间距"的段前取值为0.5行。

⑤ 设置第2行的边框。选择第2行，单击"段落"组的"边框" 旁的下拉按钮，启动边框选择列表框，单击"边框和底纹"并选择"底纹"选项，在"颜色"栏选择"红色"底纹。单击"边框"选项，"样式"选择为从上往下的第12种线条 ，颜色设置为"蓝色"，应用于"段落"，单击"确定"按钮。

（3）设置名片反面的段落格式

① 选择第1行文本，启动"段落"对话框，设置左缩进4个字符，段前1行。

② 选择第2～4行文本，启动"段落"对话框，设置左缩进4.5个字符，1.5倍行距，段前0.5行。

③ 选择第5行文本，在"段落"对话框中设置左缩进6个字符，段前0.5行。

④ 设置项目符号，选择2～4行文本，单击"段落"组中"项目符号"按钮 旁的下拉按

钮,在"项目符号库"中单击的"定义新项目符号",弹出"定义新项目符号"对话框。单击"符号"按钮,在弹出的对话框中选择字体为 Wingdings,然后选择"✎",单击"确定"按钮。再次单击"确定"按钮。

(4) 保存文档

单击"快速启动工具栏"中的"保存"按钮可保存文档。

1. 大纲级别

设置文档的大纲级别,只需要单击"段落"组的"对话框启动器"。在"段落"对话框中切换到"缩进和间距"选项卡,单击"大纲级别"下拉按钮,在下拉列表中选择相应的级别即可,如图 3-3-18 所示。

2. Word 五种对齐按钮的功能

(1) 左对齐▤:将段落中每行文本以文档页面左边界为准向左对齐,这样的对齐方式会使英文文本的右边界参差不齐。

(2) 居中对齐▤:文本位于左右边界的中间。

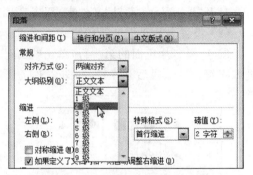

图 3-3-18 "大纲级别"的设置

(3) 右对齐▤:每行文本以文档页面右边界为准向右对齐。

(4) 两端对齐▤:除段落的最后一行文本,其余行的文本左右两端分别以文档的左右边界为基准向两端对齐。这是 Word 的默认对齐方式。

(5) 分散对齐▤:把段落中所有行的文本左右两端分别以文档的左右边界为基准向两端对齐。

3. 通过"页面布局"设置段缩进和段间距

Word 2010 在"页面布局"的"段落"组中,也提供段缩进和段间距的设置。可以通过在功能区中直接设置段的悬挂缩进值和段前段后的间距,非常方便。

1. 设置项目编号

项目编号用于按顺序排列的项目,如操作步骤等,添加了项目编号的内容看起来更清晰,项目编号可以在输入文本时直接插入,也可以插入编辑库中的编号。

(1) 选定段落,单击"开始"选项卡,单击"段落"组的编号按钮▤ ▾。

(2) 单击需要添加编号的段落。单击"开始"选项卡,在"段落"组单击"编号按钮"▤ ▾旁的下拉按钮,在弹出的"编号库"列表中选择需要的编号,即可为段落添加合适的编号。

2. 设置首字下沉

首指下沉是指文档或段落的第一个字符下沉几行或悬挂,使文档更醒目,容易明确文档的起始部分。首字下沉的设置有两种方式。

(1) 直接设置首字下沉

首字下沉有两种模式:一种是直接下沉;另一种是悬挂下沉。直接下沉的设置如下:

① 将插入点定位到要设置首字下沉的段落。

② 单击"插入"选项卡。

③ 在"文本"组中单击"首字下沉"按钮。

④ 从弹出的列表框中选择"下沉"选项,如图 3-3-19 所示。

(2) 通过首字下沉选项设置

如果对直接下沉的格式不满意,可在图 3-3-19 中单击"首字下沉选项",打开"首字下沉"对话框,如图 3-3-20 所示。

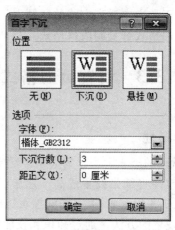

图 3-3-19　设置首字直接下沉　　　　图 3-3-20　"首字下沉"对话框

在"首字下沉"对话框中设置下沉文字的字体、下沉行数和下沉文字距离正文的距离,单击"确定"按钮,设置生效。

如果要取消首字下沉的效果,可把插入点定位到该段落,再单击"首字下沉"按钮,选择"无"选项即可。

3. 格式刷的使用

在编辑文档时,如果文档中有多处需要设置相同的格式,不需多次设置重复的格式,可以使用格式刷来复制格式。

(1) 复制一次格式

① 选中已设置格式的文本或段落。

② 单击"开始"选项卡,在"剪贴板"工具组中单击"格式刷"按钮 ✦ 格式刷 。

③ 当鼠标指针变为刷子形状时,按住鼠标左键选中要应用格式的段落或文本。松开鼠标左键,完成格式的复制。

（2）多次复制相同格式

① 选中已设置格式的文本或段落。

② 单击"开始"选项卡，在"剪贴板"工具组中双击"格式刷"按钮 格式刷 。

③ 鼠标光标一直保持格式刷状态，可选择需要复制格式的多个段落或文本。

④ 如果不再需要复制格式，单击"格式刷"按钮 格式刷 ，取消格式复制。

 任务总结

通过本任务的实施，应掌握下列知识和技能。

- 掌握段缩进的设置方法。
- 掌握段间距、行间距的设置方法。
- 掌握边框和底纹的设置方法。
- 掌握项目符号、项目编号的插入方法。
- 学会设置首字下沉。
- 理解五种文本对齐方式的区别。
- 会使用格式刷复制段落格式。

子任务 3.3.3　设置页面格式

 任务描述

Word 默认的纸张大小远远大于生活中所使用的名片大小，请对文档"名片.docx"中的页面进行修改并将纸张设置成高 6 厘米、宽 10 厘米的大小，再修改其上、下、左、右页边距为 0。通过此任务的完成，大家能掌握页边距的设置方法，以及纸张大小的选择、插入分隔符等有关页面设置的方法。通过知识和技能的扩展练习，大家可以学会页面背景设置、页面边框设置、页面水印设置等页面格式设置的内容。

 相关知识

文档格式不仅包括字符格式和段落格式，还包括页面格式，页面格式的设置内容包括页面背景设置、页面布局等。页面设置是对页面布局进行排版的一种重要操作。

1．插入分隔符

分隔符包括分页符和分节符两种。

（1）分页符

"分页符"在当前位置强行插入新的一页，它只是分页，前后还是同一节，用来标记一页终止并开始下一页的点。如文档有多张页面组成时，可通过插入分页符的方式来增加页面。

（2）分节符

"分节符"是分节，可以是同一页中的不同节，也可以分节的同时进入下一页。分节数有下一页、连续、偶数页、奇数页四种。

① 下一页：插入一个分节符并在下一页开始新节。

② 连续：插入分节符并在同一页开始新节。

③ 偶数页：插入分节符并在下一偶数页上开始新节。

④ 奇数页：插入分节符并在下一奇数页上开始新节。

（3）插入分隔符

单击"页面布局"选项卡，在"页面设置"组中单击"分隔符"按钮 ，根据需要单击其中的"分页符"或"分节符"。

2. 页面设置

页面设置的内容包括纸张大小、纸张方向、页边距、文档网格的格式设置等内容。

（1）纸张设置

Word 2010 为用户提供了常用纸型，用户可以从预设的纸型列表中选择合适的纸型。

① 单击"页面布局"选项卡。

② 在"页面设置"组中单击"纸张大小"按钮，弹出纸张列表，如图 3-3-21 所示。

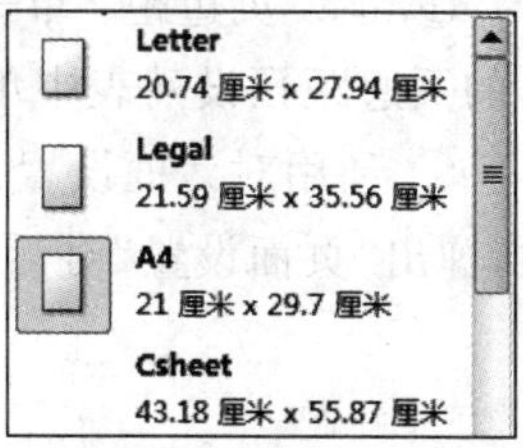

③ 如果列表框中没有合适的纸型，可以自定义纸张的大小，其操作步骤如下：

图 3-3-21　纸型选择列表框

单击"页面设置"组的"对话框启动器"，启动页面设置对话框。

选择"纸张"选项（见图 3-3-22），在"高度"和"宽度"文本框分别输入需要的纸张高度和宽度的取值。

单击"确定"按钮。

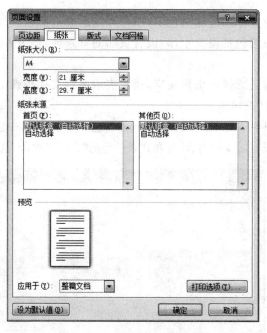

图 3-3-22　"页面设置"对话框

（2）纸张方向的设置

Word 中的纸张有两个使用方向：一是纵向；二是横向。默认情况下纸张是纵向，但有些特殊文档则需要使用横向纸张，如横向表格等。纸张方向设置方法如下：

① 单击"页面布局"选项卡。

② 在"页面设置"组中单击"纸张方向"按钮，弹出纸张方向列表（见图 3-3-23）。

③ 也可在"页面设置"对话框中选择纸张方向。

（3）页边距的设置

页边距是文本区到页边界的距离。它的设置一是通过选择预设的页边距；二是通过"页面设置"对话框设置页边距。

① 预设页边距：单击"页面布局"选项卡，在"页面设置"组中单击"页边距"按钮，在弹出的页边距预设列表中单击需要的页边距。

② 利用对话框设置：若列表框中没合适的选项，可单击列表框下面的"自定义边距"选项，弹出"页面设置"对话框（见图 3-3-24），修改上、下、左、右的页边距值。单击"确定"按钮。

图 3-3-23　纸张方向列表　　　　　图 3-3-24　页边距的设置

3. 页面背景的设置

Word 2010 默认的工作区是纯白色的，用户可以通过给文档添加背景效果，使页面变得更生动。页面背景的设置包括设置水印、设置页面的背景颜色、设置页面边框等内容。

（1）添加水印

水印是在页面内容后面插入虚影文字，通常表示要将文档特殊对待。设置方法如下：

① 单击"页面布局"选项卡。

② 在"页面背景"组中单击"水印"选项，弹出水印选择列表，可从中选择预设的水印并单击。

③ 若预设水印中没有需要的内容，可在列表中单击"自定义水印"选项，如图 3-3-25 所示。

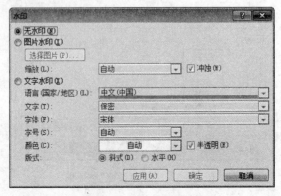

图 3-3-25　"水印"对话框

④ 单击图片水印或文字水印前的单选按钮,选定水印形式。若选择图片水印,则单击"选择图片"按钮,在出现的对话框的"查找范围"列表中指定图片的位置,在列表框中选择一张图片作为水印,单击"确定"按钮。若选择"文字"水印,则在文字右侧的文本框中输入作为水印的文字,也可设置水印文字的字体、字号、颜色等,单击"确定"按钮。

⑤ 水印的删除。

在"页面背景"组单击"水印"选项,在弹出的列表中单击"删除水印",便可删除文档的水印。

（2）页面颜色的设置

背景颜色有单色背景和图片填充背景两种,用于改变文档界面的显示效果。

① 设置单色背景。

单击"页面布局"选项卡。

在"页面背景"组单击"背景颜色"按钮。

在弹出的"底纹颜色"选择列表中单击一种颜色。

② 设置图片填充背景。

除了可以使用某种颜色填充背景,还可以使用图片来填充背景。设置方法如下:

在"页面背景"组单击"页面颜色"按钮。

在颜色列表中单击"填充效果",启动"填充效果"对话框,单击"图片"选项,如图 3-3-26 所示。

图 3-3-26　"填充效果"对话框

单击"选择图片"按钮,选定一张图片,单击"插入"按钮。

单击"确定"按钮。

（3）页面边框的设置

页面边框是指为页面添加边框,边框效果的运用范围可以是整个文档,也可以是本节的所有页面,或者只用于本节的首页或除首页外的所有页面。它可以是直线型边框,也可以是由艺术图形组成的边框。设置方法如下：

① 在"页面背景"组单击"页面边框"按钮。弹出"边框和底纹"设置对话框。

② 在"边框和底纹"对话框中选择"页面边框"选项，为边框选择样式、颜色、宽度和运用范围。

③ 单击"确定"按钮。

任务实施

完成子任务 3.3.3 提出任务的操作步骤如下。

(1) 打开文档

打开"E:\Word 素材"文件夹，双击文档"名片.docx"。

(2) 插入分页符

移动鼠标光标，将插入点定位到"业务范围"之前。单击"页面布局"，在"页面设置"组单击"分隔符"按钮，在下拉列表中单击"分页符"。

(3) 设置页边距与纸张大小

单击"页面设置"组的"页边距"按钮，单击"自定义边距"，在弹出的"页面设置"选项框中选择"页边距"按钮，将上、下、左、右的页边距全设置为 0；在同一选项框中单击"纸张"按钮，将"宽度"设置为"10 厘米"，将"高度"设置为"6 厘米"，最后单击"确定"按钮。

(4) 添加水印

① 单击"页面布局"选项卡，在"页面背景"组单击"页面颜色"按钮，弹出背景设置下拉列表。

② 在下拉列表中单击"填充效果"，启动"填充效果"对话框。

③ 在"填充效果"对话框中单击"图案"选项，在图案列表中选择左上角第一种图案，前景颜色设置为"淡蓝色"。

④ 单击"确定"按钮。

(5) 保存文档

单击"快速启动工具栏"中的"保存"按钮，保存文档。

知识拓展

下面介绍分节符、分页符的区别。

除了概念的区别，分节符和分页符两者最大的区别主要体现在用法上，特别是用于页眉页脚与页面设置时。例如：

(1) 文档编排中，某几页需要横排，或者需要不同的纸张、页边距等，那么将这几页单独设为一节，与前后内容不同节。

(2) 文档编排中，首页、目录等的页眉页脚、页码与正文部分需要不同，那么将首页、目录等作为单独的节。

(3) 如果前后内容的页面编排方式与页眉页脚都一样，只是需要新的一页开始新的一章，那么一般用分页符即可，用分节符"下一页"也行。

技能拓展

1. 设置页眉/页脚

页眉/页脚通常显示文档的附加信息,常用来插入时间、日期、页码、单位名称等。其中,页眉在页面的顶部,页脚在页面的底部。通常页眉也可以添加文档注释等内容。

Word 2010 提供了页眉/页脚样式库,通过样式库用户可以快速地制作出精美的页眉/页脚。方法如下。

(1)插入页眉/页脚

① 打开文档,单击"插入"选项卡。

② 在"页眉和页脚"组中单击"页眉"按钮。

③ 在弹出的下拉列表中单击选择一种类型,如瓷砖型,如图 3-3-27 所示。

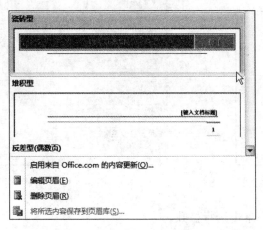

图 3-3-27　选择页眉的类型

(2)编辑页眉/页脚

若要在页眉区显示文字,在页脚区显示页码,操作方法如下:

① 进入页眉编辑区,在"键入文字"框中输入页眉文字。

② 单击"设计"选项卡,在"导航"组中单击"转至页脚"按钮。

③ 将插入点定位到页脚区,单击"页眉和页脚"组中的"页码"按钮,弹出页码位置选择列表,如图 3-3-28 所示。

④ 在下一级列表中单击页码格式。页眉/页脚设置完毕,单击"关闭页眉/页脚"按钮,退出编辑状态。

2. 分栏

Word 文档默认只有一栏,使用分栏功能可将文档版面纵向划分成多个组成部分,增强文档的可读性。分栏功能可以借助"页面设置"组提供的功能按钮实现,也可通过分栏对话框方式实现。

图 3-3-28　页码位置选择列表

（1）工具组方式

① 选择要分栏的内容。

② 单击"页面布局"选项卡，在"页面设置"组中单击"分栏"按钮▦ 分栏▾。

③ 在弹出的下拉列表中单击分栏的栏数（见图 3-3-29），如"两栏"，分栏完成。

（2）对话框方式

工具组方式只能满足分栏的一般要求，若对分栏有更多的设置，则需使用"分栏"对话框，通过该对话框，可以设置栏的宽度、应用范围、添加分隔线等。

① 在"页面设置"组中单击"分栏"按钮。

② 在弹出的如图 3-3-29 所示的列表中选择"更多分栏"命令，打开"分栏"对话框（见图 3-3-30）。

图 3-3-29　分栏选择列表

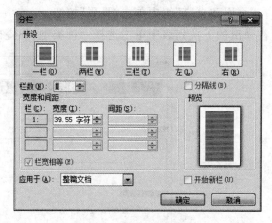

图 3-3-30　"分栏"对话框

③ 在"预设"选项中单击选择栏数。

④ 单击"分隔线"复选框。

⑤ 设置栏的宽度和间距。单击"确定"按钮，分栏完成。

 任务总结

通过本任务的实施，应掌握下列知识和技能。

- 了解页面设置的内容。
- 会设置纸张大小、纸张方向、页边距。
- 掌握页面背景设置的内容。
- 会设置页面边框、页面水印、页面颜色。
- 理解分节符与分页符的区别。
- 会插入分隔符，会根据需要选择分隔符的类型。
- 会设置页眉/页脚。
- 会对文档分栏。

任务 3.4　制 作 表 格

用户在 Word 中不仅可以编辑文本,还提供了表格插入、表格编辑、表格计算等功能。借助这些功能,用户可以设计出令人满意的各种表格。本节通过制作一张学生成绩表和一张学生信息表,让大家掌握表格的插入、表格的编辑、表格格式设置以及表格数据计算等操作。

子任务 3.4.1　创建表格

 任务描述

系部教学秘书需要统计学生的成绩,将学生的各科成绩记录下来,并在其中作相应的运算,请为其制作一张学生成绩表,成绩表内容如图 3-4-1 所示创建表格,输入文本内容,以文件名"成绩表.docx"将其保存在"E:\Word 素材"文件夹下。通过本任务的完成,学生可掌握表格的创建操作。

2013 级计算机网络技术 1 班学生成绩表

学号	姓名	语文	高数	外语	模电	数电	平均成绩	总分
135901020108	雷晓林	68	89	69	78	84		
135901020102	罗小平	73	81	77	66	70		
135901020106	李嘉辉	83	74	68	78	82		
135901020101	康淞铭	88	79	69	74	85		
135901020103	杨天波	92	87	81	72	78		
135901020110	杜凤豪	86	68	75	72	80		
135901020105	龙 浩	78	65	82	81	74		
135901020104	黄 蒙	81	72	76	84	66		
135901020107	蒲永超	90	82	77	68	76		

图 3-4-1　制作好的学生成绩表

 相关知识

一张表格由若干行和若干列构成。单元格是表格的最小组成单位。如果表格中每一行的列数以及每一列的行数都相同,则是规格表格,否则就是不规则表格。在处理表格之前,需要事先创建表格,Word 提供了自动插入表格和手工绘制表格两种表格创建方法,一般采用自动插入表格方式,有时不规则表格的创建采用手工绘制方式。

1. 自动插入表格

如果插入的表格少于 8 行 10 列,可采用自动插入表格的拖动行列数的方式创建表格,方法如下。

(1) 拖动行列数插入表格

① 移动鼠标将插入点定位到插入表格的位置,单击"插入"选项卡。

② 在"表格"组单击"表格"按钮,弹出列表预设的表格列表,如图 3-4-2 所示。

③ 在预设的方格内按住鼠标左键拖动鼠标,到所需要的行数及列数时松开鼠标左键,表格插入完成。

(2) 利用"插入表格"对话框创建表格

如果创建的表格超过了 8 行 10 列,方法(1)则无法实现表格的创建。此时可启动"插入表格"对话框。

① 移动鼠标将插入点定位到插入表格的位置,单击"插入"选项卡。

② 在"表格"组单击"表格"按钮,弹出如图 3-4-2 所示的列表,单击"插入表格"选项,打开"插入表格"对话框,如图 3-4-3 所示。

图 3-4-2　Word 预设表格列表　　　　图 3-4-3　"插入表格"对话框

③ 输入表格尺寸数,即行数和列数。"自动调整"默认为固定列宽,单击"确定"按钮。

2. 手动绘制表格

上述方法比较适合在文档中插入规则表格。但在实际工作中,有时需要创建不规则的表格,这可以通过"手动绘制绘表格"功能来完成。手动绘制表格方法如下:

(1) 移动鼠标,定位插入点到表格插入的位置。单击"插入"选项卡。

(2) 在"表格"组单击"表格"按钮。

(3) 在弹出的列表中单击"绘制表格"选项。

(4) 移动鼠标光标到文档编辑区,当鼠标指针变为"铅笔"状时按住鼠标左键从左上角拖动到右下角,绘制指定大小的表格,如图 3-4-4 所示。

图 3-4-4　绘制表格外框

（5）按住鼠标左键从左到右拖动鼠标，绘制表格的行线，如图 3-4-5 所示。

（6）按住鼠标左键从上到下拖动鼠标，绘制表格的列线，如图 3-4-6 所示。

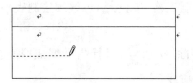　　　　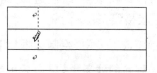

图 3-4-5　绘制表格头行线　　　　图 3-4-6　绘制表格头列线

 任务实施

完成子任务 3.4.1 提出任务的操作步骤如下。

（1）创建新文档

启动 Word 2010 或在一打开文档的基础上按 Ctrl＋N 快捷键创建新文档。

（2）定位表格插入点

输入第一行文字"2013 级计算机网络技术 1 班学生成绩表"，按 Enter 键。

（3）利用"插入表格"对话框创建表格

① 单击"插入"选项卡，在"表格"组单击"表格"按钮。

② 在弹出的列表中选择"插入表格"，打开"插入表格"对话框。

③ 输入表格尺寸，行数：10 行，列数：9 列。

④ 单击"确定"按钮。

（4）输入表格内容

移动鼠标，依次将插入点定位到需要输入内容的单元格中，输入内容。

（5）保存文档

按 Ctrl＋S 快捷键，在打开的"另存为"对话框中指定保存路径为"E:\Word 素材"，文件名为"成绩表.docx"，单击"保存"按钮。

 知识拓展

1."插入表格"对话框的"自动调整"选项介绍

（1）固定列宽

在"自动调整"操作区单击"固定列宽"，在右侧的微调框内设置表格列宽的数值。其中的"自动"选项表示在设置的左右页面边缘之间插入相同宽度的表格列。

（2）根据内容调整表格

系统根据表格的填充内容调整表格的列宽。

（3）根据窗口调整表格

Word 根据当前文档的宽度自动调整表格的列宽。

2."表格工具"选项卡的使用

绘制出表格后选中表格，功能区将显示"表格工具"选项卡，对绘制的表格进行后期处理。

（1）继续绘制表格

单击"设计"选项卡中"绘制边框"组的"绘制表格"按钮 ，可继续绘制表格。

（2）擦除表格线条

单击"设计"选项卡中"绘制边框"组的"擦除"按钮 ，鼠标指针变成"橡皮擦"形态，移动鼠标到需要删除的线条上，单击后可删除对应线条。

（3）修改绘制表格的线型、宽度

在"绘制边框"组的"线型"下拉列表和"笔画粗细"下拉列表中可以分别设置表格的线型和边框线的粗细。

（4）修改绘制表格的线条颜色

单击"线条边框"组的"笔颜色"按钮 ，选择合适的线条颜色，移动鼠标单击需要改变颜色的线条，所选线条颜色即改变。

（5）退出表格绘制

在绘制状态下单击"绘图边框"组的"绘制表格"按钮，可退出绘制表格状态。或按 Esc 键，退出绘制表格。

 **技能拓展**

下面介绍如何在 Word 中创建 Excel 表格。

在 Word 中不仅可以创建表格，也可以插入新建的 Excel 表格，还可以在 Excel 窗口中编辑和管理数据。其操作方法如下：

（1）移动鼠标，将插入点定位到要插入表格的位置。

（2）单击"插入"选项卡。

（3）在"表格"组中单击"表格"按钮，弹出一个下拉列表（见图 3-4-2）。

（4）在下拉列表中单击"Excel 电子表格"选项，插入一个 Excel 电子表格，如图 3-4-7 所示。

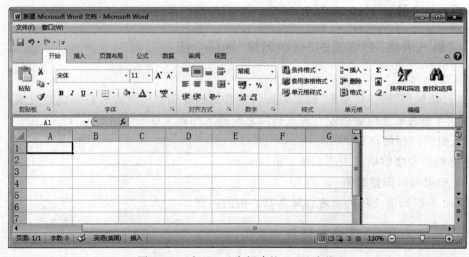

图 3-4-7　在 Word 中新建的 Excel 表格

任务总结

通过本任务的实施,应掌握下列知识和技能。

- 学会根据不同的需要选择不同的表格绘制方式。
- 学会使用自动插入表格工具创建表格。
- 掌握手工绘制表格的操作。
- 理解表格列宽的"自动调整"中各选项的作用。
- 学会在 Word 中插入 Excel 电子表格。

子任务 3.4.2　编辑表格

任务描述

请为电子信息工程系制作一张学生信息表,登记卡内容如图 3-4-8 所示。创建表格,输入文本内容,以文件名"信息表.docx"将其保存在"E:\Word 素材"文件夹下。通过本任务的完成,学生可掌握添加表格的行与列、删除表格、表格的合并、调整表格的大小等对表格的编辑操作。

电子信息工程系学生信息表

姓名		性别		出生年月			
政治面貌		入团时间		民族		照片	
家庭住址							
身份证号			个人电话		QQ		
有无病史(何种病史)							
毕业学校			毕业班级		原班主任姓名		
班主任联系电话							
担任过何种职务			个人兴趣爱好特长				
所获奖励	何时		因何原因		何种称号		证明人
家庭主要成员	称谓		姓名	工作单位、职务		联系电话	备注

图 3-4-8　制作好的学生信息登记表

 相关知识

1. 选择表格

对表格进行编辑前,首先选择要编辑的对象,表格的选择包括整个表格的选择、行/列的选择以及单元格的选择。表格的选择和文本的选择方法类似。

(1) 选择整个表格

选择整个表格的方式有两种。

① 将鼠标光标定位到表格,当表格的左上方出现"⊞"标记时,单击即可选中整个表格。

② 将鼠标光标定位到表格左上角的第一个单元格,按住鼠标左键拖动到表格右下角的单元格,松开鼠标左键,选择整个表格。

(2) 选择表格中的一行

将鼠标光标移动到所要选择的行左侧空白区,当鼠标指针由"I"变换为"⁂"时,单击即可选择指针所指向的一行表格。

(3) 选择表格中的一列

移动鼠标光标到需要选择列的上方,当鼠标由"I"变换为"↓"时,单击即可选择整列。

(4) 连续单元格与非连续单元格的选择

连续单元格与非连续单元格的选择与文本的选择类似。

2. 添加/删除单元格

如果在插入表格时没有规划好,一次性插入的单元格不符合要求,则需要在已经插入的表格中添加或删除单元格。

(1) 添加单元格

① 插入点定位到需要添加单元格的位置。

② 右击,在快捷菜单中选择"插入"命令,弹出表格插入选项,如图 3-4-9 所示。若需插入一行或一列,可在列表中根据需要单击其中一项即可。

③ 若只插入一个单元格,则单击"插入单元格"选项,弹出如图 3-4-10 所示的"插入单元格"对话框。

图 3-4-9　表格插入选项列表　　　　图 3-4-10　"插入单元格"对话框

④ 在对话框中根据需要单击对应选项前的单选按钮,再单击"确定"按钮。

(2) 删除单元格

插入点定位到需要删除的单元格,右击,在快捷菜单中单击"删除单元格"命令,弹出"删除单元格"对话框,选择一种删除方式,单击"确定"按钮。

3. 合并/拆分单元格

编辑不规则表格时，常常要用到单元格的合并与拆分，从而可以制作复杂的样式丰富的表格。

（1）单元格的合并

合并单元格是在不改变表格大小的情况下将两个以上的多个单元格合并为一个单元格，其方法如下：

① 选择需要合并的多个单元格，右击，弹出快捷菜单。

② 在快捷菜单中单击"合并单元格"命令，如图 3-4-11 所示，完成单元格的合并。

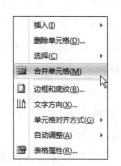

（2）单元格的拆分

① 选择需要合并的多个单元格，右击，弹出快捷菜单。

② 在快捷菜单中单击"拆分单元格"命令。弹出"拆分单元格"对话框（见图 3-4-12），输入需要拆分的列数或行数，单击"确定"按钮。

图 3-4-11　快捷菜单中的"合并单元格"命令

鼠标光标定位到需要编辑的表格中，窗体出现"表格工具"，单击"布局"选项，选择需要编辑的单元格，在"合并"组单击"合并单元格"或"拆分单元格"按钮，也可完成表格的合并或拆分，如图 3-4-13 所示。

图 3-4-12　"拆分单元格"对话框　　图 3-4-13　"合并"组

4. 调整单元格的大小

当表格中单元格内的文本与表格大小不匹配时，则需要对单元格的行高和列宽进行调整。

（1）调整列宽

移动鼠标光标到表格区的竖线上，当鼠标指针变成"✛"时，按住鼠标左键向左右方向拖动，可改变列宽。

（2）调整行高

移动鼠标光标到表格区的横线上，当鼠标指针变成"÷"时，按住鼠标左键向上下方向拖动，可改变行宽。

任务实施

完成子任务 3.4.2 提出任务的操作步骤如下。

（1）创建新文档

启动 Word 2010 或在一打开的文档基础上按 Ctrl＋N 快捷键，创建新文档。

（2）定位表格插入点

输入第一行文字"电子信息工程系学生信息表"，按 Enter 键。

（3）创建表格

① 在"插入"选项卡的"表格"组中单击"表格"按钮，弹出如图 3-4-2 所示的列表。

② 单击"插入表格"选项。启动"插入表格"对话框，如图 3-4-3 所示。

③ 在行数数据框中输入数值 17，在列数数据框中输入数值 7。"自动调整"项选择"根据内容调整表格"，单击"确定"按钮。

（4）合并单元格

① 选中表格前三行的最后一列，右击。

② 在快捷菜单中选择"合并单元格"命令。

③ 其他需要合并的单元格依此方法合并。

（5）调整表格的大小

移动鼠标到第一行右上方的单元格左边线，当鼠标指针变成"✛"时，按住鼠标左键往左拖动到适当位置，松开鼠标，即可完成表格大小的调整。

（6）输入文本

在表格中按图 3-4-8 所示输入文本内容。

（7）保存文档

按 Ctrl+S 快捷键，在"另存为"对话框中指定保存路径为"E:\Word 素材"，文件名为"信息表.docx"，单击"保存"按钮。

知识拓展

1. 用 F4 键快速删除或添加行、列

在表格中选择多行或多列后，再执行插入和删除命令，那么所添加和删除的行、列数目将与选定的行、列数目相同。用户在执行添加或删除命令后，按 F4 键以重复操作，可以提高工作效率。

2. 利用"表格工具"添加或删除行、列

（1）添加行或列

① 将插入点定位到需要添加单元格的相邻单元格。

② 在表格工具中单击"布局"选项卡，在"行和列"组（见图 3-4-14）中根据需要单击其中的一种插入方式，即可完成一行表格的插入。

- 在上方插入：在选择行的上面插入新行。
- 在下方插入：在选择行的下面插入新行。
- 在左侧插入：在所选列的左边插入新列。
- 在右侧插入：在所选列的右边插入新列。

图 3-4-14 "行和列"组

（2）删除行或列

① 将插入点定位到需要删除的单元格。

② 在"行和列"组中单击"删除"按钮，弹出"删除单元格"对话框，根据需要选择其中一种删除方式，单击"确定"按钮。

 **技能拓展**

下面介绍如何精确调整表格的大小。

（1）对话框方式

① 选择需要调整表格大小的单元格，右击，弹出快捷菜单。

② 在快捷菜单中选择"表格属性"命令，启动"表格属性"对话框，如图 3-4-15 所示。

图 3-4-15　"表格属性"对话框

③ 分别单击对话框的"行"或"列"选项卡，在"指定宽度""指定高度"数值框内输入要调整的数值，单击"确定"按钮。

（2）工具组方式

① 选择需要调整表格大小的单元格，启动"表格工具"窗体。

② 单击"布局"选项卡。在"单元格大小"组（见图 3-4-16）对应"高度"及"宽度"数值框中输入要设置的行高和列宽值，即可调整表格的大小。

图 3-4-16　"单元格大小"组

 任务总结

通过本任务的实施，应掌握下列知识和技能。

- 会改变单元格的大小。
- 会通过多种方式拆分和合并单元格。
- 会添加和删除单元格。

子任务 3.4.3　表格格式的设置

任务描述

　　将文档"信息表.docx"中的表格设置成蓝色的双线外边框,"所获奖励""家庭主要成员"设置成纵向文字,并将"所获奖励""有无病史(何种病史)"所在单元格底色设置成粉色。通过本任务的实现,让大家学会表格边框和底纹的设置方法,更改表格中文字的方向、设置文字的对齐方式等操作。

相关知识

1. 设置表格的边框和底纹

（1）设置边框

Word 默认的表格边框为黑色实细线,用户可根据需要修改边框线条和颜色。

① 选择表格,单击"设计"选项卡。

② 在"表格样式"组单击"边框"下拉按钮,从列表中选择"边框和底纹"选项。

③ 在弹出的"边框的底纹"对话框中设置边框的线条样式、颜色、粗细、应用范围。

④ 单击"确定"按钮。

（2）设置底纹

默认情况下,Word 表格中的单元格没有底纹颜色。添加了底纹的表格显示更突出。

① 选择要设置底纹的单元格。

② 单击"表格样式"组的"底纹"下拉按钮,弹出颜色下拉列表。

③ 在该下拉列表中选择一种合适的颜色,单击。

④ 如果没有合适的颜色可选,可单击"其他颜色",在打开的"颜色"对话框中提供了更多可供选择的颜色。

2. 设置文字在表格中的对齐方式

可以设置表格中的文字的对齐方式。Word 提供了 9 种对齐方式,设置方法如下:

（1）选择需要设置文字对齐方式的单元格。

（2）单击"布局"选项卡。

（3）在"对齐方式"组(见图 3-4-17)中选择合适的对齐方式,单击。

3. 设置文字的方向

（1）选择需要设置文字方向的单元格。

（2）单击"布局"选项卡,在"对齐方式"组单击"文字方向"按钮。

图 3-4-17　"对齐方式"组

（3）单击"文字方向"按钮,可将当前单元格的横排显示的文字竖排显示,再次单击,则是将竖排文字横排显示。

 任务实施

完成子任务 3.4.3 提出任务的操作步骤如下。

（1）打开文档

打开文档"信息表.docx"。

（2）设置文档的外边框

① 选中整个表格,单击"设计"选项卡。

② 单击"表格样式"组的"边框"下拉按钮,在弹出的列表中单击"边框和底纹"选项,弹出"边框和底纹"对话框。

③ 在对话框中,样式设置为"双实线",颜色为"蓝色",粗细为"2 磅",单击预览的上下左右四条外边框,"应用于"选项中选择"表格",如图 3-4-18 所示。单击"确定"按钮。

图 3-4-18　学生信息登记卡外边框设置情况

（3）设置底纹

① 选中"所获奖励""有无病史（何种病史）"所在的单元格,右击。

② 在快捷菜单中选择"边框和底纹"命令,打开"边框和底纹"对话框。

③ 单击"底纹",填充色选择"淡粉色","应用于"选项选择"单元格",单击"确定"按钮。

（4）设置文字的方向

选择文字"所获奖励""家庭主要成员",在"对齐方式"组单击"文字方向"按钮。文字方向变成纵向。

（5）保存文档

按 Ctrl＋S 快捷键,保存文档。

1. 快速缩放表格

将鼠标光标移动到表格内任意一处,稍等片刻便会在表格右下角看到一个尺寸控制点口,将光标移动到该尺寸控制点上,此时光标会变成↖,按住鼠标向左上角或右下角拖动,就可实现表格的整体缩放。

2. 将两个表格合并为一个表格

若需将两个表格合并为一个表格,则将两个表格一上一下放置,中间不能有文字或其他内容,按 Delete 键删除两个表格之间的所有回车符,两个表格则会自动合并为一个表格。

1. 快速插入带格式的表格

Word 提供了预设好了格式的表格模板,利用表格模板插入表格后,在插入的表格模板中输入各单元的取值,便可完成表格的制作。

(1) 在文档中定位表格的插入点,单击"插入"选项卡。

(2) 在"表格"组中单击"表格"按钮,弹出一个下拉列表(见图 3-4-2)。

(3) 在下拉列表中单击"快速表格"选项,在下一级列表中单击需要的表格式样,即可快速插入表格。图 3-4-19便是插入表格应用快速样式的表格。

项目	所需数目
书籍	1
杂志	3
笔记本	1
便笺簿	1
钢笔	3
铅笔	2
荧光笔	2色
剪刀	1把

图 3-4-19　应用了快速样式的表格

2. 快速应用表格格式

Word 2010 提供了丰富的表格样式库,可以快速地设置表格格式。操作方式如下:

(1) 将插入点定位于表格内容或选中表格,单击"表格工具"的"设计"选项卡。

(2) 单击"表格样式"组(见图 3-4-20)的下拉按钮,在弹出的样式列表中选择一种,单击,该样式即运用于当前表格。

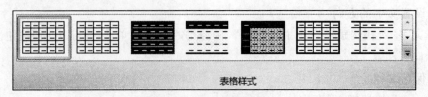

图 3-4-20　"表格样式"组

任务总结

通过本任务的实施,应掌握下列知识和技能。

- 会设置表格的边框和底纹。
- 会设置文字在表格中的对齐方式。
- 会设置表格中文字的方向。
- 会利用预设的表格格式美化当前的表格。

子任务 3.4.4　表格的排序与计算

任务描述

计算文档"成绩表.docx"的"2013级计算机网络技术1班学生成绩表"中的总分和平均成绩,并按学号由低到高排序。通过此任务的完成,大家能够掌握Word中表格的简单计算以及表格中数据的排序。

相关知识

1. 单元格的表示

表格中的行用数字1,2,3,…来表示,叫作行号;列用字母A,B,C,…来表示,称为列标。一个单元格由列标和行号表示,如A5,表示第5行第A列,A5叫作单元格的地址。

2. 表格中的求和运算

(1) 移动鼠标光标到存放求和结果的单元格中。

(2) 在表格工具中单击"布局"选项卡,在"数据"组(见图3-4-21)中,单击"公式"按钮。

(3) 在弹出的"公式"对话框(见图3-4-22)的公式栏中输入"＝SUM(LEFT)",默认情况下,函数SUM的运算参数为LEFT,表示运算对象为当前单元格左侧所有单元格的数据。参数也可指定为运算的单元格区域,如SUM(A2:E3),表示对A2到E3这片区域内所有单元格求和。

图3-4-21　"数据"组

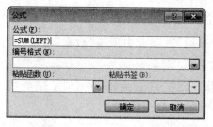

图3-4-22　"公式"对话框

(4) 单击"确定"按钮。

199

3. 表格中求平均值

（1）移动鼠标到存放平均值的单元格。

（2）在表格工具中单击"布局"选项卡，在"数据"组单击"公式"按钮。

（3）删除等号"＝"后的内容，单击"粘贴函数"下拉列表框，选中函数 AVERAGE，在函数的括号中输入运算区域，单击"确定"按钮。

4. 排序

为了快速查找数据或观察数据的趋势，需要对表格中的数据排序。操作步骤如下：

（1）选择要排序的表格，切换到"表格工具"的"布局"选项卡。

（2）在"数据"组单击"排序"按钮，弹出"排序"对话框（见图 3-4-23）。

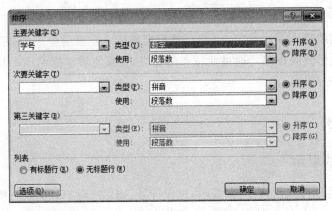

图 3-4-23 "排序"对话框

（3）在"主要关键字"下拉列表中选择首要排序的关键字，在"类型"下拉列表中选择所要进行排序的类型，单击"升序"或"降序"按钮。再单击"确定"按钮。

任务实施

完成子任务 3.4.4 提出任务的操作步骤如下。

（1）打开文档

打开文档"成绩表.docx"。

（2）计算平均成绩

① 定位插入点到第 2 行的平均成绩所在单元格 H2。

② 在"布局"选项卡中单击"数据"组的"公式"按钮，弹出"公式"对话。

③ 删除"公式"栏的函数，单击"粘贴函数"下拉列表，选择函数 AVERAGE。

④ 函数参数设置为"C2：G2"，如图 3-4-24 所示，单击"确定"按钮。

⑤ 计算第 3～10 行的平均成绩，操作步骤与

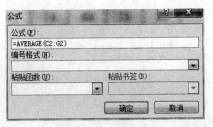

图 3-4-24 计算第一个同学的平均成绩

①～④相同,行数依次从"C3:G3"更改为"C10:G10"。

（3）计算总分

① 定位插入点到第 2 行的总分所在单元格 I2。

② 在"布局"选项卡中单击"数据"组的"公式"按钮。弹出"公式"对话框。

③ 修改"公式"栏的 SUM 函数参数为"C2:G2",单击"确定"按钮。

④ 第 3～10 行的操作步骤类似步骤①～③,第③步的参数从"C3:G3"依次变换到"C10:G10"。

（4）按学号排序

① 选择"A1:A10"这片单元格。

② 单击"数据"组的"排序"按钮。

③ 在"排序"对话框中设置"主要关键字"为"学号","类型"为"数字",单击"升序"前的单行按钮。单击"确定"按钮。

（5）保存文档

按 Ctrl+S 快捷键保存文档。

知识拓展

下面介绍地址中冒号(:)和逗号(,)的区别。

冒号(:)和逗号(,)都用来隔离两个单元格地址,区别在于:冒号(:)用来表示两个单元格之间的整片矩形区域;逗号(,)用来表示两个独立的单元格。

例如,"C2:G2"表示从 C2 到 G2 的矩形区域内的所有单元格,"C2,G2"表示单元格 C2 和 G2。

技能拓展

下面介绍如何在表格中自定义公式。

针对数据的运算,除了利用 Word 自带的函数以外,还可以在"公式"文本框中输入自定义公式来做运算。操作步骤如下:

（1）定位存放运算结果的单元格。

（2）在表格工具中单击"布局"选项卡,在"数据"组单击"公式"按钮。

（3）在"公式"对话框中删除系统自带的函数,输入自定义的公式,如"＝A1＋A2＊3－4"。

（4）单击"确定"按钮。

任务总结

通过本任务的实施,应掌握下列知识和技能。

- 理解单元格地址的含义。
- 理解冒号和逗号在表格地址表示中的区别。
- 学会使用公式运行单元格中的数据。
- 学会对单元格的数据排序。

任务 3.5　图 文 混 排

Word 文档不仅可以包括文本、表格等内容，还可包括图片、艺术字、文本框等内容，插入的图片、艺术字等不仅可增强文档的美观性，还可让读者通过图文更加明确文档想要表达的意思。本节通过 4 个子任务让大家掌握图片、艺术字、文本框、SmartArt 图形对象的插入和编辑方法。

子任务 3.5.1　插入图片对象

 任务描述

电子信息工程系需要制作一份系部简报，其中一篇是关于"学雷锋，孝为先"的文章，要求录入下列文字并在文档中插入一张图片"学雷锋活动.jpg"，让文档显得更生动，插入图片和编辑图片后的效果如图 3-5-1 所示，以文件名"系部简报.docx"将其保存在"E:\Word 素材"文件夹下。通过本任务，大家可掌握不同图片插入操作的方法。

为引导广大青少年学习雷锋精神，积极参与志愿服务，在全社会大力宣传"奉献、友爱、互助、进步"的志愿服务精神，倡导社会主义核心价值观，增强系部乃至全院师生关爱他人、奉献社会的责任感，也为了弘扬"仁孝"的优秀传统美德，电子信息工程系 30 多名师生志愿者赴曾口敬老院开展了以"学雷锋，孝为先"的敬老爱老志愿服务活动。

3 月 20 日下午，在李主任带领下，电子信息工程系 30 多名师生志愿者冒着霏霏细雨来到了曾口敬老院。一到敬老院，志愿者们便为老人们送上水果、小礼物等慰问品，与老人们手拉手聊起了家常。接着，志愿者们分工协作，有序地开展了志愿清扫活动。有的打扫房间、整衣叠被；有的拿起扫把清理公共区域；有的帮老人洗脚、修指甲……他们的热情与真诚，深深地打动了老人们的心。

活动结束后，学生们感触颇深，认识到了孝顺和关爱他人的重要性，觉得能为老人提供服务，带去欢笑，是一件特别开心和有意义的事情。系部老师们表示，我们做得还很少，但我们一直在路上。

希望能通过自己的实际行动，发扬雷锋精神，弘扬中华民族传统美德，使敬老、爱老的良好社会风尚进一步发扬光大，在全系、全院乃至全社会引导形成"尊老、爱老、敬老"的良好氛围。

图 3-5-1　"学雷锋，孝为先"介绍

 相关知识

在 Word 中可以插入图片增强文档的可读性，Word 能够支持的图片格式有 WMF、JPG、GIF、BMP 等多种格式。Word 中可以插入系统内部自带的图片，也可插入外部图片，还可插入屏幕截图。

1. 插入剪贴画

剪贴画是微软公司为 Office 组件提供的内部图片，它们在 Office 软件安装时已随盘安装在计算机里。剪贴画一般都是矢量图，用 WMF 格式保存。插入步骤如下：

图 3-5-2　"插图"组

（1）定位插入点到需要插入剪贴画的位置，单击"插入"选项卡。

（2）单击"插图"组的"剪贴画"按钮，如图 3-5-2 所示。

（3）在编辑窗口的右侧弹出"剪贴画"窗格，单击窗格中的"搜索"按钮。

（4）在出现的剪贴画列表中，单击需要的图片即可插入剪贴画。

2. 插入外部图片

所谓外部图片，是指除系统自带的剪贴画外，保存在本机文件夹下的图片。

（1）定位插入点到插入图片的位置，单击"插入"选项卡。

（2）在"插图"组中单击"图片"按钮，弹出"插入图片"对话框（见图 3-5-3）。

图 3-5-3　"插入图片"对话框

（3）在"查找范围"中选择图片所在的位置，在列表框中选择图片，单击"插入"按钮。

任务实施

完成子任务 3.5.1 提出任务的操作步骤如下。

（1）创建 Word 文档

启动 Word，创建一新文档。

（2）输入文本信息

按照样文，输入文本信息，将所有文本选中，设置文本为宋体、小五号。

（3）分栏

选择第三段文本，单击"页面布局"，在"页面设置"组单击"分栏"按钮。选择分成"两栏"按钮。

（4）插入图片

将插入点定位到第二段的起始处，单击"插入"选项卡，单击"图片"按钮，在"插入图片"对话框中，从"查找范围"中选择图片存放的位置，即"项目三\子任务 3.5.1"，然后选中图片"学雷锋活动.jpg"，单击"插入"按钮。

（5）保存文档

按 Ctrl＋S 快捷键，在"另存为"对话框中指定保存路径为"E:\Word 素材"，文件名为"系部简报.docx"，单击"保存"按钮。

 知识拓展

下面介绍插入屏幕截图的方法。

Word 2010 提供了屏幕截图功能，因此在文档中不仅可以插入剪贴画、插入外部图片，还可以插入屏幕的截图。

屏幕截图既可截取部分屏幕图片也可截取全屏图像。

（1）全屏截图

① 定位插入点到需要放置屏幕截图的位置。单击"插入"选项卡。

② 在"插图"组中单击屏幕截图按钮 。

③ 在弹出的列表中选择需要截图的窗口，单击，则将整个全屏截图插入到了文档当前的位置。

（2）部分截屏

① 定位插入点到需要放置屏幕截图的位置，单击"插入"选项卡，在"插图"组单击屏幕截图按钮。

② 在弹出的下拉列表中选择列表下方的"屏幕剪辑"选项。

③ 单击要截屏的窗口。当指针变成"十"形状时，移动鼠标光标到截图的起始位置，按住鼠标左键拖动到要截图区域的右下角，松开鼠标，所截屏幕图片就插入到了文档的当前位置。

技能拓展

下面介绍一次提取 Word 文档中所有图片的方法。

（1）单击"文件"选项卡，在弹出的"文件"面板中单击"另存为"选项。

（2）在弹出的"另存为"对话框的"保存类型"下拉列表中选择"网页"。

（3）单击"保存"按钮。

（4）保存文档后，Word 系统会自动地把其中内置的图片以"image001.jpg""image002.jpg"等名称保存，并在 Word 文档所在的文件夹中自动创建一个名为"原文档名＋.files"的文件夹，用户进入相应文件夹即可对保存下来的图片进行查看、复制等操作。

任务总结

通过本任务的实施,应掌握下列知识和技能。

- 掌握剪贴画的插入操作。
- 掌握外部图片的插入操作。
- 掌握屏幕截图的插入操作。

子任务 3.5.2　编辑图片

任务描述

文档"系部简报.docx"中的活动图片不仅占据了很大版面,图片还显得单调,请编辑该图片,要求编辑后效果如图 3-5-4 所示。通过本任务的完成,大家可掌握图片大小的调整、设置图片的边框、图片的布局方式,调整图片的效果等有关图片的编辑操作。

> 为引导广大青少年学习雷锋精神,积极参与志愿服务,在全社会大力宣传"奉献、友爱、互助、进步"的志愿服务精神,倡导社会主义核心价值观,增强我系乃至全院师生关爱他人,奉献社会的责任感,也为了弘扬"仁孝"的优秀传统美德。2016 年 3 月 20 日,电子信息工程系 30 多名师生志愿者赴曾口敬老院开展了以"学雷锋,孝为先"的敬老爱老志愿服务活动。
>
> 3 月 20 日下午,在李代席主任带领下,我系 30 多名师生志愿者冒着霏霏细雨来到了曾口敬老院。一到敬老院,志愿  者们便为老人们送上水果、小礼物 等慰问品,与老人们手拉手聊起了 家常。接着,志愿者们分工协作, 有序地开展了志清扫活动。有的 打扫房间、整衣叠被;有的拿起扫 把清理公共区域;有的帮老人洗脚 修指甲……他们的热情与真诚,深深地打动了老人们的心。
>
> 活动结束后,学生们感触颇深,认识到了孝顺和关爱他人的重要性,觉得能为老人提供服务,带去欢笑,是一件特别开心和有意义的事情。系部老师们表示,我们做得还很少,但我们一直在路上。希望能通过自己的实际行动,发扬雷锋精神,弘扬中华民族传统美德,使敬老、爱老的良好社会风尚进一步发扬光大,在全系、全院乃至全社会引导形成"尊老、爱老、敬老"的良好氛围。

图 3-5-4　编辑图片后的效果

相关知识

虽然插入的图片能够增强文档的可读性和美观,但有时插入的图片不够完美,不太符合排版要求,这就需要对图片进行修改和编辑才能达到更好的排版效果。Word 2010 提供的"图片工具"可以方便地对插入的图片进行编辑。

1. 调整图片的大小

图片大小的调整有两种方式:一是拖动鼠标调整;二是设置数据精确调整。

（1）拖动鼠标调整图片的大小

① 单击选中要调整的图片,图片周围出现 8 个白色的调整控制点,见图 3-5-5。

② 移动鼠标光标至这 8 个控制点之一上,当鼠标指针变成双向箭头时,按左鼠标左键拖动到合适的位置,松开鼠标左键,完成图片大小的调整。

（2）精确设置图片的大小

选择图片,在"图片工具"的"大小"组(见图 3-5-6)中输入图片的高度和宽度,完成图片大小的精确设置。

 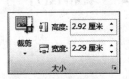

图 3-5-5　图片的调整控制点　　　　　图 3-5-6　"大小"组

2. 设置图片布局

当文档中插入图片后,通常需要在文档中合理调整文档中图片与文字的位置、设置多张图片的叠放顺序,这便是图片的布局。

（1）设置文字的环绕方式

① 选中图片,单击"图片工具"的"格式"选项,单击"排列"组的"自动换行"按钮。

② 在弹出的布局方式列表中(见图 3-5-7)选择一种文字环绕方式,单击。

（2）设置图片的排列顺序

如果文档中插入了多张图片,需要设置图片的排列顺序。图片的排列顺序有置于顶层、上移一层、下移一层、浮于文字上文、浮于文字下方几种类型。图片的排列顺序设置如下:

① 选中要排列的图片,在"格式"选项卡的"排列"组(见图 3-5-8)单击"上移一层"或"下移一层"按钮。

② 在弹出的列表中(见图 3-5-9)单击图片的位置,如"下移一层"。

图 3-5-7　图片的布局列表　　　　图 3-5-8　"排列"组　　　　图 3-5-9　"下移一层"列表

（3）设置图片在文档中的位置

如果需要调整文档在图片中的位置,可以通过"图片工具"提供的位置模板快速调整。方法如下:

① 选择要调整位置的图片,在"布局"选项卡的"排列"组中单击"位置"按钮。

② 在弹出的位置列表中(见图 3-5-10)选择一种合适的位置方式,单击,即可快递调整图片在文档中的位置。

③ 如果系统提供的位置模板没有合适的可选,可单击图 3-5-10 中的"其他布局选项",在弹出的"布局"对话框中精确设置图片的排列效果。

图 3-5-10　位置列表

3. 设置图片的样式

同一张照片采用不同的样式可以显示出不同的视觉效果,可为图片添加边框、添加阴影等,可以增加图片的观赏性。

(1) 利用样式模板设置图片的样式

① 单击要设置样式的图片,单击"图片工具"的"格式"选项卡。

② 在"图片样式"组(见图 3-5-11)选择一种合适的样式,单击。所选样式便运用于当前图片。

图 3-5-11　"图片样式"组

(2) 设置图片的边框

① 单击要添加边框的图片,在"格式"选项卡中单击"图片样式"选项组的"图片边框"按钮。

② 在弹出的列表框中单击"主题颜色",设置边框的颜色;单击列表中的"粗细"选项,设置边框线条粗细,单击"虚线"选项,设置边框线条的样式。

(3) 设置图片的效果

Word 2010 提供了预设、阴影、映像、发光、柔化边缘、棱台、三维旋转 7 种图片效果。设置方法如下:

① 单击要设置效果的图片,在"格式"选项卡中,单击"图片样式"组的"图片效果"按钮。

② 在弹出的图片效果列表(见图 3-5-12)中单击其中的某个选项,弹出对应效果的二级列表。

③ 移动鼠标光标到不同的效果上进行预览,单击选择合适的效果,便可完成效果的添加。

(4) 设置图片的版式

要设置图片版式,可以将所选图片转换为 SmartArt 图形,可以快速地调整图片大小,以及为图片添加标题。

① 选择图片,单击"图片样式"组中的"图片版式"按钮。

图 3-5-12　图片效果列表

② 在弹出的列表中选择图片版式,单击。

③ 编辑文本内容。

 **任务实施**

完成子任务 3.5.2 提出任务的操作步骤如下。

(1) 打开文档

双击鼠标打开文档"系部简报.docx"。

(2) 设置图片的布局

① 单击选中"学雷锋活动"图片,单击"格式"选项。

② 在"排列"组中单击"自动换行"按钮,在下拉列表中单击"紧密型环绕"。

(3) 设置图片的大小

① 单击图片,出现白色控制点。

② 移动鼠标光标到右下角的控制点上,当鼠标光标变成"↘"形状时,按住鼠标左键向右下角方向拖动,适当增大图片。

(4) 设置图片的边框

① 单击图片,单击"格式"选项卡。

② 在"图片样式"组中选择 Word 内置的样式"简单框架,白色"。

(5) 设置图片的效果

① 单击图片,在"图片样式"组单击"图片效果"按钮。

② 在弹出的列表中单击"发光"选项,在下级列表中选择第 4 行第 2 列的发光效果。

③ 在"图片效果"列表中单击"棱台"选项,选择第 2 行第 4 列的棱台效果。

(6) 保存文档

按 Ctrl＋S 快捷键,保存文档。

 知识拓展

1. 文字环绕方式常见类型的含义

(1) 四周型环绕：文字在对象四周环绕,形成一个矩形区域。

(2) 紧密型环绕：文字在对象四周环绕,以对象的边框形状为准形成环绕区。

(3) 嵌入型：文字围绕在图片的上下方,图片所在行没有文字出现。

(4) 衬于文字下方：图片作为文字的背景图片。

(5) 衬于文字上方：图片挡住图片区域的文字。

(6) 上下型环绕：文字环绕在图片的上部和下部。

(7) 穿越型环绕：常用于空心的图片,文字穿过空心部分,在图片周围环绕。

2. 图片叠放顺序的含义

(1) 置于顶层：所选中的图片放置于所有图片的最上方。

(2) 置于底层：所选中的图片放置于所有图片的最下方。

(3) 上移一层：将图片向上移一层。

(4) 下移一层：将图片向下移一层。

（5）浮于文字上方：文字位置不变，图片位于文字上方，遮挡了图片区的文字。

（6）浮于文字下方：文字位置不变，图片位于文字的下方，文字显示出来。

1. 图片的裁剪

图片的裁剪是一个很有用的功能，利用它可以剪掉文档中图片的多余部分，图片的裁剪可以通过鼠标拖动的方式任意裁剪。

（1）选择图片，在"大小"组中单击"裁剪"按钮。

（2）图片的控制点将变成形如"⊥""ㄱ""ㄴ"等的裁剪标记，将鼠标指针放到裁剪位置的图片控制点上，此时鼠标指针将变成裁剪状态。

（3）按住鼠标左键拖动，图片显示裁剪后的虚框，拖动到目标位置后松开鼠标键。完成图片裁剪。

2. 插入形状

Word 2010 中自带的形状就是旧版本中的自选图形，是用绘图工具绘制的矢量图形，如矩形、圆形、流程图符号、星形等形状。形状的插入操作如下：

（1）单击"插入"选项卡，在"插图"组中单击"形状"按钮，弹出形状列表，如图 3-5-13 所示。

（2）在形状样式列表中单击需要使用的形状。

（3）将鼠标移动到编辑区中，当鼠标指针变成"十"形时，拖动鼠标便可绘制出需要的图形。

（4）对形状的编辑处理与对图片的编辑一样，也可使用相同的方式设置图形的线条、填充颜色等。

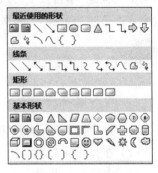

图 3-5-13　形状列表

（5）绘制的多个形状"组合"在一起，便构成了一幅图片。选择所有需要组合的形状，右击，在弹出的快捷菜单中单击"组合"选项，在下级列表中选择"组合"命令，便可将多个形状组合成一张矢量图片。

3. 文本框的插入和文本框内文本的简单编辑

文本框在文档中即可以当图形处理，也可当文本处理，如果将需要特殊排版的部分文本置于文本框，则文本框内的文字可像图片一样具有独立排版的功能。

（1）定位文本框的插入点。

（2）单击"插入"选项卡，在"文本"组单击"文本框"按钮。

（3）在弹出的"文本框"列表中单击绘制文本框。

（4）鼠标指针变成"十"形，按住左键拖动，文档窗口显示出插入后的文本边框。拖动鼠标到合适的位置松开。至此完成文本框的插入。

（5）文本边框的设置与图片边框的设置一致。

（6）文本框内文字的字体、段落间距、段缩进的设置与文档中文本格式的设置一致。

（7）选中文本框，在"格式"选项卡"文本"组单击"文字方向"按钮，可设置文字方向。

 任务总结

通过本任务的实施，应掌握下列知识和技能。

- 会在文档中插入图片。
- 会设置图片的大小。
- 会利用系统自带的图片样式模板设置图片样式。
- 会设置图片边框、图片效果。
- 会插入形状、设置矢量图形的图片样式。
- 会设置图片的布局。

子任务3.5.3　插入艺术字

 任务描述

艺术字是具有装饰效果的特殊文字，请在文档"系部简报.docx"中为文档增加视觉效果很突出的标题"学雷锋 孝为先"。将此标题设置成如图3-5-14所示。通过本任务的实现，让大家掌握艺术字的插入、设置艺术字填充效果、文本轮廓等操作。

 相关知识

1. 插入艺术字

（1）定位插入点，单击"插入"选项卡，单击"文本"组的"艺术字"按钮。

（2）在弹出的艺术字样式列表（见图3-5-15）中选择需要的样式，单击。

（3）在插入的艺术字文本框中输入要设置成艺术字的文字。

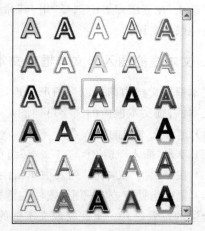

图3-5-14　艺术字标题效果　　　　图3-5-15　艺术字样式列表

2. 设置艺术字的填充效果

（1）选择艺术字，单击"艺术字样式"组的"文本填充"按钮。

（2）在弹出的列表中，在"主题颜色"中选择填充颜色。也可选择颜色样式，例如设置"渐变"，在下一级列表中选择渐变样式，如在"深色变体"中选择"渐变向下"样式。

3. 设置艺术字的文本轮廓

（1）选择艺术字，单击"艺术字样式"组的"文本轮廓"按钮。

（2）在弹出的颜色列表中选择轮廓颜色。

（3）单击"艺术字样式"组的"文本轮廓"按钮，在弹出的颜色列表中单击"粗细"选项，在下一级列表中选择一种线条宽度并单击。

（4）单击"艺术字样式"组的"文本轮廓"按钮，在弹出的颜色列表中单击"虚线"选项，在下一级列表中选择一种线条样式并单击。

4. 设置艺术字的文本效果

用户可以利用系统提供的文本效果模板来快速更改艺术字的形状，方法如下：

（1）选择艺术字，单击"艺术字样式"组的"文本效果"按钮，在弹出的列表中选择一种效果。

（2）在下级列表中移动鼠标光标，艺术字显示对应的文本效果，单击合适的效果，完成文本效果的设置。

 任务实施

完成子任务 3.5.3 提出任务的操作步骤如下。

（1）打开文档

双击鼠标左键打开文档"系部简报.docx"。

（2）插入艺术字

① 定位插入点，单击"插入"选项卡，单击"文本"组的"艺术字"按钮。

② 在弹出的艺术字样式列表中单击第 3 行第 3 列的样式。

③ 在插入的艺术字文本框中输入"学雷锋 孝为先"，设置为宋体、小初号。

（3）设置文本轮廓

① 单击"艺术字样式"组的"文本轮廓"按钮。

② 在弹出的颜色列表中选择轮廓颜色为"红色"。

（4）设置填充效果

① 选择艺术字"学雷锋 孝为先"，单击"艺术字样式"组的"文本填充"按钮。

② 在弹出的列表中，在"主题颜色"中选择填充"黄色"颜色。

（5）设置文本效果

① 选择艺术字"学雷锋 孝为先"，单击"艺术字样式"组的"文本效果"按钮。

② 单击"映像"选项,在下级列表中单击"第 1 行第 2 列"的效果。

（6）保存文档

按 Ctrl+S 快捷键保存文档。

 知识拓展

下面介绍如何将普通文字设置成艺术字。

（1）选择要设置成艺术字的文字,单击"插入"选项卡。

（2）单击"文本"组的"艺术字"按钮。

（3）在弹出的艺术字样式列表中选择一种样式并单击。

 **技能拓展**

下面介绍文本框的链接。

文本框的链接是将两个以上的文本框链接在一起,在同一个文档中,文字在前一个文本框中排满,字符会自动转移到后面的文本框中去。

（1）创建文本框,选中第一个有内容的文本框,单击"格式"选项卡。

（2）在"文本"组中单击"创建链接"按钮,此时鼠标指针变成"📖"。

（3）移动鼠标到下一个空文本框,当鼠标指针变成"🖐"时,单击鼠标左键,完成链接。如果还想链接其他文本框,还可继续依次单击其余的空文本框。如果不再链接,按 Esc 键可退出链接。

在 Word 2010 中最多可以链接 31 次,所以最多可以包括 32 个文本框。这些文本框必须属于同一个文档。除第一个文本框外,其余文本框必须为空。

 任务总结

通过本任务的实施,应掌握下列知识和技能。

- 掌握艺术字的插入方法。
- 会设置艺术字的轮廓。
- 会设置艺术字的填充效果。
- 会设置艺术字的文本效果。
- 会将普通文本转换为艺术字。

子任务 3.5.4　插入 SmartArt 图形

 任务描述

××职业技术学院需要将学院的组织机构图上传到学院网站,以便报考该院的学生及其他人员对学院的行政组织部分有一个清晰的了解,该院行政组织机构图如图 3-5-16 所示,以文件名"组织机构.docx"保存在"E:\Word 素材"文件夹下。

通过本任务的实现,大家可掌握 SmartArt 图形的插入、形状的添加或删除、设置

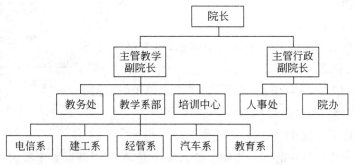

图 3-5-16　××职业技术学院组织机构图

SmartArt 图形的样式等操作。

 相关知识

　　SmartArt 图形是用一些特定的图形效果样式来显示文本信息,SmartArt 图形具有多种样式：列表、淤积、循环、层次结构、矩阵、关系和棱锥图等。不同的样式可以表达不同的意思,用户可以根据需要选择合适自己的 SmartArt 图形。

1. SmartArt 图形的插入

　　(1) 单击"插入"选项卡,在"插图"组单击 SmartArt 按钮。

　　(2) 在弹出的"选择 SmartArt 图形"对话框(见图 3-5-17)中选择一种图形样式,如"层次结构"。

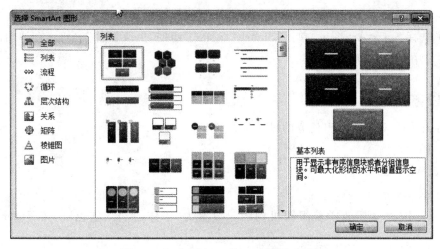

图 3-5-17　"选择 SmartArt 图形"对话框

　　(3) 在右侧的列表中选择一种合适的结构图,如"组织结构图",单击,再单击"确定"按钮。

2. 添加和删除形状

　　通常,插入的 SmartArt 图形形状都不能完全符合需要,当形状不够时需要添加,当形

213

状多余时需要删除。

（1）形状的添加

① 单击要向其添加框的 SmartArt 图形，单击最靠近要添加的新框的现有框。

图 3-5-18　创建图形组

② 在"SmartArt 工具"下的"设计"选项卡上单击"创建图形"组（见图 3-5-18）中"添加形状"旁的下拉按钮。

③ 然后执行下列操作之一：

- 若要于所选框所在的同一级别上插入一个框，但要将新框置于所选框后面，单击"在后面添加形状"。
- 若要于所选框所在的同一级别上插入一个框，但要将新框置于所选框前面，单击"在前面添加形状"。
- 若要在所选框的上一级别插入一个框，单击"在上方添加形状"。新框将占据所选框的位置，而所选框及直接位于其下的所有框均降一级。
- 若要在所选框的下一级别插入一个框，单击"在下方添加形状"。

（2）删除形状

若要删除形状，单击要删除的形状的边框，然后按 Delete 键。

3. 设置 SmartArt 图形样式

插入的 SmartArt 自带有一定的格式，用户也可以通过系统提供的图形样式快速修改当前 SmartArt 图形的样式。方法如下：

（1）选择 SmartArt 图形，在"SmartArt 样式"组样式列表框中单击所需的样式。

（2）选择 SmartArt 图形，单击"SmartArt 样式"组的"更改颜色"按钮。在弹出的"主题颜色"列表中单击一种颜色方案。

任务实施

完成子任务 3.5.4 提出任务的操作步骤如下。

（1）创建文档

启动 Word 2010，创建新文档。

（2）输入文本

输入文本"××职业学院组织机构图"，设置为"宋体、一号、红色"。按 Enter 键另起一段。

（3）插入 SmartArt 图形

① 单击"插入"选项卡，在"插图"组单击 SmartArt 按钮。

② 在弹出的"选择 SmartArt 图形"对话框中选择"层次结构"，在右侧列表中单击第2 行第 1 列的"层次结构"，单击"确定"按钮。

（4）添加形状

① 单击第 3 行第 2 个形状，单击"创建图形"组的"添加形状"按钮的下拉按钮，在列表

中单击"在后面添加形状"。

② 单击第 2 行第 2 个开关,单击"创建图形"组的"添加形状"按钮的下拉按钮,在列表中单击"在下方添加形状"。

③ 按照图 3-5-16 在上三层形状中输入对应文本信息。

④ 单击"教学系部"所在的形状,单击"创建图形"组的"添加形状"的下拉按钮,在列表中单击"在下方添加形状"。

⑤ 再重复 4 次第④步的操作,在"教学系部"下方共添加 5 个形状。输入样本中的文本。

(5) 设置 SmartArt 样式

① 选择插入的 SmartArt 图形,在"SmartArt 样式"组样式列表框中单击第三种样式"细微效果"。

② 单击"更改颜色",在弹出的对话框中选择"强调文字颜色 2"中的第二种"彩色填充"。

(6) 保存文档

按 Ctrl＋S 快捷键,在打开的"另存为"对话框中指定保存路径为"E:\Word 素材",文件名为"组织机构.docx",单击"保存"按钮。

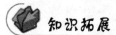

SmartArt 图形的类型和功能介绍如下。

(1) 列表:用于创建显示无序信息的图示。

(2) 流程:用于创建在流程或时间线中显示步骤的图示。

(3) 循环:用于创建显示持续循环过程的图示。

(4) 层次结构:用于创建组织结构图,以便反映各种层次关系。

(5) 关系:用于创建对连接进行图解的图示。

(6) 矩阵:用于创建显示各部分如何与整体关系的图示。

(7) 棱锥图:用于创建并显示与顶部或底部最大一部分之间的比例关系的图示。

下面介绍如何设置 SmartArt 图形的布局。

(1) 选择 SmartArt 图形,单击"设计"选项卡。

(2) 在"布局"工具组的样式列表中单击需要的布局样式。

任务总结

通过本任务的实施,应掌握下列知识和技能。

- 掌握 SmartArt 图形的插入方法。
- 掌握 SmartArt 形状的添加和删除的方法。
- 掌握 SmartArt 图形样式的设置方法。
- 会设置 SmartArt 图形的布局。

课 后 练 习

一、选择题

1. Word 2010 文档使用的默认扩展名为(   )。
   A. TXT   B. DOCX   C. PPT   D. XLS

2. 在 Word 中,"剪切"命令是(   )。
   A. 将选定的文本复制到剪切板
   B. 仅将文本删除
   C. 将剪切板中的文本粘贴到文本的指定位置
   D. 将选定的文本移入剪切板

3. 在 Word 中,按(   )键与工具栏上的保存按钮功能相同。
   A. Ctrl＋C   B. Ctrl＋S   C. Ctrl＋A   D. Ctrl＋V

4. Word 中的替换功能是(   )。
   A. 不能替换格式   B. 只替换格式不替换文字
   C. 格式和文字均可替换   D. 都不对

5. 公式 SUM(A2:A5)的作用是(   )。
   A. 求 A2 到 A5 四个单元格数值型数据之和
   B. 不能正确使用
   C. 求 A2 与 A5 单元格之比值
   D. 求 A2、A5 两单元格数据之和

6. 在 Word 环境下,不可以对文本的字型设置(   )。
   A. 倾斜   B. 加粗   C. 倒立   D. 加粗并倾斜

7. 在 Word 2010 文档中,调整图片色调是通过"图片工具"的"格式"选项卡中的"色调"按钮完成的。而"图片工具"的"格式"选项卡是通过(   )出现的。
   A. "选项"设置   B. 系统设置
   C. 添加选项卡   D. 选中图片后,系统自动

8. 在 Word 2010 的编辑状态下,执行两次"剪切"操作后,则剪贴板中(   )。
   A. 仅有第一次被剪切的内容   B. 仅有第二次被剪切的内容
   C. 有两次被剪切的内容   D. 无内容

9. 下列操作中,不能退出 Word 2010 的操作是(   )。
   A. 双击文档窗口左上角的控制按钮
   B. 右击程序窗口右上角的关闭按钮"×"
   C. 选"文件"菜单,弹出下拉菜单后单击"退出"按钮
   D. 按 Alt＋F4 快捷键

10. 在 Word 文档中,要使文本环绕剪贴画产生图文混排的效果,应该(   )。
    A. 在快捷菜单中选择"设置艺术字格式"
    B. 在快捷菜单中选择"设置自选图形的格式"
    C. 在快捷菜单中选择"设置剪贴画格式"

D. 在快捷菜单中选择"设置图片的格式"

11. 在 Word 2010 的编辑状态,关于拆分表格,正确的说法是(　　)。

A. 可以自己设定拆分的行列数 　　　B. 只能将表格拆分为左右两部分

C. 只能将表格拆分为上下两部分 　　D. 只能将表格拆分为列

12. Word 文档编辑中,文字下面有红色波浪线表示(　　)。

A. 对输入的确认 　　　　　　　　　B. 可能有拼写错误

C. 可能有语法错误 　　　　　　　　D. 已修改过的文档

13. 在 Word 2010 表格中求某行数值的平均值,可使用的统计函数是(　　)。

A. Sum() 　　　B. Total() 　　　C. Count() 　　　D. Average()

14. 在 Word 中查找和替换正文时,若操作错误则(　　)。

A. 必须手工恢复 　　　　　　　　　B. 可用"撤销"功能来恢复

C. 无可挽回 　　　　　　　　　　　D. 有时可恢复,有时就无可挽回

15. 在 Word 中,(　　)用于控制文档在屏幕上的显示大小。

A. 页面显示 　　　B. 缩放显示 　　　C. 显示比例 　　　D. 全屏显示

二、简答题

1. 简述新建文档有几种实现方式。

2. 简述文本复制、粘贴的实现方法有哪些。

3. Word 2010 文档有哪几种视图方式?如何切换?

4. 在 Word 2010 中保存与另存为有什么区别?

5. 试述在 Word 中创建表格的方法。

三、操作题

1. 创建一文档,按样文输入内容,对文档的操作要求如下:

(1) 在文档中加上标题"归去来兮辞",与正文之间空二行。标题设为黑体、标准 3 号字,字体格式为粗体、居中。

(2) 设置第一段首字下沉,第二段首行缩进两个字符。

(3) 将第一段(除首字)字体设置为"宋体",字号设置为"五号"。

(4) 将第二段字体设置为"方正舒体",字号设置为"四号",加双横线下划线。

(5) 在该页插入页眉页脚均输入"归去来兮辞"。将文本"归去来兮"作为水印插入文档,水印格式版式"斜式"颜色为"黄色",其他均为默认值。

(6) 将文本内容以文件名"Word 基本操作.docx"保存在"D:\Word 作业"文件夹下,设置文档的打开密码为 OPEN。设置文档的自动保存时间为 5 秒。

归去来兮,请息交以绝游。世与我而相违,复驾言兮焉求?悦亲戚之情话,乐琴书以消忧。农人告余以春及,将有事于西畴。或命巾车,或棹孤舟。既窈窕以寻壑,亦崎岖而经丘。木欣欣以向荣,泉涓涓而始流。善万物之得时,感吾生之行休。

已矣乎!寓形宇内复几时?曷不委心任去留?胡为乎遑遑欲何之?富贵非吾愿,帝乡不可期。怀良辰以孤往,或植杖而耘耔。登东皋以舒啸,临清流而赋诗。聊乘化以归尽,乐夫天命复奚疑!

2. 在 Word 中创建一表格,输入题图 1 的内容,并进行如下操作。

(1) 将表格的外框线设置为 3 磅的粗线,内框线为 1 磅,第一行的下线与第一列的右框线为 1.5 磅的双线,然后对第一行添加 10%的底纹;字符对齐方式为"居中对齐"。

(2) 在表格的上面插入一行,合并单元格,然后输入标题"成绩表",格式为黑体、三号、居中,取消底纹。

(3) 在"计算机应用基础"的右边插入一列,列标题为"平均分"。利用 Word 自带的函数计算各人的平均分(保留 1 位小数),并按分数从高到低排序。

	高等数学	大学英语	计算机应用基础
张三	94	90	88
李四	88	93	85
王二	80	85	76
肖五	75	70	69
吴六	88	93	95
田七	73	68	70

题图 1 成绩表

3. 按要求对如题图 2 所示的文档进行操作,图形的位置不能改变。

巴贝奇与他的差分机

由于算盘的使用在欧洲的衰退,同时随着计算量变得越来越大,对机械计算机的需求也越来越强烈。

英国数学家查尔斯·巴贝奇(Charles Babbage)于 1822 年设计并制造了差分机的可动原型,这实际上是一个带有固定程序的专用自动数字计算机。由于当时技术条件的限制而仅仅停留在设计阶段,差分机并没有具体实现。

1834 年,巴贝奇又成功设计了一台分析机,这是 19 世纪最接近现代计算机的发明,在分析机系统中,有一个存储系统和一个运算器,乘法由重复的加法实现,除法由重复的减法实现。重复的设计和不断的改进消耗了巴贝奇的毕生精力,但直到他去世都没能制造出分析机。

查尔斯·巴贝奇

1936 年,美国数学家艾肯提出用机电的方法来实现差分机的设想,在 IBM 公司的赞助下,1944 年由艾肯设计、IBM 公司制造的 Mark-I 计算机在哈佛大学投入运行。Mark-I 计算机的出现使巴贝奇的梦想变成了现实。

题图 2 文档的设置

(1) 编辑艺术字图片,将其中的文字修改为"巴贝奇与差分机"。

(2) 设置艺术字图片,将其中的文字格式设置为"华文行楷",字号设置为"48 磅",文字的轮廓颜色设置为"红色",填充颜色设置为"黄色"。

(3) 设置艺术字图片所在段落的段落对齐方式为"居中"。

(4) 设置巴贝奇画像图片的宽度为"6 厘米",高度为"7.5 厘米"。

(5) 设置巴贝奇画像图片的文字环绕方式为"四周型"。

（6）取消组合图形的组合后，将箭头图形的边线颜色设置为"红色"，填充颜色设置为"黑色"。

（7）将"运算器"图形的填充颜色设置为"黄色"，"存储系统"图形的填充颜色设置为"绿色"。

（8）重新组合这三个基本图形，并将组合图形的线条宽度设置为"3 磅"。

（9）设置文本框中字体为"楷体"，对齐方式为"居中"。

（10）设置文本框边框线条的颜色为"无线条颜色"。

项目四　制作电子表格

Microsoft Excel 是微软公司的办公套装软件 Microsoft Office 的组件之一，它可以进行各种数据的处理、统计分析和辅助决策操作，广泛地应用于管理、统计、财经、金融等众多领域。

Excel 具有强大的数据分析处理以及数据可视化功能，广泛运用到财务、金融、生产管理等多个领域，为决策提供数据辅助和支持。与旧版的 Excel 软件相比，Excel 2010 提供了更完善的数据分析和可视化工具，用户可以使用更多的方法来分析、处理数据，此外还提供多人在线写作的功能，方便用户之间的协作办公。

任务 4.1　创建 Excel 2010 文件

子任务 4.1.1　认识 Excel 2010 的工作界面

 任务描述

近年来，利州市东升电器有限公司发展迅速，公司员工越来越多，为方便管理，经理要求小王将员工基本信息整理成电子档案，小王通过 Excel 2010 软件快速圆满完成了任务。首先，我们与小王一起对 Excel 2010 的基本概念及工作界面进行系统的了解，以便进一步熟练使用。

 相关知识

1. Excel 2010 操作界面

Excel 2010 的操作界面大致可以分为 10 个区域，如图 4-1-1 所示。

①"快捷访问工具栏"主要放置的是常用的且需要快速启动的工具。

②"选项卡区"由七张选项卡所组成，分别是"开始""插入""页面设置""公式""数据""审阅"和"视图"。每选中一张选项卡，就会切换到对应的"功能区"。

③"功能区"是将具有相同或相似作用的工具集合在构成选项组，再由多个选项组构成功能区。以"开始"选项卡为例，分别为"剪贴板"选项组、"字体"选项组、"对齐方式"选项组、"数字"选项组、"样式"选项组、"单元格"选项组和"编辑"选项组，共计七个选项组构成，如图 4-1-2 所示。

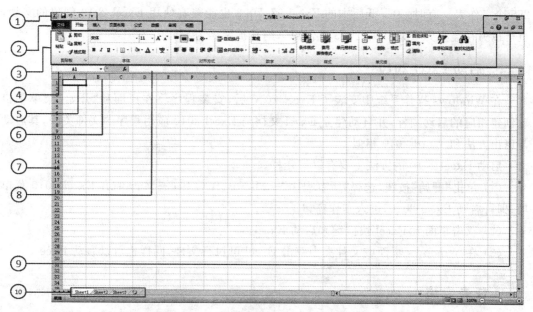

图 4-1-1　Excel 2010 的操作界面

图 4-1-2　"开始"选项卡

④ "名称框"标识当前光标所选中的活动单元格。字母表示的是所选中活动单元格的列号,数字则表示的是所选中活动单元格当前的行号。

⑤ "活动单元格"为被选中的单元格。可以使用鼠标来选取任意的一个或多个单元格。也可通过键盘的方向键来控制光标上、下、左、右移动来选取某个单元格,使用"Shift+方向键"就可以选中一个区域内的多个单元格。

⑥ "列编号"由英文字母表示,有效范围从 A 至 XFD,共计 16 384 列。

⑦ "行编号"有数字表示,有效范围从 1～1 048 576。

⑧ "编辑框"对活动单元格中的文字、字母以及公式进行输入和编辑。

⑨ "窗口状态控制区"这个区域主要是控制工作窗口的大小、关闭。

⑩ "工作表区"位于整张工作簿的左下角,每个新建的"工作簿"默认包含了三张工作表,分别是 Sheet1、Sheet2、Sheet3 以及一个新建工作表的标签。

2. 工作簿

工作簿是指 Excel 环境中用来储存并处理数据的文件,是一个或多个工作表的集合。我们通常所说的 Excel 文档就是工作簿,Excel 2010 默认的扩展名为 xlsx。在默认状态下,一个工作簿包含 3 个工作表,分别命名为 Sheet1、Sheet2、Sheet3。一个工作簿最多可包含

255 个工作表。有时,为了低版本的 Excel 97/2003 也能兼容使用 Excel 2010 创建的文档,也可以另存类型为"Excel 97-2003 工作簿",则其扩展名为 xls。

3. 启动 Excel 2010

在 Windows 操作系统中安装了 Excel 2010 后,安装程序将在桌面和"开始"菜单中自动创建相应的启动图标,并自动建立 Excel 文档与 Excel 2010 应用程序的文件关联,其启动与退出方法和 Word 2010 相似。

启动 Excel 2010 的方法主要有以下几种。

(1) 单击"开始"按钮,选择"所有程序"→Microsoft Office→Microsoft Excel 2010 菜单项,即可启动 Excel 2010,进入工作窗口。

(2) 双击桌面上 Excel 快捷键来启动 Excel。

(3) 在 Windows 桌面或文件夹中双击 Excel 可执行文件,同样也可以启动 Excel。

 任务实施

完成子任务 4.1.1 提出任务的操作步骤如下。

(1) 启动 Excel 2010

在屏幕左下方的"开始"菜单中选择"所有程序"→Microsoft Office→Microsoft Excel 2010 命令,启动 Excel 2010。

(2) 创建 Excel 文档

当 Excel 2010 启动后,系统自动生成一个文件名为"工作簿1. xlsx"空白文档。用户也可以通过单击"文件"选项卡的"新建"命令来建立空白文档,其操作如下:

单击"文件"选项卡,选择"新建"命令,在右侧的"可用模板"选项区中双击"空白工作簿",如图 4-1-3 所示。或者先选择"空白工作簿",再单击右侧的"创建"图标。

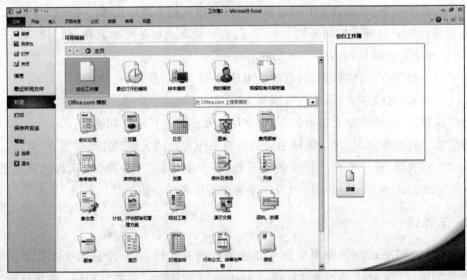

图 4-1-3　Excel 2010 工作界面

知识拓展

Excel 中所有的功能分门别类地放在 8 个选项卡中，包括文件、开始、插入、页面布局、公式、数据、审阅和视图。各选项卡中收录相关的功能群组，方便使用者切换、选用。例如"开始"选项卡包括基本的操作功能，比如设置字型、设定对齐方式等。

 **技能拓展**

1. 隐藏与显示"功能区"

如果觉得功能区占用太大的版面位置，可以将"功能区"隐藏起来。

将"功能区"隐藏起来后，要再度使用"功能区"时，只要将鼠标光标移到任一个选项卡上单击即可开启；然而当鼠标光标移到其他地方再单击，"功能区"又会自动隐藏。如果要固定显示"功能区"，可在选项卡上右击，取消最小化功能区选项。

2. 工具按钮

Excel 2010 功能区有很多工具按钮，只需将光标悬停在其上约 2 秒，系统将自动弹出功能提示，含功能名称、功能说明等，部分功能还有快捷键。用户可在实践操作中逐一体会。

3. 控制按钮

与 Word 2010 不同的是，Excel 2010 工作窗口右上角有两组"最小化""最大化/向下还原""关闭"按钮，分别针对 Excel 2010 窗口和当前工作簿窗口。

 任务总结

通过本任务的学习，能够认知 Excel 2010 工作窗口的组成部分，了解工作簿文件的扩展名以及工作簿与工作表的关系，通过启动并创建 Excel 2010 软件，掌握 Excel 软件的基本操作技能。

子任务 4.1.2　Excel 2010 的保存与退出操作

 任务描述

为方便电子档案管理，将前面生成的"工作簿 1. xlsx"重新命名为"员工档案资料表"，并保存至"E:\工作资料"目录下。通过此任务的完成，让大家熟悉 Excel 2010 文档的保存及退出等基本操作。

相关知识

1. 保存工作簿

（1）对于新建的工作簿，选择"文件"选项卡下的"保存"命令，将弹出"另存为"对话框，如图4-1-4所示，选择需要保存的路径和文件的名称后，单击"保存"按钮即可保存文件。对于已经命名保存的工作簿，修改内容后保存，不会弹出对话框。

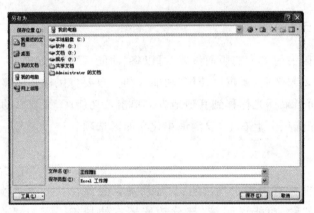

图 4-1-4 "另存为"对话框

（2）按下Ctrl＋S快捷键或单击"快捷访问工具栏"中的"保存"按钮 ，可以快速完成文件的保存操作。

（3）通过"文件"选项卡下的"另存为"命令，可以修改原文件保存的路径和文件的名称及保存类型。

2. 退出 Excel 2010

退出的方法主要有以下几种。

（1）选择"文件"菜单中的"退出"命令。

（2）单击Excel 2010工作窗口右上角的"关闭"按钮。

（3）按下Alt＋F4快捷键。

（4）双击屏幕左上角的控制图标 。

如果文件内容自上次保存之后又进行了修改，则在退出之前将弹出确认对话框，提示是否保存更改。单击"是"按钮将保存更改；单击"否"按钮将取消更改；单击"取消"按钮，则退出操作被取消。

任务实施

完成子任务4.1.2提出任务的操作步骤如下。

（1）保存文档

单击"快速访问工具栏"中的"保存"按钮" "，在"另存为"对话框的"保存位置"列表框中选择文档保存位置为"E:\公司资料"，在"文件名"文本框中输入新建文档的文件名"员工

档案资料表.xlsx"（文件扩展名".xlsx"可省略），单击"保存"按钮，如图 4-1-5 所示。

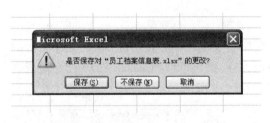

图 4-1-5 保存文档

（2）关闭文档

在"窗口控制按钮"中单击"×"按钮或选择"文件"菜单中的"关闭"命令，即可关闭当前文档。如果当前文档在编辑后没有保存，关闭前会弹出提示框，询问是否保存对文档的修改，如图 4-1-6 所示。

图 4-1-6 "保存"更改内容的提示框

单击"保存"按钮进行保存；单击"不保存"按钮放弃保存；单击"取消"按钮不关闭当前文档，继续编辑。

1. 控制按钮

与 Word 2010 不同的是，Excel 2010 工作窗口右上角有两组"最小化""最大化/向下还原""关闭"按钮，分别针对 Excel 2010 窗口和当前工作簿窗口。

2. 打开现有工作簿

（1）直接通过文件打开。如果用户知道工作簿文件所保存的位置，可以利用资源管理器找到文件所在,直接双击文件图标即可打开。

(2)使用"打开"对话框。如果用户已经启动了 Excel 2010 程序,可通过执行"文件"→"打开"命令或使用 Ctrl+O 快捷键打开指定的工作簿,如图 4-1-7 所示。

图 4-1-7　打开现有工作簿

 技能拓展

1. 定时保存

在使用计算机工作时常会发生一些异常情况,导致文件无法响应、死机等,要避免你正在编辑的文件却没能及时保存,则可以使用 Excel 2010 的定时保存功能。首先在"文件"菜单中单击"信息"命令,如图 4-1-8 所示。

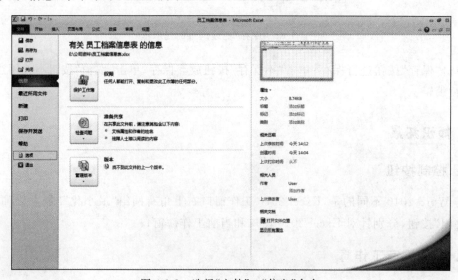

图 4-1-8　选择"文件"→"信息"命令

在"Excel 选项"对话框中选择"保存"选项,在右侧"保存自动恢复信息时间间隔"选项中设置所需要的时间间隔,如图 4-1-9 所示。

图 4-1-9　设置自动保存信息的时间间隔

2. 并排查看

使用 Excel 的并排查看功能,可以同时显示多个工作表,避免来回切换的麻烦。

(1) 打开要并排查看的工作表。

(2) 单击"视图"选项卡,在"窗口"组中单击"并排查看"按钮。

(3) 关闭并排查看功能的方法是再次单击"并排查看"按钮。

使用并排查看功能时,滚动其中一个窗口的滚动条时,另一个窗口也会同步滚动。如果不需要同时滚动,可单击"同步滚动"按钮使其处于非激活状态,如图 4-1-10 所示。

图 4-1-10　并排查看

任务总结

通过本任务的实施,应掌握下列知识和技能。

- 熟悉 Excel 2010 扩展名相关知识及修改方法。
- 掌握文件打开、保存、关闭的方法。
- 掌握文档的自动保存时间间隔的设置方法。
- 熟悉各种快捷键的使用方法。

子任务 4.1.3　工作表的基本操作

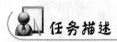 **任务描述**

Excel 2010 一个工作簿就是一个 Excel 文件,它可由若干工作表组成,默认情况下,一个工作簿文件可打开 3 个工作表文件,分别以 Sheet1、Sheet2、Sheet3 来命名。为便于公司信息化管理,公司要求小王将 Sheet1 名字修改为"员工档案资料表",并复制一份移动到 Sheet3 后面。通过此任务,可以熟练掌握工作表文件的常用操作方法。

 **相关知识**

1. 工作表的概念

工作表是单元格的组合,是 Excel 进行完整作业的基本单位,实现对数据的组织和分析。每个工作表的内容相对独立,也可以同时在多张工作表上输入并编辑数据,对来自不同工作表的数据进行汇总计算。工作表由交叉的行和列即单元格构成。列是垂直的,以字母命名,编号从左到右为 A、B、C……XFD;行是水平的,以数字命名,编号由上到下为 1、2、3……1048576。工作表的新建、移动、删除等操作都是通过对工作表标签(见图 4-1-11)来完成的。

图 4-1-11　工作表标签

2. 工作表的常用操作

(1) 选定工作表后才能对工作表进行操作。新建的工作簿默认有三个工作表,分别为 Sheet1、Sheet2、Sheet3,直接使用鼠标单击其他工作表标签,就可切换到该工作表。若是按住 Shift 或 Ctrl 键后再单击其他工作表标签,则可以同时选定连续或不连续的多个工作表。

(2) 新建工作表。单击最后一个工作表标签右侧的新建按钮(快捷键是 Shift+F11),可以新建一个工作表;也可以通过"开始"选项卡"单元格"组"插入"按钮下的"插入工作表"命令新建工作表;还可以右击任一个工作表标签,在弹出菜单中选择"插入…"命令实现。

(3) 删除工作表。右击需要删除的工作表,从弹出菜单中选择"删除"命令即可;也可以通过"开始"选项卡"单元格"组"删除"按钮下的"删除工作表"命令实现。

(4) 重命名工作表。对工作表进行命名,能让用户迅速区分或找到工作表。右击需要重命名的工作表,从弹出菜单中选择"重命名"命令,再输入新名称即可。

(5) 移动或复制工作表。选定工作表后,拖动鼠标光标到目标位置,松开鼠标即完成工作表的移动,若在拖动的同时按住 Ctrl 键,则完成复制;或用鼠标右击需要移动或复制的工作表,从弹出菜单中选择"移动或复制"命令,在弹出的对话框中可以选择目标位置,选中"建立副本"选项是复制操作,不选中则是移动操作。

 任务实施

(1) 打开文件

打开"E:\公司资料"目录下的"员工档案资料表.xlsx"。

(2) 打开快捷菜单

在 Sheet1 处右击,在弹出的快捷菜单中选择"重命名"命令(也可用双击标签),如图 4-1-12 所示。

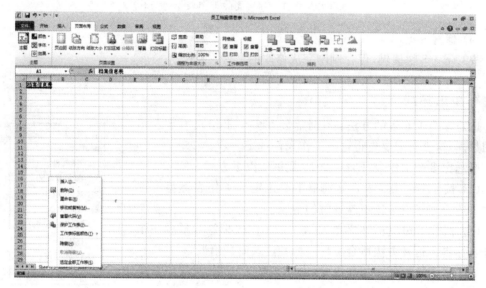

图 4-1-12 快捷菜单

(3) 重命名

当 Sheet1 变成黑底白字时,直接输入新工作表名字"员工档案资料表"。

(4) 复制工作簿

按住 Ctrl 键不放,使用鼠标将"员工档案资料表"拖动到 Sheet3 后面,即可完成复制操作,复制后的工作簿名字为"员工档案资料表(2)",内容与"员工档案资料表"完全一致(见图 4-1-13)。(如果不按 Ctrl 键而是用鼠标直接拖动,则表示对工作簿的位置进行移动操作。)

图 4-1-13 复制工作表

(5) 删除 Sheet3 和"员工档案资料表(2)"

在 Sheet3 处右击,在弹出的快捷菜单中选择"删除"命令,即可删除 Sheet2 工作簿。可以用同样的方法删除"员工档案资料表(2)",如图 4-1-14 所示。

图 4-1-14　删除工作表

（6）保存并退出。

按 Ctrl＋S 快捷键，保存刚刚完成修改的文件。

知识拓展

选定多个工作表的方法：有时需要在多个工作表中输入相同的数据，这就会需要先将这些工作表都选定。

要选定多个工作表，Excel 2010 提供了以下方式。

（1）按住 Ctrl 键，然后分别单击要选定的工作表标签。这种方法适合工作表标签不连续时的情况。

（2）按住 Shift 键，然后单击第一张工作表标签和最后一张工作表标签。这种方法适合工作表标签连续时的情况。

如果需要选择所有工作表时，右击工作表标签，从快捷菜单中选择"选定全部工作表"命令，如图 4-1-15 所示。

图 4-1-15　选择所有工作表

技能拓展

1. 拆分和冻结工作表

为了方便对工作表中的数据进行比较和分析，可以拆分工作表窗口，最多可以拆分成 4 个窗口，操作步骤如下：

（1）将鼠标光标指向垂直滚动条顶端的拆分框或水平滚动条右端的拆分框。

（2）当指针变为拆分指针时，将拆分框向下或向左拖至所需的位置。

（3）要取消拆分，双击分割窗格拆分条的任何部分即可（见图 4-1-16）。

一般情况下，滚动工作表时行（列）标题会逐渐移出窗口，这会对数据的输入造成不便，Excel 提供了冻结窗口的功能，将标题固定在窗口中。操作步骤如下：

（1）选中表格中除行、列标题以外的第一个单元格，在"视图"选项卡的"窗口"组中单击"冻结窗格"下拉按钮，再选择"冻结拆分窗格"命令。

（2）此时，工作表的行、列标题单元格被冻结，拖动垂直滚动条或水平滚动条浏览数据时，被冻结的行和列不会移动。

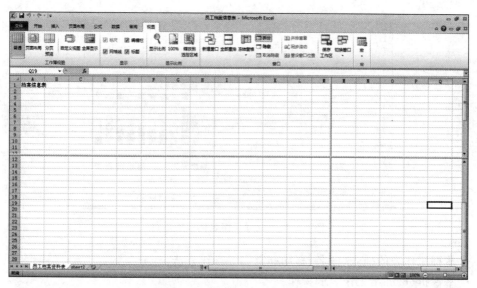

图 4-1-16 拆分和冻结工作表

（3）要取消冻结，在"视图"选项卡的"窗口"组中单击"冻结窗格"下拉按钮，再选择"取消冻结拆分窗格"命令。

（4）若只冻结标题行（列），则选中该行（列）的下一行（列），执行"冻结拆分窗格"命令。

（5）若要冻结首行或首列，可以在"冻结窗格"下拉列表中选择"冻结首行"或"冻结首列"命令，如图 4-1-17 所示。

图 4-1-17 冻结首行或首列

2. 设置工作表标签颜色

在工作中经常需要区别内容的重要程度或进行分组，可以通过设置工作表标签颜色来实现。用鼠标右击工作表名称，选择"工作表标签颜色"命令即可，如图 4-1-18 所示。

 任务总结

通过本任务的实施，应掌握下列知识和技能。

• 熟悉工作表、工作簿相关概念。

• 掌握工作表选定的方法。

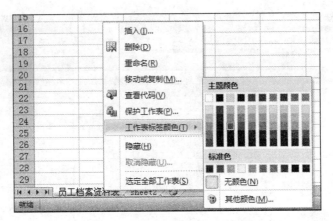

图 4-1-18　设置工作表标签的颜色

- 掌握工作表的插入、命名、移动和复制等操作方法。
- 掌握拆分、冻结工作表的操作。
- 熟悉工作表标签颜色的设置。

任务 4.2　工作表的编辑

子任务 4.2.1　输入与编辑数据

 任务描述

完成前面的新建任务后,小王将把员工的基本信息,包括编号、姓名、性别、出生年月、学历、职称、联系地址、联系电话、E-mail 等录入表格中,通过本任务的学习,将掌握不同的数据格式的录入方法。

 相关知识

1. 单元格

单元格是 Excel 工作簿的基本对象核心和最小组成单位。数据的输入和修改都是在单元格中进行的,一个单元格可以记录多达 32 767 个字符的信息。单元格的长度、宽度及单元格内字符中的类型等,都可以根据用户的需要进行改变。

每一个单元格均有对应的地址,以便标识和引用。单元格所在列的列号字母,与所在行的行号数字,连接在一起就是该单元格的地址标识,如 A1、C8 等。

2. Excel 不同格式数据的输入

Excel 接受的数据主要有文本、数值、日期和时间、货币等类型,下面分别介绍其输入方法。

（1）输入文本

选中单元格后，输入文本内容，按 Enter 键确认；或选中单元格，在"编辑栏"中输入内容，再单击表示输入的"√"确认。

若选中已经输入内容的单元格，直接输入的新内容将替换掉原有内容。若需要输入或编辑数字类型的文本内容（如输入 001、身份证号码等），则应在数字前加英文状态下的单引号或设置单元格格式为文本格式。文本默认对齐方式为左对齐。

（2）输入数值

数值的输入方法与文本类似，默认对齐方式为右对齐。

（3）输入日期和时间

日期可以按"年/月/日"或"年-月-日"等格式输入；时间可以按"时数:分数:秒数"等格式输入。如输入"2015/1/1"或"2015-1-1"都表示 2015 年 1 月 1 日；输入"15:30:55""3:30:55 PM"或"15 时 30 分 55 秒"都表示下午 3 点 30 分 55 秒。

直接输入系统日期的快捷键为"Ctrl＋;"，直接输入系统时间的快捷键为"Ctrl＋Shift＋;"。

日期和时间的默认对齐方式为右对齐。

（4）输入货币

货币格式在表格中使用频繁，可以在数值前单独输入货币符号，也可以先直接输入数值，然后设置单元格格式为货币，输入的数字会自动在数据前加上货币符号。常用的货币符号为￥（人民币）和＄（美元）。

3. 编辑数据

（1）修改单元格数据。选中并双击已经输入内容的单元格，可进入编辑状态，对单元格内容进行修改，按 Enter 键确认。

（2）删除单元格。选中并右击单元格或区域，在弹出的快捷菜单中选择"删除"命令，弹出"删除单元格"对话框，用户再根据需要选择。

（3）复制或移动单元格。选中单元格并右击，在弹出的快捷菜单中选择"复制"（Ctrl＋C）或"剪切"（Ctrl＋X）命令，然后选中并右击目标单元格，在弹出的快捷菜单中选择"粘贴"（Ctrl＋V）。

（4）自动填充数据序列。序列数据是一种按某种规律变化的数据，如星期、月份、年份、等差数列和等比数列等。

 任务实施

（1）输入标题。启动 Excel 2010，在 A1 单元格内输入标题文字"员工档案信息表"。

（2）录入编号。首先输入两个有规律的编号，然后拖动填充柄快速填充，如图 4-2-1 所示。

（3）录入姓名、性别等信息。在录入性别时，可先使用 Ctrl 键加上鼠标单击来选中同一性别的员工。输入性别后，按 Ctrl＋Enter 快捷键即可完成多个单元格的输入，如图 4-2-2 所示。

1	档案信息表								
2	编号	姓名	性别	出生年月	学历	职称	联系地址	联系电话	QQ号码
3	DS0001								
4	DS0002								
5									
6									
7									
8									
9									
10									
11									

图 4-2-1　Excel 中编辑数据

	A	B	C	D	E	F	G	H	I
	档案信息表								
	编号	姓名	性别	出生年月	学历	职称	联系地址	联系电话	QQ号码
	DS0001	王世佳							
	DS0002	宫亚男							
	DS0003	何慧							
	DS0004	衡佳宝							
	DS0005	兰澜							
	DS0006	李焕林							
	DS0007	李佳玲							
	DS0008	李江							
	DS0009	刘卫权							
	DS0010	刘禹滨							
	DS0011	刘红梅							
	DS0012	卢彦鹏							
	DS0013	马锦瑞							
	DS0014	钱佳宝							

图 4-2-2　录入姓名、性别等信息

（4）录入出生年月。这一列数据是日期类型,格式为"＊年＊月＊日"。在列标题 D 处单击,即可选中整列。在选中的地方右击,在"设置单元格格式"对话框中选择日期格式,如图 4-2-3 所示。

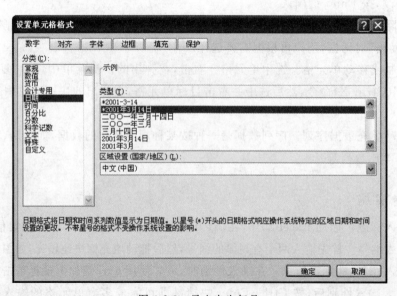

图 4-2-3　录入出生年月

在录入日期格式时年月日需用"/"或"-"隔开,如 1989-12-19。

（5）录入联系电话及 QQ 号码。将电话号码设置为文本格式,如图 4-2-4 所示。

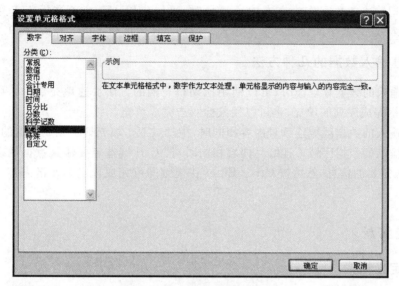

图 4-2-4 将数字转换为文本

（6）完成所有信息录入后,保存文件,如图 4-2-5 所示。

	A	B	C	D	E	F	G	H	I
	档案信息表								
	编号	姓名	性别	出生年月	学历	职称	联系地址	联系电话	QQ号码
	DS0001	王世佳	男	1990年9月6日	大学	初级	成都郫县	13881247183	32320392
	DS0002	宫亚男	男	1982年11月9日	专科	中级	北京市人民路	15983978119	98392332
	DS0003	何慧	女	1986年12月10日	研究生	中级	重庆解放路	15382057990	37293792
	DS0004	衡佳宝	男	1979年4月11日	中专	高级	四川剑阁	18083998575	1300283
	DS0005	兰澜	女	1976年8月8日	大学	高级	天津塘沽	02824567311	2938298
	DS0006	李焕林	男	1966年2月21日	专科	高级	四川剑阁	13415224765	4878342
	DS0007	李佳玲	女	1985年2月23日	研究生	中级	重庆解放路	15983972270	84782831
	DS0008	李卫权	男	1986年12月31日	大学	中级	陕西西安	13183857396	29389283
	DS0009	刘卫权	男	1976年11月23日	专科	高级	北京市人民路	13883519116	58523923
	DS0010	刘禹滨	男	1986年2月3日	中专	中级	甘肃陇南	13284009167	11209844
	DS0011	刘红梅	女	1971年7月28日	大学	高级	北京市人民路	18333943695	19289815
	DS0012	卢彦鹏	男	1976年5月6日	专科	中级	四川成都	15951406043	91829180
	DS0013	马镝瑞	男	1975年5月18日	研究生	高级	北京市人民路	13108396528	82979517
	DS0014	钱佳宝	男	1964年12月2日	中专	高级	四川德阳	13298338821	91829812

图 4-2-5 所有信息录入后的显示

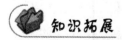 知识拓展

1. 快捷键的使用

单击某个单元格,然后在该单元格中输入数据,按 Enter 键或 Tab 键移到下一个单元格。若要在单元格中另起一行输入数据,需按 Alt＋Enter 快捷键输入一个换行符。

2. 粘贴操作

在粘贴操作时,还可通过右键菜单的"选择性粘贴"命令只粘贴出已复制区域里的"公式""数值""格式""批注"等,甚至可以进行"运算""跳过空单元""转置"等操作。

3．将数字转换为文本格式

当需要把输入的数字作为文本内容显示时，可以先输入一个英文标点符号状态下的"'"，然后输入数字，数字即转换成文本格式。特别是输入的数字以 0 开头，如 01、02 等。

4．快速输入数据的几种方法

（1）当输入的数据有规律时，可以使用拖动填充柄的方法快速填充数据。可以使用鼠标拖动填充柄完成序列的填充，也可以用鼠标双击完成填充。

（2）当输入的数据区域连续且内容相同时，拖动或双击填充柄可完成数据的填充。

（3）当输入的数据区域不连续且内容相同时，按 Ctrl 键选定要输入数据的多个单元格区域，再输入需要的信息，然后按 Ctrl＋Enter 快捷键即可完成选定单元格内容一次性全部输入的操作。

 技能拓展

1．自定义格式

当输入的大量数据中部分内容是重复的，如家庭住址是"利州市×××"，其中"利州市"是重复的部分时，可通过"自定义"单元格格式的方法解决。具体操作步骤：选中需要添加的单元格区域，右击并选择"设置单元格格式"命令或按 Ctrl＋1 快捷键，打开"设置单元格格式"对话框，在"数字"选项卡中选中"自定义"格式，具体操作如图 4-2-6 所示。

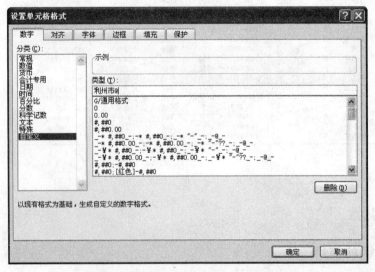

图 4-2-6 "设置单元格格式"对话框

如此设置好后，在选中的单元格中输入文本并按 Enter 键后，"利州市"自动加为前缀。其中"@"表示文本，"#"表示数字。

2．数据有效性

利用"数据"选项卡中的有效性功能可以控制一个范围内的数据类型、范围等，还可以快

速、准确地输入一些数据,如图 4-2-7 和图 4-2-8 所示。比如录入身份证号码、手机号等数据长、数量多的数据,操作过程中容易出错,数据有效性可以帮助防止、避免错误的发生。

图 4-2-7 设置数据的有效性

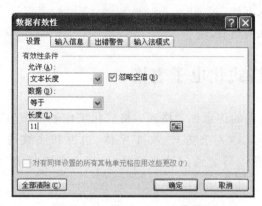

图 4-2-8 "数据有效性"对话框

3. 插入批注

选中需要添加批注的单元格,选择"审阅"选项卡下的"新建批注"命令,即可插入批注。修改批注时先右击需要修改批注的单元格,从弹出菜单中选择"编辑批注"命令,输入完成后单击任意单元格确认,如图 4-2-9 所示。清除批注内容可以选择需要删除批注的单元格,在"审阅"选项卡中选择"删除"命令即可。另外还可以隐藏批注等操作。

图 4-2-9 插入批注

任务总结

通过本任务的实施,应掌握下列知识和技能。

- 熟悉 Excel 2010 中各种不同数据格式的区别和特点。
- 掌握单元格中不同数据格式的输入方法。
- 掌握单元格内容的复制和删除操作。
- 掌握单元格的填充方法。
- 掌握批注的插入方法。
- 掌握数据有效性的设置。

子任务 4.2.2 格式化电子表格

控制工作表数据外观的信息称为格式。格式化工作表是指为工作表中的表格设置各种格式,包括设置数字格式、对齐方式、文本字体、边框和底纹的图案与颜色、行高与列宽、合并单元格及其数据项等。通过这些设置,可以美化工作表,使数据更显条理化,具有可读性。

 任务描述

为便于打印及存档,小王需对"员工档案资料表"进行美化操作,将标题设置为"黑体、小二号、加粗、合并居中对齐",将正文设置为"仿宋、12 号",并设置为"居中对齐,自动换行",为中文加双线外边框、单线内边框。

 相关知识

1. 设置字符格式

为了使工作表中的某些数据(如标题)能够突出显示,使版面整洁美观,需将不同的单元格设置成不同的字体。设置字符格式的方法有两种。

(1)利用工具按钮设置字体。功能包括:字体列表框、字号列表框、增大字号、减小字号,加粗(Ctrl+B)、倾斜(Ctrl+I)、下划线(Ctrl+U),边框,填充,字体颜色,显示或隐藏拼音字段,如图 4-2-10 所示。

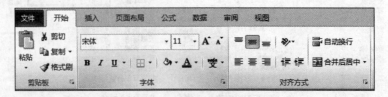

图 4-2-10 字符格式的设置

(2)利用"字体"对话框设置字符的格式。在任意单元格内右击并选择"设置单元格格

式"命令或单击"字体"组右下角的按钮 ,即可调出"设置单元格格式"对话框。在对话框
中的"字体"选项卡中可对字体、字形、字号、颜色、下划线、特殊效果等进行设置,如图 4-2-11
所示。

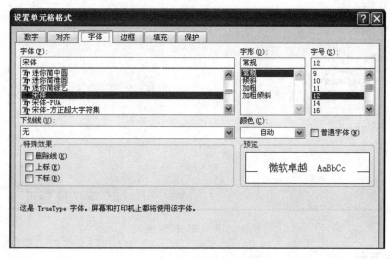

图 4-2-11 "字体"选项卡

2. 对齐方式

在 Excel 中,数据的对齐格式分为水平对齐和垂直对齐两种。Excel 默认的水平对齐格
式为"常规",即文字数据居左对齐,数字数据居右对齐。默认的垂直格式是"靠下",即数据
靠下边框对齐。

"对齐方式"包括常规、靠左(缩进)、居中、靠右(缩进)、填充、两端对齐、跨列居中和分散
对齐(缩进)等几种(缩进量可以使用数值框精确调整)。"垂直对齐"方式包括靠上、居中、靠
下、两端对齐和分散对齐。

"对齐方式"组中的各种对齐按钮可快速完成水平对齐中
的左对齐、居中、右对齐,以及垂直对齐中的顶端对齐、垂直居
中、底端对齐等的设置,如图 4-2-12 所示。

用户可以使用"段落"组中的相关按钮或"设置单元格格
式"对话框中的"对齐"选项卡进行设置,如图 4-2-13 所示。

图 4-2-12 "对齐方式"选项

3. 文本控制

"设置单元格格式"对话框中"对齐"选项卡的"文本控制"选项区包括以下选项。

(1) 自动换行。当输入的数据超出单元格的长度时自动换行。

(2) 缩小字体填充。单元格大小不变,将字体缩小后填充到单元格中,使其完全显示
出来。

(3) 合并单元格。可以将任意相邻的数个单元格合并为一个单元格,合并单元格区域
地址取左上角第一个单元格地址。

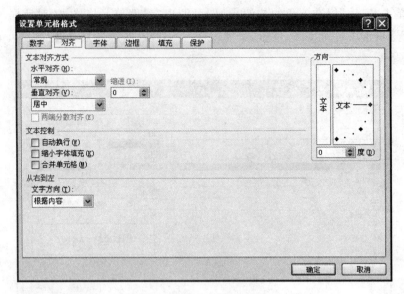

图 4-2-13 "对齐"选项卡

4. 文字方向

要改变单元格内的文字方向,可用鼠标拖动图 4-2-13 中"方向"栏的"文本"调节线,或在"度"前面的数值框内输入数字进行设置。例如,90 即为垂直显示。

5. 边框与填充

单元格的边框、填充的格式化,操作方法与设置数字格式和对齐方式类似,都可以通过"设置单元格格式"对话框的相应选项卡完成。"边框"选项卡如图 4-2-14 所示,"填充"选项卡如图 4-2-15 所示。

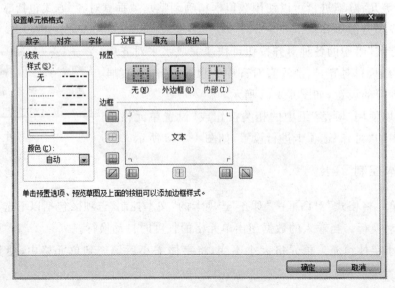

图 4-2-14 "边框"选项卡

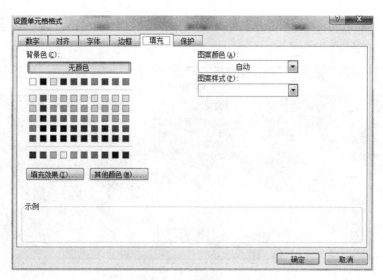

图 4-2-15　"填充"选项卡

任务实施

（1）设置标题区域。单击 A1 单元格，当光标变成空心十字箭头时，拖动至"I1"单元格，如图 4-2-16 所示。

编号	姓名	性别	出生年月	学历	职称	联系地址	联系电话	QQ号码
档案信息表								
DS0001	王世佳	男	1990年9月6日	大学	初级	成都郫县	13881247183	32320392
DS0002	宫亚男	女	1982年11月9日	专科	中级	北京市人民路	15983978119	98392332
DS0003	何慧	女	1986年12月10日	研究生	中级	重庆解放路	15382057990	37293792
DS0004	衡佳宝	男	1979年4月11日	中专	高级	四川剑阁	18083998575	1300283
DS0005	兰澜	女	1976年8月8日	大学	高级	天津塘沽	02824567311	2938298
DS0006	李焕林	男	1966年2月21日	专科	高级	四川剑阁	13415224765	4878342
DS0007	李佳玲	女	1985年2月23日	研究生	中级	重庆解放路	15983972270	84782831
DS0008	李江	男	1986年12月31日	大学	中级	陕西西安	13183857396	29389283
DS0009	刘卫权	男	1976年11月23日	专科	高级	北京市人民路	13883519116	58523923
DS0010	刘禹滨	男	1986年2月13日	中专	中级	甘肃陇南	13284009167	11209844
DS0011	刘红梅	女	1971年7月28日	大学	高级	北京市人民路	18333943695	19289815
DS0012	卢彦鹏	男	1976年5月6日	研究生	高级	四川成都	15951406043	91829180
DS0013	马锦瑞	男	1975年5月18日	研究生	高级	北京市人民路	13108396528	82979517
DS0014	钱佳宝	男	1964年12月2日	中专	高级	四川德阳	13298338821	91829812

图 4-2-16　设置标题区域

（2）制作标题。在"开始"选项卡的"对齐方式"组中单击"合并后居中"按钮，在"字体"组中选择"黑体"，字号为"18 磅"，即可完成标题的制作，如图 4-2-17 所示。

图 4-2-17　制作标题

（3）对正文字体、字号进行设置。选中 A2：I16 区域内的正文，将字体设置为 12 号、仿宋字体，如图 4-2-18 所示。

	员工档案信息表							
编号	姓名	性别	出生年月	学历	职称	联系地址	联系电话	QQ号码
DS0001	王世佳	男	1990年9月6日	大学	初级	成都郫县	13881247183	32320392
DS0002	宫亚男	女	1982年11月9日	专科	中级	北京市人民路	15983978119	98392332
DS0003	何慧	女	1986年12月10日	研究生	中级	重庆解放路	15382057990	37293792
DS0004	衡佳宝	男	1979年4月11日	中专	高级	四川剑阁	18083998575	1300283
DS0005	兰澜	女	1976年8月8日	大学	高级	天津塘沽	02824567311	2938298
DS0006	李焕林	男	1966年2月21日	专科	高级	四川剑阁	13415224765	4878342
DS0007	李佳玲	女	1985年2月13日	研究生	高级	重庆解放路	15983972270	84782831
DS0008	李江	男	1986年12月31日	大学	中级	陕西西安	13183857396	29389283
DS0009	刘卫权	男	1976年11月23日	专科	高级	北京市人民路	13883519116	58523923
DS0010	刘禹滨	男	1986年2月3日	中专	中级	甘肃陇南	13284009167	11209844
DS0011	刘红梅	女	1971年7月28日	大学	高级	北京市人民路	18333943695	19289815
DS0012	卢彦鹏	男	1976年5月6日	研究生	高级	四川成都	15951406043	91829180
DS0013	马锦瑞	男	1975年5月18日	研究生	高级	北京市人民路	13108396528	82979517
DS0014	钱佳宝	男	1964年12月2日	中专	高级	四川德阳	13298338821	91829812

图 4-2-18　设置正文的字体、字号

（4）设置对齐方式。在选中的正文区域右击，打开"设置单元格格式"对话框的"对齐"选项卡，设置"水平对齐"方式为"居中"，"垂直对齐"方式为"居中"，在"文本控制"选项区中选中"自动换行"选项，如图 4-2-19 所示。

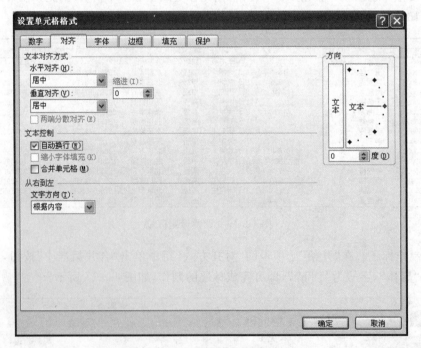

图 4-2-19　设置文字的对齐方式

（5）边框设置。在选中边框的状态下，右击，调出"边框"选项卡，设置表格为双线外边框、单线内边框，单击"确定"按钮完成设置，如图 4-2-20 所示。

（6）完成设置，保存文件并退出，如图 4-2-21 所示。

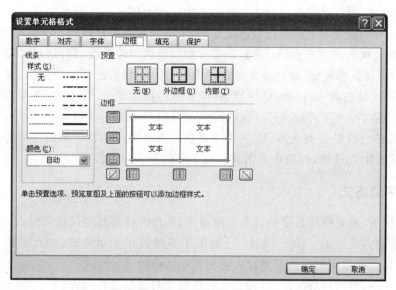

图 4-2-20 边框的设置

员工档案信息表								
编号	姓名	性别	出生年月	学历	职称	联系地址	联系电话	QQ号码
DS0001	王世佳	男	1990年9月6日	大学	初级	成都郫县	13881247183	32320392
DS0002	宫亚男	女	1982年11月9日	专科	中级	北京市人民路	15983978119	98392332
DS0003	何慧	女	1986年12月10日	研究生	中级	重庆解放路	15382057990	37293792
DS0004	衡佳宝	男	1979年4月11日	中专	高级	四川剑阁	18083998575	1300283
DS0005	兰澜	女	1976年8月8日	大学	高级	天津塘沽	02824567311	2938298
DS0006	李焕林	男	1966年2月21日	专科	高级	四川剑阁	13415224765	4878342
DS0007	李佳玲	女	1985年2月23日	研究生	中级	重庆解放路	15983972270	84782831
DS0008	李江	男	1986年12月31日	大学	中级	陕西西安	13183857396	29389283
DS0009	刘卫权	男	1976年11月23日	专科	高级	北京市人民路	13883519116	58523923
DS0010	刘禹滨	男	1986年2月3日	中专	中级	甘肃陇南	13284009167	11209844
DS0011	刘红梅	女	1971年7月28日	大学	高级	北京市人民路	18333943695	19289815
DS0012	卢彦鹏	男	1976年5月6日	研究生	高级	四川成都	15951406043	91829180
DS0013	马锦瑞	男	1975年5月18日	研究生	高级	北京市人民路	13108396528	82979517
DS0014	钱佳宝	男	1964年12月2日	中专	高级	四川德阳	13298338821	91829812

图 4-2-21 保存文件并退出

 **知识拓展**

1. 选定单元格、行或列

（1）选定一个单元格：将鼠标指针指向某单元格，当指标成白色空心十字形状时，单击。

（2）选定连续的多个单元格：将鼠标指针指向要选定区域的第一个单元格，按住鼠标左键，向选定区域的对角线方向拖动鼠标至最后一个单元格；或先单击要选定区域的第一个单元格，然后按住 Shift 键，再单击该区域的最后一个单元格。

（3）选定不连续的多个单元格：先单击需选定不连续单元格中的任一个单元格，然后按住 Ctrl 键不放,再依次单击或框选其他需选定的单元格。

(4) 选定一列或一行:单击行号选定整行,单击列号选定整列。

(5) 选定连续的多列或多行:将鼠标指针指向要选定连续行(列)区域的第一行(列)的行号(列标),按住鼠标左键,拖动至要选定连续行(列)区域的最后一行(列);或先单击要选定连续行(列)区域的第一行(列)的行号(列标),然后按住 Shift 键不放,再单击要选定连续行(列)区域的最后一行(列)的行号(列标)。

(6) 选定不连续的多列或多行:先单击需选定不连续行(列)区域的任一行(列)的行号(列标),然后按住 Ctrl 键,再依次单击其他需选定的行(列)的行号(列标)。

2. 数字的格式

默认情况下,单元格的数字格式是常规格式,不包含任何特定的数字格式,即以整数、小数、科学计数的方式显示。Excel 2010 还提供了多种数字显示格式,如百分比、货币、日期等。用户可以根据数字的不同类型设置它们在单元格的显示格式。

数字格式的设置可以通过工具按钮或数字格式对话框进行设置。

常用的数字格式化的工具按钮有 5 个,如图 4-2-22 所示。

- 货币样式按钮"![货币]":在数据前使用货币符号。
- 百分比样式按钮"％":对数据使用百分比。
- 千位分割样式",":使显示的数据在千位上有一个逗号。
- 增加小数位"![增加]":每单击一次,数据增加一个小数位。
- 减少小数位"![减少]":每单击一次,数据减少一个小数位。

图 4-2-22 数字格式化的工具

3. Excel 2010 格式刷的使用方法

使用"格式刷"功能可以将 Excel 2010 工作表中选中区域的格式快速复制到其他区域,用户既可以将被选中区域的格式复制到连续的目标区域,也可以将被选中区域的格式复制到不连续的多个目标区域。

(1) 使用格式刷将格式复制到连续的目标区域。

打开 Excel 2010 工作表窗口,选中含有格式的单元格区域,然后在"开始"功能区的"剪贴板"分组中单击"格式刷"按钮。当鼠标指针呈现出一个加粗的+号和小刷子的组合形状时,单击并拖动鼠标选择目标区域。松开鼠标后,格式将被复制到选中的目标区域,如图 4-2-23 所示。

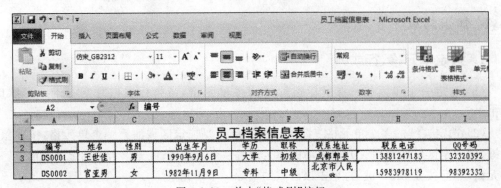

图 4-2-23 单击"格式刷"按钮

（2）使用格式刷将格式复制到不连续的目标区域。

如果需要将 Excel 2010 工作表所选区域的格式复制到不连续的多个区域中，可以首先选中含有格式的单元格区域，然后在"开始"功能区的"剪贴板"分组中双击"格式刷"按钮。当鼠标指针呈现出一个加粗的＋号和小刷子的组合形状时，分别单击并拖动鼠标选择不连续的目标区域。完成复制后，按键盘上的 Esc 键或再次单击"格式刷"按钮即可取消格式刷。

1. 为 Excel 2010 添加背景图片

Excel 2010 默认的背景为白色，如果需要进一步美化，则需在工作表中插入图片背景或设置颜色背景（底纹），用标签颜色标识重点，加强视觉美感，如图 4-2-24 所示。这就需要用到 Excel 2010 的填充功能。操作步骤如下：

（1）在"页面布局"选项卡中找到"背景"按钮。

图 4-2-24　Excel 2010 中添加背景图片

（2）在"工作表背景"对话框中找到需要的背景图片，单击"插入"按钮，即可完成背景的设置。为不影响文字的阅读，背景图片一般不宜太花哨，且背景的颜色要与文字的颜色有较强的对比，如图 4-2-25 所示。

图 4-2-25　插入背景图

（3）用户也可以对单元格的背景颜色进行设置。在选中的单元格区域内右击，在弹出的快捷菜单中选择"设置单元格格式"命令,在"填充"选项卡中可进行填充设置。单元格背景填充可以是纯颜色,也可以是系统自带的图案,如图 4-2-26 所示。

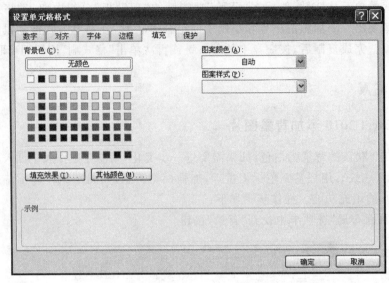

图 4-2-26　设置背景的颜色

2. 保护单元格

在使用 Excel 2010 时会希望把某些单元格锁定,以防他人篡改或误删数据。具体步骤如下:

(1) 打开 Excel 2010,选中任意一个单元格,右击,在打开的菜单选择"设置单元格格式"命令,在打开的对话框中选择"保护"选项卡,默认情况下"锁定"复选框是被选中的,也就是说一旦锁定了工作表,所有的单元格也就锁定了,如图 4-2-27 所示。

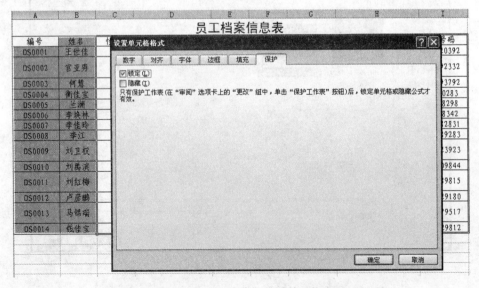

图 4-2-27　锁定需保护的单元格

（2）按 Ctrl＋A 快捷键选中所有单元格，接着再切换到"保护"选项卡，取消选中"锁定"选项，单击"确定"按钮保存设置，则取消了单元格的"锁定"功能。

（3）切换到"审阅"选项卡，在"更改"组中单击"保护工作表"按钮，如图 4-2-28 所示。

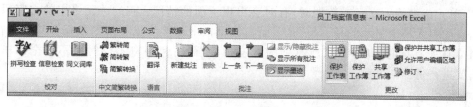

图 4-2-28 "审阅"选项卡

接着弹出"保护工作表"对话框，在"允许此工作表的所有用户进行"列表框中可以选择进行哪些操作，一般保留默认设置即可（见图 4-2-29）。在这里还可以设置解开锁定时提示输入密码，只需在取消工作表保护时使用的密码文本框中输入设置的密码即可。

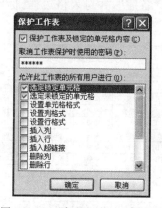

图 4-2-29 "保护工作表"对话框

（4）锁定的单元格不能更改。如果要解除锁定，可切换到"审阅"选项卡，在"更改"组中单击"撤销工作表保护"按钮，如图 4-2-30 所示。

图 4-2-30 撤销工作表保护

任务总结

通过本任务的实施，应掌握下列知识和技能。

- 掌握单元格数据的格式化设置方法。
- 掌握边框、对齐方式等设置方法。
- 掌握格式刷的使用方法。
- 掌握保护单元格的方法。
- 熟悉单元格背景的设置方法。

子任务4.2.3 设置行高与列宽

在单元格中输入文字或数据时,有时会出现下面的情况:有的单元格中的文字只显示一半,有的单元格中显示的是一串"♯",而在编辑栏中却能看见相应的数据。其原因在于,Excel默认所有行的高度相等、所有列的宽度相等,行高和列宽不够时就不能全部正确显示,需要进行适当的调整。

任务描述

在前面的任务中,"员工档案信息表"中的部分列(如联系地址等)因内容较多,不能一行显示,且表格行距不一,小王需对"员工档案资料表"进行再次调整:将行高设置为16磅,将编号、姓名、性别、学历、职称等内容较少的列都设置为10磅,将其余文字较多的列设置为14磅,在QQ号码后面增加一列"备注",并对表格边框、标题进行重新设置,使表格更加规范,如图4-2-31所示。

员工档案信息表									
编号	姓名	性别	出生年月	学历	职称	联系地址	联系电话	QQ号码	备注
DS0001	王世佳	男	1990年9月6日	大学	初级	成都郫县	13881247183	32320392	
DS0002	宫亚男	女	1982年11月9日	专科	中级	北京市人民路	15983978119	98392332	
DS0003	何慧	女	1982年11月9日	研究生	中级	重庆解放路	15382057990	37293792	
DS0004	衡佳宝	男	1979年4月11日	中专	高级	四川剑阁	18083998575	1300283	
DS0005	兰澜	女	1976年8月8日	大学	高级	天津塘沽	02824567311	2938298	
DS0006	李焕林	男	1966年2月21日	专科	高级	四川剑阁	13415224765	4878342	
DS0007	李佳玲	女	1985年2月23日	研究生	中级	重庆解放路	15983972270	84782831	
DS0008	李江	男	1986年12月31日	大学	中级	陕西西安	13183857396	29389283	
DS0009	刘卫权	男	1976年11月23日	专科	高级	北京市人民路	13883519116	58523923	
DS0010	刘禹滨	男	1986年2月3日	中专	中级	甘肃陇南	13284009167	11209844	
DS0011	刘红梅	女	1971年7月28日	大学	高级	北京市人民路	18333943695	19289815	
DS0012	卢彦鹏	男	1976年5月6日	研究生	高级	四川成都	15951406043	91829180	
DS0013	马锦瑞	男	1975年5月18日	研究生	高级	北京市人民路	13108396528	82979517	
DS0014	钱佳宝	男	1964年12月2日	中专	高级	四川德阳	13298338821	91829812	

图4-2-31 员工档案信息表

**相关知识**

1. 插入单元格、行或列

(1)插入单元格。选中需要插入单元格的位置并右击,在弹出的菜单中选择"插入"命令,在弹出的对话框中设置插入单元格的选项。也可以单击"开始"选项卡"单元格"栏中的"插入"按钮,然后在下拉菜单中选择"插入单元格"命令进行操作。各选项的效果如下。

① 活动单元格右移:插入的空单元格出现在选定单元格的左边。

② 活动单元格下移:插入的空单元格出现在选定单元格的上方。

③ 整行:在选定的单元格上面插入一个空行。若选定的是单元格区域,则在选定的单元格区域上方插入与选定单元格区域具有相同行数的空行。

④ 整列:在选定的单元格左侧插入一个空列。若选定的是单元格区域,则在选定的单元格区域左侧插入与选定单元格区域具有相同列数的空列。

（2）插入行（列）。右击某行（列）号，在其快捷菜单中选择"插入"命令即可。

2. 行高与列宽的调整

（1）行高的调整

在默认的情况下，工作表任意一行的所有单元格高度总是相等的，所以要调整某一个单元格的高度。调整方法有两种。

① 使用鼠标拖动调整。将鼠标光标移动到需要调整的行的下边线上，当鼠标光标改变形状时上下拖动边框线，此时出现一条黑色的虚线跟随拖动的鼠标移动，表示调整后行的边界，系统会同时提示行高值。

② 如果要精确调整行高，可以在"行高"对话框中设置。首先选中需要调整高度的所有行，然后在"行高"对话框中输入行高的具体数值。

（2）列宽的调整

在工作表中列和行有所不同，工作表默认单元格的宽度为固定值，并不会根据数据的增长而自动调整列宽。但输入单元格的数据超出单元格宽度时，如果输入的是数值型数据，则会显示为一串"#"；如果输入的是字符型数据，单元格右侧相邻的单元格为空时则会利用其空间显示，否则在单元格中只显示当前宽度能容纳的字符。

① 用户可以使用鼠标快速调整列宽，把鼠标移动到需要调整的列的右边框线上，当鼠标改变形状时左右拖动即可调整宽度。

② 如果要精确调整列宽，可以在"列宽"对话框中输入行高的具体数值来精确调整。

 任务实施

（1）选择列宽

① 按住 Ctrl 键不放，依次在 A、B、C、E、F 列上单击，选择所有要调整列宽的列，如图 4-2-32 所示。

	A	B	C	D	E	F	G	H	I
1					员工档案信息表				
2	编号	姓名	性别	出生年月	学历	职称	联系地址	联系电话	QQ号码
3	DS0001	王世佳	男	########	大学	初级	成都郫县	13881247183	32320392
4	DS0002	宫亚男	女	########	专科	中级	北京市大兴路	15983978118	98392332
5	DS0003	何慧	女	########	研究生	中级	重庆解放路	15382057990	37293792
6	DS0004	衡佳宝	男	########	中专	高级	四川剑阁	18089998525	1300283
7	DS0005	兰澜	女	########	大学	高级	天津塘沽	02824567311	2938298
8	DS0006	李焕林	男	########	专科	高级	四川剑阁	13415224765	4878342
9	DS0007	李佳玲	女	########	研究生	中级	重庆解放路	15983972270	84782831
10	DS0008	李江	男	########	大学	中级	陕西西安	13183857396	29389283
11	DS0009	刘卫权	男	########	专科	高级	北京市大兴路	13883519116	58523923
12	DS0010	刘禹滨	男	########	中专	中级	甘肃陇南	13284009167	11209844
13	DS0011	刘红梅	女	########	大学	高级	北京市大兴路	1.83E+10	19289815
14	DS0012	卢彦鹏	男	########	研究生	高级	四川成都	15951406043	91829180
15	DS0013	马锦瑞	男	########	研究生	高级	北京市大兴路	13108396528	82979517
16	DS0014	钱佳宝	男	########	中专	高级	四川德阳	13298338871	91829812
17									

图 4-2-32　选择要调整列宽的列

② 在选中的任一列标题处右击，在弹出的快捷菜单中选择"列宽"命令，如图 4-2-33 所示。

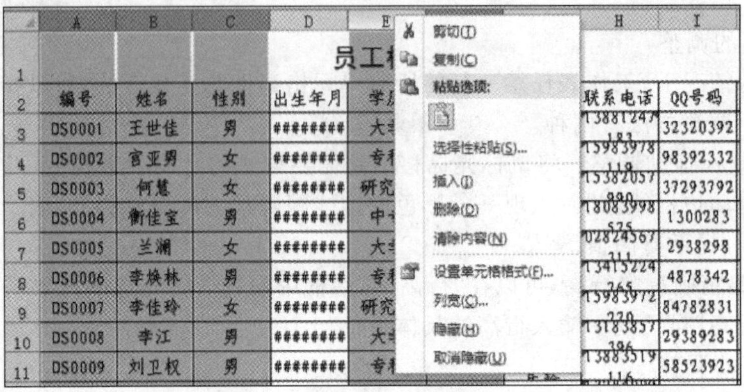

图 4-2-33　快捷菜单

③ 在弹出的"列宽"对话框中输入列宽值 10，并单击"确定"按钮，即可完成设置。用同样的方法将其他列的列宽设置为 14，如图 4-2-34 所示。

（2）设置行高

① 选中所有要调整的行，在任一选中行的行号处右击，在弹出的快捷菜单中选择"行高"命令，即可设置行高，如图 4-2-35 所示。

图 4-2-34　"列宽"对话框

② 在"行高"对话框的"行高"文本框中输入 16，单击"确定"按钮完成行高的设置，如图 4-2-36 所示。因标题文字字号较大，为突出标题，可将标题行的行高调整为 34。

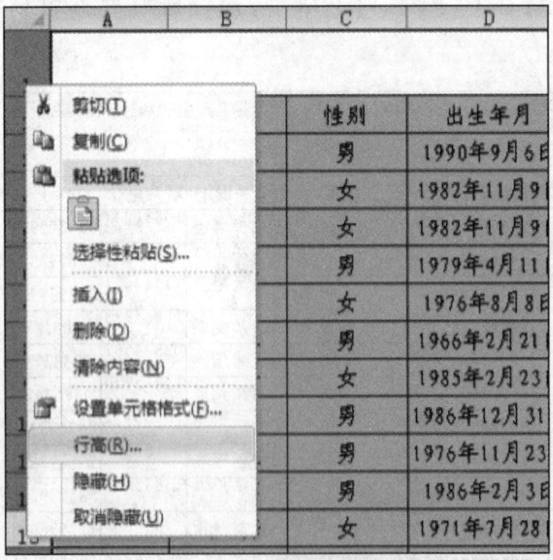

图 4-2-35　设置行高

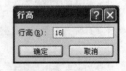

图 4-2-36　输入行高

（3）插入"备注"列

① 因插入列在选中列的前面，所以需在 I 列后面插入"备注"列，需选中 J 列，如图 4-2-37 所示。

员工档案信息表									
编号	姓名	性别	出生年月	学历	职称	联系地址	联系电话	QQ号码	
DS0001	王世佳	男	1990年9月6日	大学	初级	成都郫县	13881247183	32320392	
DS0002	官亚男	女	1982年11月9日	专科	中级	北京市人民路	15983978119	98392332	
DS0003	何慧	女	1982年11月9日	研究生	中级	重庆解放路	15382057990	37293792	
DS0004	衡佳宝	男	1979年4月11日	中专	高级	四川剑阁	18083998575	1300283	
DS0005	兰澜	女	1976年8月8日	大学	高级	天津塘沽	02824567311	2938298	
DS0006	李焕林	男	1966年2月21日	专科	高级	四川剑阁	13415224765	4878342	
DS0007	李佳玲	女	1985年2月23日	研究生	中级	重庆解放路	15983972270	84782831	
DS0008	李江	男	1986年12月31日	大学	中级	陕西西安	13183857396	29389283	
DS0009	刘卫权	男	1976年11月23日	专科	高级	北京市人民路	13883519116	58523923	
DS0010	刘禹滨	男	1986年2月3日	中专	中级	甘肃陇南	13284009167	11209844	
DS0011	刘红梅	女	1971年7月28日	大学	高级	北京市人民路	18333943695	19289815	
DS0012	卢彦鹏	男	1976年5月6日	研究生	高级	四川成都	15951406043	91829180	
DS0013	马锦瑞	男	1975年5月18日	研究生	高级	北京市人民路	13108396528	82979517	
DS0014	钱佳宝	男	1964年12月2日	中专	高级	四川德阳	13298338821	91829812	

图 4-2-37 选中 J 列

② 在选中列的任意位置右击,在弹出的快捷菜单中单击"插入"命令,即可完成列的插入,如图 4-2-38 所示。

图 4-2-38 插入列

③ 输入列标题"备注"。再将"员工档案信息表"一行进行重新合并操作,将 J 列合并进去,并对边框进行重新设置,如图 4-2-39 所示。

员工档案信息表									
编号	姓名	性别	出生年月	学历	职称	联系地址	联系电话	QQ号码	备注
DS0001	王世佳	男	1990年9月6日	大学	初级	成都郫县	13881247183	32320392	
DS0002	官亚男	女	1982年11月9日	专科	中级	北京市人民路	15983978119	98392332	
DS0003	何慧	女	1982年11月9日	研究生	中级	重庆解放路	15382057990	37293792	
DS0004	衡佳宝	男	1979年4月11日	中专	高级	四川剑阁	18083998575	1300283	
DS0005	兰澜	女	1976年8月8日	大学	高级	天津塘沽	02824567311	2938298	
DS0006	李焕林	男	1966年2月21日	专科	高级	四川剑阁	13415224765	4878342	
DS0007	李佳玲	女	1985年2月23日	研究生	中级	重庆解放路	15983972270	84782831	
DS0008	李江	男	1986年12月31日	大学	中级	陕西西安	13183857396	29389283	
DS0009	刘卫权	男	1976年11月23日	专科	高级	北京市人民路	13883519116	58523923	
DS0010	刘禹滨	男	1986年2月3日	中专	中级	甘肃陇南	13284009167	11209844	
DS0011	刘红梅	女	1971年7月28日	大学	高级	北京市人民路	18333943695	19289815	
DS0012	卢彦鹏	男	1976年5月6日	研究生	高级	四川成都	15951406043	91829180	
DS0013	马锦瑞	男	1975年5月18日	研究生	高级	北京市人民路	13108396528	82979517	
DS0014	钱佳宝	男	1964年12月2日	中专	高级	四川德阳	13298338821	91829812	

图 4-2-39 修订标题及边框

④ 保存文件并退出。

 知识拓展

1. 自动调整行高、列宽

为快速使行高及列宽自动调整为最合适的距离,可以使用如下步骤完成:首先选中所有列(行),再将光标放置在任意选中的两列(行)之间,当光标改变形状时,双击鼠标左键即可完成自动调整。

2. 删除单元格、行或列

(1) 删除单元格。选中需要删除的单元格或单元格区域,在"开始"选项卡的"单元格"组中选择"删除"下拉按钮,在其下拉菜单中选择"删除单元格"命令,在弹出的对话框中设置删除单元格的选项。也可以右击需要删除的单元格、行或列,在弹出菜单中选择"删除"命令,再在弹出的"删除"对话框中操作。

① 右侧单元格左移:删除选定单元格或单元格区域,其右侧单元格或单元格区域填充到该位置。

② 下方单元格上移:删除选定单元格或单元格区域,其下方单元格或单元格区域填充到该位置。

③ 整行:删除选定单元格或单元格区域所在行。

④ 整列:删除选定单元格或单元格区域所在列。

(2) 删除行。右击某个行号,在其快捷菜单中选择"删除"命令即可。

(3) 删除列。右击某个列号,在其快捷菜单中选择"删除"命令即可。

3. 清除单元格格式

选中单元格或单元格区域,在"开始"选项卡的"编辑"组中单击"清除"下拉按钮,选择相应的命令,可以清除单元格中的内容、格式和批注等,如图 4-2-40 所示。

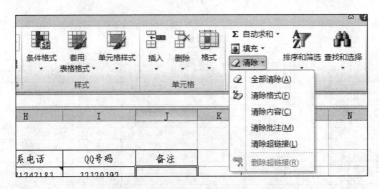

图 4-2-40　清除单元格格式

1. 设置条件格式

Excel 提供了条件格式功能，可以满足用户将某些满足条件的单元格以指定的样式进行显示。设置条件格式后，系统会在选定的区域中搜索符合条件的单元格，并将设定的格式应用到符合条件的单元格上，如图 4-2-41 所示。

操作步骤如下：

（1）选择要设置条件格式的单元格区域。

（2）在"样式"组中选择条件格式来设置。

图 4-2-41　设置条件格式

（3）设置条件格式及样式。如对 1977 年 10 月 19 日以后出生的员工，以浅红填充色深红色文本突出显示，如图 4-2-42 所示。

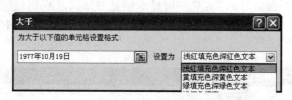

图 4-2-42　设置条件样式

（4）完成设置以后，可以看到凡符合条件的信息将以设定的样式进行突出显示，如图 4-2-43 所示。

（5）Excel 2010 还提供了一些快速设置条件格式的方法，例如"条件格式"下拉菜单中的"项目选取规则"中的"值最大的 10 项"命令，如图 4-2-44 所示。在打开的"10 个最大的项"对话框中，设置为 5，表示让 Excel 自动筛选出数据区域最大的 5 项来设置格式，给最大

员工档案信息表									
编号	姓名	性别	出生年月	学历	职称	联系地址	联系电话	QQ号码	备注
DS0001	王世佳	男	1990年9月6日	大学	初级	成都郫县	13881247183	32320392	
DS0002	宫亚男	女	1982年11月9日	专科	中级	北京市人民路	15983978119	98392332	
DS0003	何慧	女	1982年11月9日	研究生	中级	重庆解放路	15382057990	37293792	
DS0004	衡佳宝	男	1979年4月11日	中专	高级	四川剑阁	18083998575	1300283	
DS0005	兰澜	女	1976年8月8日	大学	高级	天津塘沽	02824567311	2938298	
DS0006	李焕林	男	1966年2月21日	专科	高级	四川剑阁	13415224765	4878342	
DS0007	李佳玲	女	1985年2月23日	研究生	中级	重庆解放路	15983972270	84782831	
DS0008	李江	男	1986年12月31日	大学	中级	陕西西安	13183857396	29389283	
DS0009	刘卫权	男	1976年11月23日	专科	高级	北京市人民路	13883519116	58523923	
DS0010	刘禹滨	男	1986年2月3日	中专	中级	甘肃陇南	13284009167	11209844	
DS0011	刘红梅	女	1971年7月28日	大学	高级	北京市人民路	18333943695	19289815	
DS0012	卢彦鹏	男	1976年5月6日	研究生	高级	四川成都	15951406043	91829180	
DS0013	马锦瑞	男	1975年5月18日	研究生	高级	北京市人民路	13108396528	82979517	
DS0014	钱佳宝	男	1964年12月2日	中专	高级	四川德阳	13298338821	91829812	

图 4-2-43　设定样式

的这 5 项数据加上"红色边框"。

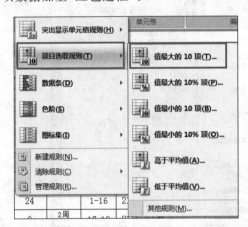
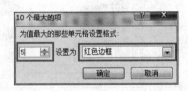

图 4-2-44　快速设置条件格式

除此之外,"条件格式"下拉菜单中还有"数据条""色阶""图标集"等选项,可以自动给数据区加上不同颜色的底纹或图标,以突出显示数据。

(6)用户还可以根据实际需要,对突出显示信息的格式及规则进行设置。如要取消,则可以在快捷菜单中选择"管理规则",并在打开的"条件格式规则管理器"对话框中删除规则,如图 4-2-45 所示。

图 4-2-45　"条件格式规则管理器"对话框

2. 自动套用格式

Excel 2010 的套用表格格式功能可以根据预设的格式,将我们制作的报表格式化,以便产生美观的报表。从而提高工作效率,同时使表格符合数据库表单的要求。操作步骤如下:

(1) 把鼠标光标定位在数据区域中的任何一个单元格,在"开始"功能区的"样式"组中单击"套用表格格式",并选择一种需要的样式,如图 4-2-46 所示。

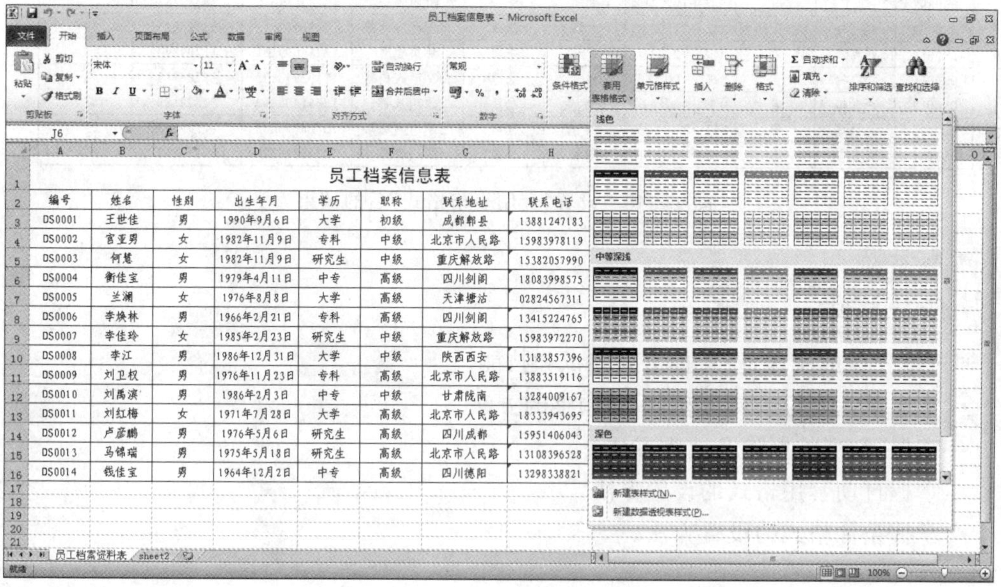

图 4-2-46　"套用表格格式"选项

(2) 接着弹出"创建表"对话框,选择"表数据的来源"并选中"表包含标题"选项,然后单击"确定"按钮,如图 4-2-47 所示。

员工档案信息表									
编号	姓名	性别	出生年月	学历	职称	联系地址	联系电话	QQ号码	备注
DS0001	王世佳	男	1990年9月6日	大学	初级	成都郫县			
DS0002	宫亚男	女	1982年11月9日	专科	中级	北京市人民			
DS0003	何慧	女	1982年11月9日	研究生	中级	重庆解放路			
DS0004	衡佳宝	男	1979年4月11日	中专	高级	四川剑阁			
DS0005	兰澜	女	1976年8月8日	大学	高级	天津塘沽			
DS0006	李焕林	男	1966年2月21日	专科	高级	四川剑阁			
DS0007	李佳玲	女	1985年2月23日	研究生	中级	重庆解放路	15983972270	84782831	
DS0008	李江	男	1986年12月31日	大学	中级	陕西西安	13183857396	29389283	
DS0009	刘卫权	男	1976年11月23日	专科	高级	北京市人民路	13883519116	58523923	
DS0010	刘禹滨	男	1986年2月3日	中专	中级	甘肃陇南	13284009167	11209844	
DS0011	刘红梅	女	1971年7月28日	大学	高级	北京市人民路	18333943695	19289815	
DS0012	卢彦鹏	男	1976年5月6日	研究生	高级	四川成都	15951406043	91829180	
DS0013	马锦瑞	男	1975年5月18日	研究生	高级	北京市人民路	13108396528	82979517	
DS0014	钱佳宝	男	1964年12月2日	中专	高级	四川德阳	13298338821	91829812	

图 4-2-47　"创建表"对话框

(3) 一般情况下,Excel 2010 会自动选中表格范围。用户还可以在弹出对话框后对区域进行重新选择或调整。设置"套用表格格式"后的效果如图 4-2-48 所示。

员工档案信息表

编号	姓名	性别	出生年月	学历	职称	联系地址	联系电话	QQ号码	备注
DS0001	王世佳	男	1990年9月6日	大学	初级	成都郫县	13881247183	32320392	
DS0002	宫亚男	女	1982年11月9日	专科	中级	北京市人民路	15983978119	98392332	
DS0003	何慧	女	1982年11月9日	研究生	中级	重庆解放路	15382057990	37293792	
DS0004	衡佳宝	男	1979年4月11日	中专	高级	四川剑阁	18083998575	1300283	
DS0005	兰澜	女	1976年8月8日	大学	高级	天津塘沽	02824567311	2938298	
DS0006	李焕林	男	1966年2月21日	专科	高级	四川剑阁	13415224765	4878342	
DS0007	李佳玲	女	1985年2月23日	研究生	中级	重庆解放路	15983972270	84782831	
DS0008	李江	男	1986年12月31日	大学	中级	陕西西安	13183857396	29389283	
DS0009	刘卫权	男	1976年11月23日	专科	高级	北京市人民路	13883519116	58523923	
DS0010	刘禹滨	男	1986年2月3日	中专	中级	甘肃陇南	13284009167	11209844	
DS0011	刘红梅	女	1971年7月28日	大学	高级	北京市人民路	18333943695	19289815	
DS0012	卢彦鹏	男	1976年5月6日	研究生	高级	四川成都	15951406043	91829180	
DS0013	马锦瑞	男	1975年5月18日	研究生	高级	北京市人民路	13108396528	82979517	
DS0014	钱佳宝	男	1964年12月2日	中专	高级	四川德阳	13298338821	91829812	

图 4-2-48　设置"套用表格格式"后的效果

任务总结

通过本任务的实施,应掌握下列知识和技能。

- 掌握单元格行或列自动、手动调整的方法。
- 掌握行、列的删除及插入方法。
- 掌握自动套用格式的设置方法。
- 掌握条件格式的设置方法。

任务 4.3　公式和函数

子任务 4.3.1　公式的使用

任务描述

利州市东升电器有限公司财务部对 2016 年 1 月份的工资情况进行了汇总,现要求小王对加班补贴及实发工资进行计算(公司加班工资为每天 100 元,实发工资＝基本工资＋加班补贴－扣款额),并对基本工资、实发工资等进行汇总。用户可以根据 Excel 2010 提供的公式功能,快速准确地完成工资表的计算,如图 4-3-1 所示。

利州市东升电器有限公司员工工资表

部门: 财务部				月份: 2016年1月		
工号	姓名	基本工资	加班天数	加班补贴	扣款额	实发工资
DS0001	王世佳	1800	5		53.5	
DS0002	宫亚男	1500	7		98.5	
DS0003	何慧	1500	4		95	
DS0004	衡佳宝	1600	4		120.5	
DS0005	兰澜	1650			168	

图 4-3-1　利州市东升电器有限公司员工工资表

相关知识

1. 单元格地址引用

在 Excel 中,单元格是操作的基本对象,熟悉单元格地址才能在公式和函数中进行引用。在实践中我们经常会用到如下三种地址。

（1）相对地址

格式：行号列号,如 B3。

使用相对地址时,若把含有单元格地址的公式复制到新位置,公式中的单元格地址将发生变化,保持引用单元格与目标单元格的位置关系。

例如,C3 单元格含有公式"＝B3＋100",若将 C3 复制到 C4,则 C4 中的公式变成"＝B4＋100"。

（2）绝对地址

格式：＄行号＄列号,如＄B＄3。美元符号可以通过输入或按 F4 键自动加入。

使用绝对地址时,若把含有单元格地址的公式复制到新位置,公式中的单元格地址将保持不变,仍引用原地址指向的单元格。

例如,C3 单元格含有公式"＝＄B＄3＋100",若将 C3 复制到 C4,则 C4 中的公式仍然是"＝＄B＄3＋100"。

（3）混合地址

格式：＄行号列号或行号＄列号,如"＄B3,B＄3"。

在现实生活中,经常会遇到需要固定某行或某列,就必须用到混合地址。

例如,C3 单元格含有公式"＝B3＊B＄2",若将 C3 复制到 D4,则 D4 中的公式仍然是"＝C4＊C＄2"。

2. 公式格式

公式是对数据执行运算的等式,一般包含函数、引用、运算符和常量。在 Excel 中,公式就是一个以"＝"开头的运算表达式,由运算对象和运算符按照一定的规则连接起来。运算对象可以是常量,即直接表示出来的数字、文本和逻辑值,如 123 是数字常量,"护士"为文本常量,TRUE 和 FALSE 是逻辑值真和假;可以是单元格引用,如 A1、B＄3 等;还可以是公式或函数,如(A1＋B1)和 SUM(A1:B3)等。Excel 常用运算符如表 4-3-1 所示。

表 4-3-1　Excel 常用运算符

类　型	符　号	举　例
算术运算	加(＋)、减(－)、乘(＊)、除(/)、百分号(%)、乘幂(^)	B3＋5(将 B3 中的数据加 5)
比较运算	等于(＝)、不等于(＜＞)、大于(＞)、大于等于(＞＝)、小于(＜)、小于等于(＜＝)共 6 个	B3＞5(若 B3 数据大于 5 返回 TRUE,否则返回 FALSE)
文本连接运算	&	B3&C3(将 B3 和 C3 单元格中字符合并)
逻辑运算	与(AND)、或(OR)、非(NOT)	AND(3＞2,4)、OR(3＞4,2＝1)、NOT(TRUE)

3. 公式输入

输入公式时,必须以"="开始,如=A1+B1用Enter键确认结束,由系统计算出结果并显示在公式所在单元格中,编辑栏中可以查看公式的内容。修改公式时,双击单元格进入编辑状态,或单击单元格在编辑栏进行修改。

4. 公式复制

在Excel中常常会使用相同的公式,这时我们可以复制公式。首先选择公式所在单元格,先复制(Ctrl+C),然后粘贴(Ctrl+V)到目标单元格中。目标单元格中得到的公式与被复制的公式算法相同,公式中被引用的单元格由其地址决定。

在Excel中有个特殊的填充柄,能迅速地复制公式,在连续的单元格间不断地进行复制计算,起到事半功倍的效果。在前面输入数据中已做介绍,这里就不再赘述,大家可以在实践中去体会复制公式的作用。

 任务实施

(1) 在"E:\公司资料"目录下打开"2016年1月份员工工资表.xlsx"。

(2) 计算加班工资。选定单元格E4,在公式输入栏输入"=D4∗100",按Enter键确认,即可计算机出DS0001号员工的加班补贴。需特别注意的是,"="一定要输入,否则输入的公式无效。在输入公式时,也可用单击加班天数D4,再输入"∗100"(引号不输入),如图4-3-2所示。

| SUM | ▾ ✕ ✓ fx | =D4*100 |

	A	B	C	D	E	F	G
1	利州市东升电器有限公司员工工资表						
2	部门: 财务部				月份: 2016年1月		
3	工号	姓名	基本工资	加班天数	加班补贴	扣款额	实发工资
4	DS0001	王世佳	1800	5	=D4*100	53.5	
5	DS0002	宫亚男	1500	7		98.5	
6	DS0003	何慧	1500	4		95	
7	DS0004	衡佳宝	1600	4		120.5	
8	DS0005	兰澜	1650	5		159	
9	DS0006	李焕林	1700	7		45.9	
10	DS0007	李佳玲	1800	5		54.5	
11	DS0008	李江	2200	2		45.7	
12	DS0009	刘卫权	2000	4		124	

图 4-3-2　计算加班工资

(3) 使用填充功能计算出其他员工的加班补贴。选中E4单元格,将光标置于单元格右下角,当光标变成黑色"+"字箭头时,向下拖动光标至最后一名员工(E17单元格),放开鼠标左键即可完成所有员工加班工资的计算,如图4-3-3所示。

	A	B	C	D	E	F	G
1	利州市东升电器有限公司员工工资表						
2	部门：财务部				月份：2016年1月		
3	工号	姓名	基本工资	加班天数	加班补贴	扣款额	实发工资
4	DS0001	王世佳	1800	5	500	53.5	
5	DS0002	宫亚男	1500	7	700	98.5	
6	DS0003	何慧	1500	4	400	95	
7	DS0004	衡佳宝	1600	4	400	120.5	
8	DS0005	兰澜	1650	5	500	159	
9	DS0006	李焕林	1700	7	700	45.9	
10	DS0007	李佳玲	1800	5	500	54.5	
11	DS0008	李江	2200	2	200	45.7	
12	DS0009	刘卫权	2000	4	400	124	
13	DS0010	刘禹滨	1900	6	600	115	
14	DS0011	刘红梅	1550	4	400	75	
15	DS0012	卢彦鹏	1850	3	300	86.5	
16	DS0013	马锦瑞	1740	5	500	59.4	
17	DS0014	钱佳宝	1500	7	700	58	

图 4-3-3 使用填充功能计算出其他员工的加班补贴

（4）计算实发工资。选中 F4 单元格，在公式输入栏输入"＝C4＋E4－F4"（实发工资＝基本工资＋加班补贴－扣款额），按 Enter 键确认，如图 4-3-4 所示。

SUM	▼ × ✓ f_x	=C4+E4-F4					
	A	B	C	D	E	F	G
1	利州市东升电器有限公司员工工资表						
2	部门：财务部				月份：2016年1月		
3	工号	姓名	基本工资	加班天数	加班补贴	扣款额	实发工资
4	DS0001	王世佳	1800	5	500	53.5	=C4+E4-F4
5	DS0002	宫亚男	1500	7	700	98.5	
6	DS0003	何慧	1500	4	400	95	
7	DS0004	衡佳宝	1600	4	400	120.5	
8	DS0005	兰澜	1650	5	500	159	
9	DS0006	李焕林	1700	7	700	45.9	
10	DS0007	李佳玲	1800	5	500	54.5	

图 4-3-4 计算实发工资

（5）使用句柄填充，完成其他员工的实发工资计算。完成后的工资表如图 4-3-5 所示。

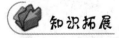 知识拓展

下面介绍相对引用与绝对引用。

下面通过实例说明相对引用地址与绝对参照地址的使用方式（见图 4-3-6）。先选取 D2 单元格，在其中输入公式"＝B2＋C2"并计算出结果，根据前面的说明，这是相对引用地址。下面要在 D3 单元格输入绝对参照地址的公式"＝＄B＄3＋＄C＄2"。

选取 D3 单元格，然后在数据编辑列中输入"＝B3"。

利州市东升电器有限公司员工工资表

部门：__财务部__ 月份：__2016年1月__

工号	姓名	基本工资	加班天数	加班补贴	扣款额	实发工资
DS0001	王世佳	1800	5	500	53.5	2246.5
DS0002	宫亚男	1500	7	700	98.5	2101.5
DS0003	何慧	1500	4	400	95	1805
DS0004	衡佳宝	1600	4	400	120.5	1879.5
DS0005	兰澜	1650	5	500	159	1991
DS0006	李焕林	1700	7	700	45.9	2354.1
DS0007	李佳玲	1800	5	500	54.5	2245.5
DS0008	李江	2200	2	200	45.7	2354.3
DS0009	刘卫权	2000	4	400	124	2276
DS0010	刘禹滨	1900	6	600	115	2385
DS0011	刘红梅	1550	4	400	75	1875
DS0012	卢彦鹏	1850	3	300	86.5	2063.5
DS0013	马锦瑞	1740	4	500	59.4	2180.6
DS0014	钱佳宝	1500	7	700	58	2142

图 4-3-5 句柄填充

	A	B	C	D	E
1		11月	12月	总销量	
2	福特房车	1215	965	2180	
3	福特房车	1215	965	=B3	

图 4-3-6 相对引用

按下 F4 键,B3 会切换成＄B＄3 的绝对参照地址(见图 4-3-7)。

也可以直接在总销量编辑列中输入"＝＄B＄3"。

SUM		X ✓ fx	=$B$3		
	A	B	C	D	E
1		11月	12月	总销量	
2	福特房车	1215	965	2180	
3	福特房车	1215	965	=$B$3	

图 4-3-7 绝对引用

按 F4 键可进行相对参照与绝对参照地址的切换。每按一次 F4 键,参照地址的类型就会改变,其切换结果如图 4-3-8 所示。

按F4键	存储格	参照地址B3
第1次	$B$3	绝对参照
第2次	B$3	只有行编号是绝对地址
第3次	$B3	只有列编号是绝对地址
第4次	B6	还原为相对参照

图 4-3-8 切换参照地址的类型

技能拓展

下面介绍自动求和计算。

在"开始"选项卡的"编辑"组中有一个自动加按钮 ，可让我们快速输入函数。例如，当前选择了 B8 单元格，当按下 按钮时，便会自动插入 SUM 函数，且连自变量都自动设定好了，如图 4-3-9 所示。

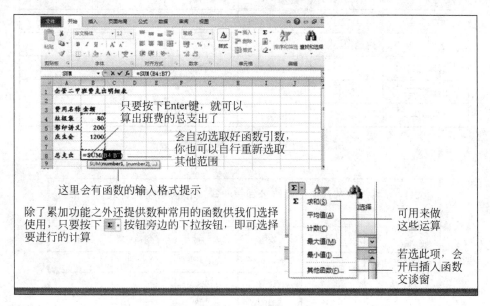

图 4-3-9　自动求和计算

任务总结

通过本任务的实施，应掌握下列知识和技能。

- 熟悉单元格地址的引用方法。
- 掌握公式的格式。
- 掌握公式的插入、复制等操作。
- 掌握自动求和的操作。

子任务 4.3.2　函数的使用

任务描述

为掌握公司的销售业绩，以便制定下一季度的工作目标，销售部对第一季度的销售情况进行了统计，现要求小王对产品的平均销售额及第一季度销售总额进行汇总（见图 4-3-10 和图 4-3-11）。此任务主要通过 Excel 中的函数功能来完成。

利州市东升电器有限公司2016年1月份销售业绩统计表

单位：元

店 名 ＼ 月 份	1月	2月	3月	月平均销售额	小计
新安路旗舰店	63230	53230	40481		
慧东店	35314	21837	17466		
元山分店	47200	58723	31308		
老城一店	21090	23134	39920		
老城二店	18970	29392	14790		
滨江路店	39804	51212	32030		
嘉兴店	39922	32098	58390		

图 4-3-10   1 月份销售业绩统计表

利州市东升电器有限公司第一季度销售业绩统计表

单位：元

店 名 ＼ 月 份	1月	2月	3月	月平均销售额	小计
新安路旗舰店	63230	53230	40481		
慧东店	35314	21837	17466		
元山分店	47200	58723	31308		
老城一店	21090	23134	39920		
老城二店	18970	29392	14790		
滨江路店	39804	51212	32030		
嘉兴店	39922	32098	58390		

图 4-3-11   第一季度销售业绩统计表

相关知识

1. 函数的概念

函数的实质是预定义的内置公式，可以执行常见或复杂的运算，是 Excel 中强大计算功能的重要表现。函数处理数据的方式与直接创建的公式处理数据的方式是相同的。比如，使用公式"＝C1＋C2＋C3"与使用函数的公式"＝SUM(C1：C3)"的作用一样。使用函数往往能在应用中起到事半功倍的效果，可以减少输入的工作量，减少输入时出错的概率。

Excel 2010 内置了财务、日期与时间、数学与三角函数、统计、查找与引用、数据库、文本、逻辑、信息、工程、多维数据集、兼容性共十二大类的函数。

函数的基本格式是：

函数名(参数 1,参数 2,...)

2. 函数的输入

在 Excel 2010 中输入函数的方法，比较常用的以下三种。

（1）手工直接输入

对于单变量函数或简单函数，可以采用手动输入的方法。其步骤如下：

① 选定需要输入函数的单元格，并输入一个"＝"。

② 按函数格式输入，需要引用时可以使用鼠标在工作表中进行单元格或区域选定，也可以直接输入，完成后按 Enter 键确认即可。

（2）通过"公式"选项卡的"函数库"组输入

在"公式"选项卡的"函数库"组中分类显示了多种函数，如用户对函数有了一定的了解，可直接选择相应的函数，如图 4-3-12 所示。

图 4-3-12 "函数库"组

（3）通过"插入函数"向导输入函数

当用户对函数不太熟悉时，可以使用"插入函数"向导输入函数，根据向导提示可完成各种选择和设置。选择"公式"选项卡中的"插入函数"按钮，即可调出"插入函数"对话框，如图 4-3-13 所示。

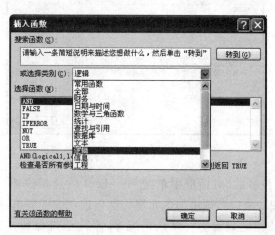

图 4-3-13 "插入函数"对话框

在该对话框中，用户可以用"搜索"功能找到对应的函数，也可在"或选择类别"下拉列表框中选择函数的类别，并选择对应的函数插入单元格中。

任务实施

（1）打开"E:\公司资料"目录下的"第一季度销售情况统计表.xlsx"。

（2）计算各分店每月平均销售额。选中 E4 单元格，然后单击"公式"选项卡中的"插入函数"按钮，也可单击公式输入栏的"fx 插入函数"按钮，如图 4-3-14 所示。

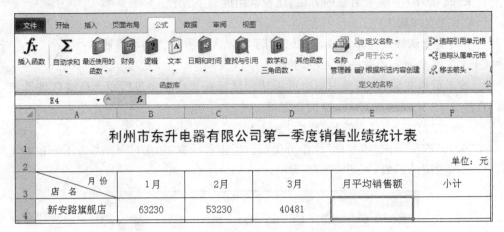

图 4-3-14　单击"插入函数"按钮

（3）在弹出的"插入函数"对话框中选择求平均值函数 AVERAGE，然后单击"确定"按钮，如图 4-3-15 所示。

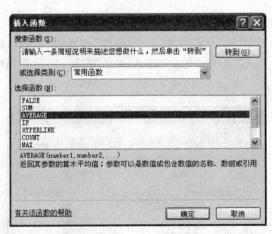

图 4-3-15　求平均值函数

（4）在弹出的"函数参数"对话框中单击 Number1 的选择按钮"图"，选定要计算的单元格（见图 4-3-16 和图 4-3-17），选中的单元格将会出现在虚线框内，按下 Enter 键确认。

（5）单击"确定"按钮完成计算。默认情况下，平均值将保留 4 位小数，为避免数据过长，可以使用"设置单元格格式"对话框减少小数点位数，本例中的数据设置为保留 2 位小数，如图 4-3-18 和图 4-3-19 所示。

（6）使用填充柄功能完成其他分店的数据计算，如图 4-3-20 所示。

函数参数
AVERAGE
Number1 B4:D4 = {63230,53230,40481}
Number2 = 数值
= 52313.66667
返回其参数的算术平均值；参数可以是数值或包含数值的名称、数组或引用
Number1: number1,number2,... 是用于计算平均值的 1 到 255 个数值参数
计算结果 = 52313.66667
有关该函数的帮助(H)
确定
取消

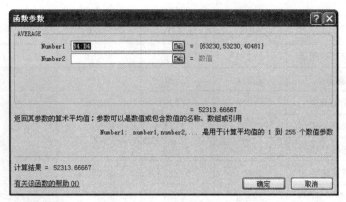

图 4-3-16　“函数参数”对话框

月份
店名
1月
2月
3月
月平均销售额
小计
新安路旗舰店 63230 53230 40481
慧东店 35314 21837 17466
元山分店
老城一店
老城二店 18970 29392 14790
滨江路店 39804 51212 32030
嘉兴店 39922 32098 58390
函数参数
B4:D4
=AVERAGE(B4:D4)

图 4-3-17　选择要计算的单元格

月份
店名
1月
2月
3月
月平均销售额
新安路旗舰店 63230 53230 40481 52313.66667

图 4-3-18　设置小数位数

设置单元格格式
数字
对齐
字体
边框
填充
保护
分类(C):
常规
数值
货币
会计专用
日期
时间
百分比
分数
科学记数
文本
特殊
自定义
示例
52313.67
小数位数(D): 2
使用千位分隔符(,)(U)
负数(N):
(1234.10)
(1234.10)
1234.10
-1234.10
-1234.10
数值格式用于一般数字的表示。货币和会计格式则提供货币值计算的专用格式。
确定
取消

图 4-3-19　设置小数位数值为 2

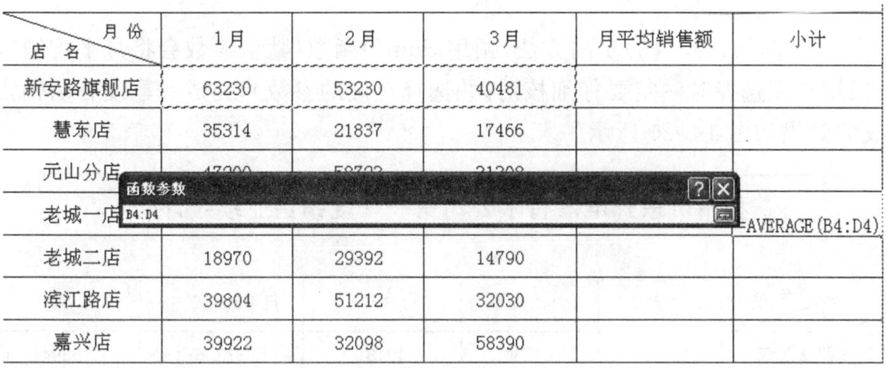

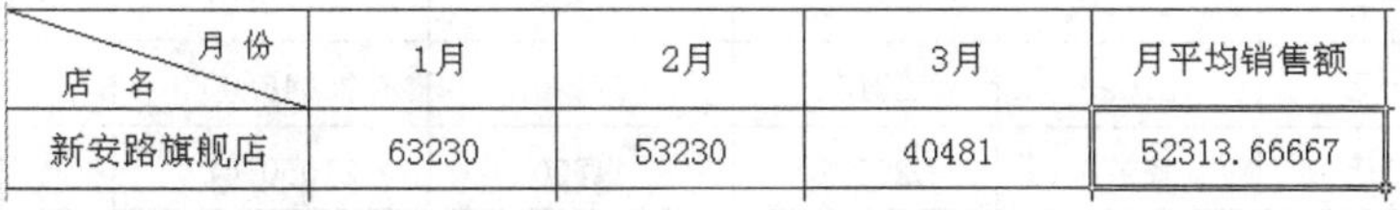

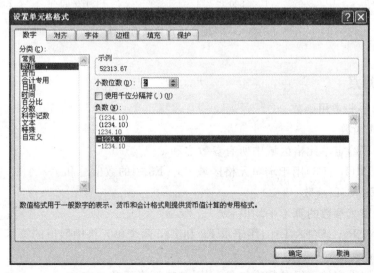

月 份 店 名	1月	2月	3月	月平均销售额
新安路旗舰店	63230	53230	40481	52313.67
慧东店	35314	21837	17466	24872.33
元山分店	47200	58723	31308	45743.67
老城一店	21090	23134	39920	28048.00
老城二店	18970	29392	14790	21050.67
滨江路店	39804	51212	32030	41015.33
嘉兴店	39922	32098	58390	43470.00

图 4-3-20　使用填充柄

(7) 按照前面第(1)~(6)步的方法,调用 Sum()函数(默认参数会将月平均销售额计算在内,所以用户在选择时一定要仔细核对,并选择正确的参数),完成一季度各店销售额的计算。完成的效果如图 4-3-21 所示。

利州市东升电器有限公司第一季度销售业绩统计表

单位:元

月 份 店 名	1月	2月	3月	月平均销售额	小计
新安路旗舰店	63230	53230	40481	52313.67	156941
慧东店	35314	21837	17466	24872.33	74617
元山分店	47200	58723	31308	45743.67	137231
老城一店	21090	23134	39920	28048.00	84144
老城二店	18970	29392	14790	21050.67	63152
滨江路店	39804	51212	32030	41015.33	123046
嘉兴店	39922	32098	58390	43470.00	130410

图 4-3-21　一季度各店销售额的计算效果

知识拓展

下面介绍一些常用函数。

(1) SUM 函数

功能:计算给定单元格区域中所有参数之和。

举例:SUM(B3:E3)用于求单元格区域 B3~E3 中的数值总和。

(2) AVERAGE 函数

功能:返回其参数的算术平均值。

举例:AVERAGE(E8,E10)用于求 E8 和 E10 两个单元格中数值的算术平均值。

(3) MAX 函数

功能:返回设定的一组参数中的最大值,忽略逻辑值及文本。

举例：MAX(B3:E3,G3)用于求单元格区域 B3～E3,以及 G3 中数值的最大值。

（4）MIN 函数

功能：返回设定的一组参数中的最小值,忽略逻辑值及文本。

举例：MIN(B3:E3,G3)用于求单元格区域 B3～E3,以及 G3 中数值的最小值。

（5）COUNT 函数

功能：返回设定区域中包含数值型单元格的个数。

举例：COUNT(B4:F8)用于求单元格区域 B4～F8 中的数据项个数。

（6）IF 函数

功能：判断是否满足某个条件,如果满足则返回一个值,如果不满足则返回另一个值。

举例：IF(F4≥2000000,"高销量","低销量"),判断单元格 F4 中的值是否大于或等于 200 万,如果是则返回字符"高销量",否则返回字符"低销量"。

（7）RANK 函数

功能：返回某个数字在一列数字中相对于其他数值的大小排名。

举例：RANK(H5,H\$3:H\$15)用于求单元格 H5 内数值在 H3～H15 中的降序排名。

（8）ROUND 函数

功能：按指定的位数对数值进行四舍五入。

举例：ROUND(11.34,1)的返回值为 11.3,保留 1 位小数。

（9）ABS 函数

功能：求绝对值。

举例：ABS(−3)用于返回值为 3,ABS(A2)用于求 A2 单元格内数值的绝对值。

（10）SIN 函数、COS 函数

功能：SIN 函数求给定角度的正弦值,COS 函数求给定角度的余弦值。

举例：ROUND(SIN(15),2)的返回值为 0.65。

（11）TODAY 函数

功能：返回系统当前日期。

举例：TODAY()不需要参数,返回系统当前日期,如 2015-9-1。

（12）NOW 函数

功能：返回系统当前时间。

举例：NOW()不需要参数,返回系统当前时间,如 2015-9-1 10:48。

（13）DAYS360 函数

功能：按每年 360 天返回两个日期间相差的天数（每月 30 天）。

举例：DAYS360(DATE(1978,5,24),TODAY()),返回值是 10867。若再除以 360,得到的就是年龄,如 ROUND(DAYS360(DATE(1978,5,24),TODAY()),2)的返回值就是30.18。

（14）CONCATENATE 函数

功能：将多个文本字符串合并成一个。

举例：设定单元格内 A2 输入的是字符"北京",则 CONCATENATE("欢迎来",A2,"!")的返回值是："欢迎来北京!"

（15）LEFT 函数、RIGHT 函数

功能：求一个字符串从左边第一个字符开始的指定个数的字符（RIGHT 从右）。

举例：LEFT("四川省",2)的返回值是"四川"。

（16）COUNTIF 函数

功能：计算某个区域中满足给定条件的单元格数目。

举例：COUNTIF(B4:B8,"<80000")的返回值为单元格区域 B4~B8 中小于 80000 的单元格个数。

（17）SUMIF 函数

功能：对满足条件的单元格求和。

举例：SUMIF(B5:B8,"<80000",C5:C8)的返回值为 B5~B8 区域中小于 80000 的记录对应在 C5~C8 中的数值的和。

（18）VLOOKUP、HLOOKUP 函数

功能：根据给定需要搜索的值，在指定区域首列（HLOOKUP 函数为行）搜索，返回从找到值所在单元格向右的指定列数对应单元格的值，如未找到，则返回"♯N/A"。使用该函数前，需要先对当前和指定区域所在工作表按搜索值所在列排序。

举例：VLOOKUP(A2,Sheet1!$B$2:$F$100,3)用于返回 Sheet1 工作表中B2~F100 区域里，首列与当前工作表 A2 值相同的第 3 列的值。

技能拓展

下面介绍动态表头的制作方法。

公司每月要对销售业绩进行总结，要求制作"销售业绩汇总表"，要求表格标题日期自动更新，表头为斜线表头。为完成此项任务，需要学会斜线表头的绘制，以及 TODAY()、MONTH()、YEAR()等日期函数的使用。具体操作步骤如下：

（1）启动 Microsoft Excel 2010，制作完成一个空表。在标题和表格之间增加一行，分别输入"业务员："""统计日期："，如图 4-3-22 所示。

利州市东升电器有限公司2016年1月销售额统计表					
业务员：				统计日期：	
店 名 ＼ 周 次	一	二	三	四	小计
新安路旗舰店					
慧东店					
元山分店					
老城一店					
老城二店					
滨江路店					
嘉兴店					

图 4-3-22　销售额统计表

（2）输入时间函数。选中"统计日期："后的单元格 F2，在公式输入栏输入日期公式 today（），按 Enter 键确认后，即可完成日期的输入并能自动更新，如图 4-3-23 所示。

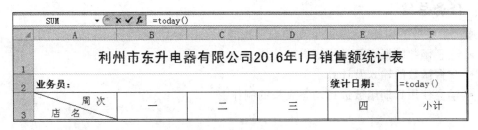

图 4-3-23　输入时间函数

（3）默认的日期格式为"××××-××-××"，用户可在设置单元格格式中将日期格式调整为"××××年××月××日"的形式，如图 4-3-24 所示。

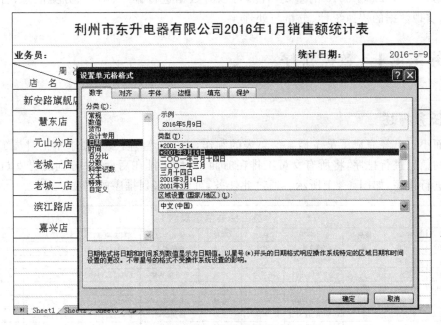

图 4-3-24　设置日期格式

（4）动态标题的制作。为使标题的时间可以动态更新，可以使用 YEAR、MONTH 函数进行设置。选中标题所在单元格后，在公式输入栏中输入公式""利州市东升电器有限公司"&YEAR(F2)&"年"&MONTH(F2)&"月"&"销售额统计表""即可完成（函数中用到文本需要用引号括起来，"&"符号表示合并内容），如图 4-3-25 所示。完成此步骤后，标题

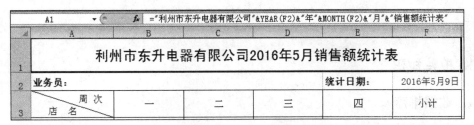

图 4-3-25　在公式输入栏输入公式

中的"2016 年 5 月"将随着 F2 中的日期动态更新。

任务总结

通过本任务的实施,应掌握下列知识和技能。

- 熟悉函数的概念及常用函数的使用方法。
- 掌握函数的输入及计算。
- 学会使用日期函数进行动态表头的制作。

任务 4.4　数据管理

数据处理是 Excel 2010 的重要功能,可以对数据进行排序、筛选、分类汇总、合并计算等操作,实现数据的快速统计、分析与处理。

子任务 4.4.1　数据排序

任务描述

前面小王已经完成了员工档案信息表的制作,为便于管理,公司要求小王对员工档案资料表中的信息进行排序,将所有女员工排在前面,男员工排在后面,并分别对男女员工按年龄大小进行排序,如图 4-4-1 所示。通过此任务,可掌握多列排序的方法。

员工档案信息表									
编号	姓名	性别	出生年月	学历	职称	联系地址	联系电话	QQ号码	备注
DS0001	王世佳	男	1990年9月6日	大学	初级	成都郫县	13881247183	32320392	
DS0002	官亚男	女	1982年11月9日	专科	中级	北京市人民路	15983978119	98392332	
DS0003	何慧	女	1982年11月9日	研究生	中级	重庆解放路	15382057990	37293792	
DS0004	衡佳宝	男	1979年4月11日	中专	高级	四川剑阁	18083998575	1300283	
DS0005	兰澜	女	1976年8月8日	大学	高级	天津塘沽	02824567311	2938298	
DS0006	李焕林	男	1966年2月21日	专科	高级	四川剑阁	13415224765	4878342	
DS0007	李佳玲	女	1985年2月23日	研究生	中级	重庆解放路	15983972270	84782831	
DS0008	李江	男	1986年12月31日	大学	中级	陕西西安	13183857396	29389283	
DS0009	刘卫权	男	1976年11月23日	专科	高级	北京市人民路	13883519116	58523923	
DS0010	刘禹滨	男	1986年2月3日	中专	中级	甘肃陇南	13284009167	11209844	
DS0011	刘红梅	女	1971年7月28日	大学	高级	北京市人民路	18333943695	19289815	
DS0012	卢彦鹏	男	1976年5月6日	研究生	高级	四川成都	15951406043	91829180	
DS0013	马锦瑞	男	1975年5月18日	研究生	高级	北京市人民路	13108396528	82979517	
DS0014	钱佳宝	男	1964年12月2日	中专	高级	四川德阳	13298338821	91829812	

图 4-4-1　员工档案信息表

相关知识

1. 数据排序

数据排序是指对数据清单中的数据按一定规则进行整理和排列。排序以记录为单位,即排序前后处于同一行的数据记录不会改变,改变的只是行的顺序。排序时,需要指定三个要素:关键字、排序依据、次序。

"关键字"是数据清单的字段名,也是表格的列标题,可以在"数据包含标题"的情况下直接进行选择,不包含标题的情况按列号排序;"排序依据"就是按该字段的属性,有"数值""单元格颜色""字体颜色""单元格图标",其中"数值"对数字、文本、日期和时间等类型的数据都有效;"次序"常用的有"升序""降序",甚至可以按"自定义序列"排序。

2. 按单列排序

按单列排序是指设置一个排序条件,进行数据的"升序"或"降序"排序。对数据进行排序时,主要利用"排序"工具按钮和"排序"对话框来进行排序。如果用户想快速地根据某一列的数据进行排序,则可使用"常用"工具栏中的"排序"按钮,如图 4-4-2 所示。

图 4-4-2 "排序"按钮

3. 按多列排序

利用"数据"选项卡中的"排序"选项进行排序虽然方便,但只能按某一列内容排序。如果要按两个或两个以上的字段的内容进行排序,就要使用"排序"对话框,可单击"排序"按钮打开它,如图 4-4-3 所示。

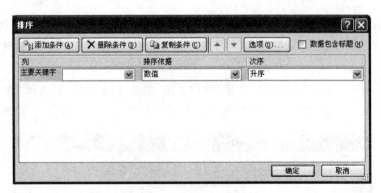

图 4-4-3 "排序"对话框

任务实施

(1) 打开"E:\公司资料"目录下的"员工档案信息表.xlsx"。

(2) 选定排序数据中的任一单元格(蓝底黑字区域内的任意位置),或对需要排序的内容进行全部选定,如图 4-4-4 所示。

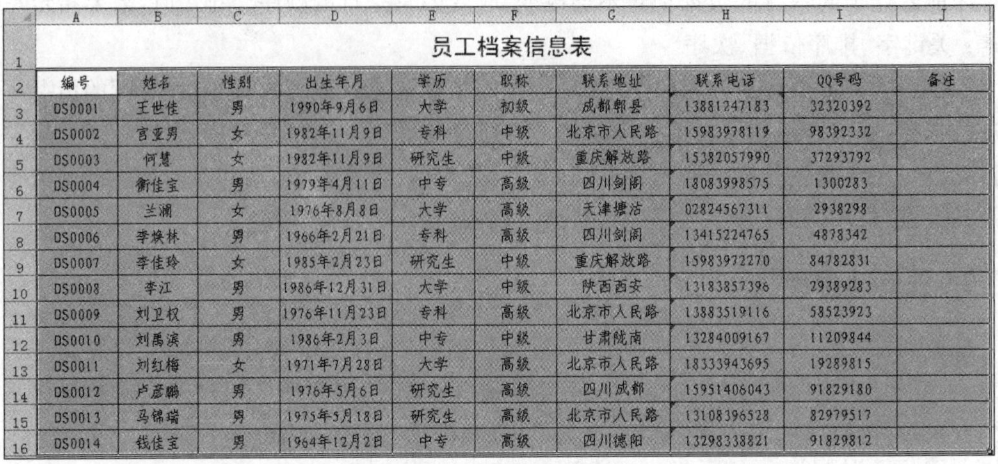

员工档案信息表									
编号	姓名	性别	出生年月	学历	职称	联系地址	联系电话	QQ号码	备注
DS0001	王世佳	男	1990年9月6日	大学	初级	成都郫县	13881247183	32320392	
DS0002	宫亚男	女	1982年11月9日	专科	中级	北京市人民路	15983978119	98392332	
DS0003	何慧	女	1982年11月9日	研究生	中级	重庆解放路	15382057990	37293792	
DS0004	衡佳宝	男	1979年4月11日	中专	高级	四川剑阁	18083998575	1300283	
DS0005	兰澜	女	1976年8月8日	大学	高级	天津塘沽	02824567311	2938298	
DS0006	李焕林	男	1966年2月21日	专科	高级	四川剑阁	13415224765	4878342	
DS0007	李佳玲	女	1985年2月23日	研究生	中级	重庆解放路	15983972270	84782831	
DS0008	李江	男	1986年12月31日	大学	中级	陕西西安	13183857396	29389283	
DS0009	刘卫权	男	1976年11月23日	专科	高级	北京市人民路	13883519116	58523923	
DS0010	刘禹演	男	1986年2月3日	中专	中级	甘肃陇南	13284009167	11209844	
DS0011	刘红梅	女	1971年7月28日	大学	高级	北京市人民路	18333943695	19289815	
DS0012	卢彦鹏	男	1976年5月6日	研究生	高级	四川成都	15951406043	91829180	
DS0013	马锦瑞	男	1975年5月18日	研究生	高级	北京市人民路	13108396528	82979517	
DS0014	钱佳宝	男	1964年12月2日	中专	高级	四川德阳	13298338821	91829812	

图 4-4-4　设置排序

当选中一个单元格时,有时会出现(见图 4-4-5)提示,则单击"扩展选定区域"即可完成排序数据的全部选定(不含列标题)。

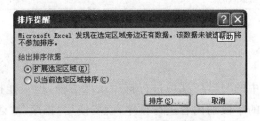

图 4-4-5　排序提醒

注意:在选定排序数据时,不能将合并的单元格选入其中,否则会出现错误提示。

(3) 单击"数据"选项卡,在"排序和筛选"组中单击"排序"按钮,系统将弹出"排序"对话框。

(4) 设置排序条件。首先设置"性别"排序:在"主要关键字"下面选择"性别","排序依据"为"数值","次序"为"降序"(升序时为"男"在前),如图 4-4-6 所示。

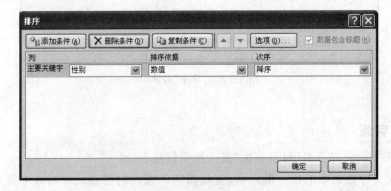

图 4-4-6　设置排序条件(1)

（5）再次设置排序条件。单击"添加条件"按钮，在列表框中会出现"次要关键字"的设置，按公司要求，设定"次要关键字"为"出生年月"，"次序"为"升序"，设置完成后单击"确定"按钮，如图4-4-7所示。

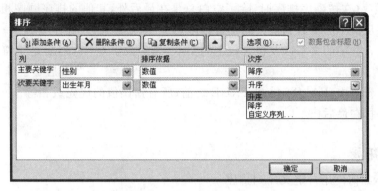

图4-4-7 设置排序条件（2）

（6）保存文件。经过排序设置，所有男员工排在后面，且分别按年龄从大到小的顺序进行了排列，如图4-4-8所示。

	A	B	C	D	E	F	G	H	I	J
1					员工档案信息表					
2	编号	姓名	性别	出生年月	学历	职称	联系地址	联系电话	QQ号码	备注
3	DS0011	刘红梅	女	1971年7月28日	大学	高级	北京市人民路	18333943695	19289815	
4	DS0005	兰湘	女	1976年8月8日	大学	高级	天津塘沽	02824567311	2938298	
5	DS0002	官亚男	女	1982年11月9日	专科	中级	北京市人民路	15983978119	98392332	
6	DS0003	何慧	女	1982年11月9日	研究生	中级	重庆解放路	15382057990	37293792	
7	DS0007	李佳玲	女	1985年2月23日	研究生	中级	重庆解放路	15983972270	84782831	
8	DS0014	钱佳宝	男	1964年12月2日	中专	高级	四川德阳	13298338821	91829812	
9	DS0006	李焕林	男	1966年2月21日	专科	高级	四川剑阁	13415224765	4878342	
10	DS0013	马锦瑞	男	1975年5月18日	研究生	高级	北京市人民路	13108396528	82979517	
11	DS0012	卢彦鹏	男	1976年5月6日	研究生	高级	四川成都	15951406043	91829130	
12	DS0009	刘卫权	男	1976年11月23日	专科	高级	北京市人民路	13883519116	58523923	
13	DS0004	衡佳宝	男	1979年4月11日	中专	高级	四川剑阁	18083998575	1300283	
14	DS0010	刘禹滨	男	1986年2月3日	中专	中级	甘肃陇南	13284009167	11209844	
15	DS0008	李江	男	1986年12月31日	大学	中级	陕西西安	13183857396	29389283	
16	DS0001	王世佳	男	1990年9月6日	大学	初级	成都郫县	13881247183	32320392	

图4-4-8 排序效果

 知识拓展

1. 数据清单

Excel中的数据清单就是包含相关数据的一系列工作表数据行，数据清单中的字段即工作表的列，每一列中包含一种信息类型，列标题即字段名，必须由文字表示。数据清单中的记录即指工作表中的行，每一行都包含着相关的信息。数据记录应紧接在字段名行的下面。如果出现空行，则空行下面的记录不作为这个数据清单的一部分。

2. 各种数据的默认排列顺序

在对数据进行排序时,Excel 2010 也有默认的排列顺序。在按升序排序时,Excel 2010 将使用如下顺序(在按降序排序时,除了空白总是在最后外,其他的排序顺序相反)。

(1) 数字从最小的负数到最大的正数排序。

(2) 不包含数字的文本以及包含数字的文本,先是数字 0～9,然后是字符"' ‐ 空格 ！" ＃ ＄ ％ ＆ ( ) ＊ , . / : ; ? @ \ ^ _ ` { | } ～ ＋ ＜ ＝ ＞",最后是字母 A 到 Z。

(3) 在逻辑值中,FALSE 排在 TRUE 之前;所有错误值的优先级相等。

(4) 空格排在最后。

技能拓展

下面介绍如何使用自定义序列排序。

在 Excel"排序"对话框中选择主要关键字后单击"选项",可以选择自定义序列作为排序次序,使排序方便快捷且更易于控制。如图 4-4-9 和图 4-4-10 所示。

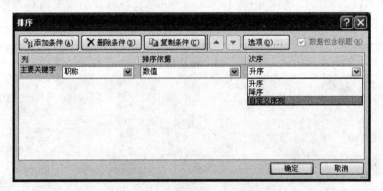

图 4-4-9　使用"自定义序列"排序

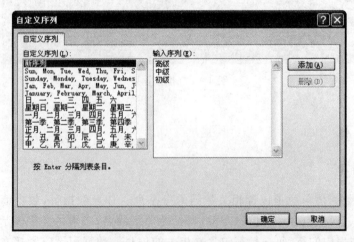

图 4-4-10　"自定义序列"对话框

自定义排序只应用于"主要关键字"选项中的特定列。在"次要关键字"选项中无法使用自定义排序。若要用自定义排序对多个数据列排序,则可以逐列进行。例如,要根据列 A

或列 B 进行排序,可先根据列 B 排序,然后通过"排序选项"对话框确定自定义排序次序,下一步就是根据列 A 排序。

任务总结

通过本任务的实施,应掌握下列知识和技能。

- 熟悉各种数据默认的排序顺序。
- 掌握单列、多列排序的方法。
- 掌握自定义排序的操作。

子任务 4.4.2　数据筛选

数据筛选是查找和处理数据清单中数据的快捷方法,用于显示仅满足条件的行。筛选与排序不同,筛选不重排数据清单,而只是将不符合用户设定条件的行暂时隐藏,筛选出来的信息可以进行编辑、设置格式、制作图表和打印等操作。Excel 2010 的筛选分为自动筛选和高级筛选两种。

任务描述

将"E:\公司资料"目录下的"员工档案信息表.xlsx"复制一份,更名为"员工档案信息表2.xlsx",筛选出"男"职工中 1970 年 1 月 1 日以后出生的员工信息,并将内容复制到 Sheet2 中保存起来。本任务可以通过"自动筛选"和"自定义筛选"功能实现。

相关知识

1. 自动筛选

自动筛选为用户提供了在具有大量记录的数据清单中快速查找符合某种条件记录,同时对该列数据进行排序的功能。使用自动筛选时,字段名称将变成一个下拉列表框的框名;筛选后,参与筛选的字段对应的下拉列表框上将显示筛选标识,且筛选结果对应的记录所在行号将变成蓝色,其他记录则自动隐藏,如图 4-4-11 所示。

图 4-4-11　自动筛选

2. 自定义筛选

如果通过一个筛选条件无法获得筛选所需的筛选结果时,用户可以使用 Excel 的自定义筛选功能。自定义筛选可以设定多个筛选条件,在筛选过程中能灵活处理各种数据。

3. 高级筛选

对于筛选条件较多的情况,可以使用高级筛选功能来处理(见图 4-4-12)。使用高级筛选时,必须先建立一个条件区域,用来指定筛选的数据所需满足的条件。条件区域和数据表不能连接,必须用至少一个空行或空列将它们隔开。

条件区域的第一行是所有作为筛选条件的字段名,且与数据表中的字段完全一致。条件区域的其他行则输入筛选条件,且条件与字段名之间不能有空行。具有"与"关系的多重条件放在同一行,具有"或"关系的多重条件放在不同行。

高级筛选的结果可以显示在源数据表中,不符合条件的记录则被隐藏;也可以在当前或其他工作中新的位置显示筛选结果而使源数据不变。

图 4-4-12 "高级筛选"对话框

 **任务实施**

(1) 打开"E:\公司资料"目录,将"员工档案信息表.xlsx"复制一份,更名为"员工档案信息表 2.xlsx"。

(2) 自动筛选"男"职工。双击打开"员工档案信息表 2.xlsx",在表格正文任意位置选定,然后单击"数据"选项卡"排序和筛选"组的筛选按钮,完成后,表格中的列标题位置出现一个下拉按钮。要筛选"男"职工,需单击 C2 列标题的下拉按钮,在下拉列表框中将"女"前面的"√"去掉即可,如图 4-4-13 所示。

图 4-4-13 自动筛选"男"职工

完成后,表格将只显示所有男性员工的信息,如图 4-4-14 所示。

	A	B	C	D	E	F	G	H	I	J
1					员工档案信息表					
2	编号	姓名	性别	出生年月	学历	职称	联系地址	联系电话	QQ号码	备注
3	DS0014	钱佳宝	男	1964年12月2日	中专	高级	四川德阳	13298338821	91829812	
4	DS0013	马锦瑞	男	1975年5月18日	研究生	高级	北京市人民路	13108396528	82979517	
5	DS0012	卢彦鹏	男	1976年5月6日	研究生	高级	四川成都	15951406043	91829180	
7	DS0010	刘禹滨	男	1986年2月3日	中专	中级	甘肃陇南	13284009167	11209844	
8	DS0009	刘卫权	男	1976年11月23日	专科	高级	北京市人民路	13883519116	58523923	
9	DS0008	李江	男	1986年12月31日	大学	中级	陕西西安	13183857396	29389283	
11	DS0006	李焕林	男	1966年2月21日	专科	高级	四川剑阁	13415224765	4878342	
13	DS0004	衡佳宝	男	1979年4月11日	中专	高级	四川剑阁	18083998575	1300283	
16	DS0001	王世佳	男	1990年9月6日	大学	初级	成都郫县	13881247183	32320392	

图 4-4-14　显示所有男性员工的信息

（3）打开"自定义自动筛选方式"对话框。首先单击"D2 出生年月"下拉菜单，在菜单中选择"日期范围"→"之后"，如图 4-4-15 所示，弹出"自定义自动筛选方式"对话框。

图 4-4-15　"自定义自动筛选"对话框

（4）设置日期条件。在对话框中，通过日期选取器按钮 设置日期，或直接在文本框中输入 1970-1-1，表示筛选出 1970 年 1 月 1 日后出生员工的资料，如图 4-4-16 所示。

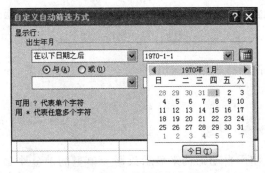

图 4-4-16　设置日期条件

（5）复制信息。筛选完成后，表格将显示出满足筛选条件的所有信息，选中筛选出来的信息（不能选中列标题），按 Ctrl＋C 快捷键完成复制，如图 4-4-17 所示。

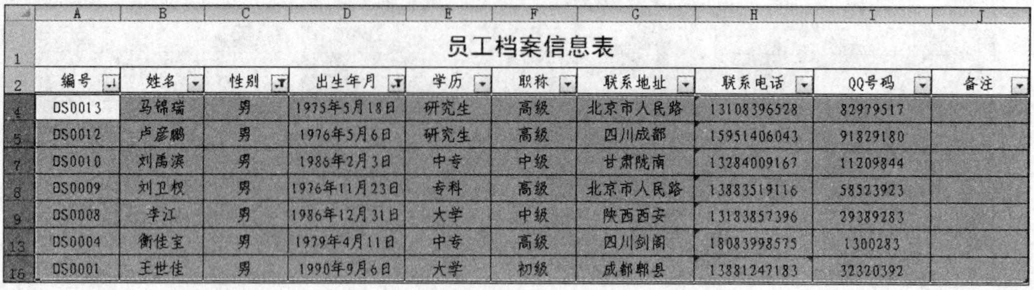

	A	B	C	D	E	F	G	H	I	J
1					员工档案信息表					
2	编号	姓名	性别	出生年月	学历	职称	联系地址	联系电话	QQ号码	备注
4	DS0013	马锦瑞	男	1975年5月18日	研究生	高级	北京市人民路	13108396528	82979517	
5	DS0012	卢彦鹏	男	1976年5月6日	研究生	高级	四川成都	15951406043	91829180	
7	DS0010	刘禹滨	男	1986年2月3日	中专	中级	甘肃陇南	13284009167	11209844	
8	DS0009	刘卫权	男	1976年11月23日	专科	高级	北京市人民路	13883519116	58523923	
9	DS0008	李江	男	1986年12月31日	大学	中级	陕西西安	13183857396	29389283	
13	DS0004	衡佳宝	男	1979年4月11日	中专	高级	四川剑阁	18083998575	1300283	
16	DS0001	王世佳	男	1990年9月6日	大学	初级	成都郫县	13881247183	32320392	

图 4-4-17　筛选出来的信息

（6）粘贴信息。单击工作表标签 Sheet2，将光标定位到 A2 单元格处，按 Ctrl＋V 快捷键完成粘贴，如图 4-4-18 所示。

图 4-4-18　粘贴信息

（7）单击“保存”按钮保存表格并退出。

技能拓展

下面介绍数字筛选。

如果要对数值字段使用自动筛选来显示数据清单里的前 n 个最大值或最小值，可以使用 Excel 2010 的自定义筛选功能中的“数字筛选”选项快速完成。“数字筛选”项不仅可以完成自定义条件数字的筛选,还能完成"10 个最大的值""高于平均值""低于平均值"等的设置。特别应注意的是:这里的"10 个最大的值"是模糊概念,用户还可以设定任意的最大值进行显示,如图 4-4-19 所示。

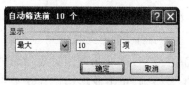

图 4-4-19　数字筛选

任务总结

通过本任务的实施,应掌握下列知识和技能。
* 掌对自动筛选、自定义筛选、高级筛选的方法。
* 掌握数字筛选的方法。

子任务 4.4.3　数据分类汇总

任务描述

打开"E:\公司资料"下的"第一月员工工资表(副本).xlsx",按性别对男女职工的实发工资、平均工资进行分类汇总。

相关知识

Excel 中的分类汇总功能可对表格按照一定的条件对数据进行汇总,提供结果进行分析。在分类汇总前要确保每一列的第一行都具有标题,每一列数据信息不同,且不包含空白行或列。分类汇总之前需要对分类字段进行排序。

1. 创建分类汇总

(1)根据需要按分类汇总的字段对数据表进行排序。

(2)在"数据"功能区的"分级显示"组中单击"分类汇总"按钮。

(3)弹出"分类汇总"对话框,在对话框中选择"分类字段""汇总方式""选定汇总项"和

"汇总结果显示在数据下方"等选项。

2. 删除分类汇总

若要删除分类汇总,只需再次单击"分类汇总"按钮,在对话框中单击"全部删除"按钮即可。

3. 显示与隐藏分类汇总数据

Excel 2010 还提供了更加便利的操作方法,分类汇总后的数据表行号左侧将出现分级显示按钮,用户可以根据需要显示或隐藏明细数据,其功能分别说明如下。

"＋":展开细节,单击此按钮可以显示分级明细。

"－":折叠细节,单击此按钮可以隐藏分级明细。

"1":汇总级别,单击此按钮只显示总的汇总结果,即总计数据。

"2":汇总级别,单击此按钮则显示分类的汇总结果与总的汇总结果。

"3":汇总级别,单击此按钮显示全部数据。

 任务实施

(1) 打开"E:\公司资料"目录下的"第一月员工工资表(副本).xlsx"。

(2) 对表中的数据按性别进行排序。Excel 在进行分类汇总前,必须按分类汇总列对表格进行排序,如图 4-4-20 所示。

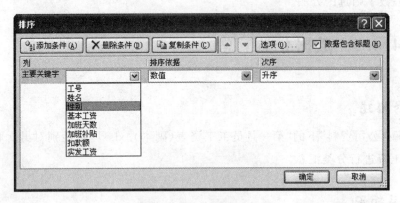

图 4-4-20　分类汇总

(3) 首先要选中所有需要分类汇总的数据行(整行数据),列标题也要包含其中,如图 4-4-21 所示。

然后在"数据"选项卡"分级显示"组中选择"分类汇总"命令,如图 4-4-22 所示。

(4) 按任务要求对分类汇总进行设置。在"分类字段"中选择"性别","汇总方式"为"平均值","选定汇总项"为"实发工资"。如果要分页显示汇总数据,可在"每组数据分页"选项前打"√",如图 4-4-23 所示。

(5) 完成分类汇总后,男、女、总计平均值将显示出来,用户还可以通过窗口左边分级显

	A	B	C	D	E	F	G	H
1	利州市东升电器有限公司员工工资表							
2	部门：财务部					月份：2016年1月		
3	工号	姓名	性别	基本工资	加班天数	加班补贴	扣款额	实发工资
4	DS0001	王世佳	男	1800	5	500	53.5	2246.5
5	DS0004	衡佳宝	男	1600	4	400	120.5	1879.5
6	DS0006	李焕林	男	1700	7	700	45.9	2354.1
7	DS0008	李江	男	2200	2	200	45.7	2354.3
8	DS0009	刘卫权	男	2000	4	400	124	2276
9	DS0010	刘禹滨	男	1900	6	600	115	2385
10	DS0012	卢彦鹏	男	1850	3	300	86.5	2063.5
11	DS0013	马锦瑞	男	1740	5	500	59.4	2180.6
12	DS0014	钱佳宝	男	1500	7	700	58	2142
13	DS0002	宫亚男	女	1500	7	700	98.5	2101.5
14	DS0003	何慧	女	1500	4	400	95	1805
15	DS0005	兰澜	女	1650	5	500	159	1991
16	DS0007	李佳玲	女	1800	5	500	54.5	2245.5
17	DS0011	刘红梅	女	1550	4	400	75	1875

图 4-4-21　选中需要分类汇总的数据行

图 4-4-22　选择"分类汇总"命令

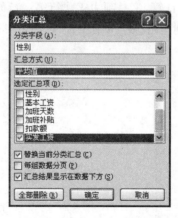

图 4-4-23　对分类汇总进行设置

示按钮"＋""－"来隐藏或显示相关数据,如图 4-4-24 所示。

如要删除分类汇总,可以单击"分类汇总"对话框的"全部删除"按钮。在"分级显示"组中,还可以对分级显示进行进一步设置。

1 2 3		A	B	C	D	E	F	G	H
	1	利州市东升电器有限公司员工工资表							
	2	部门：财务部					月份：2016年1月		
	3	工号	姓名	性别	基本工资	加班天数	加班补贴	扣款额	实发工资
	4	DS0001	王世佳	男	1800	5	500	53.5	2246.5
	5	DS0004	衡佳宝	男	1600	4	400	120.5	1879.5
	6	DS0006	李焕林	男	1700	7	700	45.9	2354.1
	7	DS0008	李江	男	2200	2	200	45.7	2354.3
	8	DS0009	刘卫权	男	2000	4	400	124	2276
	9	DS0010	刘禹滨	男	1900	6	600	115	2385
	10	DS0012	卢彦鹏	男	1850	3	300	86.5	2063.5
	11	DS0013	马锦瑞	男	1740	5	500	59.4	2180.6
	12	DS0014	钱佳宝	男	1500	7	700	58	2142
	13	男 平均值							2209.055556
	14	DS0002	官亚男	女	1500	7	700	98.5	2101.5
	15	DS0003	何慧	女	1500	4	400	95	1805
	16	DS0005	兰澜	女	1650	5	500	159	1991
	17	DS0007	李佳玲	女	1800	5	500	54.5	2245.5
	18	DS0011	刘红梅	女	1550	4	400	75	1875
	19	女 平均值							2003.6
	20	总计平均值							2135.678571

图 4-4-24　分类汇总后

知识拓展

（1）分类汇总的操纵总是从最高级开始分类，往下分类，数据显示汇总结果更详细。汇总方式栏可以设置基本的汇总计算，汇总项由工作行第一行的字段确定。

（2）"分级显示"组中的"创建组"及"取消组合"选项可对分类汇总的选项及分级显示进行设置，如图 4-4-25 所示。

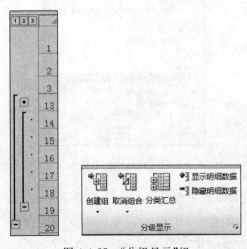

图 4-4-25　"分级显示"组

技能拓展

下面介绍数据的合并计算。

合并计算的目的是对几个数据区域中具有共同属性的数据按属性组合,建立合并计算表。在合并计算过程中,源数据区域和合并计算表目标区域可以在同一个工作表中,也可以在不同的工作表或工作簿中,如图 4-4-26 所示。

图 4-4-26　数据的合并计算

合并计算有两种形式:一种是按位置进行合并计算;另一种是按分类进行合并计算。

在"合并计算"对话框中对函数、引用位置等进行设置即可完成相关操作。选择"函数"作为计算方式;选择"引用位置"并"添加"到"所有引用位置"列表框中;根据分类标记所在位置选择"标签位置"为"首行"或"最左列",在一次合并计算中,可以同时选中两个复选框,如图 4-4-27 所示。

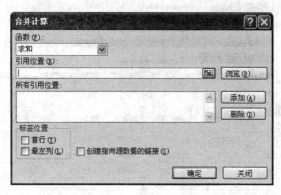

图 4-4-27　合并计算

灵活运用合并计算,还能在一个数据表中快速实现平均值、最大值、最小值、乘积、方差等统计。

任务总结

通过本任务的实施,应掌握下列知识和技能。

- 掌握创建分类汇总的方法。
- 掌握删除分类汇总的方法。
- 熟悉显示隐藏分类汇总的技巧。
- 掌握数据合并计算的方法。

任务 4.5　图　　表

Excel 的数据图标功能,可将数据以图标形式显示,使数据直观和生动,便于理解,能帮助用户进行数据分析,为决策提供有力的依据。

子任务 4.5.1　创建图表

 任务描述

最近,利州市东升电器有限公司销售部对第一季度的销售情况进行了统计,为使数据更加直观生动,并为下一阶段的销售目标制订计划,公司要求小王制作出销售统计图表,图表要求分类显示出各销售店 1～3 月的销售情况,如图 4-5-1 所示。

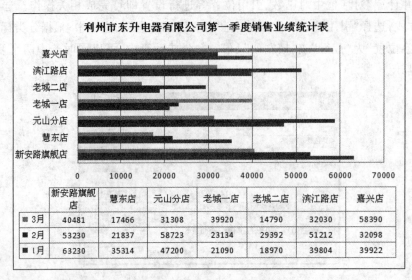

	新安路旗舰店	慧东店	元山分店	老城一店	老城二店	滨江路店	嘉兴店
▨ 3月	40481	17466	31308	39920	14790	32030	58390
■ 2月	53230	21837	58723	23134	29392	51212	32098
▨ 1月	63230	35314	47200	21090	18970	39804	39922

图 4-5-1　1～3 月的销售情况

 相关知识

在 Excel 中,制作图表包括三个方面的内容:创建数据图表、编辑图表、设置图表对象格式。

1. 创建数据图表

选择需要建立图表的数据后,单击"插入"选项卡"图表"组中的相应按钮,可以直接选择一种图表类型;或者单击该组右下角的箭头按钮,弹出"插入图表"对话框,然后选择子类型即可创建图表,如图 4-5-2 所示。

创建的图表与源数据保持引用关系,当数据源被修改时,图表自动更新。

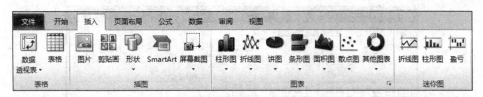

图 4-5-2 创建数据图表

2. 图表工具

插入图表后,在功能区就会出现"图表工具"及"布局""设计"和"格式"选项卡,调整图表的类型、数据、布局、样式等操作都可以在这里实现,如图 4-5-3 所示。

图 4-5-3 图表工具

3. 更改图表类型

在"图表工具"的"设计"选项卡中的"更改图表类型"按钮,可以将已创建的图表改变成另一种类型,不必删除后重新创新图表,如图 4-5-4 所示。

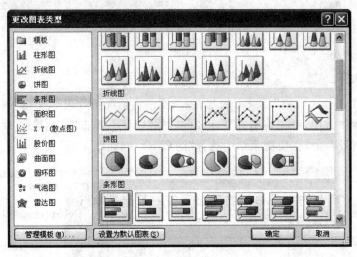

图 4-5-4 图表类型

4. 选择图表数据

在"图表工具"的"设计"选项卡中的"选择数据"按钮,可以修改图表数据源,并进行系列和分类调整,如图 4-5-5 所示。

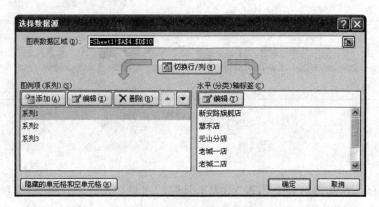

图 4-5-5　选择图表数据

5. 设置图表格式

在"图表工具"的"设计"选项卡中,有"图表布局"和"图表样式"两个分组,用户可以直接选择应用预定义的布局和样式。

当需要手动更改图表的标签、坐标轴、背景等元素的设置,或进行形状样式等美化修饰时,还可以通过"图表工具"的"布局"和"样式"选项卡实现,如图 4-5-6 所示。

图 4-5-6　"布局"选项卡

 任务实施

(1) 打开"E:\公司资料"目录下的"第一季度销售情况统计表 2. xlsx"。

(2) 为使操作方便,可先将不参与比较的数据"隐藏"(单击"取消隐藏"可还原显示),选中 E、F 列,在列号右击,在快捷菜单中选择"隐藏"命令,如图 4-5-7 所示。

	A	B	C	D		
		利州市东升电器有限公司第一季度销售业绩				
						单位:元
	月 份 店 名	1月	2月	3月	月平均	
	新安路旗舰店	63230	53230	40481	52313	
	慧东店	35314	21837	17466	24872	
	元山分店	47200	58723	31308	45743	
	老城一店	21090	23134	39920	28048	
	老城二店	18970	29392	14790	21050.67	63152

图 4-5-7　取消隐藏

　　（3）选中图表数据（A4：D10），在"插入"功能区的"图表"工作组中选择"条形图"中的"簇状条形图"（见图 4-5-8），即可生成简单的透视表。如果对图表样式不满意，可以通过"图表工具"功能区的"更改图标类型"进行重新选择，如图 4-5-9 所示。

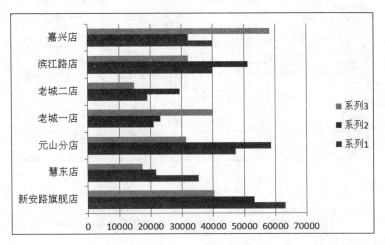

图 4-5-8　簇状条形图

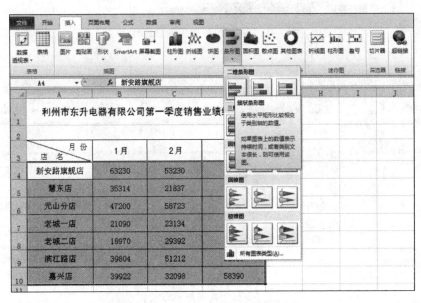

图 4-5-9　"插入"功能区的"图表"

　　（4）给图表加标题。单击"图表工具"中的"布局"选项卡，在"标签"工作组中单击"图表标题"按钮（见图 4-5-10），选择"图标上方"后，在图标上方提示区域输入"利州市东升电器有限公司第一季度销售业绩统计表"（字体设置为 12 号、宋体），如图 4-5-11 所示。

　　（5）改变图表布局。单击"图表工具"选项卡"图表布局"工作组的下拉菜单按钮，单击"布局 5"进行设置，如图 4-5-12 所示。

　　（6）将图表移动到表格下面，适当调整大小后，保存并退出。Excel 创建的图标可

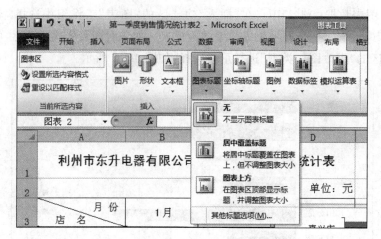

图 4-5-10　图表标题

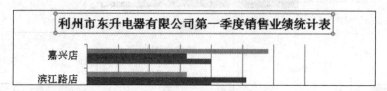

图 4-5-11　第一季度销售业绩统计表

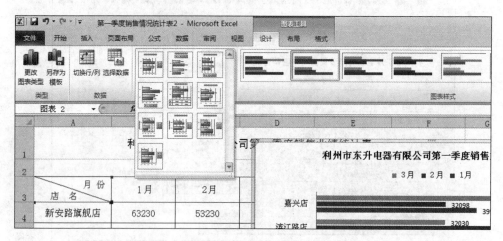

图 4-5-12　改变图表布局

以根据需要随意移动位置及改变大小,在拖动的同时按住 Alt 键,图标将会自动精确对齐到单元格边缘。本例需将图标移动到正文下面,调整到合适位置即可,如图 4-5-13所示。

　　Excel 可以作为对象放在某个工作表中,也可以作为工作表图表。改变的方式是:单击"图表工具"选项卡下的"设计"选项卡,然后在"位置"工作组中单击"移动图表"按钮,在打开的对话框中选择放置图标的位置即可,如图 4-5-14 所示。

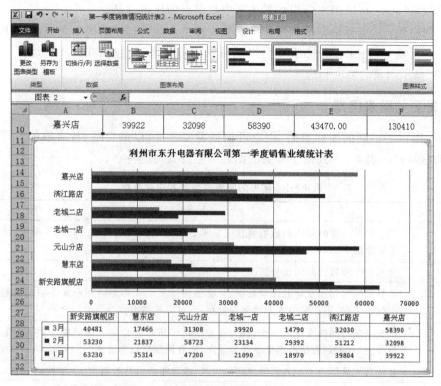

图 4-5-13　效果图

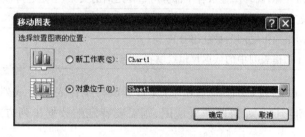

图 4-5-14　"移动图表"对话框

 知识拓展

1. 认识图表

图表由标题、图例、数据标签、坐标轴、标题和网格线等构成。在选定图表后，可以通过"布局"功能区各组的工具根据需要进行调整。

（1）图表标题：描述图表的名称，默认在图表的顶端，可有可无。

（2）坐标轴与坐标轴标题：坐标轴标题是 X 轴和 Y 轴的名称，可有可无。

（3）图例：包含图表中相应的数据系列的名称和数据系列在图中的颜色。

（4）绘图区：以坐标轴为界的区域。

（5）数据系列：一个数据系列对应工作表中选定区域的一行或一列数据。

（6）数据标签：可以用来标识数据系列中数据点的详细信息。

（7）网格线：从坐标轴刻度线延伸出来并贯穿整个"绘图区"的线条系列，可有可无。

（8）背景墙与基底：三位图表中会出现背景墙与基底，是包围在许多三维图表周围的区域，用于显示图表的维度和边界。

2. 常见的图表类型

Excel 提供了不同的图标类型，用户可根据需要选择，以最合适、最有效的方式展现工作表的数据特点。表 4-5-1 列出了常见的图表类型及其功能特点。

表 4-5-1　常见的图表类型及其功能特点

图表名称	功能特点
柱形图	用于显示一段时间内的数据变化或显示各项之间的比较情况。在柱形图中，通常沿水平轴组织类别，而沿垂直轴组织数值
条形图	显示各个项目之间的比较情况
折线图	可显示随时间而变化的连续数据，非常适用于显示在相等时间间隔下数据的趋势。在折线图中，类别数据沿水平轴均匀分布，所有值数据沿垂直轴均匀分布
饼图	可显示随时间而变化的连续数据，非常适用于显示在相等时间间隔下数据的趋势。在折线图中，类别数据沿水平轴均匀分布，所有值数据沿垂直轴均匀分布
XY（散点）图	显示若干数据系列中各数值之间的关系，或者将两组数据绘制为 xy 坐标的一个系列
面积图	强调数量随时间而变化的程度，也可用于引起人们对总值趋势的注意
圆环图	像饼图一样，圆环图显示各个部分与整体之间的关系，但是它可以包含多个数据系列
雷达图	比较若干数据系列的聚合值
曲面图	显示两组数据之间的最佳组合
气泡图	排列在工作表列中的数据可以绘制在气泡图中

对于大多数 Excel 图表，如柱形图和条形图，可以将工作表的行或列中排列的数据绘制在图表中，而有些图形类型，如饼图和气泡图，则需要特定的数据排列方式。

技能拓展

1. 套用图标样式

Excel 内置了多套图标模式，用户创建图标后，只需直接套用样式即可。操作方法是：选中要套用样式的图标，单击"图表工具"部分的"设计"选项卡，在"图表样式"组中单击右下角的小三角按钮，从图标样式中选择满意的样式即可，如图 4-5-15 所示。

2. 添加次坐标轴

Excel 图表默认情况下只有主坐标轴，当需要对两种数据进行对比时，则需要设置主次两个坐标轴，使数据清晰直观地显示在不同的坐标轴上，具体操作步骤如下：

（1）按图 4-5-16 所示内容完成两种数据的表格制作，在表格中有两个字段——"销售额"和"同比增长"。

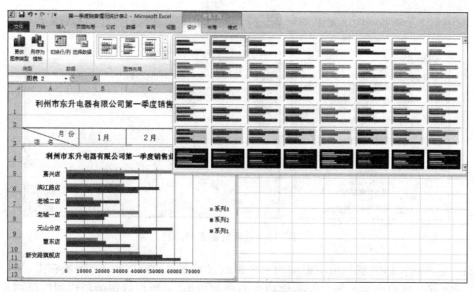

图 4-5-15　套用图标样式

	A	B	C
1	利州市东升电器有限公司第一季度销售额统计表		
2	月份	销售额	同比增长
3	1 月	265530	15%
4	2 月	269626	23%
5	3 月	234385	4%

图 4-5-16　两种数据的表格

（2）使用图表工具创建二维柱形图，如图 4-5-17 所示。

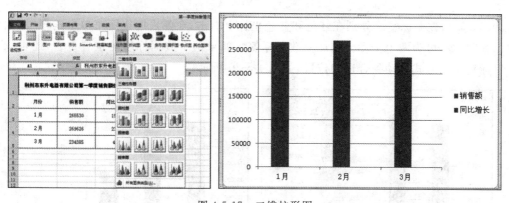

图 4-5-17　二维柱形图

（3）在图表中的"同比增长"处右击，从快捷菜单中选择"设置数据系列格式"命令，在打开的对话框中选中"次坐标轴"选项，如图 4-5-18 所示。

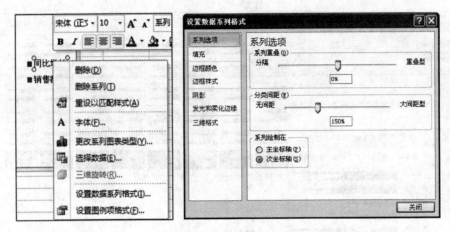

图 4-5-18 设置数据系列格式

（4）更改次坐标类型。为不影响两个坐标的显示效果，在红色标记区域右击，从快捷菜单中选择"更改系列图表类型"命令，将图表类型调整为"带数据标记的折线图"（第四个折线图），如图 4-5-19 所示。

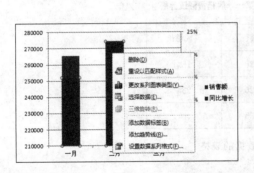 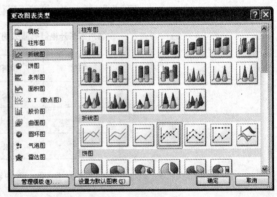

图 4-5-19 更改图表类型

（5）显示数据标签。分别在红色和蓝色坐标上右击，在弹出的快捷菜单中选择"添加数据标签"命令，可为两个坐标分别加上数据标签。如果两个数据标签的位置重合，还可以通过鼠标拖动的方式移动到合适的位置，如图 4-5-20 所示。

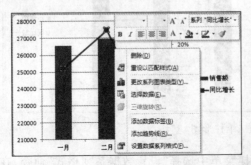 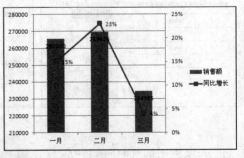

图 4-5-20 显示数据标签

任务总结

通过本任务的实施,应掌握下列知识和技能。

- 熟悉各种图表的特点及应用范围。
- 掌握图表的建立方法。
- 掌握图表数据的修改和设置方法。
- 掌握图表的美化设置方法。

子任务 4.5.2　数据透视功能

Excel 的数据透视功能分为数据透视表和数据透视图,顾名思义,数据透视表是指以表格的形式呈现数据,数据透视图是以视图的形式呈现数据,实际上,数据透视图是在数据透视表的基础上增加了视图呈现。

任务描述

利州市东升电器有限公司的第一季度销售数据清单包括了日期、商品编号、销售额、销售员及分店等相关信息,现要求对数据进行统计并按如下要求完成。

(1) 在新工作表中统计每位销售员的平均销售额(以货币格式显示,保留整数)。

(2) 用户可快速筛选不同分店的销售记录。

(3) 按平均销售显示前 5 名销售员的相关信息。

(4) 原数据表与数据透视表如图 4-5-21 所示。

日 期	产品编号	销售额	销售员	分 店	备注
		利州市东升电器有限公司销售记录单			
2016-1-2	10002	￥2,100	李健	新安路旗舰店	
2016-1-2	10102	￥1,400	高婷	新安路旗舰店	
2016-1-2	10143	￥1,750	祁小佳	慧东店	
2016-1-2	10411	￥9,150	杨瑞溪	新安路旗舰店	
2016-1-2	10512	￥3,120	夏林	滨江路店	
2016-1-2	10631	￥8,750	罗婷婷	嘉兴店	
2016-1-5	10631	￥8,750	黄熙	老城一店	
2016-1-8	10001	￥5,700	程方英	滨江路店	
2016-1-25	10002	￥2,150	刘丽	新安路旗舰店	
2016-1-25	10102	￥1,400	龚亚丽	元山分店	
2016-1-28	10543	￥2,100	周伟	新安路旗舰店	
2016-1-28	10712	￥2,570	常心林	元山分店	

分 店	(全部)
平均值项:销售额	
销售员	汇总
杨瑞溪	￥9,150
王大培	￥9,150
黄熙	￥8,750
罗婷婷	￥8,750
邢莎	￥8,750
总计	8910

图 4-5-21　第一季度销售数据清单

相关知识

Excel 的数据透视表功能具有对数据的分类、筛选、统计等功能,是一种可以快速汇总大量数据的交互式报表,可以通过转换行和列查看源数据的不同汇总,显示不同的页面以筛选数据,为用户进一步分析数据和快速决策提供依据。数据透视表对于不熟悉函数公式的人员尤为适用,实际上,处理数据应优先选择数据透视表,其次才是函数公式。

1. 创建数据透视表的步骤

(1) 创建空白数据透视表。在"插入"选项卡的"表格"组中单击"数据透视表"按钮,可调出"创建"对话框,在对话框中需进行"待分析数据"的选定及设置数据透视表存放的位置,单击"确定"按钮后,即可创建出空白的数据透视表,如图 4-5-22 所示。

图 4-5-22 "创建数据透视表"对话框

(2) 选择字段列表。空白数据透视表由行字段、列字段、值字段、报表筛选字段四部分组成,可拖动"数据透视表字段列表"中的字段到空白数据透视表的相应位置。因空白数据透视表的四个部分分别对应"数据透视表字段列表"中"在以下区域间拖动字段"的"报表筛选、列标签、行标签、数值"四个部分,所以也可在"数据透视表字段列表"中进行设置,如图 4-5-23 所示。

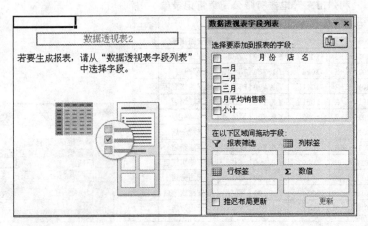

图 4-5-23 选择字段列表

(3) 设置字段汇总方式。默认情况下,"数值"区域中的字段通过以下方法对所引用的源数据进行汇总:对于数值使用 SUM 函数求和,对于文本使用 COUNT 函数计数。Excel 2010 还提供了平均值、最小值、乘积、数值计数等多种字段汇总方式供用户选择,如图 4-5-24

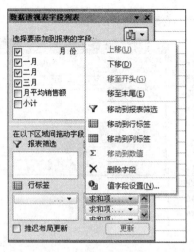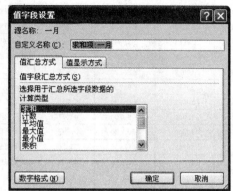

图 4-5-24　字段汇总

所示。

　　数据透视表建好后,可以进行值汇总方式和值显示方式的设置、数据排序和筛选、字段分组、添加计算字段、套用数据透视表样式等操作。对数据透视表的字段可以根据需要通过拖动来调整位置或拖出数据透视表区域来进行删除,但不影响源数据表中的信息。

2. 数据透视表的筛选与更新

　　数据透视表字段选项中的"报表筛选""列标签""行标签"都是下拉列表框,用户可以通过与自动筛选类似的方式进行数据筛选,参与筛选的字段对应的下拉列表框上将显示筛选标识,筛选的结果继续显示,其他数据则自动隐藏。

　　所引用的源数据被修改后,用户可以不必重新创建数据透视表,而是先选定数据透视表区域中的任意单元格,再单击"选项"选项卡"数据"组的"刷新"按钮直接进行更新。如果需要更改数据源时,可单击"更改数据源"按钮,如图 4-5-25 所示,弹出"更改数据透视表数据源"对话框。

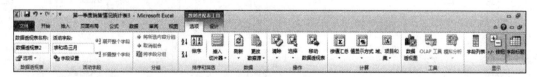

图 4-5-25　更改数据透视表数据源

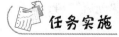 任务实施

　　(1)创建空白数据透视表。打开"E:\公司资料"目录下的"公司第一季度销售清单.xlsx",单击"插入"选项卡中的"插入数据透视表"按钮,如图 4-5-26 所示。

　　(2)选定需要做透视表的区域内容后,系统将创建名为 Sheet4 的工作表,并自动生成

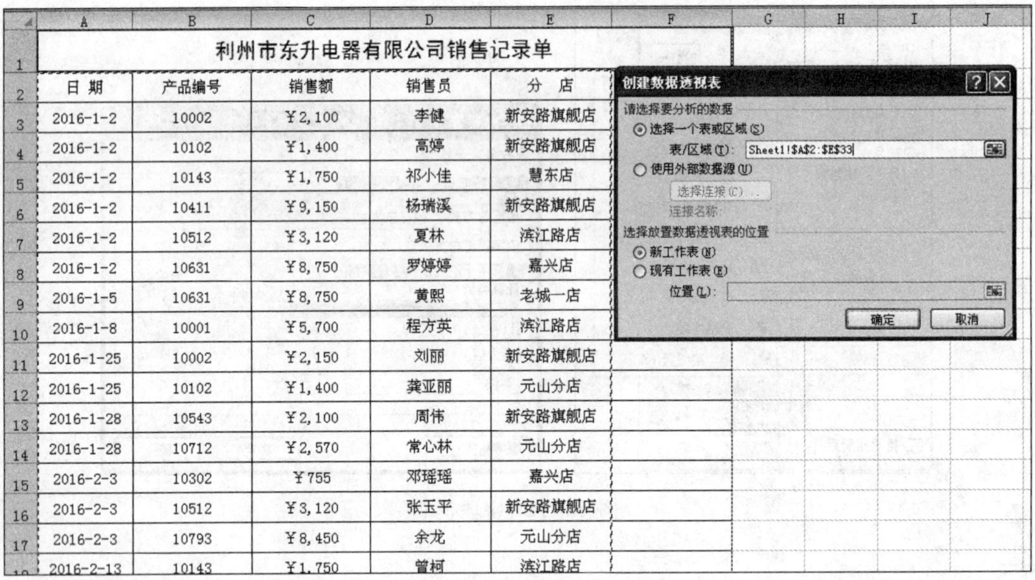

	A	B	C	D	E	F	G	H	I	J
1			利州市东升电器有限公司销售记录单							
2	日 期	产品编号	销售额	销售员	分 店					
3	2016-1-2	10002	¥2,100	李健	新安路旗舰店					
4	2016-1-2	10102	¥1,400	高婷	新安路旗舰店					
5	2016-1-2	10143	¥1,750	祁小佳	慧东店					
6	2016-1-2	10411	¥9,150	杨瑞溪	新安路旗舰店					
7	2016-1-2	10512	¥3,120	夏林	滨江路店					
8	2016-1-2	10631	¥8,750	罗婷婷	嘉兴店					
9	2016-1-5	10631	¥8,750	黄熙	老城一店					
10	2016-1-8	10001	¥5,700	程方英	滨江路店					
11	2016-1-25	10002	¥2,150	刘丽	新安路旗舰店					
12	2016-1-25	10102	¥1,400	龚亚丽	元山分店					
13	2016-1-28	10543	¥2,100	周伟	新安路旗舰店					
14	2016-1-28	10712	¥2,570	常心林	元山分店					
15	2016-2-3	10302	¥755	邓瑶瑶	嘉兴店					
16	2016-2-3	10512	¥3,120	张玉平	新安路旗舰店					
17	2016-2-3	10793	¥8,450	余龙	元山分店					
	2016-2-13	10143	¥1,750	曾柯	滨江路店					

创建数据透视表

请选择要分析的数据
- ⊙ 选择一个表或区域(S)
  - 表/区域(T)： Sheet1!$A$2:$E$33
- ○ 使用外部数据源(U)
  - 选择连接(C)
  - 连接名称

选择放置数据透视表的位置
- ⊙ 新工作表(N)
- ○ 现有工作表(E)
  - 位置(L)：

[确定] [取消]

图 4-5-26　插入数据透视表

一个空白透视表。(在选择并分析数据时,要将标题行选中。)

(3) 拖动所需字段来布局数据透视表。将"销售员"和"销售额"字段分别拖动到行字段和值字段处,将"分店"拖放至"报表筛选"字段处,以便布局数据透视表,如图 4-5-27 所示。

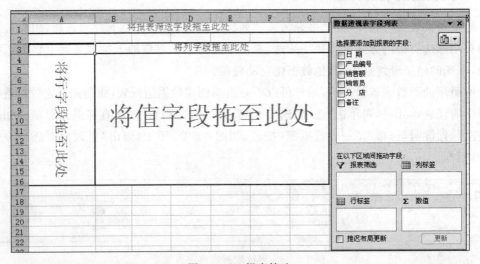

图 4-5-27　报表筛选

(4) 拖动完成后,可以看到在透视表的左边出现了三组数据,分别是"分店""销售员"及"销售额",如图 4-5-28 所示。

(5) 修改值汇总方式为"平均值",设置货币的数字格式(保留整数部分),如图 4-5-29 和图 4-5-30 所示。

(6) 按平均销售额降序排列并显示出前 5 名销售员。首先对值字段继续降序排序,选

图 4-5-28　透视表

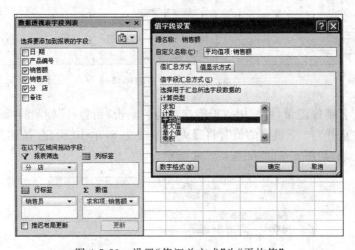

图 4-5-29　设置"值汇总方式"为"平均值"

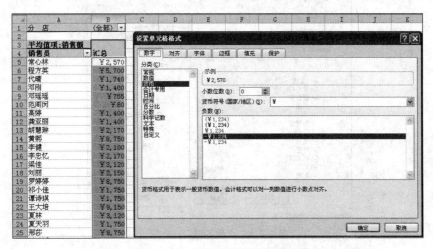

图 4-5-30　设置货币的数字格式

中值字段"平均销售额"中任一个单元格，右击，在右键菜单中选择"排序"→"降序"命令，即可完成排序，如图 4-5-31 所示。

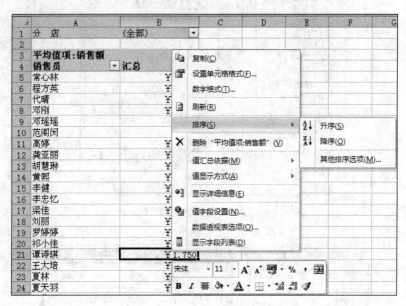

图 4-5-31　平均销售额降序排列

要显示前 5 名销售记录，可使用数据筛选功能。单击"销售员"标题的"筛选"按钮，在弹出的快捷菜单中选择"10 个最大的值"，将最大的值改为 5，单击"确定"按钮后，即可显示出前 5 名的销售记录，如图 4-5-32 和图 4-5-33 所示。

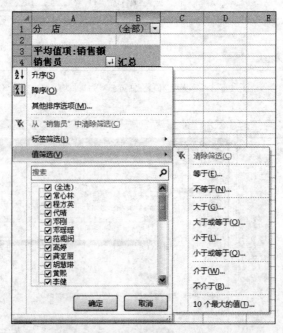

图 4-5-32　"值筛选"子菜单

图 4-5-33　数据筛选最大 5 项

（7）任务最终效果如图 4-5-34 所示，透视表将显示出前 5 名的销售记录。如需要查看各分店的前 5 名数据，可使用"分店"处的自动筛选功能进行选择。

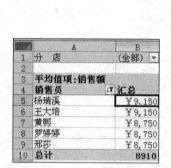

图 4-5-34　数据筛选的最终效果

 知识拓展

下面介绍数据透视表的其他操作。

（1）将光标定位在数据透视表中，工作表右侧却未显示"数据透视表字段列表"，此时切换到数据透视表工具的"选项"选项卡，在"显示"工作组中单击"字段列表"，使其呈黄色选中状态，即可显示字段列表，也可设置"＋/－按钮"和"字段标题"是否显示，如图 4-5-35 所示。

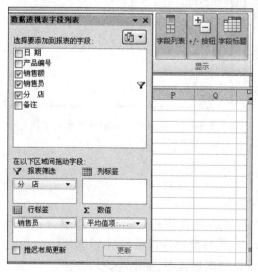

图 4-5-35　数据透视表

（2）新建的空白数据透视表中未显示行区域、列区域和值区域时,不能直接拖入字段数据透视表,原因是未启用字段拖放功能,如需启动该功能,可单击"数据透视表"的"选项"选项卡"数据透视表"组中的"选项"下拉菜单中的"选项按钮",在"数据透视表选项"对话框中单击"显示"标签,在打开的"显示"选项卡中将"经典数据透视表布局(启动网格中的字段拖放)"选项选中,如图 4-5-36 和图 4-5-37 所示。

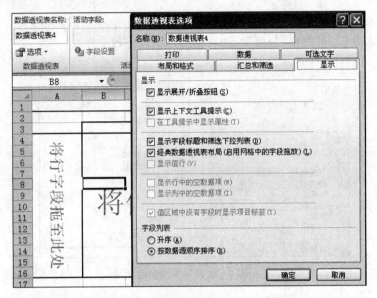

图 4-5-36　"数据透视表选项"对话框

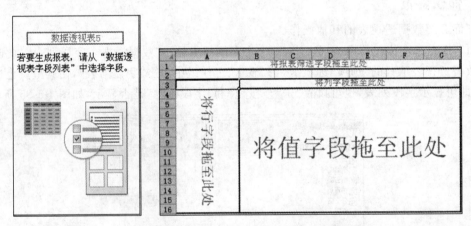

图 4-5-37　在数据透视表中可以拖动字段

技能拓展

下面介绍数据透视图的制作方法。

数据透视图是建立在数据透视表基础上的,制作步骤与创建数据透视表的步骤相似。下面以数据透视表任务为例,讲解数据透视图的制作方法。

（1）选定对象,插入空白数据透视图,如图 4-5-38 所示。

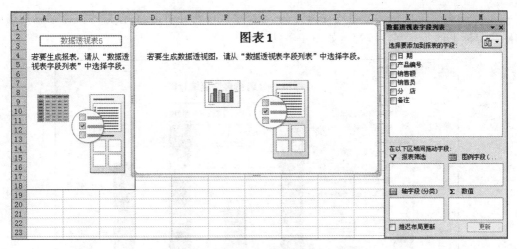

图 4-5-38　插入空白数据透视图

（2）将"数据透视表字段列表"中的"分店"拖放到"轴字段"，将"销售额"拖放至"值"字段中并设置计算方式为"求和"，如图 4-5-39 所示。

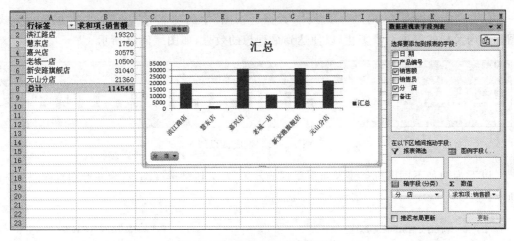

图 4-5-39　数据透视表字段列表

（3）将数据透视图的标题"汇总"更名为"公司第一季度各分店销售情况统计图"，并添加数据标签，如图 4-5-40 所示。

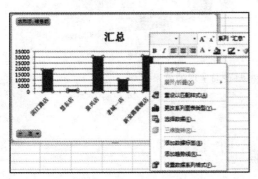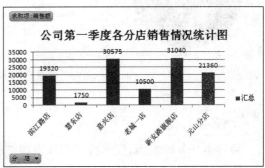

图 4-5-40　公司第一季度各分店销售情况统计图

（4）隐藏字段按钮。为使透视图美观，可在字段按钮处右击，在弹出的快捷菜单中选中"隐藏图标上的所有字段按钮"，如图 4-5-41 所示。

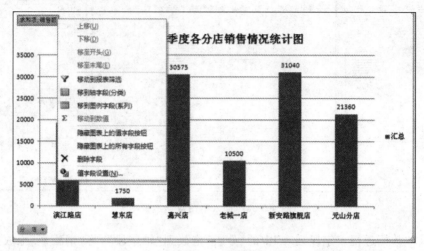

图 4-5-41　隐藏图标

（5）生成透视图后，用户可以使用"数据透视图"中的功能对图标类型、数据显示方式、图标布局及样式等进一步美化，以便达到最理想的效果，如图 4-5-42 所示。

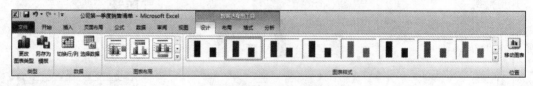

图 4-5-42　生成透视图

以下为两种不同图标类型及布局呈现的效果（左为饼型透视图，右为柱形图），如图 4-5-43 所示。

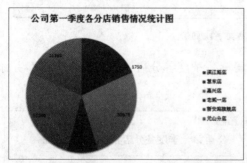
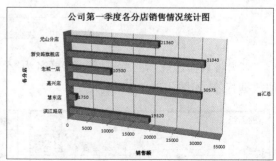

图 4-5-43　两种图标类型及布局呈现的效果

 任务总结

通过本任务的实施，应掌握下列知识和技能。

· 掌握数据透视表的创建方法。

- 掌握数据透视表的筛选和排序方法。
- 掌握数据透视图的制作方法。

任务 4.6 打印工作表

子任务 4.6.1 页面设置

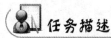 **任务描述**

对"员工档案资料表 3.xlsx"进行设置，达到如下要求。

（1）使用 A4 纸张，横向打印。

（2）为文档添加页眉和页脚。页眉为公司名字，用左对齐方式。页脚为"第 * 页（共 * 页）"格式，并将页眉页脚字体设置为"楷体"，字号设置为"10 磅"。

（3）每一页都有标题，页面内容居中。

 相关知识

下面介绍页面格式的设置。

对工作表进行页面设置，可以对表格进行美化设置，控制打印出的工作表的版面，并完成打印输出，用户可以通过 Excel 的"页面布局"选项卡进行页面格式的设置，如图 4-6-1 所示。

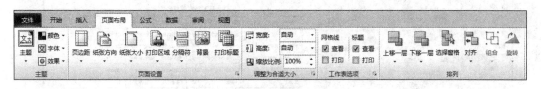

图 4-6-1 页面布局

"页面设置"组由"页边距""纸张方向""纸张大小""打印区域""分隔符"等选项组成。"打印区域"选项可设置文档的打印范围，"打印标题"选项可使每一页都显示标题，"背景"选项可为文档添加背景图片使工作表美观，如图 4-6-2 所示。

"页面设置"对话框中包括了"页面""页边距""页眉/页脚""工作表"四个选项卡。"页面"选项卡可设置"方向""缩放""纸张大小""打印质量""起始页码"等部分内容。

"页边距"选项卡可调整打印内容在纸张上的位置，包括上、下、左、右边距，页眉/页脚位置及表格对齐方式等。

"页眉/页脚"选项卡可根据需要，对纸张的顶端和低端进行自定义设置，如添加页码、日期等。

"工作表"选项卡可对打印区域、打印标题、打印顺序等进行设置。

图 4-6-2 "页面设置"对话框

 **任务实施**

（1）打开任务 4.1 中的"员工档案信息表 3.xlsx"，查看打印效果，以便对工作表的打印结构有初步的了解，如图 4-6-3 所示。

图 4-6-3 员工档案信息表

（2）设置纸张的方向。打开"页面设置"对话框，单击选中"页面"选项卡，将纸张方向设置为"横向"，纸张大小为 A4，单击"确定"按钮，如图 4-6-4 所示。

（3）设置页边距。在"页面设置"对话框中单击"页边距"标签，将上、下、左、右边距设置为 2。在"居中方式"选项区中选中"水平"选项，表示整个表格为水平居中对齐，设置完成后单击"确定"按钮，如图 4-6-5 所示。

图 4-6-4 设置纸张的方向及大小

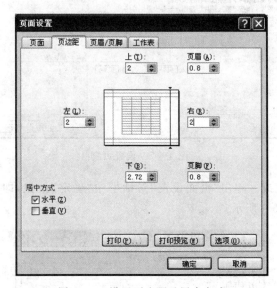

图 4-6-5 设置页边距及居中方式

（4）设置页眉/页脚。

首先设置页眉。单击"页眉/页脚"选项卡中的"自定义页眉"按钮,在弹出的"页眉"对话框的"左"列表框中输入公司名称"利州市东升电器有限公司",单击"确定"按钮,如图 4-6-6 所示。

下面设置页脚。单击"页眉/页脚"选项卡中的"自定义页脚"按钮,在弹出的对话框中进行设置。在"中"文本框中首先输入"第"字,然后单击"页码"插入按钮,再输入"页"字;再依次输入左括号"(总",单击"总页码"插入按钮,输入"页)",单击"确定"按钮即可完成设置,如图 4-6-7 所示。

（5）设置顶端标题行。单击"工作表"标签,单击"顶端标题行"文本框后的按钮,弹出"顶端标题行"对话框,使用鼠标选中标题行(要求必须选中整行,包括空白位置),按下

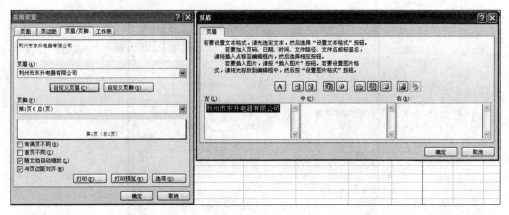

图 4-6-6　设置页眉

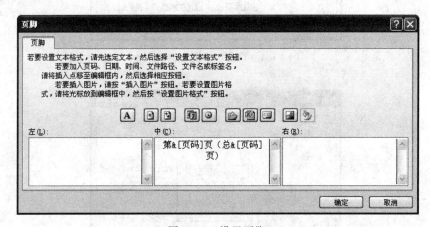

图 4-6-7　设置页脚

Enter 键确定后即可完成。单击"页面设置"对话框中"确定"按钮,即可完成页面的所有设置,如图 4-6-8 和图 4-6-9 所示。

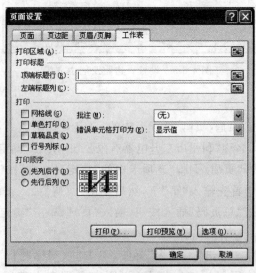

图 4-6-8　设置顶端标题行

编号	姓名	性别	出生年月	学历	职称	联系地址	联系电话	QQ号码	备注
DS0001	王世佳	男	33122	大学	初级	成都郫县	13881247183	32320392	
DS0002	宫亚男	女	30264	专科	中级	北京市人民路	15983978119	98392332	

图 4-6-9　效果图

（6）设置页眉/页脚字体的格式。在"视图"选项卡的"工作簿视图"组中单击"页面布局"，在页面视图中选中页眉和页脚文字，设置为"宋体，10 号"（也可通过"页面设置"对话框中"页眉/页脚"选项卡的"自定义页眉"和"自定义页脚"按钮进行设置）。在页面视图中，还可以通过拖动边界线和间隔线对页面进行微调，以达到理想的打印效果，如图 4-6-10 和图 4-6-11 所示。

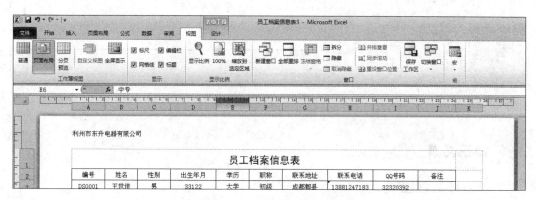

图 4-6-10　设置页眉/页脚字体的格式

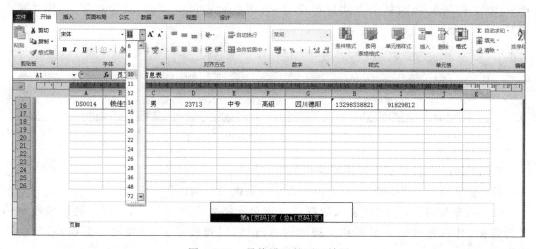

图 4-6-11　最终设置的页面效果

（7）回到页面视图，依次选择"文件"→"打印"→"打印预览"命令，可以查看打印前的效果，如图 4-6-12 所示。

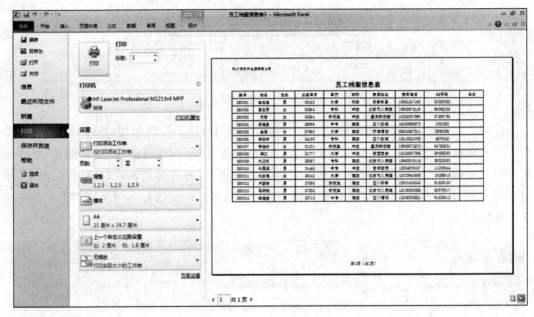

图 4-6-12　预览打印效果

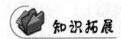知识拓展

1. Excel 的视图

Excel 2010 的"视图"选项卡与 Word 2010 中的对应选项卡有所区别,在"视图"选项卡中,可对工作簿的视图显示方式进行设置,包括显示窗口的调整、宏等功能,如图 4-6-13 所示。

图 4-6-13　Excel 的"视图"选项卡

Excel 2010 共提供了五种不同的视图模式。

(1) 普通视图:默认视图,可方便查看全局数据及结构。

(2) 页面布局:页面必须输入数据或选定单元格才会高亮显示,可以清楚地显示每一页的数据,并可直接输入页眉和页脚的内容,但数据列数多了(不在同一页面)查看会不方便。

(3) 分页预览:清楚地显示并标记第几页,通过鼠标单击并拖动分页符,可以调整分页符的位置,方便设置缩放比例。

(4) 自定义视图:可以定位多个自定义视图,根据用户需要,保存不同的打印设置,隐藏行、列及筛选设置,更具个性化。

(5) 全屏显示:隐藏菜单及功能区,使页面几乎放大到整个显示器,可与其他视图配合使用，按 Esc 键可退出全屏显示。

2. 分页符的作用

在工作表插入分页符，主要起到强制分页的作用。预览和打印时会在分页符的地方强制分页。如相邻的两个表格，上面一个表格只有半页，如果不插入分页符，在预览和打印时上一个表和下一个表的一部分就会打印在同一页。而在第一个表的后面插入一个分页符以后，第一个表就单独成一页了，紧接着的第二个表就会变成第二页。这样就不需要在两个表格之间插入空行来调节分页了。

调整分页符后，如仍然无法将打印的工作表内容打印在一页上时，可使用打印设置中的"无缩放"功能改变行或列的大小，使其在一页纸上完成打印，如图 4-6-14 所示。

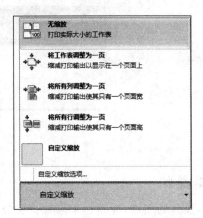

图 4-6-14　缩放页面

技能拓展

下面介绍如何自定义 Excel 的视图模式。

为了将工作表特定的显示设置（如行高、列宽、单元格选择、筛选设置和窗口设置）和打印格式（页面距、纸张大小、页眉和页脚等）保存在特定的视图中，用户可在设置后自定义视图模式。具体操作步骤如下：

（1）在"视图"选项卡的"工作簿视图"组中单击"自定义视图"按钮，如图 4-6-15 所示。

（2）在打开的"视图管理器"对话框中单击"添加"按钮，打开"添加视图"对话框，在"名称"文本框中输入视图的名称，在"视图包括"选项区中选中"打印设置"和"隐藏行、列及筛选设置"选项。单击"确定"按钮可完成操作，如图 4-6-16 所示。

图 4-6-15　单击"自定义视图"按钮

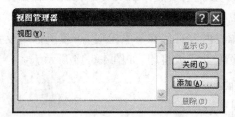 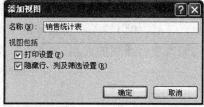

图 4-6-16　视图管理器

（3）自定义的视图将添加到"视图管理器"对话框的"视图"列表框中。如需应用自定义视图，可再次单击"自定义视图"按钮，在其中选择需要打开的视图，单击"显示"按钮即显示自定义该视图时所打开的工作表，如图 4-6-17 所示。

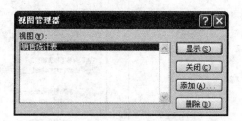

图 4-6-17　自定义视图

 任务总结

通过本任务的实施，应掌握下列知识和技能。

- 熟悉 Excel 2010 工作视图。
- 掌握纸张、方向、页面距等页面设置的方法。
- 掌握页眉、页脚的插入方法。

子任务 4.6.2　文档打印

 任务描述

为便于公司管理员工，公司要求小明将"员工档案信息表.xlsx"打印 10 份，分发至各业务部门。通过此任务，小明将掌握 Excel 2010 文档打印的设置方法，如打印份数、页码等相关知识。

相关知识

1. 打印预览

在打印作业表或图表之前,最好先在屏幕上检查打印的结果,若发现有跨页资料不完整、图表被截断等不理想的地方,都可以立即修正,以节省纸张及打印时间。

选择"文件"→"打印"命令,可以在右边窗口中预览打印的结果,见图 4-6-18。

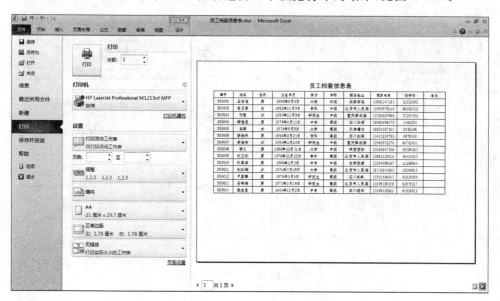

图 4-6-18　打印预览

2. 设置打印区域

在 Excel 2010 中可以设置打印区域。在打印任务窗格中调出"打印活动工作表"下拉列表框,在列表框中选择需要打印的区域即可。如果都不打印,可选择"忽略打印区域"选项,如图 4-6-19 所示。

3. 打印机的选择

当计算机安装了多台打印机时,用户需选择当前打印机,在"打印机"下拉列表框中选中连接成功的打印机即可,如图 4-6-20 所示。

4. 设定打印份数

打印出来的工作表可能要分送给多人查阅,或多个部门参考,此时在最上方的打印区可以设定打印的数量。

当要打印多份(如 3 份),可通过"调整"选项选择打印顺序,"1,2,3　1,2,3　1,2,3"表示依次打印出完整的第 1 份(共 3 页),"1,1,1　1,1,1　1,1,1"表示先打印 3 份中的第 1 页,再打印第 2 页……如图 4-6-21 所示。

图 4-6-19　打印区域的设置

图 4-6-20　选择打印机

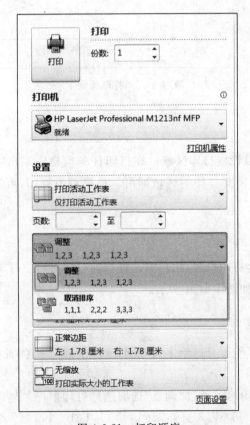

图 4-6-21　打印顺序

任务实施

（1）打开"E:\公司资料"下的"员工档案信息表.xlsx"。

（2）进行打印预览。选择"文件"菜单中的"打印"命令，在右边查看打印效果，如图 4-6-22 所示。

图 4-6-22　打印预览效果

（3）选择打印机。在"打印机"选项框中选择已连接成功的打印机。如果不选择，系统将自动选择"默认打印机"。

（4）设置打印份数。在打印"份数"文本框中输入数值 10，表示打印 10 份，如图 4-6-23 所示。

（5）设置打印区域及页码。选择"仅打印活动工作表"，在"页数"文本框中分别输入 1 和 3，表示打印第 1～3 页，如图 4-6-24 所示。

图 4-6-23　设置打印份数

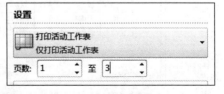

图 4-6-24　设置打印区域及页码

（6）对页面进行再次设置。在中间的"打印"设置区域对页面进行再次设置，将纸张设置为 A4，方向为横向，页面距设置为"普通边距"。

（7）打印文档。完成相关设置后，单击"打印"按钮，即可完成打印，如图 4-6-25 所示。

图 4-6-25　打印文档

 知识拓展

下面介绍切换文件的视图。

预览时只有两种比例可切换,分别是整页预览与放大预览。

- 整页预览:一进入文件/打印页次就会切换至整页预览模式,将一页的资料完整地呈现在屏幕上。此时资料会被缩小,所以只能看到大概的排列情形,如图 4-6-26 所示。

编号	姓名	性别	出生年月	学历	职称	联系地址	联系电话
DS0001	王世佳	男	1990年9月6日	大学	初级	成都郫县	13881247183
DS0002	官亚男	女	1982年11月9日	专科	中级	北京市人民路	15983978119
DS0003	何慧	女	1982年11月9日	研究生	中级	重庆解放路	15382057990
DS0004	衡佳宝	男	1979年4月11日	中专	高级	四川剑阁	18083998575
DS0005	兰澜	女	1976年8月8日	大学	高级	天津塘沽	02824567311
DS0006	李焕林	男	1966年2月21日	专科	高级	四川剑阁	13415224765
DS0007	李佳玲	女	1985年2月23日	研究生	中级	重庆解放路	15983972270
DS0008	李江	男	1986年12月31日	大学	中级	陕西西安	13183857396
DS0009	刘卫权	男	1976年11月23日	专科	高级	北京市人民路	13883519116
DS0010	刘禹滨	男	1986年2月3日	中专	中级	甘肃陇南	13284009167
DS0011	刘红梅	女	1971年7月28日	大学	高级	北京市人民路	18333943695
DS0012	卢彦鹏	男	1976年5月6日	研究生	高级	四川成都	15951406043
DS0013	马锦瑞	男	1975年5月18日	研究生	高级	北京市人民路	13108396528
DS0014	钱佳宝	男	1964年12月2日	中专	高级	四川德阳	13298338821

◀ 1　共1页 ▶

图 4-6-26　整页预览效果

- 放大预览:单击右下角的■按钮,可放大资料的视图比例至 100％;再单击一次■按钮,则又回到整页预览的比例,如图 4-6-27 所示。

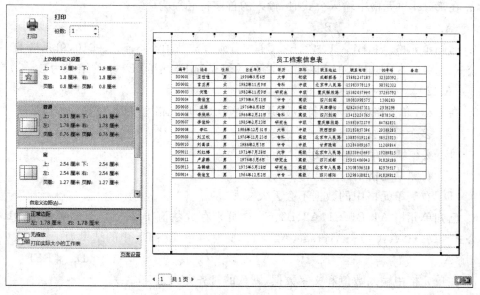

图 4-6-27 放大预览效果

 技能拓展

1. 设定页面边界

为使报表美观,通常会在纸张四周留一些空白,这些空白的区域称为边界,调整边界即是控制四周空白的大小,也就是控制文档在纸上打印的范围。工作表预设会套用标准边界。如果想让边界再宽一点,或是设定较窄的边界,可直接套用边界的预设值。

如果用户觉得预设的选项太少,还可以按下文件/打印页次右下角的"显示边界"按钮,可直接在页面上显示边界,再拖动控制点就能调整边界的位置了,如图 4-6-28 所示。

图 4-6-28 调整页边距

2. 缩小比例以符合纸张尺寸

有时候资料会单独多出一列,系统会自动调整至下一页,这种情况就可以试试用缩小比例的方式,将资料缩小排列以符合纸张尺寸,这样不但资料完整,阅读起来也方便,如图 4-6-29 所示。

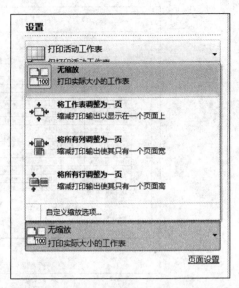

图 4-6-29　设置打印缩放效果

 任务总结

通过本任务的实施,应掌握下列知识和技能。

- 掌握打印页面设置的相关技巧。
- 掌握打印份数、页数等相关参数的设置方法。

课 后 练 习

一、选择题

1. Excel 2010 默认的工作簿名是(　　)。

　　A. 工作簿　　　　　B. Sheet1　　　　　C. 工作簿 2　　　　　D. Book1.xlsx

2. 在 Excel 中指定 C2 至 E6 五个单元格的表示形式是(　　)。

　　A. C2,E6　　　　　B. C2&E6　　　　　C. C2;E6　　　　　D. C2:E6

3. 在 Excel 单元格中输入公式时,输入的首字符必须为(　　)。

　　A. =　　　　　　　B. :　　　　　　　C. "　　　　　　　D. -

4. 已知单元格 A1、B1、C1、A2、B2、C2 中分别存放数值 1、3、5、7、9、10,单元格 D1 中存放着公式＝A1＋\$B\$1＋C1,利用填充将公式填充到 E1,请问 E1 中的结果为(　　)。

　　A. 20　　　　　　　B. 9　　　　　　　C. 26　　　　　　　D. 15

5. 在 Excel 单元格中输入字符型数据,当宽度大于单元格宽度时,正确的叙述是(　　)。

　　A. 多余部分会丢失

　　B. 必须增加单元格宽度后才能录入

　　C. 右侧单元格中的数据将丢失

　　D. 右侧单元格中的数据不会丢失

6. 已知单元格 A1、B1、C1、A2、B2、C2 中分别存放数值 1、2、3、4、5、6,单元格 D1 中存放着公式＝Max(A1:C1)＋Average(A2:C2),此时将单元格 D1 中的结果为(　　)。

　　A. 0　　　　　　　B. 15　　　　　　　C. 8　　　　　　　D. ＃REF

7. 在单元格中输入数值和文字数据,默认的对齐方式是(　　)。

　　A. 全部左对齐　　　　　　　　　B. 全部右对齐

C. 分别为左对齐和右对齐　　　　　　　D. 分别为右对齐和左对齐

8. 在 Excel 中新建工作簿后,第一张工作表的默认名称是(　　)。

A. Book1　　　　　B. 表　　　　　C. Sheet1　　　　　D. 表 1

9. 题图 1 显示的选项栏是(　　)选项卡。

A. 开始　　　　　　B. 编辑　　　　　C. 工具　　　　　D. 插入

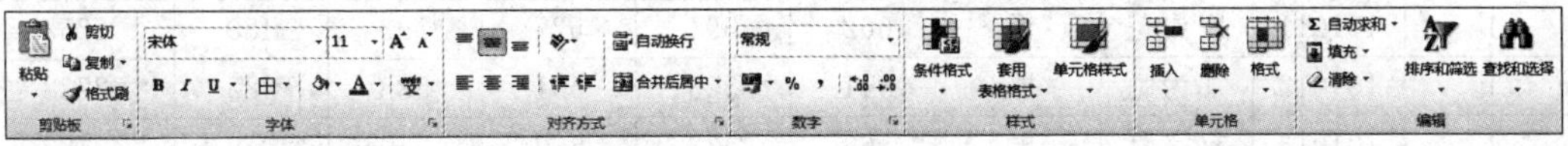

题图 1　选项卡

10. 在绝对引用时,要在行标和列标前加入(　　)符号。

A. @　　　　　　B. %　　　　　　C. #　　　　　　D. $

二、填空题

1. 如果用自动设置小数点位数的方法输入数据时,当设定小数位数是 2 时,输入 12.348 显示_____。

2. 在 Excel 工作簿中,要同时选择多个不相邻的工作表,可以在按住_____键的同时依次单击各个工作表的标签。

3. Excel 工作表区域 A6:H9 中的单元格个数共有_____。

4. 当向 Excel 工作表单元格输入公式时,用 SUM 函数对计算单元格区域 A1:C4 和 D3:H9 的和,则公式=_____。

5. 在 Excel 2010 中输入数据时,如果输入的数据具有某种内在规律,则可以利用它的_____功能。

6. Excel 列号的有效范围为_____。

7. Excel 2010 中,为了让低版本的 Excel 能够使用文件,在创建时应选用的文件类型为_____。

8. 函数 ROUND(12.15,1)的计算结果为_____。

9. 保存重要信息的工作簿,因为不想被其他人随意查看和修改,所以可以_____,以便限制其他人的查看和修改。

10. 运算符对公式中的元素进行特定类型的运算。Excel 2010 包含四种类型的运算符:算术运算符、比较运算符、文本运算符和引用运算符。其中符号"&"属于_____,"%"属于_____,">"属于_____,":"属于_____。

三、简答题

1. 如何改变工作簿的扩展名?

2. 请描述分类汇总的过程。

3. 如何插入页眉/页脚?

4. 简述创建图表(柱状图)的步骤。

5. 请写出五种常用的快捷键。

四、操作题

1. 创建一个新的工作簿,并在 Sheet1 工作表中建立一个成绩数据表,见题表 1。

题表 1　成绩数据表

班级编号	学号	姓　名	性别	语文	数学	英语	物理	化学	总分
1	101011	庄俊花	男	662	591	527	593	480	2853
1	101012	郑为聪	男	541	523	551	538	585	2738
1	101013	赵完晨	男	569	533	575	559	519	2755
1	101014	张小杰	男	531	589	599	593	657	2969
1	101017	张文铄	女	546	570	466	518	571	2671
1	101018	张清清	男	491	504	608	596	495	2694
1	101019	张大华	男	531	499	551	559	489	2629
1	101020	张　海	男	582	543	496	515	489	2625
1	101021	叶武良	男	582	591	591	593	697	3054
1	101022	鄢小武	男	588	559	527	456	630	2760
1	101025	吴生明	男	643	564	534	535	590	2866
1	101026	吴宏祥	男	569	485	443	589	569	2655
1	101027	王许延	男	563	485	567	556	563	2734
1	102025	王为明	男	575	499	624	618	541	2857
1	102016	王晶鑫	男	503	538	591	671	575	2878
1	102017	邱伟文	女	489	567	567	635	569	2827
1	102018	钱大贵	女	588	596	644	548	541	2917
1	102019	林新莹	女	563	596	616	633	652	3060
1	102020	林文星	男	625	570	583	566	555	2899
1	102021	林文健	男	569	509	583	579	625	2865
1	102022	林青霞	男	466	518	532	528	541	2585
1	102023	林明旺	男	591	559	625	445	526	2746
1	102034	廖大标	男	534	567	590	596	546	2833
1	102035	李立四	女	591	567	562	580	617	2917
1	102036	江为峰	女	632	504	595	700	588	3019
1	102037	江旧强	男	649	640	585	589	568	3031
1	102038	黄华松	女	496	559	677	538	568	2838
1	102039	黄　娜	女	457	559	620	645	516	2797
1	102040	黄　博	男	519	523	488	678	634	2842
1	102041	黄　林	男	575	538	562	678	569	2922
1	103021	胡琴华	男	519	618	557	552	511	2757
1	103022	韩文渊	男	624	570	528	559	581	2862
1	103023	程　新	男	519	467	519	545	625	2675
1	103024	陈新选	男	443	533	553	538	476	2543
1	103025	陈小炜	男	467	570	567	569	548	2721

班级编号	学号	姓　名	性别	语文	数学	英语	物理	化学	总分
1	103026	陈为明	女	467	623	678	528	523	2819
1	103028	陈飞红	女	543	559	515	477	553	2647
1	103029	陈　勤	女	385	564	523	566	678	2716
1	103030	艾日文	男	567	674	548	566	664	3019

2．编辑记录操作。

（1）将学号为 1010 开头的所有学生的班级编号改为"高三·一班"，将学号为 1020 开头的所有学生的班级编号改为"高三·二班"，学号为 1030 开头的所有学生的班级编号改为"高三·三班"。

（2）在学号为 103028 之前插入一条新记录，内容如下：

班级编号	学号	姓名	性别	语文	数学	英语	物理	化学	总分
高三·三班	103027	谢中杰	男	551	514	562	604	575	2806

（3）将学号为 102038、姓名为"黄华松"的记录删除。

3．排序操作。

（1）对表 4-7-1 按"数学成绩"从高到低排列。若数学成绩相同，则按"英语成绩"从高到低排列。

（2）新建工作表"成绩处理中"，将表 4-7-1 中的数据复制到该表中，并取消 Sheet1 中成绩数据表的排序。

4．筛选数据操作。

（1）在本工作簿的最后面插入 3 张新工作表，分别命名为"男生成绩""语文成绩""女生成绩"。

（2）在 Sheet1 中的成绩数据表中，筛选出性别为"男"的记录，并将筛选后的成绩数据表的内容复制到"男生成绩"表单中。

（3）在 Sheet1 的成绩数据表中筛选出语文成绩从 570 到 620 的记录，并将筛选后的成绩数据表的内容复制到"语文成绩"表单中。

（4）在 Sheet1 的成绩数据表中，利用"高级筛选"功能筛选出性别为"女"且物理成绩大于 580 的记录，并将筛选后的成绩数据表的内容复制到"女生成绩"表单中。

5．在 Sheet1 的成绩数据表中，按班级汇总各班级各门功课的平均成绩，并将汇总后的成绩数据表的内容复制到新建工作表"班级汇总"中，Sheet1 中的原成绩数据表取消汇总。

6．制作图表。

（1）将该工作簿以"操作练习 4"的名称保存在用户文件夹下。

（2）建立一张学生语文成绩的柱状图表。

（3）用饼状图表示出总成绩大于 2500 的学生和小于 2500 的学生之间的比例。

7．根据第 1 题"成绩数据"表建立一个数据透视表，数据源的区域为 B1：J40，字段包含学号、姓名及各个总成绩。

项目五　制作演示文稿

任务 5.1　初识 PowerPoint 2010

PowerPoint 简称 PPT，是 Microsoft Office 应用软件中的一款演示文稿软件，主要用于制作产品宣传、产品演示的文稿。用户利用 PowerPoint 制作文稿时，能够制作出将封面、前言、目录、文字页、图表页、图片页、视频、音频等集于一体的多媒体演示文稿，能使阐述内容更加清晰明了。

通过学习该任务，使学生熟悉 PowerPoint 2010 的工作界面，掌握演示文稿的创建、编辑等基本操作。

子任务 5.1.1　认识 PowerPoint 2010 界面

任务描述

用户利用 PowerPoint 不仅可以创建演示文稿，还可以在互联网上通过远程向观众展示演示文稿。PowerPoint 做出来的东西就是演示文稿，里面的每一页就叫幻灯片，每张幻灯片都是演示文稿中既相互独立又相互联系的内容。

而用户初次运用 PowerPoint 制作文稿之前，需要了解 PowerPoint 2010 的工作环境，对其界面进行认识。那么本次任务就是通过启动和关闭 PowerPoint 2010 来熟悉并掌握工作界面中的选项卡、功能区域、窗格，熟知每一个功能及命令的基本用法，并能创建演示文稿。

相关知识

1. 启动和关闭 PowerPoint 2010

（1）启动

启动 PowerPoint 的常用方法有以下三种。

① 单击屏幕左下角的"开始"按钮，在弹出的菜单中依次单击"所有程序"→Microsoft Office→Microsoft Office PowerPoint 2010。

② 如果桌面上有 Microsoft Office PowerPoint 2010 的快捷方式，则直接双击图标即可。

③ 在桌面上的任意空白地方右击,选择"新建"→"Microsoft PowerPoint 演示文稿",然后双击新建的演示文稿。

(2)关闭

关闭 PowerPoint 的方法常用的有以下五种。

① 单击 PowerPoint 2010 应用程序窗口右上角的"关闭"按钮。

② 单击 PowerPoint 2010 应用程序窗口左上角的控制图标🅿,选择"关闭"功能。

③ 双击 PowerPoint 2010 应用程序窗口左上角的控制图标🅿。

④ 选择"文件"菜单中的"退出"命令。

⑤ 按 Alt+F4 快捷键。

2. 新建幻灯片

通过上述的启动方式,启动后的 PowerPoint 2010 界面如图 5-1-1 所示。

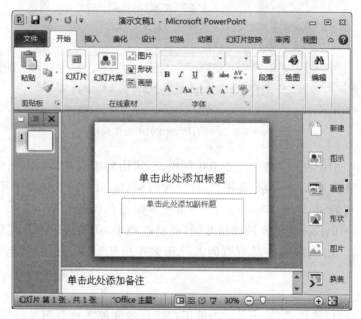

图 5-1-1　PowerPoint 2010 界面

系统会自动生成一个文件名为"演示文稿 1"的空白文稿,PowerPoint 2010 文稿的后缀名为".pptx"。

在启动好的演示文稿中,新建幻灯片的常用方法有以下三种。

(1)使用 Ctrl+M 快捷键。

(2)单击界面左侧"幻灯片/大纲视图窗格"区域,然后按 Enter 键。

(3)在"开始"选项卡的"幻灯片"功能区域中,单击"新建幻灯片"按钮;或是单击"新建幻灯片"右下角的下拉按钮,在弹出的窗格中选择新建幻灯片的选项。

 **任务实施**

下面介绍 PowerPoint 2010 的工作界面及相应的操作。

在启动 PowerPoint 2010 并创建空白幻灯片之后,则进入 PowerPoint 2010 的工作窗口界面,如图 5-1-2 所示。

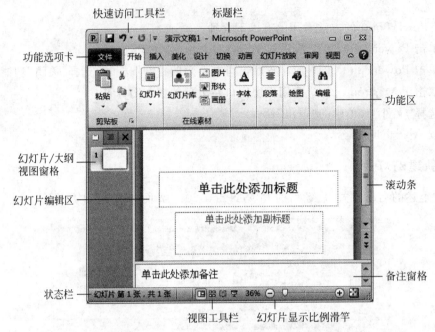

图 5-1-2　PowerPoint 2010 工作窗口

PowerPoint 2010 的工作窗口主要由标题栏、快速访问工具栏、功能区、幻灯片/大纲视图窗格、幻灯片编辑区、备注窗格、状态栏、快捷按钮和幻灯片显示比例滑竿等元素构成。

从图 5-1-2 可看出,PowerPoint 2010 的系统界面拥有典型的 Windows 应用程序的窗口,它与 Word 2010、Excel 2010 的风格相同,而且选项卡、功能区也十分相似,甚至大部分工具都是相同的。用户在操作时可以同时使用多个应用窗口,方便快捷,并能实现自由切换。

（1）标题栏

标题栏位于窗口的顶端,用于显示当前正在运行的文稿名称等信息。标题栏右端的三个按钮分别是 ▭(最小化)、▭(最大化)和 ☒(关闭)。

（2）功能选项卡

功能选项卡是完成演示文稿各种操作的功能区域,包括"文件""开始""插入""设计""切换""动画""幻灯片放映""审阅""视图"等选项卡,单击每个选项卡则会出现对应的功能区,制作幻灯片的大部分功能选项都集中于此。

（3）幻灯片/大纲视图窗格

在普通视图模式下,单击幻灯片、大纲视图窗格上方的"大纲"和"幻灯片"这两个选项,便可实现幻灯片相应的视图模式的切换。

① 幻灯片视图

在窗格中,整个窗口的主体都被幻灯片的缩略图所占据。在设计制作幻灯片时,每一张幻灯片前面都有序号和动画播放按钮,可以直接拖动幻灯片来调整文稿的位置。当选中了某张幻灯片的缩略图,则会同时在幻灯片编辑窗格中出现该张幻灯片,以便用户对其进行编辑工作,并设置动画效果等。

② 大纲视图

在大纲视图下可以显示整个演示文稿的主题思想,以及文稿的组织结构,这样能更方便地编辑幻灯片的标题及内容,并可以组织文稿演示的结构。通过标题或内容来移动幻灯片的位置,甚至可完成对演示文稿的内容进行总体调整。例如要移动某一张幻灯片的文本位置,就可以通过显示幻灯片的标题来对演示文稿的整体进行调整或编辑。

（4）幻灯片编辑区

这是用来编辑和浏览幻灯片的区域,便于查看每张幻灯片的整体效果。用户可以编辑每张幻灯片中的文本信息、设置文本外观,添加图形、图表,插入音频、视频,创建超链接等。幻灯片编辑区是处理和操作幻灯片的主要环境。在此区域中,幻灯片是以单幅的形式出现。

（5）备注窗格

每张幻灯片都有备注页,用于保存幻灯片的备注信息,即备注性文字。备注文本在幻灯片播放时不会放映出来,但是可以打印出来,也可在后台显示以作为演说者的讲演稿。备注信息包括文字、图形、图片等。

（6）状态栏

用于显示当前演示文稿的信息,如当前选定的是第几张幻灯片,共几张幻灯片等。

（7）视图工具栏

演示文稿的视图是用户根据幻灯片的内容需要,以在不同的视图方式下与观众进行交互,以便对文稿进行编辑制作。视图模式可以在"视图"选项卡的"演示文稿视图"工具组中选择适合的视图模式,也可通过视图工具栏中的按钮进行不同的视图模式的切换,如图 5-1-3 所示。

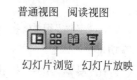

普通视图　阅读视图

幻灯片浏览　幻灯片放映

图 5-1-3　PowerPoint 2010
视图工具栏

① 普通视图

普通视图是系统默认的视图。在普通视图中,系统将文稿编辑分成了三个窗格,分别是幻灯片、大纲视图窗格,幻灯片编辑窗格和备注窗格。

② 幻灯片浏览

幻灯片浏览视图是按每行若干张幻灯片,以缩略图的形式显示幻灯片的视图。幻灯片浏览视图显示了演示文稿的全部幻灯片,以便对幻灯片进行重新排列、添加、删除、复制、移动等操作,可以通过双击某张幻灯片来快速地定位到该张幻灯片,也可在该视图中设置幻灯片的动画效果、调节幻灯片之间的放映时间等操作。

在该视图中主要是对幻灯片进行排列、添加、删除、复制、移动等操作,不能直接对幻灯片的内容进行编辑、修改,只有双击某张幻灯片并切换到幻灯片窗格时,才能对其编辑、修改。

③ 阅读视图

阅读视图中整个窗口的主体都被幻灯片的编辑窗格所占据。当用户不想通过使用"幻灯片放映"来查看演示文稿时,则可以选择该视图。如果想更改演示文稿,可以随时从该视图切换到普通视图或幻灯片浏览视图。

④ 幻灯片放映

幻灯片放映视图将占据整个计算机的屏幕,观众在观看时可以看到图形、图片、图表、音频、视频、动画效果和切换效果在实际演示中的具体效果。它仅仅是播放幻灯片的屏幕状态,按 F5 键可以放映幻灯片,而按 Esc 键则退出幻灯片放映视图。

1. PowerPoint 2010 的"开始"选项卡

在"开始"选项卡中,主要是对演示文稿的文本内容进行设置,如图 5-1-4 所示。

图 5-1-4　PowerPoint 2010"开始"选项卡

(1) 在"剪贴板"组中,提供了在幻灯片中对文本内容进行剪切、复制、粘贴以及格式刷等设置功能。

(2) 在"幻灯片"组中,提供了新建幻灯片、对幻灯片版式的设计、重设、节等设置功能。

(3) 在"在线素材"组中,提供了在线状态下,幻灯片库、图片、形状、画册等素材设置功能。

(4) 在"字体"组中,提供了在幻灯片中对文本的字体、字号、字形、文字效果、字符间距设置等功能。

(5) 在"段落"组中,提供了在幻灯片中对文本的项目符号、编号,段落对齐方式、间距,文字方向等设置功能。

(6) 在"绘图"组中,提供了在幻灯片中插入图形形状并对其进行相应设置等功能。

(7) 在"编辑"组中,提供了对文本的查找、替换、选择等功能。

2. PowerPoint 2010 的"插入"选项卡

在"插入"选项卡中,可以在演示文稿中插入表格、图像、文本、符号等对象,如图 5-1-5 所示。

图 5-1-5　PowerPoint 2010"插入"选项卡

(1) 在"表格"组中,提供了在幻灯片中插入表格的功能。

(2) 在"图像"组中,提供了在幻灯片中插入图片、剪切画、屏幕截图、相册等功能。

(3) 在"插图"组中,提供了在幻灯片中插入形状、SmartArt、图表等功能。

(4) 在"链接"组中,提供了在幻灯片中创建指向对象的超链接、动作的操作。

(5) 在"文本"组中,提供了在幻灯片中插入文本框、页眉和页脚、艺术字、时间日期、幻灯片编号、对象等的操作。

（6）在"符号"组中，提供了在幻灯片中插入公式、符号的操作。

（7）在"媒体"组中，提供了在幻灯片中插入视频、音频的操作。

3. PowerPoint 2010 的"设计"选项卡

在"设计"选项卡中，主要用来进行页面设置、自定义演示文稿的主题模板、背景和颜色等，如图 5-1-6 所示。

图 5-1-6　PowerPoint 2010"设计"选项卡

（1）在"页面设置"组中，有页面设置、幻灯片方向等设置操作。

（2）在"主题"组中，可以对幻灯片的主题进行选择，并能对主题中文本的颜色、字体、效果等进行设置。

（3）在"背景"组中，主要是对幻灯片的背景格式进行设置。

4. PowerPoint 2010 的"切换"选项卡

在"切换"选项卡中，可对幻灯片进行预览，主要用来设置幻灯片的切换效果、切换方式、持续时间等，如图 5-1-7 所示。

图 5-1-7　PowerPoint 2010"切换"选项卡

（1）在"预览"组中，可以对幻灯片出现在屏幕中的效果进行预览。

（2）在"切换到此幻灯片"组中，主要用来设置幻灯片出现、退出的效果。

（3）在"计时"组中，主要用于设置切换效果的声音、效果维持的时间、换片方式等。

5. PowerPoint 2010 的"动画"选项卡

"动画"选项卡中，用于设置幻灯片中对象的动画效果，以及动画出现的方式、出现的时间等，如图 5-1-8 所示。

图 5-1-8　PowerPoint 2010"动画"选项卡

（1）在"预览"组中，用于对幻灯片的文本、效果、切换方式等进行预览。

（2）在"动画"组中，用于对幻灯片中的对象进行动画效果的设置。

（3）在"高级动画"组中，用于对已经设置动画效果的对象再次添加动画效果，并对效果的格式进行设置。

（4）在"计时"组中，用于对已设置的效果开始、持续时间、动画延迟、动画的重新排序等进行设置。

6. PowerPoint 2010 的"幻灯片放映"选项卡

在"幻灯片放映"选项卡中，主要用于设置幻灯片的放映方式与条件，如图 5-1-9 所示。

图 5-1-9　PowerPoint 2010"幻灯片放映"选项卡

（1）在"开始放映幻灯片"组中，用于设置幻灯片放映的顺序。

（2）在"设置"组中，用于对幻灯片放映的方式、排练计时、录制旁白等进行设置。

（3）在"监视器"组中，用于对放映时的监视器分辨率、演示者视图等进行设置。

7. PowerPoint 2010 的"审阅"选项卡

"审阅"选项卡中，主要是做校对和批注，并比较当前演示文稿与其他演示文稿的差异，如图 5-1-10 所示。

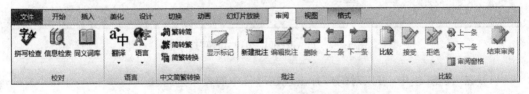

图 5-1-10　PowerPoint 2010"审阅"选项卡

（1）在"校对"组中，可以检查幻灯片中文本内容的文字拼写、信息检索、同义词库。

（2）在"语言"组中，可以设置演示文稿中的语言并进行翻译。

（3）在"中文简繁转换"组中，可以实现文字的简体与繁体的转换。

（4）在"批注"组中，用于对幻灯片中的对象设置批注。

（5）在"比较"组中，可以将当前演示文稿与其他演示文稿进行比较。

8. PowerPoint 2010 的"视图"选项卡

"视图"选项卡用于对视图的切换和显示比例的设置，还可以对是否显示标尺、网格线和参考线进行设置，如图 5-1-11 所示。

（1）在"演示文稿视图"组中，用于幻灯片各种视图模式的切换。

图 5-1-11　PowerPoint 2010"视图"选项卡

（2）在"母版视图"组中，包括幻灯片母版、讲义母版、备注母版视图。可以对整个文稿的样式进行设置。

（3）在"显示"组中，可以设置幻灯片的标尺、网格线、参考线。

（4）在"显示比例"组中，可以设置幻灯片显示的比例以及窗口的大小。

（5）在"颜色/灰度"组中，可以设置整个演示文稿显示的颜色。

（6）在"窗口"组中，可以设置显示幻灯片内容等的操作。

技能拓展

在演示文稿启动后，还可以用以下五种方式创建新的演示文稿。

1. 新建空白演示文稿

创建的方法包含以下三种。

（1）用鼠标依次单击"文件"选项卡→"新建"→"空白演示文稿"→"创建"，即可新建一个空白演示文稿，如图 5-1-12 所示。

图 5-1-12　新建演示文稿界面

（2）单击 PowerPoint 工作界面顶端左侧"自定义快速访问工具栏"中的下拉按钮，在弹出的菜单中选中"新建"，便会将"新建"按钮 添加到"快速访问工具栏"中，单击该按钮即可新建空白演示文稿。

（3）单击 PowerPoint 2010 工作界面的任意一处，按 Ctrl＋N 快捷键，即可新建一个空白演示文稿。

采用以上方式新建的空白演示文稿如图 5-1-13 所示。

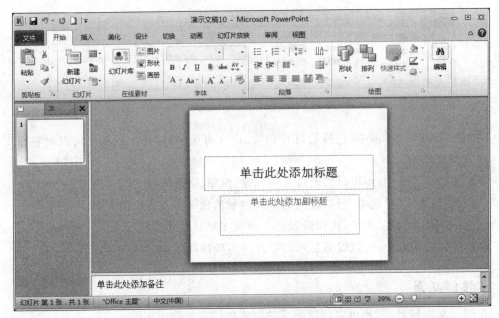

图 5-1-13　新建的空白演示文稿

2. 根据"样本模板"创建新的演示文稿

（1）单击"文件"选项卡→"新建"按钮，在"可用的模板与主题"界面中单击"样本模板"图标，进入 PowerPoint 2010 默认的演示文稿选择界面，如图 5-1-14 所示。

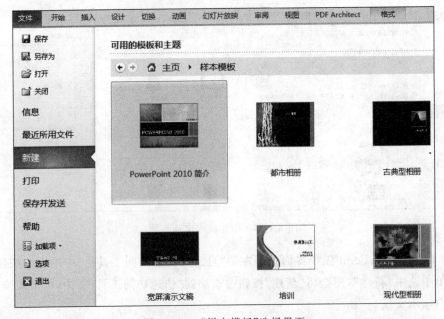

图 5-1-14　"样本模板"选择界面

（2）任意选择其中的模板。在此以选中"都市相册"模板为例，双击该模板或单击右侧的"创建"命令,即创建了一个带有该模板的演示文稿,用户就可以在该模板中进行对象的编辑与操作,如图 5-1-15 所示。

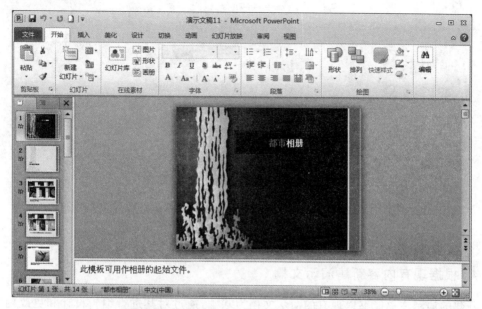

图 5-1-15　新建的"都市相册"样本模板演示文稿

3. 根据"主题"模板创建新的演示文稿

(1)单击"文件"选项卡→"新建"按钮,在"可用的模板与主题"窗口中单击"主题"图标,进入 PowerPoint 2010 默认的"主题"选择界面,如图 5-1-16 所示。

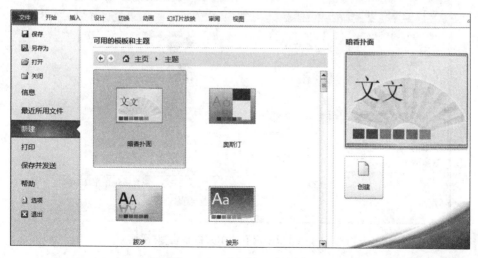

图 5-1-16　"主题"选择界面

(2)此处若是选中"奥斯汀"主题,双击该主题后,即生成带有该主题的一个新的演示文稿,如图 5-1-17 所示。

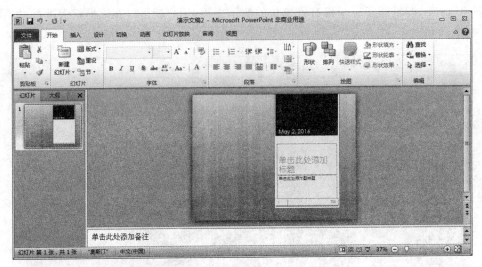

图 5-1-17　运用了"奥斯汀"主题的文稿

4. 根据现有内容新建演示文稿

新建的演示文稿能够以现有的演示文稿为基础,通过对其进行编辑设计和更改内容来生成新的演示文稿。减少了创建文档的工作量。

在"文件"选项卡"新建"区域中,在"可用的模板与主题"界面中单击"根据现有演示文稿新建"图标后,则弹出"根据现有演示文稿新建"对话框,如图 5-1-18 所示。

图 5-1-18　"根据现有演示文稿新建"对话框

5. 根据 Office.com 模板创建

适当的模板有助于用户方便快速地创建适合需要的文档,而在 Office.com 上就提供了许多可下载的模板,用户可直接从 Office.com 下载,如图 5-1-19 所示。

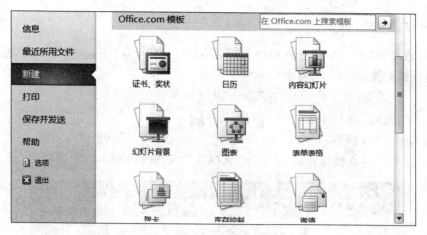

图 5-1-19 Office.com 模板

 任务总结

通过本任务的学习,掌握下列知识和技能。

- 掌握 PowerPoint 2010 启动方法。
- 熟悉 PowerPoint 2010 的操作界面。
- 了解 PowerPoint 2010 各选项卡的组成,以及工具的功能。
- 掌握 PowerPoint 演示文稿的创建方法。
- 学会利用 PowerPoint 的主题和模板创建演示文稿。

子任务 5.1.2 PowerPoint 2010 的基本操作

 任务描述

本次任务是让用户能掌握基本的操作,熟练掌握打开、保存、退出演示文稿的方法,会插入、剪贴、复制、移动、删除幻灯片,并能在演示文稿中输入文本内容。

 相关知识

1. 打开演示文稿

在启动 PowerPoint 2010 后,可以通过"打开"文件来选择包含多张幻灯片的演示文稿,具体操作有以下三种方法。

（1）选择"文件"选项卡的"打开"命令,在弹出的"打开"对话框中选择要打开的文稿。

（2）单击"快速访问工具栏"中的"打开"按钮 📂 。

（3）使用 Ctrl＋O 快捷键。

2. 保存演示文稿

(1) 通过单击"开始"→"所有程序"→Microsoft Office→Microsoft Office PowerPoint 2010 命令创建的演示文稿,保存方法有以下三种。

- 单击"文件"选项卡中的"保存"命令。
- 单击"快速访问工具栏"中的"保存"按钮 。
- 按 Ctrl+S 快捷键。

当演示文稿第一次被保存时,会弹出"另存为"对话框,如图 5-1-20 所示。

图 5-1-20 "另存为"对话框

用户可以选择演示文稿存放的目录位置,可在对话框的文件名中输入演示文稿的文件名。

(2) 如果想改变该文稿的保存目录,方法有以下两种。

- 单击"文件"选项卡中的"另存为"命令,在弹出的对话框中选择保存路径。
- 右击该文件的图标,选择"剪切"(快捷键为 Ctrl+X)或"复制"(快捷键为 Ctrl+C)命令,在新的保存目录下右击,在弹出的窗口中选择"粘贴"(快捷键为 Ctrl+V)命令即可。

3. 演示文稿的基本操作

(1) 输入和编辑文本

① 在"幻灯片视图窗格"中输入和编辑文本

新建幻灯片时,在"幻灯片编辑区"中都能看到"占位符",它是带有虚线标记的边框,用来插入标题、文本、图片、图表、图形等对象。

占位符存在编辑状态与选定状态两种模式。

当用户单击占位符区域的内部时,显示的就为"编辑状态",可以在里面输入文本,并可对文本进行编辑,选中后虚线框的四周就有尺寸手柄用于调整占位符的大小。

当用户单击占位符的边框时,显示的就为"选定状态",此时可以对其进行剪切、复制、移动、删除等操作,也可对其进行"形状格式"的设置。

占位符如同 Word 中的文本框,但是两者仍有以下区别。

- 占位符中的文本可以在大纲视图中显示出来,而文本框中的文本却不能在大纲视图中显示出来。
- 当用户进行视图的放大、缩小,文本过多或过少时,占位符能自动调整文本字号的大小,使之与占位符的大小相适应;而在同一情况下,文本框却不能自行调节字号的大小。
- 文本框可以与其他图片、图形等对象组合成一个复杂的对象,但是占位符却不能进行这样的组合。
- 在占位符的内部不能插入本文框;在占位符的外部可以任意插入文本框。

② 在"大纲视图窗格"中输入和编辑文本

输入方法有以下两种。

- 将光标定位在要输入主题的幻灯片上,然后输入标题。输完标题以后,按 Enter 键即可输入下一张幻灯片的标题。
- 若输完标题以后,需输入幻灯片的正文内容,则先按 Ctrl+Enter 快捷键,然后即可输入正文内容。

在"大纲视图窗格"编辑演示文稿时,可以右击,在弹出的"任务窗格"中选择"升级"或"降级"来改变大标题、小标题的排列顺序。

(2) 选择幻灯片

① 在"普通视图"模式的"幻灯片、大纲视图窗格"中选择。"幻灯片视图"或"大纲视图"两种视图中无论是在哪一种视图下都可直接通过对编号后的图标进行操作来选定幻灯片。

② 在"幻灯片浏览视图"中选择。在该视图中,可直接对幻灯片进行选定、排列、添加、删除、复制、移动等操作。

③ 在"普通视图"或"幻灯片浏览视图"中:

- 如果只选择某一张幻灯片,则用鼠标单击该幻灯片。
- 如果要选择连续的多张幻灯片,先将鼠标单击第一张幻灯片上,然后按住 Shift 键,再在最后一张幻灯片上单击即可。
- 如果要选择不连续的多张幻灯片,按住 Ctrl 键,然后用鼠标依次单击要选中的幻灯片即可。
- 如果要将幻灯片全部选择,则在"开始"选项卡的"选择"功能组中选择"全选"命令,或者是按 Ctrl+A 快捷键,即可将幻灯片全部选中。

(3) 调整幻灯片的显示比例

可以根据幻灯片的数量来相应调整显示比例,以便更好地对幻灯片进行编辑。调整方法有以下两种。

① 打开一个包含多个幻灯片的演示文稿,然后切换至"幻灯片浏览"视图模式。在该视图模式的右下角处"比例滑竿" 100% ⊖ ───▽─── ⊕ 中,可通过拖动滑竿来统一调整幻灯片的显示比例。

② 选择"视图"选项卡中"显示比例"组的"显示比例"命令,在弹出的对话框中设定幻灯

片所需显示的比例。

（4）插入幻灯片

演示文稿是由多张幻灯片组合起来的对象，而用户在制作过程中会不断对其进行添加、补充或修改，插入新的幻灯片。

① 插入新幻灯片

步骤一　选中所要插入幻灯片位置之前的那张幻灯片。

步骤二　使用"开始"选项卡中"幻灯片"组的"新建幻灯片"命令来插入幻灯片。插入方法有以下三种。

- 直接用选择"新建幻灯片"命令。
- 单击"新建幻灯片"下拉按钮，在弹出的任务窗格中选择所插入新幻灯片的 Office 主题样式。
- 按 Enter 键或 Ctrl＋M 快捷键，则新插入幻灯片的格式与上一张幻灯片的格式相同。

② 从 Office 文档中导入

在用户在"开始"选项卡中的"新建幻灯片"组中，单击"新建幻灯片"下拉按钮，在弹出的任务窗格中选择"幻灯片（从大纲）"命令，再从弹出的对话框中选择文件。

③ 从其他演示文稿插入幻灯片

用户在"开始"选项卡中的"新建幻灯片"组中单击"新建幻灯片"下拉按钮，在弹出的任务窗格中选择"重用幻灯片"命令后，在工作界面的右侧就会显示出"重用幻灯片"任务窗格，通过"浏览"按钮可以选择将要插入的演示文稿，然后再选择要插入的新幻灯片。

④ 新增节

"节"是 PowerPoint 2010 中新增的功能，主要是用来对幻灯片的页数进行管理，能将整个演示文稿划分成若干个小节，有助于规划文稿结构，同时便于对幻灯片进行编辑和维护。

- 新增"节"的方法：在普通视图中先选中某张幻灯片，在"开始"选项卡"幻灯片"组中选择"新增节"，也可右击选中的幻灯片，选择"新增节"命令。选中之后在"幻灯片、大纲视图窗格"中就会显示一个"无标题节"，右击该标题，在快捷菜单中可对其进行诸如"重命名""删除""移动"等操作。
- 有效利用"节"：对于设置好"节"的演示文稿，将其切换至"幻灯片浏览"视图中，能更全面地查看幻灯片页面之间的逻辑关系。

（5）复制、移动和删除幻灯片

① 复制幻灯片

操作步骤如下：

步骤一　选中要复制的幻灯片，右击，选择"复制幻灯片"命令；或在"开始"选项卡的"剪切板"组中单击"复制"命令；或按 Ctrl＋C 快捷键。

步骤二　确定好幻灯片粘贴的位置之后，单击前一张幻灯片，然后选择"开始"选项卡"剪切板"组中"粘贴"命令；或是按 Ctrl＋V 快捷键，所选的幻灯片就粘贴到所选定的幻灯片之后。

当然，也可以通过拖动鼠标的方法来复制幻灯片。用户首先选中所要复制的幻灯片，同时按住 Ctrl 键，在拖动时鼠标箭头的右上方就会出现一个"＋"号，然后将其拖到需要放置的位置并松开鼠标左键即可。

② 移动幻灯片

编辑幻灯片时经常会改变幻灯片的位置,我们可以通过用鼠标拖动幻灯片的方法来对其进行移动。

③ 删除幻灯片

选定要删除的幻灯片,直接按 Delete 键即可。若想恢复已经被删除的幻灯片,单击"撤销"按钮↻,或按 Ctrl＋Z 快捷键。

1. 输入演示文稿的内容

根据下列 Word 文档中的文本信息,在桌面上右击,通过新建"PowerPoint 演示文稿"将其信息呈现出来。

Word 文档如图 5-1-21 所示。

---

(1) 标题:【光雾山自然风光】

要求:该标题出现在第一张幻灯片上,将标题设置成"宋体""44 号""加粗""蓝色"字体样式。

(2) 正文内容如下。

① 正文第一张幻灯片的内容,即从第二张幻灯片处开始录入以下的文本信息。

【光雾山风景区位于川陕交界处,以奇特的喀斯特峰丛地貌、古朴的原生态植被以及迷人的瀑潭秀水和峡谷风光为景观特色。】

② 第三张幻灯片录入的文本信息。

【深秋时节的光雾山,是摄影发烧友们最喜爱的大片丛林地,漫山的层林尽染成一片火红颜色,沁人心肺。】

③ 第四张幻灯片录入的文本信息。

【每年 10 月中旬至 11 月中旬是红叶最佳的观赏期,会举办一年一度的"光雾山红叶节"。秋季到光雾山旅游气温比较低,需带厚外套。】

④ 第五张幻灯片录入的文本信息。

【光雾山风景区位于川陕交界处的米仓山南麓,景区面积为 600 平方公里。光雾山这方神奇的自然山水,集秀峰怪石、峭壁幽谷、溪流瀑潭、田园山林于一体,堪称"山奇、石怪、谷幽、水秀、峰险"五绝。它由桃园、牟阳城、十八月潭、神门、小巫峡五大片区组成。】

要求:正文文本设置成"宋体""28 号""红色"字体样式。

图 5-1-21　光雾山风景区介绍

2. 保存文档

因为该文稿是通过桌面新建的,故演示文稿保存并关闭后,需对其进行重命名,文件名为"光雾山风景区介绍"(文件扩展名". pptx"可省略,系统将按照"保存类型"中指定的文件类型自动为文件加上扩展名)。之后的任何一次对文档的修改,执行"保存"命令即可生效。

如果当前文稿在编辑后没有保存,关闭时就会弹出提示框,询问是否保存对文档的修改,如图 5-1-22 所示。

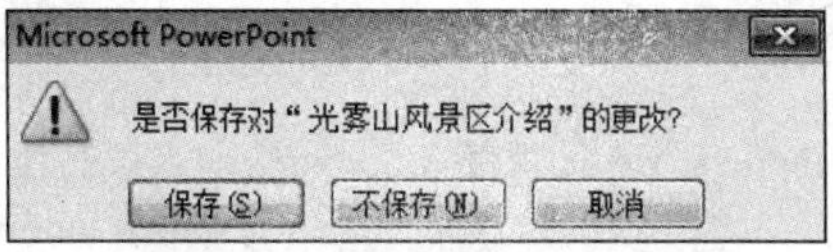

図 5-1-22　"保存"系统提示框

单击"保存"按钮进行保存；单击"不保存"按钮放弃保存；单击"取消"按钮不关闭当前文档，可继续编辑。

 知识拓展

下面了解演示文稿的保存类型。

PowerPoint 2010 默认的文件保存类型为"PowerPoint 演示文稿"，它还有其他的保存类型，如表 5-1-1 所述。

表 5-1-1 PowerPoint 2010 默认的文件保存类型

文 件 类 型	扩展名	说　明
PowerPoint 演示文稿	. pptx	Office PowerPoint 2007 演示文稿，默认情况下为 XML 文件格式
启用宏的 PowerPoint 演示文稿	. pptm	包含 Visual Basic for Applications（VBA）代码的演示文稿
PowerPoint 97-2003 演示文稿	. ppt	可以在早期版本的 PowerPoint 中打开的演示文稿
PDF	. pdf	可以将演示文稿保存为由 Adobe Systems 开发的基于 PostScript 的电子文件格式，该格式保留了文档格式并允许共享文件
XPS 文档	. xps	可以将演示文稿保存为一种版面配置固定的新的电子文件格式，用于以文档的最终格式交换文档
PowerPoint 模板	. potx	将演示文稿保存为模板，可用于对将来的演示文稿进行格式设置
PowerPoint 启用宏的模板	. potm	包含预先批准的宏的模板，这些宏可以添加到模板中以便在演示文稿中使用
PowerPoint 97-2003 模板	. pot	可以在早期版本的 PowerPoint 中打开的模板
Office Theme	. thmx	包含颜色主题、字体主题和效果主题的定义的样式表
PowerPoint 放映	. ppsx	始终在幻灯片放映视图中打开的演示文稿
启用宏的 PowerPoint 放映	. ppsm	包含预先批准的宏的幻灯片放映，可以从幻灯片放映中运行这些宏
PowerPoint 97-2003 放映	. pps	可以在早期版本的 PowerPoint 中打开的幻灯片放映
PowerPoint Add-In	. ppam	用于存储自定义命令、Visual Basic for Applications（VBA）代码和特殊功能（例如加载宏）的加载宏
PowerPoint 97-2003 Add-In	. ppa	可以在早期版本的 PowerPoint 中打开的加载宏
PowerPoint XML 演示文稿	. xml	可以将 PowerPoint 演示文稿保存为 XML 格式的文件
Windows Media 视频	. wmv	可以将文件保存为视频的演示文稿，PowerPoint 2010 演示文稿可以按高质量、中等质量与低质量进行保存，WMV 文件格式可以在 Windows Media Player 之类的多种媒体播放器上播放

文件类型	扩展名	说　明
GIF 可交换的图形格式	.gif	作为用于网页的图形的幻灯片
JPEG 文件交换格式	.jpg	作为用于网页的图形的幻灯片,JPEG 文件格式支持 1600 万种颜色,最适于照片和复杂图像
PNG 可移植网络图形格式	.png	作为用于网页的图形的幻灯片。万维网联合会已批准将 PNG 作为一种替代 GIF 的标准。PNG 不像 GIF 那样支持动画,某些旧版本的浏览器不支持该文件格式
TIFF Tag 图像文件格式	.tif	作为用于网页的图形的幻灯片。TIFF 是用于在个人计算机上存储位映射图像的最佳文件格式。TIFF 图像可以采用任何分辨率,可以是黑白、灰度或彩色
设备无关位图	.bmp	作为用于网页图形的幻灯片。位图是一种表示形式,包含由点组成的行和列以及计算机内存中的图形图像
Windows 图元文件	.wmf	作为 16 位图形的幻灯片,用于 Microsoft Windows 3.x 和更高版本
增强型 Windows 元文件	.emf	作为 32 位图形的幻灯片,用于 Microsoft Windows 95 和更高版本
大纲/RTF 文件	.rtf	可提供更小的文件大小,并能够与可能与用户具有不同版本的 PowerPoint 或操作系统的其他人共享不包含宏的文件。使用这种文件格式,不会保存备注窗格中的任何文本
PowerPoint 图片演示文稿	.pptx	可以将演示文稿以图片演示文稿的格式保存,该格式可以减小文件的大小,但会丢失某些信息
OpenDocument 演示文稿	.odp	该文件格式可以在使用 OpenDocument 演示文稿的应用程序中打开,还可以在 PowerPoint 2010 中打开 .odp 格式的演示文稿

 技能拓展

1."文件"选项卡

"文件"选项卡中的基本功能是对演示文稿的保存、打开、关闭和退出。

(1)"信息"组是查看当前演示文稿的信息,如权限、共享以及版本。

(2)"最近所使用文件"组查看最近所使用的演示文稿及其存放位置。

(3)"新建"组在前面任务中已有过相应的认识了解,就是通过可用的模板和主题来创建新的演示文稿。

(4)"打印"组:设置演示文稿的打印模式。

(5)"保存并发送"组:就是将演示文稿保存之后所发送的位置,以及保存的文件类型。

(6)"帮助"组:Office 的相关信息。

(7)"选项"命令:在弹出的"PowerPoint 选项"对话框中可对 PowerPoint 进行设置。

2. 设置 PowerPoint 的选项

(1)"常规"选项卡

"PowerPoint 选项"对话框中的"常规"选项卡用于对 PowerPoint 的工作界面、配色方

案、用户名等进行设置,如图 5-1-23 所示。

图 5-1-23 "PowerPoint 选项"对话框中的"常规"选项卡

① "用户界面选项"区域

• "选择时显示浮动工具栏":当文档中的文字处于选中状态时,用户将鼠标指针移到被选中文字的右侧位置,将会出现一个半透明状态的浮动工具栏。该工具栏中包含了常用的设置文字格式的命令,如设置字体、字号、颜色、居中对齐等命令。将鼠标指针移动到浮动工具栏上将使这些命令完全显示,进而可以方便地设置文字格式,如图 5-1-24 所示。

图 5-1-24 浮动工具栏

反之,如果取消选中"选择时显示浮动工具栏"选项,则浮动工具栏会消失。

• "启用实时预览":实时预览是指在文件处理过程中,当鼠标光标悬停在不同功能选项上时会显示该功能的文档效果预览。例如,在设置文本颜色时,选中目标文字并将鼠标指针指向颜色选项,则文档将实时显示最终效果,鼠标指针离开以后将恢复原貌。

• "配色方案":PowerPoint 的主题颜色有蓝色、银色、黑色三种,用户可以根据需求改变配色方案。默认情况下,PowerPoint 的主题颜色为"银色"。

• "屏幕提示样式":"在屏幕提示中显示功能说明"表示打开屏幕提示和增强的屏幕提示,这是默认设置。"不在屏幕提示中显示功能"表示关闭增强的屏幕提示,但仍可看到屏幕提示。"不显示屏幕提示"表示关闭屏幕提示和增强的屏幕提示。

② "对 Microsoft Office 进行个性化设置"区域

可将"用户名"与"缩写"文本框中的内容设置成自己的名字。

(2)"校对"选项卡

可以更改 PowerPoint 的文本,以及设置的格式。

(3)"保存"选项卡

自定义文档的保存方式。其中,用户通过该功能可以设置保存格式、保存时间的间隔、保存位置等,如图 5-1-25 所示。

图 5-1-25　"PowerPoint 选项"对话框中的"保存"选项卡

（4）"版式"选项卡

用于文本的换行设置。

（5）"语言"选项卡

用于设置 Office 的语言选项。

（6）"高级"选项卡

使用 PowerPoint 时采用的高级选项。

（7）"自定义功能区"选项卡

对自定义功能区进行设置，可添加、删除功能选项。

（8）"快速访问工具栏"选项卡

对快速访问工具栏进行设置，用于添加、删除选项。

（9）"加载项"选项卡

查看和管理 Microsoft Office 的加载项。

（10）"信任中心"选项卡

帮助保持文档和计算机的安全以及计算机的状况。

 任务总结

通过对本任务的学习，应掌握以下知识和技能。

- 掌握 PowerPoint 2010 的保存方法。
- 熟悉 PowerPoint 2010 的基本操作。
- 根据自我需求对 PowerPoint 2010 进行设置。

任务 5.2　编辑与格式化演示文稿

PowerPoint 具有很好的功能，用户可以分别对文本内容、字体设置、图标图形、背景版面进行操作设置。在本任务中，主要通过演示文稿的编辑、设置演示文稿版式、设置演示文稿的背景 3 个子任务来掌握编辑、格式化的技能，以便更加熟练地运用。用户不仅可以在投影仪或者计算机上进行演示，也可以将演示文稿打印出来，制作成胶片，以便应用到更广泛的领域中。

子任务 5.2.1 演示文稿的编辑

 任务描述

通过本任务熟练掌握如何在 PowerPoint 2010 中设置文本的不同格式,如字体、阴影、字号、颜色等,对文本设置编号和项目符号,使其更具条理性,也更加直观,对段落进行对齐方式、行间距的设置,使其更整齐。

在子任务 5.1.2 提到的"光雾山自然风光"中,对文本进行文字、段落的设置,并在幻灯片中插入图片。

 相关知识

1. 文本格式化

编辑幻灯片时对文本内容的字体、字体颜色、字号、加粗、倾斜、下划线、文本效果、字符间距等效果进行格式设置。设置文本时应先选中所要编辑的文字再进行操作,有以下三种编辑方式:

- 在"开始"选项卡中的"字体"组中进行选择,如图 5-2-1 所示。

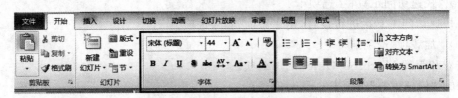

图 5-2-1 "字体"组

- 直接通过"浮动工具栏"对字体进行设置。
- 右击并选择"字体(N)"命令,在弹出的"字体"对话框中进行设置,或单击"字体"组右下角的下拉按钮,如图 5-2-2 所示。

图 5-2-2 "字体"对话框

选中需编辑的文字以后,会出现"格式"选项卡,用户可在该选项卡的功能区中对文本进行各种样式、排列、大小的设置,如图 5-2-3 所示。

图 5-2-3 文本格式的功能区

2. 段落格式化

(1) 编辑幻灯片的段落格式

可设置对齐方式、行间距、文字的边框及底纹等。设置方式与编辑文本格式一样。

(2) 使用项目符号和编号

项目符号和编号是放在文本前的符号,起到强调的作用。合理使用项目符号和编号,可以使文档的层次结构更清晰且更有条理。

操作方法为:在需要插入项目符号和编号的文本前,或是选中文本后再单击"开始"选项卡"段落"组中的"项目符号"按钮或"编号"按钮进行设置;或直接右击并在弹出的快捷菜单中对项目符号、编号进行设置。

在设置时,用户可以定义新的项目符号、编号的样式。

3. 插入对象

为了使演示文稿具有更强的表现力,用户可以插入相应的表格、图片、图形、图表、音频视频等对象,来使幻灯片更加生动形象。可在"插入"选项卡的功能区中进行设置,如图 5-2-4 所示。

图 5-2-4 "插入"选项卡

在 PowerPoint 2010 中的"插入"选项卡的"屏幕截图"按钮会智能监视计算机的活动窗口(所监视的窗口是打开的且没有最小化),可以直接选用"可用视窗",或是使用"屏幕剪辑"来获取图片,并将图片插入正在编辑的文章中。

 **任务实施**

1. 将"标题"设置成"艺术字"

将标题文字"光雾山自然风光"设置成"艺术字"的步骤如下:

(1) 删掉标题文字"光雾山自然风光"。

（2）切换至"插入"选项卡，在"文本"组中单击"艺术字"按钮，在弹出的窗格中选择所插入"艺术字"的字体样式。此处选择的演示为"填充为蓝色，强调文字颜色1，塑料棱台，映像"。

（3）选中艺术字的字体样式后，系统会自动在"幻灯片编辑"区中生成一个标有"请在此处放置您的文字"的占位符，这时可在占位符中输入标题"光雾山自然风光"，所选中的艺术字体就生成了。

此时，在选项卡中已自动显示"格式"选项，可在该选项卡中对艺术字再进行相关的样式设置。

2. 设置文本"字体""段落"样式

从第二张幻灯片开始，就可再对正文的文本进行字体、段落等的操作设置。

（1）先选中第二张幻灯片中的文字，可通过"浮动工具栏"或是"开始"选项卡的"字体"组对选中的文字进行"字体"设置，可设为"加粗"并将原有字体的颜色设置成"蓝色"。

（2）字体样式设置好之后，就可进行段落的设置。可直接在"开始"选项卡的"段落"功能组中单击"行距"按钮，也可右击并在快捷菜单中选中"段落(P)"命令，将"行距"设置成"1.5倍"。

（3）如要使正文部分的字体样式一样，选中第二张幻灯片中的文字后，双击"格式刷"按钮，再逐一对剩下幻灯片中的文字进行复制。

对正文文本进行设置时，也可在"格式"选项卡中对文字进行样式的设置。

3. 设置"图片"样式

在第4张幻灯片中插入图片并进行设置，其步骤如下：

（1）先将光标停留在段首。

（2）在"插入"选项卡的"图像"功能区中单击"图片"按钮，在弹出的对话框中选中所要插入的图片。

（3）插入图片以后，会出现"图片工具"对应的"格式"选项卡，可对图片的颜色、艺术效果、样式、排列、大小等进行设置。将该图片的样式设置为"旋转，白色"，可动手安排对齐方式，也可在该选项卡的"排列"组中进行设置。

编辑后的幻灯片效果如图5-2-5所示。

 知识拓展

1. 格式复制

在PowerPoint 2010中如果想复制文本对象的格式，可用"格式刷"。将文本格式复制到另一个文本对象中，则单击"格式刷"；如果要复制到多个文本对象中，则双击"格式刷"。

"格式刷"只能针对单个对象逐一操作，但是进行其他操作后它的功能就会失效，如果想要重新复制格式就只能再次使用"格式刷"，可以借助快捷键Ctrl＋Shift＋C与Ctrl＋Shift＋V。

复制对象属性时，只需要将该对象选中，然后按下Ctrl＋Shift＋C快捷键，再选中要应用该属性的对象并按下Ctrl＋Shift＋V快捷键即可。不过在复制对象属性时，要根据不同的对象确定不同的粘贴属性。若要停止格式设置，则按Esc键。

图 5-2-5　编辑后的幻灯片效果

2. 设置图片的格式

设置幻灯片中的图片时，设置方法有以下两种。

（1）单击图片，在选项卡中则会出现"图片工具"对应的"格式"选项卡，即可在功能区中对图片进行设置，如图 5-2-6 所示。

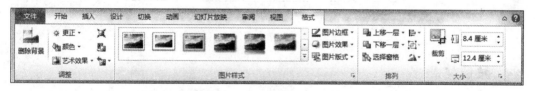

图 5-2-6　图片"格式"选项卡

在该选项卡中，可对图片的颜色、样式、版式等效果进行操作。

（2）选中图片，右击并选择"设置图片格式"命令，在弹出的"设置图片格式"对话框中也能进行相关的设置操作，如图 5-2-7 所示。

3. 幻灯片的页面设置

幻灯片的页面，一般都是采用系统的默认设置。如果要对其进行调整，步骤如下：

（1）选择"设计"选项卡"页面设置"组中的"页面设置"命令后，会弹出"页面设置"对话框，如图 5-2-8 所示。

（2）该对话框主要是对幻灯片的大小以及方向进行设置：可依据自身需求对幻灯片的大小、方向、高宽度、幻灯片编号起始值进行选择。单击"确定"按钮完成操作，整个演示文稿的页面都以设置后的效果显示。

图 5-2-7 "设置图片格式"对话框

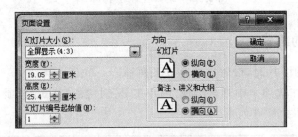

图 5-2-8 "页面设置"对话框

技能拓展

PowerPoint 2010 自带图形处理功能,可通过对图片进行锐化和柔化、调整亮度、对比度、调整颜色等操作来增加图片的艺术效果。

1. 图形任意裁剪

(1) 随时进行图片裁剪:图形任意裁剪能将图片裁剪成许多几何形状。

选中将要裁剪的图片,在"图片工具-格式"选项卡的"大小"区域中单击"裁剪"下拉按钮,在显示的下拉列表中单击"裁剪为形状"按钮,在显示的几何形状窗格中可以随意进行裁剪图形的选择。

(2) PowerPoint 2010 还可以根据需要对图片进行焊接、裁剪、相交、简化等操作,使图形与图形之间有更复杂的剪裁,能更快速地建立自己的任意图形。以上操作需用到PowerPoint 自带的"形状联合""形状组合""形状交点""形状剪裁"4 个功能。

PowerPoint 2010 的"选项卡"中没有"组合形状"选项,故应进行操作将其显示在"选项

卡"中,操作如下:

① 在"文件"选项卡的"选项"组中单击"自定义工作区",在"从下列位置选择命令"下拉列表中选择"不在功能区中的命令",找到"形状联合""形状组合""形状交点""形状剪除"这4个命令,如图 5-2-9 所示。

② 找到命令后,可在窗格的右侧"新建选项卡",再单击"添加"按钮,并将命令添加到指定的选项卡中。在"开始"选项卡中设置完并确认之后,该命令将会显示在选项卡中,如图 5-2-10 所示。

图 5-2-9 形状组合命令

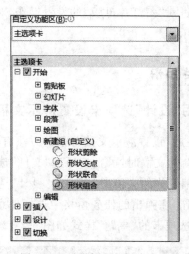

图 5-2-10 添加形状组合命令

③ 设置好之后,就可在"开始"选项卡"组合形状"组中对图形进行设置。

- 形状剪除:把所有叠放于第一个形状上的其他形状删除,保留第一个形状上的未相交部分。
- 形状交点:保留形状相交的部分,其他部分一律删除。
- 形状联合:不减去相交部分。
- 形状组合:把两个以上的图形组合成一个图形。若图形间有相交部分,则会减去相交的部分。

2. 删除背景

通过该命令的操作,可删除不需要的部分图片,还可以运用"标记"按钮来表示图片中需要保留或删除的区域,如图 5-2-11 所示。

 任务总结

通过本任务的实施,应掌握下列知识和技能。

- 在幻灯片中能对文本格式、段落格式进行设置。
- 在幻灯片编辑中能插入相应的对象,并对其进行简单的设置。

图 5-2-11 删除背景功能

子任务 5.2.2　演示文稿的背景设置

 任务描述

本次任务的主要学习内容,是为了更熟练地掌握设置演示文稿背景的不同方法以及设计技巧,使演示文稿更加美观。

比如通过对"幻灯片母版"的设置操作,对"光雾山自然风光"的背景进行设置,并完成相应效果的显示。

 相关知识

1. 使用"设计"选项卡设置演示文稿的背景

使用"主题"设置演示文稿背景的方法有以下三种。

(1) 在新建文稿时,可直接通过"文件"选项卡"新建"组中的"可用模板和主题"来实现。

(2) 在编辑好的文稿中,可通过"设计"选项卡的"主题"组来设置主题样式,单击"主题"下拉列表按钮,在弹出的任务窗格中选择任意的"主题",文稿的背景将变为所选择的主题样式。"设计"选项卡的"主题"样式如图 5-2-12 所示。

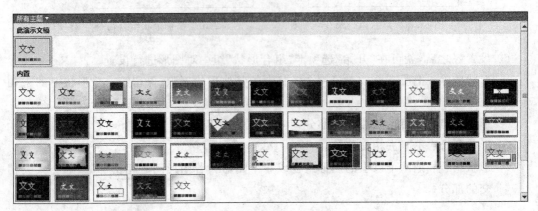

图 5-2-12　"主题"样式

(3) 在"设计"选项卡的"背景"功能区中,设置的方法有两种。

① 在"背景"组中单击"背景样式"下拉按钮,在展开的样式列表中选择所需的任意背景,如图 5-2-13 所示。

② 选择"背景样式"下拉列表的"设置背景格式"按钮,在弹出的"设置背景格式"对话框中设置演示文稿的背景,如图 5-2-14 所示。

2. 使用"幻灯片母版"设置背景

PowerPoint 的幻灯片母版也可以用于设置演示文稿中每一张幻灯片的背景模式。幻灯片母版位于"视图"选项卡中的"母版视图"功能区中。单击"幻灯片母版"按钮之后,在选项卡中会显示"幻灯片母版"的选项卡,可进行母版的设置,如图 5-2-15 所示。

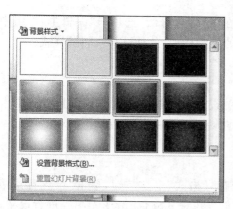

图 5-2-13 背景样式

图 5-2-14 "设置背景格式"对话框

图 5-2-15 "幻灯片母版"选项卡

在"幻灯片母版"中设置演示文稿背景的操作方法有三种。

(1)直接选择要使用的主题样式

在该功能区的"编辑主题"中单击"主题"下拉按钮,在展开的主题列表中选择所需的主题,就如"设计"选项卡中的"主题"功能。选中后,该演示文稿的幻灯片背景样式都为所选定的主题样式。

(2)更改现有主题的颜色

进行该操作时,可以更改演示文稿当前所使用主题的颜色。在"编辑主题"中,单击"颜色"下拉按钮,在展开的颜色列表中选择所需的颜色,如图 5-2-16 所示。

选定后,幻灯片母版中的所有幻灯片文本的颜色为所选定的颜色样式。

(3)通过"背景"功能进行设置

选中"背景"中的"背景样式"下拉按钮,可直接选择已有的背景样式,也可在"重置幻灯片背景格式"对话框中进行选择。

这三种方法可以叠加使用,以便设计出更完美的背景母版,同时使风格更加统一。

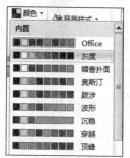

图 5-2-16 主题颜色

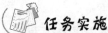 **任务实施**

以"光雾山自然风光"为例,通过对"幻灯片母版"的设置操作,对文稿的背景进行设置,并完成相应的显示效果。操作如下。

1. 设置"主题"样式

选中"视图"选项卡下的"幻灯片母版"命令后,在"幻灯片母版"选项卡"编辑主题"组中单击"主题"下拉按钮,在弹出的列表框中选择合适的主题样式,此处选择"凸显"样式。

2. 设置"颜色"样式

选中主题样式以后,可对主题的颜色进行相应的设置。通过单击"幻灯片母版"选项卡"编辑主题"组中的"颜色"下拉按钮,可以设置主题的颜色。同时选中"模块"样式。

3. 设置背景格式

在"幻灯片母版"选项卡中单击"背景"组中的"背景格式"下拉按钮,单击"设置背景格式",在弹出的对话框的"填充"区域里选择"渐变填充",并对其颜色、渐变光圈等进行设置。设置后的界面效果如图 5-2-17 所示。

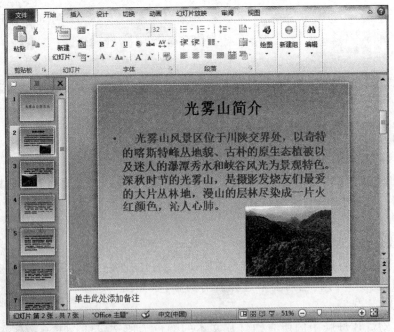

图 5-2-17　设置效果

 知识拓展

1. "幻灯片母版"→"编辑主题"→"字体"

选择该功能,可以更改当前主题的字体。主题字体有"标题样式"和"文本样式"两类。

可以设置相同的字体,也可以设置不同的字体。更改相应的主题字体时,将会对演示文稿中的所有标题和文本进行更改。在"编辑主题"中,单击"字体"下拉按钮,在展开的字体列表中可以选择所需的字体,如图 5-2-18 所示。

选定后,幻灯片母版中的所有幻灯片文本的文本样式、标题样式为所选定的字体样式。

2. "幻灯片母版"→"编辑主题"→"效果"

该操作能改变演示文稿中当前主题的显示效果。在"编辑主题"中单击"效果"下拉按钮,在展开的效果列表中选择所需的效果,如图 5-2-19 所示。

图 5-2-18　主题字体

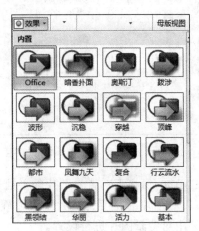

图 5-2-19　主题效果

选定效果以后,再选中占位符,然后切换至"绘图工具"的"格式"选项卡。

(1) 在"形状样式"功能中,可以设置占位符的形状轮廓、填充、效果。

(2) 在"艺术字样式"功能中,可以设置占位符中文本的样式、填充、效果。

选定后,幻灯片母版中的所有幻灯片的外观为所选定的效果样式。

1. 使用图片作为幻灯片背景

操作步骤如下:

(1) 在"幻灯片大纲视图窗格"中选择要添加背景的幻灯片。

(2) 选中"设计"选项卡"背景"组中的"背景样式"下拉按钮,在弹出的下拉列表中单击"设置背景格式",弹出"设置背景格式"对话框;或在"幻灯片、大纲视图窗格"中对需要添加背景图片的幻灯片右击,选择"设置背景格式"命令。

(3) 在"设置背景格式"对话框中,选择"填充"功能区域中的"图片或纹理填充",在"插入自"区域中选择"文件"按钮,在弹出的"插入图片"对话框中选择背景图片,如图 5-2-20 所示。其中:

- 插入来自文件的图片,单击"文件",选择作为背景的图片。
- 插入来自剪切画的图片,单击"剪切画"。

图 5-2-20　"插入图片"对话框

- 可在"填充"窗格下对背景图片的平铺选项和透明度进行设置。
- 也可以对图片的亮度、颜色、效果进行设置,可依次在"图片颜色""图片更正""艺术效果"中对背景图片进行设置。
- 使用该背景图片只作为所选幻灯片的背景。

2. 使用图片作为幻灯片水印

操作步骤如下:

(1) 在"幻灯片、大纲视图窗格"中选中需添加水印片的幻灯片,然后选择"视图"→"母版视图"→"幻灯片母版"按钮。

(2) 单击"插入"选项卡,选择"图像"组。

① 如将"图片"作为水印,则单击"图片"按钮,找到需要的图片后单击"确认"按钮。

② 也可以将"剪切画"作为水印,单击"剪切画"按钮。在"剪切画"任务窗格中的"搜索"框中输入需要搜索文字,后单击"搜索"。

③ 使用"屏幕截图"作为水印,则单击"屏幕截图"功能按钮,在"可用视窗"中选择图片。

(3) 插入"水印图片"之后,在窗格"格式"选项卡中可以对"水印图片"的颜色、艺术效果、图片样式、大小进行调整。

3. 使用文本框或艺术字作为幻灯片水印

操作步骤如下:

(1) 在"幻灯片大纲视图窗格"中选中要添加水印的幻灯片,选择"视图"→"母版视图"→"幻灯片母版"。

(2) 选中"插入"选项卡,选择"文本"组。

① 选择"文本框",单击"文本框"按钮,绘制所需的文本框。

② 选择"艺术字",单击"艺术字"按钮,选择文字的样式。

(3) 在文本框或艺术字中输入水印文字,如果要重新放置文本框或艺术字,则单击文本框或艺术字,并对其进行设置。

(4) 完成对水印文字的编辑、定位后,选择"排列"→"下移一层"→"置于底层"命令,则文本框或艺术字就置于幻灯片的底层,关闭"幻灯片母版",文本框或艺术字就成为水印文字了。

任务总结

通过本任务的实施,应掌握下列知识和技能。

- 通过对幻灯片不同的背景设置,可以对演示文稿进行背景设置。
- 进行背景设置时掌握对文字、图片做相应的设置。

子任务5.2.3　演示文稿版式设置

任务描述

通过本任务的学习,用户应熟练掌握演示文稿版式的不同设置方法,以及排版技巧。继续沿用上个子任务"光雾山自然风光",对其进行扩充介绍,再通过"幻灯片母版"视图,对演示文稿中的每一张幻灯片进行版式的设置。

相关知识

1. 演示文稿的版式

版式就是幻灯片上标题、图片、文本、图表等内容的布局形式。在具体制作某一张幻灯片时,可以预先设计幻灯片上各种对象的布局。

2. 设置演示文稿版式的方法

(1)"新建幻灯片"设置版式。

① 在演示文稿中,可通过单击"开始"选项卡中"幻灯片"组的"新建幻灯片"下拉按钮,在弹出的列表框中,如图5-2-21所示,可以选择所需的版式,单击可生成一张新的幻灯片。

② 如果要对已建立的幻灯片进行版式的修改,可在"开始"选项卡的"幻灯片"组中选择"版式"下拉按钮,在弹出的任务窗格中(见图5-2-22)进行版式的选择;或右击幻灯片工作区域的空白处,在弹出的快捷菜单中选择相应的版式。

(2)"幻灯片母版"设置版式。

"幻灯片母版"命令在"视图"选项卡的"母版视图"组中,选择"幻灯片母版",在幻灯片窗格中就会自动显示出母版的编辑状态。通过对样式的修改,可以设置演示文稿的版式。或编辑幻灯片时右击左侧缩略图,在弹出的下拉菜单中选择"版式"命令,弹出版式库,从中选择自己喜欢的版式即可,如图 5-2-23 所示。

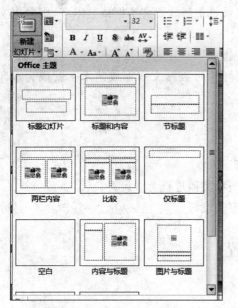

图 5-2-21 "新建幻灯片"列表框

图 5-2-22 "版式"列表框

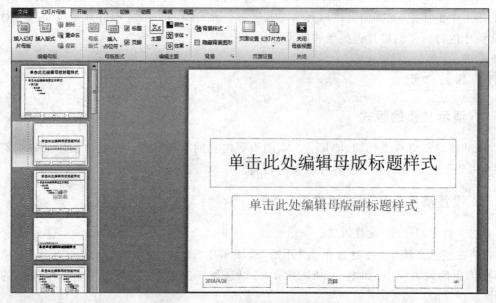

图 5-2-23 "幻灯片母版"的编辑状态

① 在母版的编辑状态下选中每一张幻灯片的占位符,选中"幻灯片母版"选项卡"编辑主题"组的"字体"下拉按钮,对占位符中的文字进行设置,如图 5-2-24 所示。

也可通过选择"开始"选项卡中的"字体"组中的字体样式按钮对其进行设置,如图 5-2-25 所示。

② 通过插入对象,可以在母版上添加图形图表,单击"关闭幻灯片母版"后,整个演示文稿都会显示所添加的形状。若要对其修改,仍是在"幻灯片母版"选项卡中进行操作。

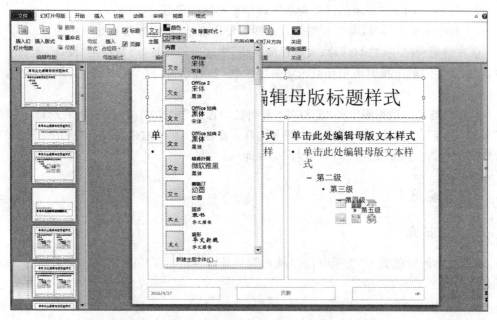

图 5-2-24 幻灯片母版的"字体"下拉按钮

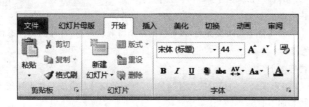

图 5-2-25 "开始"选项卡下的"字体"组

③ 添加"页眉和页脚"。在"母版编辑"状态中"幻灯片编辑区"的下方,显示了"日期区" "页脚区""数字区"三个区域。为了添加每一张幻灯片的页眉与页脚,可以在"插入"选项卡 的"文本"组中选择"页眉和页脚"命令,在弹出的"页眉和页脚"对话框中可对幻灯片的页眉、 页脚、页码和日期等内容进行设置,如图 5-2-26 所示。

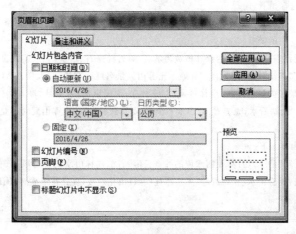

图 5-2-26 "页眉和页脚"对话框

设置完毕后,单击"关闭幻灯片母版",即结束母版的设置。

(3)制作演示文稿时,若要在幻灯片中同时使用多个母版,方法有如下两种。

① 在普通视图中的"幻灯片、大纲视图窗格"中选中幻灯片,再切换至"设计"选项卡,在"主题"组的"主题"下拉窗格中任意选中一个主题,然后单击,或是右击并选择"应用于选定幻灯片"命令。

② 在幻灯片母版视图中的"幻灯片、大纲视图窗格"中选中幻灯片,然后选择"编辑主题"组的"主题"命令,在"主题"窗格中任意选择一个主题,然后右击并选择"应用于所选幻灯片母版"命令,再选择"关闭幻灯片母版"命令即可。

 任务实施

1. 内容扩充

演示文稿的标题仍为"光雾山自然风光",只是内容进行了改变扩充。文字如图 5-2-27 所示。

---

(1)新建一个演示文稿,第一张幻灯片插入标题"光雾山自然风光"。

(2)从第二张幻灯片开始,插入正文文字。

① 第二张幻灯片的内容如下。

【光雾山简介:光雾山风景区位于川陕交界处,以奇特的喀斯特峰丛地貌、古朴的原生态植被以及迷人的瀑潭秀水和峡谷风光为景观特色。】

② 第三张幻灯片的内容如下。

【深秋时节的光雾山,是摄影发烧友们最爱的大片丛林地,漫山的层林尽染成一片火红颜色,沁人心肺。】

③ 第四张幻灯片的内容如下。

【每年 10 月中旬至 11 月中旬,是红叶最佳的观赏期,举办一年一度的"光雾山红叶节"。秋季到光雾山旅游气温比较低,需带厚外套。】

④ 第五张幻灯片的内容如下。

【光雾山风景区位于川陕交界处的米仓山南麓,景区面积为 600 平方公里。光雾山这方神奇的自然山水,集秀峰怪石、峭壁幽谷、溪流瀑潭、田园山林于一体,堪称"山奇、石怪、谷幽、水秀、峰险"五绝。它由桃园、牟阳城、十八月潭、神门、小巫峡五大片区组成。】

⑤ 第六张幻灯片的内容如下。

【光雾山是一方神奇秀丽的自然山水,地形复杂,峰峦叠嶂,峰林俊美,洞穴幽深,山泉密布,云蒸雾绕,林海浩荡,胜景众多,有中国红叶第一山的美誉。

以秀丽奇特的群峰为代表,苍翠茂密的森林植被为基调,集秀峰怪石、峭壁幽谷、溪流瀑潭、原始山林为一体,可集中概括为"峰奇""石怪""谷幽""水秀""山绿"五绝。光雾山风景名胜区有桃园、大坝、大江口、神门、小巫峡五大景区,主要景观 360 多处。景区内景色秀丽,步移景换,奇峰林立,沟壑纵横,谷幽峡峻,瀑布珠连,古木参天,红叶千里。著名诗人高平有诗称赞:"九寨看水,光雾看山,山水不全看,不算到四川"。光雾山同时还是电视剧《远山的红叶》的拍摄地。】

⑥ 第七张幻灯片的内容如下。

【有"不是九寨胜似九寨"的十八月潭及露水垭的神奇云海,有似桂林山水的神门风光,有蜀中一奇小巫峡,整个景区步移景换。春赏山花、夏看山水、秋观红叶、冬览冰挂(春日山花烂漫,夏日苍翠欲滴,秋日层林尽染,冬日山舞银蛇)。】

图 5-2-27　扩充演示文稿的内容

2. 设置版式

返回到文稿中的第一张幻灯片,切换至"幻灯片母版"视图,在该选项卡中对演示文稿中的每一张幻灯片进行版式的设置,操作如下:

(1)通过运用该选项卡中"编辑主题"组的"主题"下拉按钮,对第一张幻灯片进行"主题"样式设置,并设置其形状、样式。

(2)依次对余下的每一张幻灯片进行样式的设置,如图 5-2-28 所示。

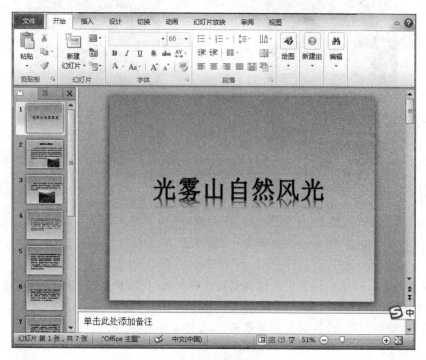

图 5-2-28　设置效果

 知识拓展

下面介绍如何进行母版的运用。

PowerPoint 2010 的母版就是用于设置演示文稿中每张幻灯片的预设格式,它决定着幻灯片每个对象的布局、版式、背景、配色、效果、标题文本样式、位置等属性。若要修改其外观,可直接在母版上对其进行修改即可。在"母版视图"功能区中包含幻灯片母版、讲义母版和备注母版等选项卡。

(1)幻灯片母版:可以打开"幻灯片母版"视图,已更改母版幻灯片的设计和版式。而母版又包括标题母版和文本母版。

① 标题母版:对幻灯片的标题设置格式。

② 文本母版:对幻灯片的文本设置格式。

(2)讲义母版:设置讲义的版式,运用讲义母版可以将多张幻灯片放置在一页中打印,如图 5-2-29 所示。

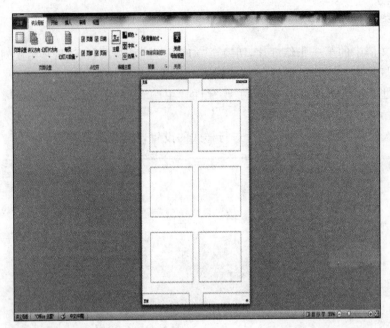

图 5-2-29 讲义母版

在"讲义母版"的选项卡中：

① 可在"页面设置"组中设置页面大小、讲义方向、幻灯片方向以及讲义中每页显示幻灯片的数量。

② 可在"占位符"组中设置讲义四周的页眉和页脚、日期和页码，并可对它们的位置、字体格式进行相应的调整。

③ 可在"背景"组中设置讲义的背景样式，如图 5-2-30 所示。

图 5-2-30 "讲义母版"选项卡

（3）备注母版：设置备注页的版式以及备注文字的格式，能使"备注页"具有统一的外观，如图 5-2-31 所示。

在"备注母版"的选项卡中：

① 可在"页面设置"组中设置备注页面大小、方向、幻灯片方向。

② 可在"占位符"组中设置备注中四周的页眉页脚、日期、幻灯片图像和页码等，并可对它们的位置、字体格式进行相应的调整。

③ 可在"背景"组中设置备注页的背景样式。

④ 设置好并关闭母版视图后，在普通视图的备注窗格中输入文本，其格式为所设置的文本字体格式（如果用户要设置备注文本的字体颜色、背景样式，在普通视图中无法显示，只能在"视图"→"演示文稿视图"→"备注页"中显示）。

⑤ 当切换至"视图"选项卡，选择"演示文稿视图"→"备注页"时，显示的内容就为在"备

注母版"所进行的操作,如图 5-2-32 所示。

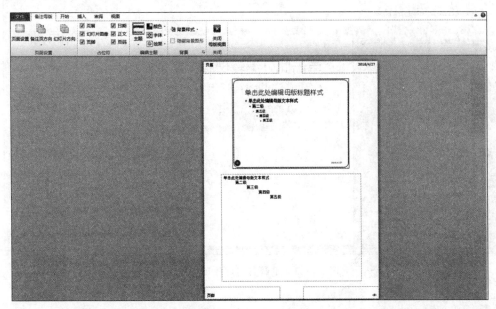

图 5-2-31　备注母版

图 5-2-32　"备注母版"选项卡

 技能拓展

1. 重命名幻灯片版式

依次选择"视图"→"母版视图"→"幻灯片母版",在"幻灯片、大纲视图窗格"中任意选中一张幻灯片,右击并选择"重命名母版"命令,在弹出的对话框中"重命名版式"对话框中输入名称,再单击"重命名"按钮即可,如图 5-2-33 所示。

2. 设计版式

1)文字排版

文字在演示文稿中最大的优势在于将幻灯片的意义表达明确,起到更好地引导解释作用。文字在编排是应注意其字体、字号、颜色、间距等,使其重点突出,便于阅读。

(1)切忌文字过多,可以多使用幻灯片或是简化幻灯片上的文字。

(2)通过改变文本的字体、字号、颜色来强化文本内容,并注意排列有序。

(3)安排好文字和图形之间的交叉错合,既不要影响图形的观看,也不能影响文字的

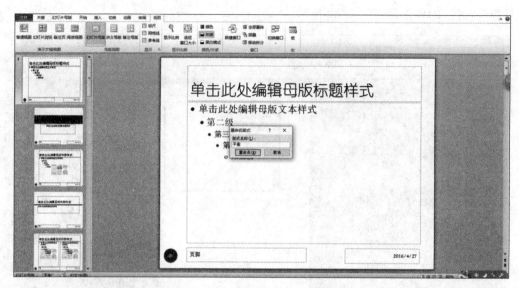

图 5-2-33 重命名幻灯片母版版式

阅览。

2) 图形排版

(1) 在幻灯片中插入"图像"后,幻灯片会自动切换至"图片工具"的"格式"选项卡中,可以对其颜色、效果、图片样式、排列、大小等进行设置,如图 5-2-34 所示。

图 5-2-34 "图片工具"的"格式"选项卡

(2) 在幻灯片中插入"插图"后,会有以下 3 个选项。

① 形状:幻灯片会自动切换至"绘图工具"的"格式"选项卡中,可对其形状样式、艺术字样式、排列、大小等进行设置排版,如图 5-2-35 所示。

图 5-2-35 "绘图工具"的"格式"选项卡

② SmartArt:SmartArt 图形是信息的视觉表示形式。选择 SmartArt 按钮后,会弹出"选择 SmartArt 图形"对话框,用户可根据需求进行选择,如图 5-2-36 所示。

插入"SmartArt 图形"后,可在"SmartArt 工具"的"设计"选项卡(见图 5-2-37)和"SmartArt 工具"的"格式"选项卡(见图 5-2-38)中对 SmartArt 的创建图形、布局、颜色、样式、大小、形状样式、排列等进行设置排版。

③ 图表:用于演示和比较数据。选择"图表"按钮后,会弹出"插入图表"对话框,用户可根据需求进行选择,如图 5-2-39 所示。

"插入图表"后,会自动弹出一个名为"Microsoft PowerPoint 中的图表-Microsoft

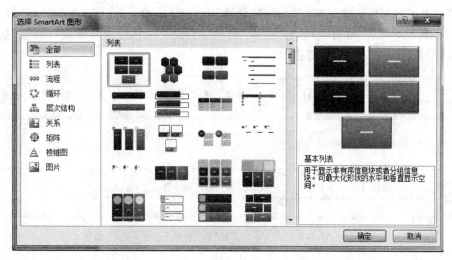

图 5-2-36　"选择 SmartArt 图形"对话框

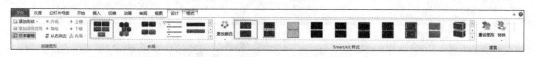

图 5-2-37　"SmartArt 工具"的"设计"选项卡

图 5-2-38　"SmartArt 工具"的"格式"选项卡

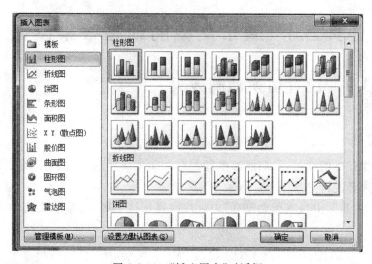

图 5-2-39　"插入图表"对话框

Excel"的工作表,在工作表中输入插入图表相应类别的比例,而此时,幻灯片中所插入图表的数据会随着 Excel 工作表中数据的改变而改变。

同时,也可在幻灯片中"图表工具"的"设计"选项卡(见图 5-2-40)、"图表工具"的"布局"选项卡(见图 5-2-41)、"图表工具"的"格式"选项卡(见图 5-2-42)中对图表的类型、数据、布局、样式、标签、形状样式、大小等进行设置排版。

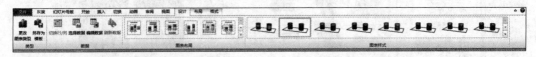

图 5-2-40　"图表工具"的"设计"选项卡

图 5-2-41　"图表工具"的"布局"选项卡

图 5-2-42　"图表工具"的"格式"选项卡

 任务总结

通过本任务的实施,应掌握下列知识和技能。

- 在幻灯片中设置不同的文稿版式,对幻灯片进行排版。
- 排版时合理应用主题、样式、背景等,使演示文稿的意义明确。

任务 5.3　演示文稿的动画效果设置

子任务 5.3.1　设置切换动画效果

 任务描述

通过对本次任务的学习,我们能够掌握幻灯片动画切换的方法,对幻灯片切换效果、换页方式和切换声音进行熟练操作。

对上个任务"光雾山自然风光"中的幻灯片设置切换动画,使演示文稿中每一张幻灯片都有切换效果。

 相关知识

1. 幻灯片的切换

设置幻灯片的切换动画,顾名思义,就是在幻灯片放映视图中,每一张幻灯片在切换时的过渡效果。用户既可以把演示文稿中的幻灯片设置成统一的切换方式,也可以设置成不同的切换方式,可在"切换"选项卡中对其进行设置,如图 5-3-1 所示。

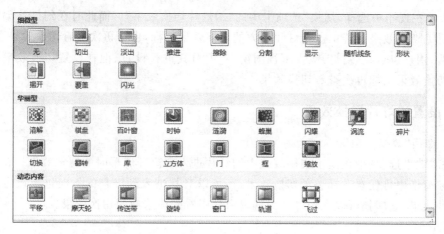

图 5-3-1　"切换"选项卡

2. 幻灯片的切换功能

(1)"预览"功能

预览幻灯片的切换方式。就是在"切换到此幻灯片"组中用"切换方案"功能对幻灯片进行设置后,单击"预览"按钮,可在幻灯片编辑窗格中对幻灯片的切换效果进行预览。

(2)"切换到此幻灯片"功能窗格

在该组中,显示的是幻灯片的"切换方案"和"效果选项",也就是显示幻灯片进入和离开屏幕的方式。幻灯片的切换应用在两张幻灯片之间,就是一张幻灯片代替另一张幻灯片,并使幻灯片切换的效果显示在屏幕上。通过单击"切换方案"下拉按钮,在下拉列表中可知切换效果有三种类型,分为细微型、华丽型、动态内容,如图 5-3-2 所示。

图 5-3-2　幻灯片的切换效果

(3)"计时"功能

可以设置幻灯片切换时的速度、声音、切换时间以及换片的方式等。

 任务实施

对"光雾山自然风光"中的幻灯片设置切换动画,使演示文稿中每一张幻灯片都有切换效果,如图 5-3-3 所示。

设置了"切换方式"的幻灯片,在幻灯片编辑窗格中"幻灯片编号"的下方就会显示"切换图标",","播放动画"就是该图标的功能。

 知识拓展

1. 设置幻灯片切换方式

在"幻灯片浏览"视图中可设置一张或多张幻灯片具有同样的切换效果。操作步骤如下:

图 5-3-3　作品集切换效果

（1）在视图中先选中第一张幻灯片，然后按住 Shift 键或者 Ctrl 键，可同时选择多张幻灯片。

（2）再在视图中选择"切换"选项卡中的"幻灯片切换效果"。而此时在幻灯片编辑窗格中就能看见切换效果。若单击幻灯片下方的切换效果图标，也可再次查看切换效果。

当然，用户也可在"幻灯片、大纲视图窗格"中对其进行设置，但在设置切换效果以后只能通过切换效果图标再次查看切换效果。

2. 设置幻灯片切换效果

（1）切换"效果选项"

切换"效果选项"指在演示文稿放映中幻灯片进入和离开屏幕时的视觉效果。在切换效果的任务窗格中可任意选择一种切换效果，还可以对其进入到屏幕的方向进行设置。当选择了一种效果，立即就可以在幻灯片的编辑窗格中看到该选项的切换效果。

（2）声音

设置幻灯片进入屏幕时的声音效果，还可以设置其进入屏幕的时间。在"声音"下拉列表的"其他声音"中还可以设置幻灯片的背景音乐等音效。

（3）换片方式

可以对幻灯片的换片方式进行设置。一是单击时自动换片；二是可以设置自动换片的时间。当用户选用"设置自动换片的时间"时，就需要输入一个时间数值。自动换片的时间一般是通过演示文稿的放映排练时间完成设置。

如果将"单击鼠标时自动换片"和"设置自动换片的时间"这两个复选框都选中，就相应地保留了两种换片方式。那么，在放映时就以较早发生的为准，即在设定的时间还未到时单击了鼠标，则单击后就更换幻灯片，反之亦然。

如果同时清除了两个复选框，在幻灯片放映时，只有在右击出现的快捷菜单中选择"下一页"命令更换幻灯片。

设置好幻灯片的切换方式以后，用户单击"全部应用"按钮以后，就能将设置好的效果应用到整个演示文稿中去。如果想取消幻灯片的设置效果，则任意选择一张幻灯片，再选择"切换"功能，在切换效果的窗格中选择"无切换"，然后单击"全部应用"按钮，即可取消切换方式。

技能拓展

下面说明如何设置幻灯片的自动切换。

如果用户希望随着幻灯片的放映，同时讲解幻灯片中的内容，而不能用人工设定的时间，则可以使用"幻灯片放映"选项卡中的"排练计时"功能。在排练放映时自动记录使用时间，便可精确设定放映时间，设置完后就能直接进入幻灯片的放映状态，不管事先是何种状态，此时都从第一张开始放映，根据用户所设置的切换方式以及每张幻灯片的停留时间，可将整个幻灯片全部自动地放映一遍。

任务总结

通过该任务的学习，可以掌握到幻灯片的切换方式以及切换效果，在切换时可对幻灯片进行时间、切换的设置来丰富演示文稿的展现。

子任务5.3.2　设置对象的动画效果

任务描述

不同内容的幻灯片通过选择适合的动画效果形式加以展现，会使其精美。本次任务围绕学习幻灯片的动画效果，给幻灯片设置合适的动画效果，并掌握对各种对象按键设置链接的操作，精心制作出富有特点的演示文稿。

相关知识

在幻灯片的放映过程中，PowerPoint 提供的动画功能可以使演示文稿中的文本、图形图标、音频视频等对象，以各式各样的动画形式和次序出现在幻灯片上，这样可以突出重点，吸引人注意。

1. 动画效果

对象的动画效果是指在幻灯片放映过程中为演示文稿中的文本、图形图表等对象添加的视觉效果。用户可以设置对象的动画方式、效果、方向、时间等。"动画"选项的界面如图 5-3-4 所示。

图 5-3-4　"动画"选项卡

2. 对象动画的设置

1）"预览"功能

预览对象的动画效果。当在"动画"功能中对幻灯片中的对象进行设置后，可通过"预览"按钮对其效果进行预览。

2)下拉列表"动画"功能

在演示文稿中,可以设置幻灯片中文本、图片、形状、图表、SmartArt 图形和其他对象出现在屏幕中的动画,赋予它们进入、强调、退出、大小或颜色变化、移动等视觉效果。在"动画"下拉列表中大致分为四种动画效果,如图 5-3-5 所示。

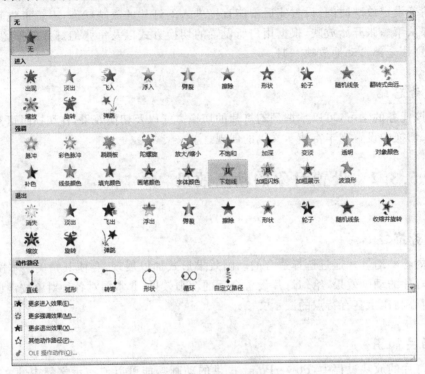

图 5-3-5　动画效果

(1)"进入"动画效果

"进入"动画效果指的是在幻灯片视图中对象进入幻灯片的动作效果。操作步骤如下:

① 选择需要设置的对象。

② 选中后切换至"动画效果"窗格,选择对象进入的效果。

③ 添加完动画效果以后,单击"动画"选项卡的"预览"按钮,或者单击"动画窗格"下方的"播放"按钮,可看到设置的效果。

(2)"强调"动画效果

"强调"动画效果指的是对象从原始状态转换到另一种状态,再回到原始状态的变化过程,以起到强调突出的作用。操作在设置"进入"动画的效果之后,在幻灯片内容上进行合适的效果设置,同样也通过单击动画功能卡的"预览"按钮,或者单击右侧"动画窗格"下方的"播放"按钮来查看。

(3)"退出"动画效果

"退出"动画效果指的是在幻灯片视图中对象退出幻灯片的动作效果。演示退出和切换是幻灯片的收尾演出,然后消失。设置起来相对可以简洁一些,设置好后依然单击"动画"选项卡的"预览"按钮,或者单击"动画窗格"下方的"播放"按钮。

（4）"动作路径"动画效果

通过为选中的幻灯片对象添加引导线，使之沿着引导线运动，相比之下难度上升，效果更好。该设置效果可以使对象上下、左右移动，或是沿着星形或圆形图案等移动。操作如下：

① 选中对象后切换至"动画效果"窗格中选择"动作路径"效果，添加完动画效果以后，单击"播放"按钮，可以进行再次预览。

② 选中路径效果之后，在幻灯片编辑窗格中就会出现所选定的动作路径，路径上绿色三角形标示的是动作的轨迹。选中后路径的四周出现了调整大小、位置的拖动柄，对其进行设置可调整动作的路径。

③ 完成动作路径设置后，单击"预览"按钮，观看整张幻灯片的播放效果。

3）"效果选项"功能

在设置好的动画效果右侧下拉列表中，单击"效果选项"后，在弹出的对话框中可设置效果和计时时间。

任务实施

对"光雾山自然风光"演示文稿中单张幻灯片中的占位符、文本文字、图片等对象设置自定义动画，从而使放映时设置的对象都有动画效果。

知识拓展

1. 设置动画参数

为对象设置好动画效果后，作者可以在"高级动画"功能中根据需求为对象设置更多的参数。

（1）"添加动画"功能

选择一个对象，添加动画效果，新的动画将应用到此幻灯片上现有的动画后面。例如，之前对一个对象设置了"进入效果"中的"飞入效果"，又为其添加了一个"缩放"的动画，添加完后，会在对象的左上方出现"数字序号"按钮，单击"序号"按钮，最先显示出的效果为"飞入"，其次的效果为"缩放"，说明设置成功。

（2）"动画窗格"功能

显示动画窗格，方便"自定义动画"设置，可为动画效果添加更多的参数。"动画窗格"以下拉列表的形式显示当前幻灯片中所有对象的动画效果，包括动画类型、对象名称、先后顺序等。默认情况下动画窗格处于隐藏状态，若选择"动画"的"自定义动画"后，则在幻灯片编辑窗格的右侧显示该窗格。

在"动画窗格"中可以对所选定动画的运行方式进行更改，单击动画的下拉列表可以重新设置对象动画的开始方式、效果选项、计时、显示高级日程表和是否删除等，如图 5-3-6 所示。

（3）"触发"功能

"触发"功能可以灵活控制演示文稿中的动画效果，使得人

图 5-3-6 "动画窗格"对话框

机交互。该功能可以设置对象动画的特殊开始条件,即通过触发按钮来控制幻灯片页面中已设定的动画执行状态。

比如一张幻灯片上有多个对象,对其中一个对象进行"触发"设置后,幻灯片在放映中该对象就不出现在屏幕上,而是直接执行下一个对象。

(4)"动画刷"功能

该功能是 PowerPoint 2010 新增的一个功能,类似于"格式刷",它可以直接复制一个对象的动画,并将其应用到另一个对象中。单击此按钮,则将该动画效果运用到某个选中且需设置效果的对象;若双击此按钮,则将该动画效果运用到演示文稿中的多个对象中。动画刷这一功能使得在制作 PowerPoint 2010 的动画效果时更加方便快捷。

2. 设置动画持续时间

"计时"功能就是对动画的开始播放时间、延迟时间、在幻灯片中显示的时间进行设置,也可对动画的顺序进行调整。

(1)"计时"功能:对动画的开始播放时间进行设置,有三种状态,即"单击时""与上一动画同时"和"上一动画之后"。

① "单击时":指单击幻灯片时开始播放动画的。

② "与上一动画同时":指在上一个动画开始时,本动画也同时开始。

③ "上一动画之后":指上一个播放完成时,该动画开始播放。

(2)"计时"选项卡的"延迟":设置上一动画结束与下一动画开始之间的显示时间值。

(3)"重复":从该下拉列表中设置时间的间隔值以及是单击之前还是单击之后触发。

(4)"触发器":对相应对象做十分详细的特定动画设置及播放。

技能拓展

1. 设置更多的"动画样式"效果

若需要为幻灯片中心设置更多更丰富的动画效果,选中对象后在单击"自定义动画"弹出的窗格工具栏中通过"添加效果"设置,如图 5-3-7 所示。

选择"添加效果"后,则相应弹出"进入效果""强调效果""退出效果"与"动作路径"的功能框,用户可以在对话框中重置设置对象的动画效果。

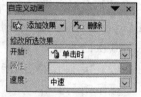

图 5-3-7　更多效果

2. 设置对象的特殊动画效果

每一张幻灯片中的占位符或文本框都是以"段"的形式出现在屏幕上。而用户可以通过相应的设置,使占位符或文本框中的文字按"字/词""字母"的形式显示在放映视图中。

例如,在占位符中输入文字后,通过对其"效果"进行设置,改变其在播放时进入屏幕的效果。可按如下方式进行操作。

(1)选中该占位符或文本框,在"自定义动画"功能的"自定义动画"组中单击"添加效果"下拉按钮,在显示的窗格中选择"进入效果"之一。

（2）打开该对象动画的"动画窗格"，单击选中"效果选项"，在弹出的对话框中进行设置，如图 5-3-8 所示。

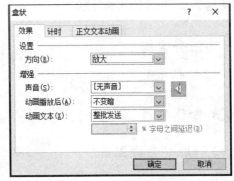

可以对其进入屏幕的方向、声音、动画播放后所显示的颜色、动画文本进行设置。其中，"动画文本"中的"整批发送"为默认模式，既然是为"文字"设置特殊效果，还可以选择以"按字/词""按字母"的方式出现在屏幕中。

也可以同时在"计时""正文文本动画"选项卡中对其进行设置。

图 5-3-8　"效果"选项卡

（3）设置好之后单击"确定"按钮，就可以在幻灯片编辑视图中预览其动画效果。若想设置文字显现的时间，可以在"效果选项"下方的"延迟百分比"中设置。

任务总结

幻灯片的每个内容都能当作对象来设置动画的效果，无论什么方法，掌握和熟悉了才能灵活运用，从而使自己制作出的演示文稿显出别具匠心，赢得别人的赞赏和肯定。

子任务 5.3.3　添加音频、视频

任务描述

在播放演示文稿时，用户想使插入的音频视频自动放映。那么通过本次任务的学习，用户在幻灯片中插入音频、视频后再进行相应的设置，就能使其在播放时自动放映。

相关知识

1. 插入声音

PowerPoint 提供了演示文稿在放映时能同时播放声音、音乐的功能。若要为文稿添加声音，可选择"插入"选项卡中的"声音"按钮 。而当选择"声音"的下拉按钮后，则会显示出"文件中的声音""剪辑管理器中的声音""播放 CD 乐曲"和"录制声音"四种插入声音的选项。

图5-3-9　声音控制图标

当单击"声音"按钮 后，则弹出"插入声音"对话框，可在当中选择相应的声音文件。插入合适的声音文件以后，在幻灯片中则会出现"声音控制图标"，如图 5-3-9 所示。

选择声音文件后会弹出提示框，询问播放声音的设置为"自动"还是"在单击之后"选项。

2. 添加影片

想要在演示文稿中添加视频，可单击"插入"任务窗格中的"影片"按钮 。单击"插入影片"的下拉按钮后,则显示出"文件中的影片"和"剪辑管理器中的影片"两种插入影片的类型,如图 5-3-10 所示。

图 5-3-10　插入影片任务列表

 任务实施

完成对"光雾山自然风光"演示文稿进行"插入声音"和"插入影片"的操作。

 知识拓展

1. 认识"音频工具"

插入声音文件之后,单击"声音"图标时,便会开始播放声音。而要对声音做具体设置,可单击标题栏的声音工具,如图 5-3-11 所示。

图 5-3-11　"音频工具"选项卡

（1）"预览"按钮

单击该按钮会听到幻灯片放映声音文件的播放效果。

（2）"幻灯片放映音量"按钮

很容易理解,该功能可调节幻灯片放映时音量的大小。

（3）"声音选项"

"声音选项"中包含了声音文件播放的具体设置,比如是否在放映时隐藏,什么时候播放,是否开启循环播放,还有声音文件的最大量的设置。

（4）"排列"

在"排列"组中可围绕声音图标的排列位置进行合适设置,当中包含了"置于顶层""置于底层""选择窗格""对齐""组合""旋转"等功能的具体设置。

（5）"大小"

通过"大小"组的选项可设置声音图标的"高度"和"宽度"两种数值的大小。

2. 认识"影片工具"

在插入影片文件后,单击"视频播放窗口"时,标题栏会出现"影片工具"选项卡,通过"影片工具"可以对幻灯片上的影片文件进行详细设置,如图 5-3-12 所示。

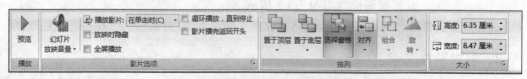

图 5-3-12　"影片工具"的"播放"选项卡

（1）"预览"按钮

单击此按钮，可以对插入的影片文件进行播放以观看放映的效果，便于再次修改设置。

（2）"幻灯片放映音量"按钮

调节影片在放映时音量的高低，通过"幻灯片放映音量"可设置合适的播放音量，与幻灯片的整体放映配合。

（3）"影片选项"组

与针对声音文件的"声音选项"设置类似，可选择"播放影片"选项，并设置放映时是否隐藏、是否循环播放、影片播放完是否返回开头，与声音文件播放唯一不同的是多了"全屏播放"的选项设置。

（4）"排列"组

对于"视频播放窗口"的位置依然在"排列"中进行设置，可选择"置于顶层""置于底层""选择窗格""对齐"之一。若插入了多个影片文件，可对它们进行"组合""旋转"等设置。

（5）"大小"组

"大小"组设置的对象为视频播放窗口，高度和宽度可进行调整，以使其观看效果优美。

技能拓展

1. "插入声音"的其他类型

（1）"剪辑管理器中的声音"

当选中该命令后，在演示文稿的标题栏会出现"CD 音频工具"，单击可以进行声音文件的灵活剪辑设置。前提是对象为相应的声音文件，位于幻灯片右侧的任务窗格中，需要先选中再操作。

选中某一剪辑音频后，双击该音频或是右击并选择"插入"命令，则在幻灯片中就出现了该剪切画音频的"声音控制图标"。可根据需求对其进行设置。

（2）"录制声音"

顾名思义，可以把录制的声音文件插入到幻灯片中。当选择该命令后，弹出的对话框如图 5-3-13 所示。

完成插入声音的操作之后，相应的幻灯片上出现"声音控制图标"，直接单击声音控制图标可进行试听。

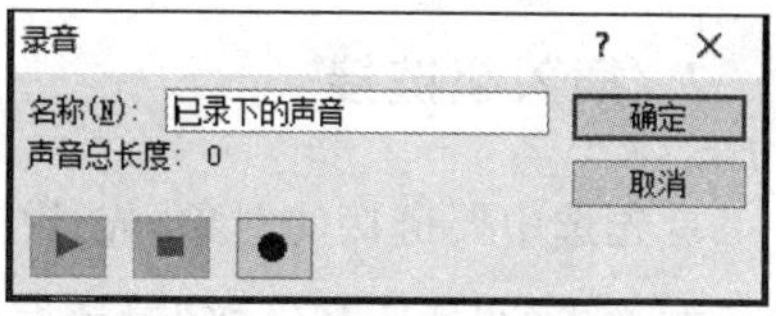

图 5-3-13　"录音"对话框

2. 插入影片的其他类型

选中"剪辑管理器中的影片"命令后，弹出的属性框如图 5-3-14 所示。

（1）搜索文字

在其下方的文本框中输入想要搜索的内容，之后单击右侧的"搜索"按钮即可。

（2）"所有收藏集"

单击"所有收藏集"下拉列表，会出现"我的收藏集""Office 收藏集""Web 收藏集"三种类型选项。需特别说明的是，单击"Web 收藏集"可以连接网络查找，范围更广，更能达到所需的要求。

（3）"选中的媒体文件类型"

单击选中的媒体文件类型的下拉列表，会出现"所有媒体文件类型"的展开列表，依次是"剪贴画""照片""影片""声音"，因为是影片工具，所以选中的是"影片"。同理，也可以是别的文件类型。

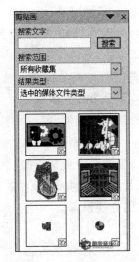

 任务总结

通过本任务的学习，可以对插入声音文件和影片文件的设置有所认识，而具体的实践操作应通过多次练习并熟悉后，才能达到演示文稿放映的良好效果。

图 5-3-14　影片剪辑属性框

子任务 5.3.4　设置超链接

 任务描述

通过该任务的学习，能在演示文稿中熟练完成对文本、图形图像、幻灯片、多媒体文件等特定对象的超链接设置。

 相关知识

1. 什么是超链接

超链接是超级链接的简称，它是控制演示文稿放映时的一种重要手段。可创建指向网页、图片、电子邮件地址或程序的超链接，在幻灯片播放时以定位的方式进行跳转。使用超链接可以制作出具有交互功能的演示文稿。

2. 插入超链接

首先选中要链接的对象，先选中"插入"选项卡的"超链接"功能，单击"超链接"按钮，然后在弹出的"插入超链接"对话框中进行链接设置，如图 5-3-15 所示。

在查找范围中，可以找寻"超链接"信息在计算机中的目录地址。

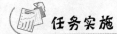 **任务实施**

在"光雾山自然风光"演示文稿中进行相应的"超链接"操作。

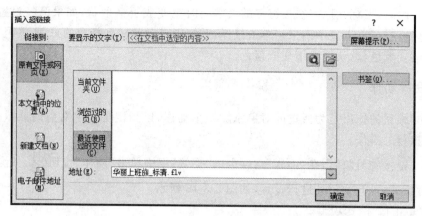

图 5-3-15　"插入超链接"对话框

1. 超链接选项

在"超链接的"对话框中,左部有一个"链接到"区域,在该区域中共有 4 个选项,可以链接到:"原有文件或网页""本文档中的位置""新建文档"和"电子邮件地址"。

(1)链接到"原有文件或网页"

选中该选项后,在对话框的中间部分出现"当前文件夹""浏览过的页"和"最近使用过的文件"。

① 选中"当前文件夹":可通过查找本地文件来建立超链接。

② 选中"浏览过的网页":在列表中列出最近浏览过的网页。

③ 选中"最近使用过的文件":在列表中列出最近使用过的文件。

(2)链接到"本文档中的位置"

选中"本文档中的位置"后,会有幻灯片列表提供选择要链接的幻灯片或自定义放映,并且可通过"幻灯片预览"区域对链接的幻灯片进行预览。

(3)链接到"新建文档"

选择"新建文档"后,则可以链接到一个新的演示文档,默认情况下为"开始编辑新文档"。可对指定的名称和位置进行编辑,窗格下方还有以后编辑新文档和开始编辑新文档的相关设置,可根据需求设置。

(4)链接到"电子邮件地址"

可输入新的电子邮件地址、主题,也可以选定位置和演示文稿。另外,还可以选择"最近使用过的电子邮件地址"进行设置链接。

回到对话框中,可根据需求进行插入超链接的设置,在对话框上方的"要显示的文字"文本框中输入"自定义的插入文件在幻灯片上的名称"。还可以设置"超链接屏幕提示",方法是单击"屏幕提示"按钮,在弹出的任务窗格中的文本框中输入屏幕提示的文字,便可在放映时显示提示文字。

完成输入后,单击"确定"按钮,默认情况下,被链接文字的格式为"蓝色且有下划线"。

当幻灯片放映时,鼠标光标停在被链接的文字上时就变成手柄形状,如果已经设置"屏幕提示文字",则会在屏幕上显示出来。单击鼠标,系统则自动跳转到指定的页面,并且被链接的文字将会改变颜色,默认情况下变成紫色。

2. 设置动作

"动作"按钮的作用是为所选的对象添加一个动作,以指定单击该对象时或鼠标在其上移过时应执行的操作。

选中要链接的对象时,在"插入"选项卡的"链接"组中单击"动作"按钮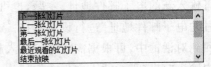,便会弹出"动作设置"对话框,可开始对其进行设置,如图 5-3-16 所示。

(1)"单击鼠标"选项卡

文稿放映时,可设置单击时对象发生的动作,单击时的动作可以设置为"无动作"或者"超链接到"的幻灯片;设置动作发生时运行程序,可选择"运行程序"来设置"运行宏"和"对象动作",也可对播放的声音进行选择,以便确定是否播放声音及是否在单击时突出显示。

(2)"鼠标移过"选项卡

文稿放映时,可设置鼠标指针移过对象时所发生的动作。设置方法与"单击鼠标"选项卡一样。默认情况下,都是通过设置"单击鼠标"来进行跳转。动作设置完以后,幻灯片放映时当鼠标光标移到该对象上时,光标就变成手柄形状,单击其就能执行预设的动作。

技能拓展

在"设置动作"对话框中,无论是在"单击鼠标"选项卡中,还是在"鼠标移过"选项卡中,都有一个"超链接到"下拉选项组。在下拉列表中,可以设置超链接的目标位置,如下一张幻灯片、上一张幻灯片、第一张幻灯片、最后一张幻灯片、最近观看的幻灯片和结束放映等超链接,如图 5-3-17 所示。

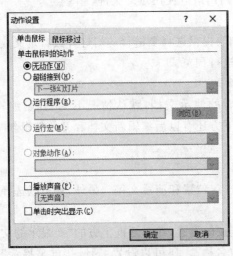

图 5-3-16 "动作设置"对话框　　　　图 5-3-17 "超链接到"下拉列表

(1)当从"超链接到"下拉列表中选取合适的幻灯片时,那么在放映时,单击该对象后就会自动跳转到所选择的幻灯片上。

（2）选择"运行程序"后，通过单击"浏览"按钮，间接地创建了一个在计算机中可运行的程序。

（3）"运行宏"和"对象设置"都是基于"运行程序"的设置。

 任务总结

对本任务的学习需要大家多操作练习，才能更完整地了解"超链接"的设置及其特性，对制作演示文稿是极大的帮助。

任务 5.4　演示文稿的放映

子任务 5.4.1　设置放映效果

 任务描述

关于幻灯片的放映，一般情况下用右击或是按键盘上的方向键来向观众放映幻灯片。而本任务可以帮助用户了解 PowerPoint 自带的排练计时、录制旁白等功能，使其放映更加灵活。

 相关知识

幻灯片的广泛使用在于其特别的表达形式，幻灯片的主题内容可通过放映向观众展示出来，满足用户的想法。若要播放幻灯片，单击"幻灯片放映"，然后在"开始放映幻灯片"功能窗格中进行选择，幻灯片的放映方法有以下三种，如图 5-4-1 所示。

图 5-4-1　放映幻灯片的方法

（1）"从头开始"：单击该按钮，演示文稿就从第一张幻灯片开始放映。该功能的快捷键为 F5。

（2）"从当前幻灯片开始"：从当前幻灯片页面开始放映的快捷键为 Shift＋F5，或单击状态栏中的"幻灯片视图切换"的"幻灯片放映"按钮 。

（3）"自定义幻灯片放映"：当存在不同的观众群体，在同一个主题内容的幻灯片中需选取合适的部分幻灯片播放，可在"自定义幻灯片放映"中进行设置。

单击该按钮，从下拉列表中选择"自定义放映"选项，在弹出的"自定义放映"对话框中单击"新建"按钮。此时出现的"定义自定义放映"对话框里，可以重新命名"幻灯片放映的名称"。然后"在演示文稿中的幻灯片"列表框中选择合适的幻灯片，通过"添加"按钮，将其添加至"在自定义放映中的幻灯片"列表框中。选取足够的数量，单击"确定"按钮返回至"自定义放映"对话框后，可直接单击"放映"按钮开始放映自定义的幻灯片。

 任务实施

放映"光雾山自然风光"演示文稿时，可分别进行"从头开始"播放和"从当前放映幻灯片"。

知识拓展

在放映幻灯片的同时,对于幻灯片的放映,可在"幻灯片放映"选项卡中的"设置"功能窗格中对幻灯片的放映进行个性设置,如图 5-4-2 所示。

(1)"设置幻灯片放映"按钮

单击该按钮后,会弹出专门设置演示文稿的放映方式对话框,如图 5-4-3 所示。

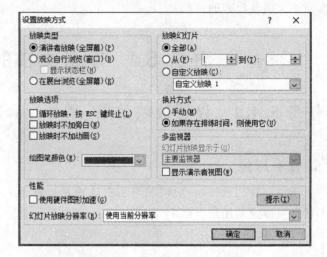

图 5-4-2　设置幻灯片放映　　　　图 5-4-3　"设置放映方式"对话框

①"放映类型":可选择演示文稿的不同放映形式,包含"演讲者放映(全屏幕)"和"观众自行浏览(窗口)"这两种方式。

②"放映幻灯片":可选择播放全部幻灯片,也可选择播放部分幻灯片,可具体设置页数的范围。还可以自定义放映,从它的下拉列表中选择自定义幻灯片文件。

③"放映选项":包含了"是否循环放映""放映时是否加入旁白""放映时是否加入动画"的功能设置,同样还可设置绘图笔的颜色。

④"换片方式":一方面若选择"手动"方式,则在播放时需要单击鼠标来切换幻灯片;另一方面若选择"如果存在排练时间,则使用它"方式,则幻灯片在播放时是根据已经设置好的排练时间来自动进行切换。

⑤"性能":可设置幻灯片的放映分辨率,在下拉列表中选中合适的分辨率会提高放映的质量。

(2)"隐藏幻灯片"按钮

对个别的幻灯片设置"隐藏幻灯片"功能后,再播放演示文稿时,已设置了隐藏的幻灯片都将不会出现在屏幕中。

(3)"排练计时"按钮

使用排练计时后,单击该按钮后幻灯片开始放映,同时在屏幕的左上方出现了一个"录制"工具栏,它的作用是记录每张幻灯片所显示的时间,并自动用于所有幻灯片的放映。当最后一张幻灯片播放完以后,系统会弹出一个提示框,为的是提醒作者是否保留所记录的时间,若选择"是",将保留所记录的时间,幻灯片在播放时就会自动根据该时间进行播放;反之,则重新记录播放时间。

(4)"录制旁白"按钮

单击该按钮后会弹出一个对话框,可以更改录制质量,另外还能通过选中链接旁白,在浏览下面选择合适文件,在幻灯片播放时显示出来。

当幻灯片在全屏幕中放映时,在右击打开的快捷菜单中,也可对幻灯片的放映效果进行设置,如选择屏幕的颜色、选择指针的样式、定位至幻灯片等操作。

 **技能拓展**

1. Windows+P 快捷键

既然演示文稿是播放给观众看的,那么用户在演示时可通过连接无线显示器,并使其在放映时投射在外部显示器上,会更便于大家观看。在 Windows 10 版本中,用户按下键盘上的 Windows+P 快捷键,或是在桌面空白处右击并选择"显示设置"命令,可连接到无线显示器,然后在自定义显示器上进行具体设置,如图 5-4-4 所示。

图 5-4-4　连接到无线显示器

(1)"仅电脑屏幕":画面不显示在外界显示器上,而仅仅只在电脑屏幕上显示。

(2)"复制":外界显示器上显示的内容与电脑屏幕上的内容是一模一样的。

(3)"扩展":将笔记本屏幕与外接显示器的屏幕放在一起时,则共同组成了一个大的显示器,就相当于将显示器加宽。

(4)"仅第二屏幕":画面不显示在电脑屏幕上,而显示在外界显示器上。

2. "幻灯片放映"的"监视器"选项卡

当计算机与外部显示器相连后,在"显示位置"处就可以选择显示的监视器,此时还需要选中"使用演示者视图"。设置好之后,单击"从头开始"按钮或直接按 F5 键,即可放映演示文稿。

当与外部显示器连接以后,用户也可单击"设置"中的"设置幻灯片放映"按钮,在对话框中的"多监视器"下拉列表中选择监视器。

 任务总结

了解幻灯片放映的操作,熟悉设置的方法,还可通过外接显示器,更好地向观众展示精心制作的 PPT,优化其质量与效果。

子任务5.4.2　打包和发布演示文稿

 任务描述

当制作出"光雾山自然风光"演示文稿后,想在其他计算机上面对观众播放出来,但是在那台计算机上却没有安装 PowerPoint 程序。那么为了能正常向观众播放精心制作的演示文稿,将运用到本次任务学习的"演示文稿的打包"功能。以此来达到在任何一台计算机上都能播放精心制作的幻灯片。

 相关知识

下面介绍如何进行演示文稿的打包。

在实际工作和学习中,我们经常会需要将制作好的演示文稿转移到其他计算机上播放演示,但如果播放文稿的计算机没有安装 PowerPoint 系统,则这台计算机就无法播放该演示文稿。可以利用 PowerPoint 自带的"打包"功能,将该演示文稿及其所链接的图片、图表、插入对象、音频、视频等打包到一张 CD 上面,那么就可以解决这个问题,然后在任何一台计算机上都能正常运行。

演示文稿的打包步骤如下:

(1) 在 PowerPoint 中打开准备打包的演示文稿。

(2) 在"文件"选项卡中选择"发布",右侧会弹出"将文档分发给其他人员"的功能窗格,单击"CD 数据包(k)"按钮,则显示如图 5-4-5 所示的"打包成 CD"对话框。

图 5-4-5　"打包成 CD"对话框

① 在"将 CD 命名为"文本框中输入新的文件名称,即为打包后生成的文件名称,在生成的文件中含有 PowerPoint 播放器和链接的文件。

② "添加文件"按钮的作用是允许用户添加多个演示文稿到文件中并准备打包过程。

③ "选项..."按钮。单击该按钮,在弹出的对话框中包含程序包类型条件的设置,其中就有"选择演示文稿在播放器中的播放方式",在下拉列表中可设置多个演示文稿的放映方式。另外还可设置打开演示文稿和修改时的密码。如果选择了"嵌入的 TrueType 字体",则可在其他计算机上显示幻灯片中未安装的字体。设置完成后单击"确定"按钮来保存设置。

④ "复制到文件夹..."按钮。该按钮在对话框的下侧位置,通过单击它可以把多个演

示稿复制到指定的名称和位置文件中。

⑤ 复制完成后单击"复制到 CD"按钮，会弹出光驱提示用户放入光盘，放入后 PowerPoint 软件就开始自动刻录文件到光盘中。制作过程结束后，演示文稿通过使用 CD 便可在任何一台计算机上播放。

（3）单击"关闭"按钮，则结束打包。

使用时需注意，在打包好的文件中会自生成一个 AUTORUN 和 PresentationPackage 的文件，AUTORUN 代表自动播放，而用户需在 PresentationPackage 文件中找到 PresentationPackage. html 文件并单击 Download Viewer，即可下载 PowerPoint 播放器的安装程序。

任务实施

对制作的"光雾山自然风光"演示文稿进行打包、发布及打印输出等实际操作。

知识拓展

下面介绍如何进行演示文稿的发布。

演示文稿的发布步骤如下：

（1）在 PowerPoint 软件中打开将要发布的演示文稿。

（2）在"文件"选项卡中选择"发布"右侧窗格中的"发布幻灯片"，单击之后会显示如图 5-4-6 所示的"发布幻灯片"对话框。

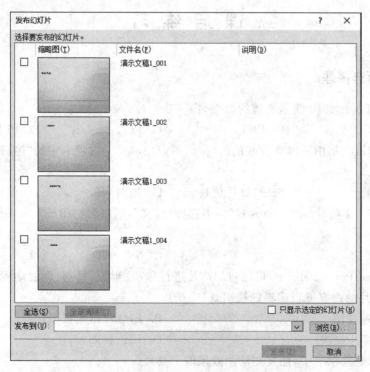

图 5-4-6 "发布幻灯片"对话框

在选择要发布的幻灯片对话框中选中合适的幻灯片,通过单击"发送到"下拉列表或在右侧浏览中选择好保存位置,将文稿发送到指定名称和位置的文件里。值得注意的是,幻灯片以一张一张的方式存于文件夹中,为的是方便用户的操作。

 **技能拓展**

下面介绍演示文稿的打印。

对于打开的演示文稿的打印,步骤是先选择"文件"选项卡中的"打印"命令,单击其右侧功能窗格的"打印"按钮,即可进行设置,如图 5-4-7 所示。

提示:在单击"打印"按钮后弹出的对话框的当前选项卡中,可对选择连接的打印机、打印范围(幻灯片数量和份数)和打印内容(类型、颜色、调整纸张大小和是否加框)进行设置。

任务总结

本任务的重点在于掌握演示文稿打包、发布以及打印的方法,完成后应牢记其流程及步骤,熟练运用 PowerPoint 软件完成演示文稿的转移和打印。

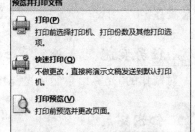

图 5-4-7　打印演示文稿

课 后 练 习

一、单项选择题

1. PowerPoint 2010 演示文稿的后缀名是(　　)。

A. PPTX　　　　B. PPT　　　　C. POT　　　　D. PPS

2. 对于演示文稿中不准备放映的幻灯片,可以用(　　)选项卡中的"隐藏幻灯片"命令隐藏。

A. 工具　　　　B. 幻灯片放映　　　C. 视图　　　　D. 编辑

3. 打印演示文稿时,如"打印内容"栏中选择"讲义",则每页打印纸上最多能输出(　　)张幻灯片。

A. 1　　　　　B. 4　　　　　C. 6　　　　　D. 9

4. 在 PowerPoint 2010 中,可以对幻灯片进行移动、删除、复制、设置动画效果,但不能对单独的幻灯片的内容进行编辑的视图是(　　)。

A. 普通视图　　　　　　　　　　B. 幻灯片浏览视图

C. 幻灯片放映　　　　　　　　　D. 阅读视图

5. 在"动画"选项卡中,能复制动画效果的工具是(　　)。

A. 格式刷　　　　B. 动画刷　　　　C. 触发　　　　D. 动画窗格

二、多项选择题

1. 下列选项中退出 PowerPoint 2010 的操作是(　　)。
   A. 单击应用程序窗口右上角的"关闭"按钮
   B. 单击应用程序窗口左上角的控制图标,选择"关闭"按钮
   C. 按 Alt＋F4 快捷键
   D. 选择"文件"菜单中的"退出"命令

2. PowerPoint 2010 的视图模式有(　　)。
   A. 普通视图　　　　B. 幻灯片视图　　　　C. 备注页视图　　　　D. 阅读视图

3. PowerPoint 2010 中,占位符与文本框的区别是(　　)。
   A. 占位符中的文本可以在大纲视图中显示出来,而文本框中的本文却不能在大纲视图中显示出来
   B. 当用户放大、缩小、文本过多或过少时,占位符能自动调整文本字号的大小,使之与占位符的大小相适应;而在同一情况下,文本框却不能自行调节字号的大小
   C. 文本框可以与其他图片、图形等特定对象组合成一个复杂的对象,但是占位符却不能进行这样的组合
   D. 在占位符的内部能够插入文本框

4. 在 PowerPoint 2010 中放映幻灯片时,放映模式有(　　)。
   A. 从头开始　　　　　　　　　　B. 从当前幻灯片开始
   C. 广播幻灯片　　　　　　　　　D. 自定义幻灯片放映

5. "动画"选项卡中的动画效果显示的样式有(　　)。
   A. 进入　　　　　B. 退出　　　　　C. 动作路径　　　　D. 强调

三、简述题

1. 利用样本模板,制作一个具有 10 张幻灯片的演示文稿,并对所有的幻灯片应用同一种模板。

2. 简述新建幻灯片有几种方式。

四、操作题

1. 设计一份以语文、计算机基础、美术等课程为主题的演示文稿,并对建立好的演示文稿进行打开、保存、关闭、建立模板、修改内容等操作。

2. 通过 PowerPoint 选项窗格,对 PowerPoint 的工作界面进行设置,包括配色方案、保存的时间间隔、保存路径等操作。

项目六　Internet 应用与网络基础

任务 6.1　计算机网络的基本概念

在人类发展史上,电子计算机的产生和发展已有一段相当长的历史。计算机网络是计算机和通信技术紧密结合而产生的,它的诞生使计算机体系结构发生了很大变化,对人类社会的进步做出了巨大的贡献。

网络给信息带来了强大而有力的传播途径,并且大大缩短了信息发布和接收的时间,避免了许多不必要的资源浪费。

子任务 6.1.1　认识计算机网络的定义与发展

 任务描述

如何使用和操作计算机在前面的任务中做了详细讲解,通过体验局域网的通信,大家会了解到计算机网络的形成与发展,认识计算机网络在我们学习生活中的作用。

多台计算机的互联不仅会带来资源的共享,还对我们的学习、工作、生活、娱乐带来方便和快乐。怎样充分地利用好我们现有的资源——多台计算机,将成为衡量现代生活质量的标准之一。

 相关知识

1. 计算机网络的概念

所谓计算机网络,就是将分布于不同地理位置上且具有独立功能的多台计算机以及外部设备,通过通信线路以及通信设备加以连接,并在网络通信协议和网络软件的管理与协调下,实现资源共享和信息传递的系统。

从硬件角度来看,计算机网络是将计算机技术和通信技术相结合并且按照一定的网络通信协议,把多台自主计算机连接起来,以实现资源共享、信息传递以及远程控制等目的。

从软件角度来看,计算机网络是对计算机技术、信息处理技术、通信技术的综合应用,是把分散在不同领域的诸多信息系统联系在一起,组成一个规模较大、功能较强、可靠性较高的信息处理系统。

根据以上定义看出,构成网络的三要素如下。

（1）主体：位于不同地点且相互独立的计算机。

（2）设备：通信线路和通信设备。

（3）协议：网络通信协议。

2. 计算机网络的功能

（1）数据通信

数据通信是计算机网络中最基本的功能。它用来在计算机与终端、计算机与计算机之间快速传送各种信息，包括文字信件、新闻消息、咨询信息、图片资料、语音信息、报纸版面等。利用这一特点，可实现将分散在各个地区的单位或部门用计算机网络联系起来，进行统一的调配、控制和管理。

（2）资源共享

"资源"包括网络中所有的软件、硬件和数据资源。"共享"是指网络中的用户都能够部分或全部地享受这些资源。例如，某些地区或单位的数据库（如飞机机票、电影票、饭店客房等）可供全网使用；某些单位设计的软件可供需要的地方有偿调用或办理一定手续后调用；一些外部设备如打印机，可面向用户，使不具有这些设备的地方也能使用这些硬件设备。如果不能实现资源共享，各地区都需要有完整的一套软、硬件及数据资源，则将大大地增加系统的投资费用。

（3）分布处理

当某台计算机负担过重时，或该计算机正在处理某项工作时，网络可将新任务转交给空闲的计算机来完成，这样处理能均衡各计算机的负载，提高处理问题的实时性；对大型综合性问题，可将问题各部分交给不同的计算机分头处理，充分利用网络资源，扩大计算机的处理能力，即增强实用性。对解决复杂问题来讲，多台计算机联合使用并构成高性能的计算机体系，这种协同工作、并行处理要比单独购置高性能的大型计算机便宜得多。

3. 计算机网络的发展

计算机网络从 20 世纪 60 年代至今，经历了从简单到复杂，从以单计算机为中心的联机终端系统到以通信子网为中心的主机互联，从地区到全球的发展过程，大致分为 4 个阶段。

（1）具有通信功能的单机系统。

以单个主机为中心、面向中端设备的网络结构。系统中除主计算机具有独立处理数据的能力以外，其他所连接的终端设备都没有独立处理数据的能力。

（2）具有通信功能的多级系统。

从美国的 APPANET 与分组路由交换技术开始，以分组交换网为中心的计算机网络。网络中的通信双方都是具有数据处理能力的计算机，主要是为了资源共享。

（3）计算机通信网络和计算机网络。

从 20 世纪 90 年代起，各种广域网、局域网、公用分组交换网快速发展。国际标准化组织与 1983 年起处理著名的开放系统互联参考模型，给网络的发展提供了一个可以遵循的规则。从此，计算机网络走上了标准化的道路。

（4）计算机网络已成为全球信息化产业的基础。

进入 20 世纪 90 年代，计算机技术、通信技术以及建立在计算机网络互连技术基础上的计算机网络得到了迅猛的发展,它把分散在各地的网络连接起来,形成一个跨越国界范围、覆盖全球的网络。目前,全球以 Internet 为核心的高速计算机互联网络已经形成,Internet 已经成为人类最重要的、最大的知识宝库。

 **任务实施**

下面讲解计算机网络应用——体验局域网通信。

WinPopupX 是一款在本地局域网内即时传送消息和文件的小工具。本任务我们将使用 WinPopupX 软件进行信息交流和文件传输,体验局域网给学习和生活带来的便捷性,同时更好地理解计算机网络的相关概念。

注意:本软件 Windows XP 以前系统自带,Windows 7 以后系统要下载安装才能使用。

完成子任务 6.1.1 提出任务的操作步骤如下。

(1) 软件下载与安装

① 在网下载 WinPopupX 5.9。

② 默认安装到指定位置。

(2) 启动 WinPopupX

① 在屏幕左下方的"开始"菜单中选择"所有程序"→WinPopupX 5.9→WinPopupX 5.9 选项,启动 WinPopupX 5.9,如图 6-1-1 所示。

图 6-1-1 启动"WinPopupX 5.9"

图 6-1-2 WinPopupX 5.9 的窗口主界面

② 启动 WinPopupX 5.9 程序后,即可进入 WinPopupX 5.9 的窗口主界面,如图 6-1-2 所示。

(3) 更改昵称(如把 2012-20130423DY 改为"黑土")

① 在图 6-1-2 的菜单栏中单击"文件"→"更改昵称",打开"更改昵称"对话框,如图 6-1-3 所示,并输入昵称"黑土"。

② 单击"确定"按钮即可完成更改,如图 6-1-4 所示。

图 6-1-3 更改昵称

图 6-1-4　昵称更改之后的界面

（4）给选中用户发信息（如选中"白云"好友，发送信息"你好！"）

① 选中在线用户列表框中"我的好友"列表中的"白云"，然后单击"给选中用户发信息"按钮📮，如图 6-1-5 所示。

② 在打开的聊天对话框中输入"你好！"，如图 6-1-6 所示。

图 6-1-5　选择需要发送信息的用户

图 6-1-6　发送消息

③ 单击"发送"按钮发送信息。

（5）给打钩用户发送信息（例如：给"白云"和 PC-201304231711 同时发送信息"请保持安静！"）

① 在"我的好友"列表中的"白云"和 PC-201304231711 用户名前的复选框中打钩，然后单击"给打钩用户发送信息"按钮，如图 6-1-7 所示。

② 在打开的聊天对话框中输入"请保持安静！"，如图 6-1-8 所示。

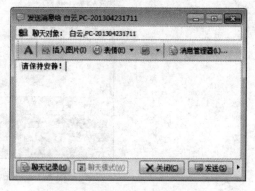

图 6-1-7　给打钩用户发送信息　　　　　　　　图 6-1-8　输入发送的内容

③ 单击"发送"按钮发送信息。

（6）选中用户发送文件（例如：给"白云"发送文件"重要文件.rar"）

① 选中在线用户列表框中的"白云"，然后单击"给选中用户发送文件"按钮，如图 6-1-9 所示。

图 6-1-9　给选中用户发送文件

② 在打开的发送文件窗口（见图 6-1-10）中，单击"添加"按钮后打开"查找"对话框，如图 6-1-11 所示，查找要传送的文件"重要文件.rar"。

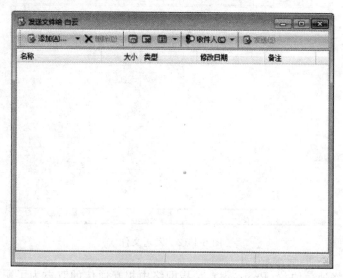

图 6-1-10　发送文件窗口

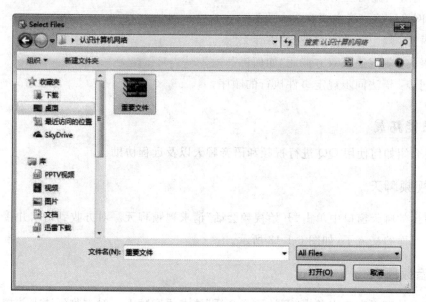

图 6-1-11　添加需要发送的文件

③ 选中要传送的文件"输入法.rar"，单击"打开"按钮，文件被添加到发送文件对话框中，如图 6-1-12 所示。

④ 单击"发送"按钮发送文件。

知识拓展

下面介绍网络通信协议的定义和组成。

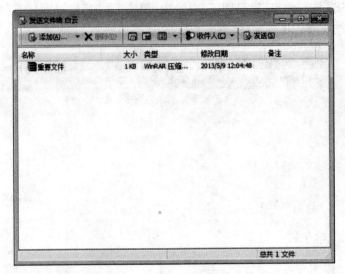

图 6-1-12　发送文件

（1）所谓网络通信协议（Protocol），是指网络中相互通信的双方为了顺利进行信息传输而双方约好并实施的规则。

（2）网络通信协议主要有 3 个要素。

① 语义：规定通信双方彼此"讲什么"。

② 语法：规定通信双方彼此"如何讲"。

③ 同步：语法同步规定事件执行的顺序。

 技能拓展

下面介绍如何使用 QQ 进行视频和语音聊天以及远程协助。

1. 视频聊天

在弹出的聊天窗口中单击"开始视频会话"请求视频聊天。对方收到请求并接受后就可以进行面对面的交流了，如图 6-1-13 所示。

2. 音频聊天

在弹出的聊天窗口中单击"开始语音会话"请求语音聊天。对方收到请求并接受后就可以进行面对面的交流了，如图 6-1-14 所示。

 任务总结

通过本任务的实施，应掌握下列知识和技能。

· 了解计算机网络的相关概念。

· 了解计算机网络的功能。

· 了解计算机网络的发展历程。

图 6-1-13　视频会话窗口

图 6-1-14　选中语音会话按钮

- 掌握 WinPopupX 局域网的通信方式。

子任务 6.1.2　计算机网络的分类与组成

 任务描述

由于计算机网络应用十分广泛,所以分类方法有很多种,计算机网络的组成和计算机系统一样,需要有硬件和软件部分。常见的几种分类方法将在本次任务中给大家做详细的介绍。

 相关知识

1. 计算机网络的分类

计算机网络的分类与一般事物的分类方法类似,可以按事物所具有的不同性质特点即事物的属性分类。计算机网络通俗地讲就是由多台计算机(或其他计算机网络设备)通过传输介质和软件物理(或逻辑)连接在一起而组成的。虽然网络类型的划分标准各种各样,但是从地理范围划分是一种大家都认可的通用网络划分标准。按这种标准可以把各种网络类型划分为局域网、城域网、广域网和互联网四种。局域网一般来说只能在一个较小区域内,城域网是不同地区的网络互联,不过在此要说明的一点就是这里的网络划分并没有严格意义上地理范围的区分,只能是一个定性的概念。如表 6-1-1 所示是我们常见的几种分类标准和分类方法。

表 6-1-1　常见的几种网络分类

分 类 标 准	网 络 名 称
覆盖的物理范围	局域网、城域网、广域网
管理方式	基于客户机/服务器的主从网、对等网
网络操作系统	Windows 网络、Linux 网络、NetWare 网络、UNIX 网络
网络协议	NETBEUI 网络、IPX/SPX 网络、环状网络等
拓扑结构	总线型网络、星形网络、环形网络等
体系结构	以太网、令牌环网、AppleTalk 网络等
传播方式	广播式网络、点对点网络
传输技术	普通电信网、数字数据网、虚拟专用网、卫星通信网等

2. 计算机网络的组成

计算机网络的组成基本上包括:计算机、网络操作系统、传输介质(可以是有形的,也可以是无形的,如无线网络的传输介质就是空气)以及相应的应用软件四部分。从系统功能角度来看,可分为资源子网和通信子网两部分。

(1) 资源子网

资源子网一般由主计算机系统、终端和终端控制器、联网外围设备等与通信子网的接口设备以及各种软件资源、数据资源等组成。负责全网的数据处理和向网络用户提供网络资源及网络服务等。

① 主计算机：在计算机网络中，主机负责数据处理和网络控制，它与其他模块中的主机联网以后，构成网络的主要资源。

② 终端：是用户进行网络操作、实现人机对话所使用的设备。

（2）通信子网

通信子网由通信设备和通信线路组成，提供网络通信功能，完成主机之间的数据传输、交换、控制和变换等通信任务。

① 局域网的通信子网：由传输介质和主机网络接口板（网卡）组成。传输介质有以太网电缆、双绞线等。

② 广域网的通信子网：除了包括传输介质和网卡之外，还包括一些转发部件。转发部件有分组交换机、路由器、网关。

③ 通信子网中的几种设备。包括通信控制处理机、集中器、调制解调器、网络传输线路。

3. 网络按物理范围划分的类型

（1）局域网

局域网（Local Area Network，LAN）又称局部区域网，一般用微型计算机通过高速通信线路相连，覆盖范围为几米到几千米，通常用于连接一幢或几幢大楼。典型的局域网如家庭网络、公司网络、企业网络和学校校园网络等有限范围的计算机网络。

局域网的特点：传输效率低、传输可靠、误码率低、成本低，结构简单并且容易实现。

（2）城域网

城域网（Metropolitan Area Network，MAN）是局域网的延伸，用于局域网之间的连接，网络规模在几个街区甚至延伸到整个城市，覆盖范围从几十千米至几百千米。通常是使用高速的光纤网络，在一个特定的范围内（如校园、社区或城市）将不同的局域网连接起来，构成一个覆盖该区域的网络。

城域网特点：采用光纤传输，传输速率可以达到 100Mbps、1000Mbps；投入少、简单；技术先进。

（3）广域网

广域网（Wide Area Network，WAN）又称远程网。广域网是将分布于不同地区的计算机系统互连起来，达到资源共享的目的。它覆盖的地理范围很大，从数百千米到数千千米，甚至上万千米。随着更快传输率的全球光纤通信网络的引入，广域网的速度也大大提高。

广域网的特点如下：

① 适应大容量与突发性通信的要求。

② 适应综合业务服务的要求。

③ 开放的设备接口与规范化的协议。

④ 完善的通信服务与网络管理。

4. 网络的拓扑结构

（1）总线型拓扑

总线拓扑结构采用一个信道作为传输媒体，所有站点都通过相应的硬件接口直接连到这一公共传输媒体上,该公共传输媒体即称为总线,如图 6-1-15 所示。

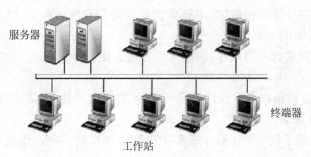

图 6-1-15　总线型拓扑

总线型拓扑结构的特点如下。

优点:

- 所需要的电缆数量少,结构简单灵活。
- 结构简单,又是无源工作,有较高的可靠性。
- 易于扩充,增加或减少用户比较方便。

缺点:

- 传输距离有限,通信范围受到限制。
- 故障诊断和隔离比较困难。
- 分布式协议不能保证信息的及时传送,不具有实时功能。

(2) 星形拓扑

星形拓扑是由中央节点和通过点到通信链路接到中央节点的各个站点组成,这种网络中的各个节点必须通过中央节点才能够实现通信,如图 6-1-16 所示。

星形拓扑结构的特点如下。

优点:

- 控制简单。
- 故障诊断和隔离容易。
- 方便服务。

缺点:

- 电缆长度和安装工作量较大。
- 中央节点的负担较重,形成瓶颈。
- 各站点的分布处理能力较低,线路利用率低。

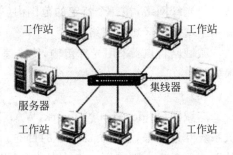

图 6-1-16　星形拓扑

(3) 环形拓扑

环形拓扑是由各节点首尾相连形成一个环形线路,如图 6-1-17 所示。

环形拓扑结构的特点如下。

优点:

- 电缆长度短。
- 增加或减少工作站时,仅需简单的连接操作。
- 可使用光纤。

缺点：

- 节点的故障会引起全网故障。
- 故障检测困难。
- 当节点过多时，信道利用率相对来说就比较低，不利于扩充。

（4）树状拓扑

树状拓扑从总线型拓扑演变而来，形状像一棵倒置的树，顶端是树根，树根以下带分支，每个分支还可再带子分支，如图 6-1-18 所示。

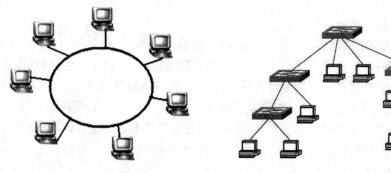

图 6-1-17　环形拓扑　　　　　　　　图 6-1-18　树状拓扑

树状拓扑结构的特点如下。

优点：

- 易于扩展、灵活、成本低。
- 故障隔离较容易。

缺点：各个节点对根的依赖性太大。

5. 通信子网中的网络硬件设备及其作用

网络硬件设备主要有：网络适配器、中继器、集线器、网桥、路由器、服务器及传输电缆。

（1）网络适配器（网卡）：工作在物理层，计算机传输介质的接口。

（2）中继器：是工作于物理层的一种设备，用于简单的网络扩展，是接收单个信号再将其广播到多个端口的电子设备。

（3）集线器（Hub）：多口的中继器。类型包括被动集线器、主动集线器智能集线器。

① 用于简单的网络扩展，增加局域网络的传输距离，进行信号再生放大，但无过滤功能。

② 共享带宽。因此，设备连得越多则每台设备得到的带宽就越少。

（4）网桥（Bridge）：网桥一般是指用以连接两个同类局域网的软件和硬件。

① 地理位置分散的单位拟建局域网，然后用网桥连接起来，降低费用。

② 把一个逻辑单一的 LAN 分成多个 LAN，调节负载，增强网络的可靠性。

③ 通过使用网桥可以增加网络的物理距离。

④ 设置网桥可以分隔网络防止信息被盗，拦截重要信息，增强网络的安全性。

（5）路由器：是用于连接多个逻辑上分开的网络设备，具有实现协议转换、判断网络地址和路径选择的功能。它能在多网络互联环境中建立灵活的连接,可用完全不同的数据分组和介质访问方法连接各种子网。一般说来,异种网络互联或多个子网互联都应采用路由器。路由器工作在网络层。

(6) 网络传输线路:一般终端与主机、终端与通信控制处理机之间采用低速通信线路,各主机之间(包括主机与通信控制处理机之间,各通信控制处理机之间)均采用高速通信线路。

 知识拓展

下面介绍网络的发展趋势。

(1) 计算机网络的发展趋势——三网融合,是指有线电视网、电信网、计算机网三网合一,其技术功能趋于一致,业务范围趋于相同,网络互联互通、资源共享,能为用户提供语音、数据和广播电视等多种服务。三网融合并不意味着三大网络的物理合一,而主要是指高层业务应用的融合。三网融合应用广泛,遍及智能交通、环境保护、政府工作、公共安全、平安家居等多个领域。以后的手机可以看电视、上网,电视可以打电话、上网,计算机也可以打电话、看电视。三者之间相互交叉,形成你中有我、我中有你的格局。

(2) 三网融合的好处。

① 信息服务将由单一业务转向文字、话音、数据、图像、视频等多媒体综合业务。

② 有利于极大地减少基础建设投入,并简化网络管理,降低维护成本。

③ 将使网络从各自独立的专业网络向综合性网络转变,网络性能得以提升,资源利用水平进一步提高。

④ 三网融合是业务的整合,它不仅继承了原有的语音、数据和视频业务,而且通过网络的整合,衍生出了更加丰富的增值业务类型,如图文电视、VOIP、视频邮件和网络游戏等,极大地拓展了业务提供的范围。

⑤ 三网融合打破了电信运营商和广电运营商在视频传输领域长期的恶性竞争状态,各大运营商将在一口锅里抢饭吃,看电视、上网、打电话资费可能打包下调。

技能拓展

下面介绍常见的混合型网络拓扑结构。

混合型网络拓扑结构,将两种或几种网络拓扑结构混合起来构成的一种网络拓扑结构(也有的称为杂合型结构),如图 6-1-19 所示。这种网络拓扑结构是由星形、总线型等结构的网络结合在一起的网络,这样的拓扑结构更能满足较大网络的拓展,解决星形网络在传输距离上的局限,而同时又解决了总线型网络在连接用户数量的限制,同时解决了其他结构的弱点。这种网络拓扑结构同时兼顾了星形、总线型网络的优点,在缺点方面得到了一定的弥补。

这种网络拓扑结构主要用于较大型的局域网中,如果一个单位有几栋在地理位置上分布较远(当然是同一小区中),如果单纯用星形网来组建整个公司的局域网,因受到星形网传输介质——双绞线的单段传输距离(100m)的限制很难成功;如果单纯采用总线型结构来布线则很难承受公司的计算机网络规模的需求。结合这两种拓扑结构,在同一栋楼层我们采用双绞线的星形结构,而不同楼层我们采用同轴电缆的总线型结构,而在楼与楼之间我们也

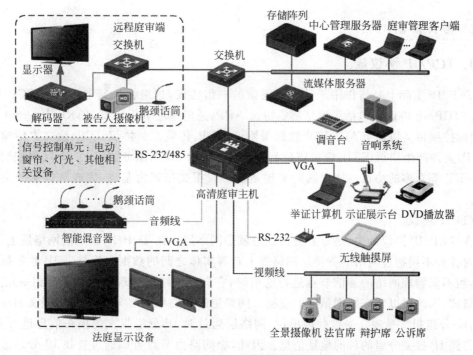

图 6-1-19　混合型网络拓扑

必须采用总线型,传输介质要考虑楼与楼之间的距离,如果距离较近(500m 以内),我们可以采用粗同轴电缆作为传输介质;如果在 180m 之内,还可以采用细同轴电缆作为传输介质。但是如果超过 500m,我们只有采用光缆或者粗缆加中继器来满足了。这种布线方式就是我们常见的综合布线方式。

 任务总结

通过本任务的实施,应掌握下列知识和技能。

- 了解计算机网络的分类。
- 掌握计算机网络的划分。
- 掌握计算机网络的网络拓扑结构。

子任务 6.1.3　网络协议与网络互联

 任务描述

在网络中的设备要实现设备与设备之间通信,只是硬件环境达到了还不行,必须还要制定设备与设备的通信标准,这个通信标准就是我们常常所说的通信协议。只有硬件环境达到了,再通过统一的通信协议才能实现网络互联。

393

相关知识

1. TCP/IP 协议簇

TCP/IP 实际上是指作用于计算机通信的一组协议,这组协议通常被称为 TCP/IP 协议簇。TCP/IP 协议簇包括了地址解析协议 ARP、逆向地址解析协议 RARP、Internet 协议 IP、网际控制报文协议 ICMP、用户数据报协议 UDP、传输控制协议 TCP、超文本传输协议 HTTP、文件产生协议 FTP、简单邮件管理协议 SMTP、域名服务协议 DNS、远程控制协议 TELNET 等众多的协议。协议簇的实现是以协议报文格式为基础,完成对数据的交换和传输。

（1）IP 协议

在 TCP/IP 协议簇中,最重要的协议层就是网络层。在 TCP/IP 模型的网络层上,可以实现对各种不同物理网络的支持。网络层上对等实体之间的数据交换是以 IP 数据报文为基础,当不同物理网络的通信节点进行通信时,它们在网络层实现了对数据分组的统一 IP 协议格式,因此可以实现数据信息的交换。网络层的重要功能是实现 IP 分组报文的存储及转发,IP 分组报文是独立的被处理单位,网络层通过对 IP 分组报文的报头信息进行分析,可以得到 IP 报文分组的目的地址信息。因此,中间路由节点可以通过查找 IP 分组报文目标地址路由实现 IP 分组报文的下站传输线路的选择,通过这种方式最终将 IP 分组报文投递到目标地址。IP 协议在 TCP/IP 协议簇中占有非常重要的位置,正是在 IP 协议的基础上实现了 Internet 的互联。IP 地址可以将不同的物理地址统一起来,这只是一种现象,IP 真正做的工作是在各种物理网络技术上覆盖了一层软件(IP 协议及下面要谈到的 ARP、RARP 协议),将物理地址隐藏起来。IP 层以上各层使用的都是统一的 IP 地址格式,但事实上对于各种物理地址并不做任何改动,在物理层内部,依然要使用各自原来的物理地址。这样,Internet 中存在两种地址,即 IP 地址和物理地址,二者必须建立映射关系从而达到相互转换。

（2）TCP 协议

在对上述的 IP 协议进行分析时,我们讲到网络层是为更上层协议提供数据传输服务的。网络层可以为上层的传输层提供了两种不同的服务类型:无连接的用户数据报服务 UDP 和面向连接的传输控制服务 TCP。其中,TCP 是网络层提供的有效和可靠的面向连接服务。在 IP 分组报文中,提供 TCP 服务报文的协议字段将标记为 TCP 协议。IP 协议是存储—转发方式传输数据,这样的传输是不可靠的,它是怎样实现提供可靠的面向连接的服务的呢?从前面介绍的知识大家一定都想到了,网络层为 TCP 服务做了更多的工作。包括建立虚连接,对 IP 数据分组进行编号传输,以及分组的接收确认和差错控制等。

2. 域名系统

（1）什么是域名

虽然因特网上的节点都可以用 IP 地址唯一标识,并且可以通过 IP 地址被访问,但即使是将 32 位的二进制 IP 地址写成 4 个 0～255 的十位数形式,也依然太长、太难记。因此,就采用了域名系统来管理名字和 IP 的对应关系，域名可将一个 IP 地址关联到一组有意义的字符上去。用户访问一个网站的时候，既可以输入该网站的 IP 地址，也可以输入其域名，对访问而言，两者是等价的。例如，微软公司的 Web 服务器的 IP 地址是 207.46.230.229，其对应的域名是 www.microsoft.com，用户在浏览器中输入的是 207.46.230.229 或 www.microsoft.com，都可以访问其 Web 网站。

（2）中文域名

由于因特网发源于美国，因此域名也是由英文字母组成的，对于这种英文表示方式，中国人并不适应，而且它也很难融合。实际上，中国的企业或组织在网上登记的名称与其真实名称往往大相径庭。例如，大家都知道《解放日报》，但知道它的域名 www.jfdaily.com 的恐怕不多。传统经济正同网络相融合，如果客户无法直接根据企业名称、品牌猜出其域名，那么企业原有的品牌优势就不能直接延伸到网上，这是大部分中国企业，甚至是进驻国内市场的外企都会碰到的一个尴尬问题。更尴尬的是，为了不被人恶意抢注、冒充，进而影响自身形象，一个企业可能要同时注册很多相近的域名，例如 www.jiefangribao.com、www.jiefangdaily.com、www.liberationdaily.com 等，这将是一笔很大的开销。

鉴于此，国内开始探索网络地址的中文化。1999 年，www.3721.com 在国内首先提出了中文网址的概念。使用中文网址，用户在访问时不必再记忆烦琐、冗长的英文域名，可以不需要再输入 www、com 等前后缀，中文的企业名称或产品名称就可以直接作为网址，大大拓展了品牌的影响力。例如，可以直接使用"人民日报""新华社"等。www.3721.com 又进一步推出了网络实名，网络实名提供了中文网址、英文网址、拼音网址和数字网址 4 种访问方式。

3. IP 地址分配

IP 地址标识着网络中一个系统的位置。我们知道每个 IP 地址都是由两部分组成的：网络号和主机号。其中网络号标识一个物理的网络，同一个网络上所有主机需要同一个网络号，该号在互联网中是唯一的；而主机号确定网络中的一个工作端、服务器、路由器其他 TCP/IP 主机。对于同一个网络号来说，主机号是唯一的。每个 TCP/IP 主机由一个逻辑 IP 地址确定。

（1）网络号和主机号

IP 地址有两种表示形式：二进制表示和点分十进制表示。每个 IP 地址的长度为 4 字节，由 4 个 8 位域组成，我们通常称之为 8 位体。8 位体由句点.分开，表示为一个 0～255 之间的十进制数。一个 IP 地址的 4 个域分别标明了网络号和主机号。

（2）IP 地址类型

为适应不同大小的网络，Internet 定义了五种 IP 地址类型。可以通过 IP 地址的前 8 位来确定地址的类型，来看一下这 5 类地址，如图 6-1-20 所示。

A 类地址：可以拥有很大数量的主机，最高位为 0，紧跟的 7 位表示网络号，余下的 24 位表示主机号，总共允许有 126 个网络。

B 类地址：被分配到中等规模和大规模的网络中，最高两位总被置于二进制的 10，允许有 16 384 个网络。

C 类地址：被用于局域网。高 3 位被置为二进制的 110，允许大约 200 万个网络。

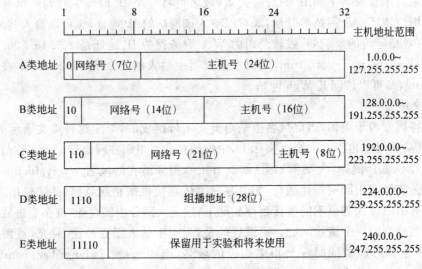

图 6-1-20　IP 地址分类

D 类地址：被用于多路广播组用户，高 4 位总被置为 1110，余下的位用于标明客户机所属的组。

E 类地址是一种仅供试验的地址。

（3）地址分配

在分配网络号和主机号时应遵守以下几条准则。

① 网络号不能为 127。大家知道该标识号被保留作回路及诊断功能。

② 不能将网络号和主机号的各位均置 1。如果每一位都是 1，该地址会被解释为网内广播而不是一个主机号。

③ 相应于上面一条，各位均不能置 0，否则该地址被解释为"就是本网络"。

④ 对于本网络来说，主机号应该是唯一。（否则会出现 IP 地址已分配或有冲突之类的错误。）

（4）分配网络号

对于每个网络以及广域连接，必须有唯一的网络号，主机号用于区分同一物理网络中的不同主机。如果网络由路由器连接，则每个广域连接都需要唯一的网络号。

（5）分配主机号

主机号用于区分同一网络中不同的主机，并且主机号应该是唯一的。所有的主机包括路由器间的接口，都应该有唯一的网络号。路由器的主机号，要配置成工作站的默认网关地址。

（6）有效的主机号

A 类：$w.0.0.1 \sim w.255.255.254$

B 类：$w.x.0.1 \sim w.x.255.254$

C 类：$w.x.y.1 \sim w.x.y.254$

（7）子网屏蔽和 IP 地址

TCP/IP 上的每台主机都需要用一个子网屏蔽号。它是一个 4 字节的地址，用来封装或"屏蔽"IP 地址的一部分,以区分网络号和主机号。当网络还没有划分为子网时,可以使用默认的子网屏蔽;当网络被划分为若干个子网时,就要使用自定义的子网屏蔽了。

(8)默认值

我们来看看默认的子网屏蔽值,它用于一个还没有划分子网的网络。即使是在一个单段网络上,每台主机也都需要这样的默认值。它的形式依赖于网络的地址类型。在它的4 字节里,所有对应网络号的位都被置为 1,于是每个 8 位体的十进制值都是 255;所有对主机号的位都置为 0。例如,C 类网地址 192.168.0.1 和相应的默认屏蔽值 255.255.255.0。

(9)确定数据包的目的地址

我们说把屏蔽值和 IP 地址值做"与"的操作其实是一个内部过程,它用来确定一个数据包是传给本地还是远程网络上的主机。其相应的操作过程是这样的:当 TCP/IP 初始化时,主机的 IP 地址和子网屏蔽值相"与"。在数据包被发送之前,再把目的地址也和屏蔽值作"与",这样如果发现源 IP 地址和目的 IP 地址相匹配,IP 协议就知道数据包属于本地网上的某台主机;否则数据包将被送到路由器上。

 知识拓展

下面介绍子网的概念。

(1)什么是子网

一个网络实际上可能会有多个物理网段,我们把这些网段称之为子网,其使用的 IP 地址是由某个网络号派生而得到的。将一个网络划分成若干个子网,需要使用不同的网络号或子网号。当然了,划分子网有它的优点,通过划分子网,每个单位可以将复杂的物理网段连接成一个网络,并且可以完成下列功能。

① 混合使用多种技术,比如以太网和令牌环网。

② 克服当前技术的限制,比如突破每段主机的最大数量限制。

③ 通过重定向传输和减少广播等传输方式,减轻网络的拥挤。

(2)子网划分

在动手划分子网之前,一定要先分析一下自己的需求以及将来的规划。一般情况下遵循这样的准则。

① 确定网络中的物理段数量。

② 基于此需求,定义整个网络的子网屏蔽、每个子网唯一的子网号和每个子网的主机号范围。

(3)子网屏蔽位

在定义一个子网屏蔽之前,确定一下将来需要的子网数量及每子网的主机数是必不可少的一步。因为当更多的位用于子网屏蔽时,就有更多的可用子网了,但每个子网中的主机数将减少。将网络划分成若干个子网时,必须要定义好子网屏蔽。定义的步骤如下:

① 确定物理网段也就是子网的个数,并将这个数字转换成二进制数。比如 B 类地址,分 6 个子网就是 110。

② 计算物理网段数(子网数)的二进制位数,这里是 110,所以需要 3 位。

③ 以高位顺序(从左到右)将这个反码转换成相应的十进制值,因为需要 3 位,就将主机号前 3 位作为子网号,这里是 11100000,所以屏蔽就是 255.255.254.0。

(4) 定义子网号

子网号与子网屏蔽的位数相同。

① 列出子网号按高到低的顺序使用的位数。例如,子网屏蔽使用了 3 位,二进制值是 11100000。

② 将最低的一位 1 转换成十进制,用这个值来定义子网的增量。这个例子中是 1110,所以增量是 32。

③ 用这个增量叠加从 0 开始的子网号,直到下一个值为 256。这个例子中就是 $w.x.32.1 \sim w.x.63.254$、$w.x.64.1 \sim w.x.127.254$ 等。

(5) 子网中的主机号

从上面的例子看出,一旦定义了子网号,就已经确定了每个子网的主机号了。我们在做每次增量后得出的值表明了子网中主机号范围的起始值。

确定每个子网中的主机数目的方法如下:

① 计算主机号可用的位数。例如,在 B 类网中用 3 位定义了网络号,那么余下的 13 位定义了主机号。

② 将这个余下的位数也就是主机号转换为十进制,再减去 1。例如,13 位值 1111111111111 转换为十进制的话就是 8191,所以这个网络中每个子网的主机数就是 8190。

技能拓展

1. 局域网连接端口

根据其连接端口(接口)的名字,我们可看出这些接口主要是用于路由器与局域网进行连接,因局域网类型也是多种多样的,所以这也就决定了路由器的局域网接口类型也可能是多样的。不同的网络有不同的接口类型,常见的以太网接口主要有 AUI、BNC 和 RJ-45 接口,还有 FDDI、ATM、光纤接口,这些网络都有相应的网络接口,下面分别介绍主要的几种局域网接口。

(1) AUI 端口

AUI 端口是用来与粗同轴电缆连接的接口,它是一种 D 型 15 针接口,这在令牌环网或总线型网络中是一种比较常见的端口之一。路由器可通过粗同轴电缆收发器实现与 10Base-5 网络的连接,但更多的是借助于外接的收发转发器(AUI-to-RJ-45)实现与 10Base-T 以太网络的连接。当然也可借助于其他类型的收发转发器实现与细同轴电缆(10Base-2)或光缆(10Base-F)的连接。

(2) RJ-45 端口

RJ-45 端口是我们最常见的双绞线以太网端口,因为在快速以太网中也主要采用双绞线作为传输介质,所以根据端口的通信速率不同 RJ-45 端口又可分为 10Base-T 网 RJ-45 端口、100Base-TX 网 RJ-45 端口和 1000Base-TX 网 RJ-45 端口类型。其中,10Base-T 网的 RJ-45 端口在路由器中通常是标识为 ETH,而 100Base-TX 网的 RJ-45 端口则通常标识为 100/1000bTX,这主要是现在快速成以太网路由器产品多数还是采用 100/1000Mbps 带宽自适应的。其实这两种 RJ-45 端口仅就端口本身而言是完全一样的,但端口中对应的网络电路结构是不同的,所以也不能随便接。

（3）SC 端口

SC 端口也就是我们常说的光纤端口，它是用于与光纤的连接，一般来说这种光纤端口是不太可能直接用光纤连接至工作站，一般是通过光纤连接到快速以太网或千兆以太网等具有光纤端口的交换机。这种端口一般高档路由器才具有，都以 1000b FX 标注。

2. 光猫用户宽带上网

Windows 7 是微软推出的较新视窗操作系统，功能更强大，集成了 PPPoE 协议支持，光猫用户不需要安装任何其他 PPPoE 拨号软件，直接使用 Windows 7 的连接向导就可以建立自己的光猫虚拟拨号连接。具体操作步骤如下：

（1）单击"开始"按钮，依次指向"程序"→"附件"→"通信"，单击"新建连接向导"。

（2）接下来的步骤同拨号上网一样，只是要选择"用要求用户名和密码的宽带连接来连接（U）"选项。

（3）在"新建连接向导"出现"连接名"时，在"ISP 名称（A）"栏中输入创建的连接名称，然后在新出现的界面中选择创建此连接是为自己还是为其他人，在完成输入光猫账户名和密码后，完成连接创建，如图 6-1-21 所示。

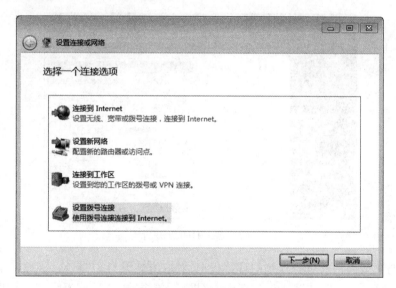

图 6-1-21　设置光猫拨号上网

（4）在屏幕上会出现一个名为"光猫"的连接图标，双击该图标，将弹出"连接光猫"对话框。输入用户名及连接密码，单击"连接"按钮，即可开始与网络进行连接。

（5）成功连接后，在桌面右下角任务栏中会出现一个两台计算机相连接的图标。

3. 光猫＋路由器上网

（1）硬件连接：将光猫的 LAN 口与无线路由器的 WAN 口相连，同时将光猫的"电话线接口"通过"电话频分器"与电话机相连，最后将无线路由器的 LAN 口与计算机网卡接口进行连接即可，如图 6-1-22 所示路由器与光猫连接。

（2）对于新购买的无线路由器，由于"DHCP 服务"自动开启，因此直接可以在与无线路

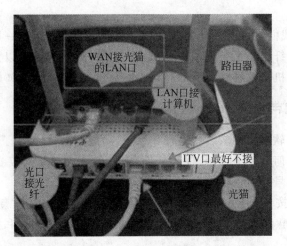

图 6-1-22　路由器与光猫连接

由器相连的计算机端进行登录后台操作。如果是曾经使用过的路由器,则可以通过 Reset
键进行复位操作,再利用计算机登录后台管理界面,如图 6-1-23 所示为进行 DHCP 开启。

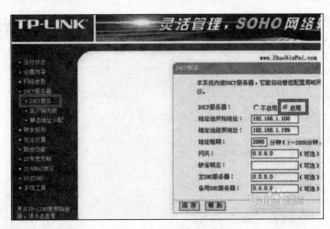

图 6-1-23　DHCP 开启

　　(3) 将与无线路由器进行连接的计算机 IP 获取方式设置为"自动获取":打开"控制面
板"→"网络和 Internet"→"网络和共享中心"界面,单击"更改适配器设置"按钮,然后右击
对应的本地连接图标,选择"属性"命令,从打开的"Internet 协议版本 4(TCP/IPv4)属性"界
面中选中"自动获得 IP 地址"选项即可,如图 6-1-24 所示为自动获取 IP 地址。

　　(4) 打开计算机浏览器,根据无线路由器背面的"路由器 IP 地址"信息以及"登录用户
名"和"登录密码"信息,在浏览器地址栏内输入路由器的 IP 地址可登录路由器后台管理界
面。如图 6-1-25 所示为进入路由器地址。

　　(5) 接下来需要知道宽带上网方式,特别是采用拨号上网的用户,需要知道宽带的用户
名和密码。如果已忘记了宽带的用户名和密码,则可以通过拨打网络运营商客服电话号找
回,利用无线路由器实现自动拨号功能,如图 6-1-26 所示。

　　(6) 接着切换到"无线设置"选项卡,在此需要重新设置一下无线 Wi-Fi 密码和 SSID,
这样手机等设备就可以免费使用无线网络了,如图 6-1-27 所示。

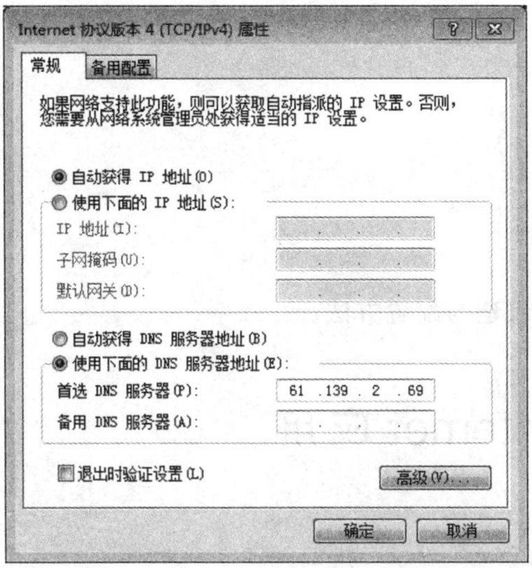

图 6-1-24　自动获取 IP 地址

图 6-1-25　进入路由器地址

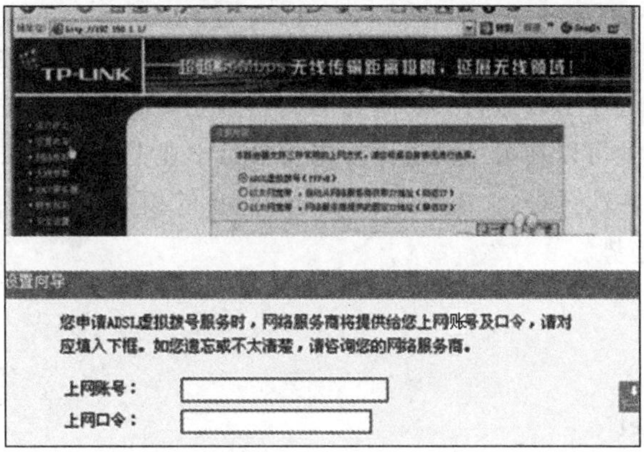

图 6-1-26　自动拨号

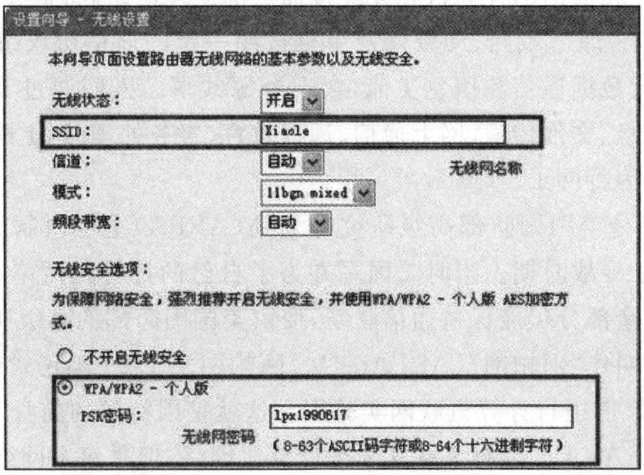

图 6-1-27　Wi-Fi 密码和 SSID

(7) 保存并退出路由器。

 任务总结

通过本任务的实施,应掌握下列知识和技能。

- 了解计算机网络 IP 地址分类。
- 掌握计算机网络 IP 地址设置。
- 掌握计算机网络光纤载入拨号上网的组建与配置方法。

任务 6.2 Internet 应用

子任务 6.2.1 Internet 概念

 任务描述

互联网在现实生活中应用很广泛。在互联网上我们可以聊天、玩游戏、查阅东西等。更为重要的是在互联网上还可以进行广告宣传和购物。互联网给我们的现实生活带来很大的方便。我们在互联网上可以在数字知识库里寻找自己学业上、事业上的所需,从而帮助我们的工作与学习。通过本次任务,大家会了解到 Internet 的相关知识,并且认识 Internet 的作用,以及未来的发展趋势。

 相关知识

1. 认识 Internet

Internet,中文正式译名为因特网,又叫作国际互联网,是全球信息资源的总汇。它是由一些使用公用语言互相通信的计算机相互连接而成的全球网络,将世界各地、各部门的计算机网络相互连接起来,即广域网、局域网及单机按照一定的通信协议组成的国际计算机网络。通过它可以进行数据通信和信息交流,实现资源共享。人们通过 Internet 进行发送电子邮件、浏览搜索信息、文件传输、网上通信、远程教育、事务处理、网上购物等活动。当今社会,人们已经离不开因特网了。

Internet 的前身是美国国防部高级研究计划局(ARPA)主持研制的 ARPAnet。20 世纪 60 年代末,正处于冷战时期。当时美国军方为了自己的计算机网络在受到袭击时,即使部分网络被摧毁,其余部分仍能保持通信联系,便由美国国防部的高级研究计划局(ARPA)建设了一个军用网,叫作"阿帕网"(ARPAnet)。阿帕网于 1969 年正式启用,当时仅连接了 4 台计算机,供科学家们进行计算机联网实验用。这就是因特网的前身。

到 70 年代,ARPAnet 已经有了好几十个计算机网络,但是每个网络只能在网络内部的计算机之间互联通信,不同计算机网络之间仍然不能互通。为此,ARPA 又设立了新的研究项目,支持学术界和工业界进行有关的研究。研究的主要内容就是想用一种新的方法将不同的计算机局域网互联，形成"互联网"。研究人员称为 Internetwork，简称 Internet。这个名词就一直沿用到现在。

1974 年，出现了连接分组网络的协议，其中就包括了 TCP/IP——著名的网际互联协议 IP 和传输控制协议 TCP。这两个协议相互配合，其中，IP 是基本的通信协议，TCP 是帮助 IP 实现可靠传输的协议。

TCP/IP 有一个非常重要的特点，就是开放性，即 TCP/IP 的规范和 Internet 的技术都是公开的。目的就是使任何厂家生产的计算机都能相互通信，使 Internet 成为一个开放的系统。这正是后来 Internet 得到飞速发展的重要原因。

ARPA 在 1982 年接受了 TCP/IP，选定 Internet 为主要的计算机通信系统，并把其他的军用计算机网络都转换到 TCP/IP。1983 年，ARPAnet 分成两部分：一部分军用，称为 MILNET；另一部分仍称 ARPAnet，供民用。

1986 年，美国国家科学基金组织（NSF）将分布在美国各地的 5 个为科研教育服务的超级计算机中心互联，并支持地区网络，形成 NSFnet。1988 年，NSFnet 替代 ARPAnet 成为 Internet 的主干网。NSFnet 主干网利用了在 ARPAnet 中已证明是非常成功的 TCP/IP 技术，准许各大学、政府或私人科研机构的网络加入。1989 年，ARPAnet 解散，Internet 从军用转向民用。

Internet 的发展引起了商家的极大兴趣。1992 年，美国 IBM、MCI、MERIT 三家公司联合组建了一个高级网络服务公司（ANS），建立了一个新的网络，叫作 ANSnet，成为 Internet 的另一个主干网。它与 NSFnet 不同，NSFnet 是由国家出资建立的，而 ANSnet 则是 ANS 公司所有，从而使 Internet 开始走向商业化。

1995 年 4 月 30 日，NSFnet 正式宣布停止运作。而此时 Internet 的骨干网已经覆盖了全球 91 个国家，主机已超过 400 万台。在最近几年，因特网更以惊人的速度向前发展，很快就达到了今天的规模。

2. Internet 的作用

Internet 可以让你实现的活动如下。

（1）周游世界

报刊、广播和电视是人类获取信息的三类传统媒体。媒体是人类生存的必需品。Internet 作为数字化的第四类媒体已成了当今全球最大的传播媒体，仅以容量而言，即使版面最多的报纸在 Internet 面前也有河流入海之感。

《时代》早在 1994 年年初就在 Internet 上创办了《时代日报》（*Time Daily*）。几乎所有美国有影响的报刊都开设了网络版。中国进入 Internet 的时间比较晚，但现在也有很多报刊在 Internet 上开辟了网络版，如《人民日报》（http：//www. chinadaily. net）；新华社（http：//www. xinhua. org）；新华社香港分社（http：//www. chinanews. com）；《中国科学报》（http：//www. csnoe. ac. cn）；《太阳能学报》（http：//www. chinainfo. gov. cn）等。

Internet 上也有数量众多的专业网点，这些网点对其专业领域内的研究课题提供比较全面的信息服务，像中国新能源和可再生能源技术和产品信息网（http：//www. newenergy. org. cn），就以宣传中国研究开发的新能源和可再生能源技术和产品为主要内容,介绍中国新能源和可再生能源的发展政策,有关的国家研究开发推广计划,组织管理和研究开发机构,以及中国新能源和可再生能源方面的科技文献等。在 Internet 上,你可以足不出户,而尽览世界各地旖旎风光,尽睹世界风云变幻。

(2) 发送电子邮件

电子邮件是 Internet 上应用最广泛的一项服务,Internet 上的电子邮件较之普通邮件速度快而且可靠。我国清华大学的一名女大学生曾经利用电子邮件治病。1996 年年初,这名女大学生突发怪病,国内医护人员无法确诊这位学生病情;她在北京大学读书的朋友在 Internet 上发出求援电子邮件,不久即有数百人回信分析病因,一些专家通过 Internet 进行了一次特别的"全球异地会诊",迅速确诊为罕见的"铊中毒",然后国内的医护人员对症下药,很快使这位女大学生脱离了险境。

(3) 电子商场购物

Internet 发展到今天,已经使电子商场成为现实。消费者在电子商城中可以看到商品的式样、颜色、价格,并且可以订货、付款。电子商场每天 24 小时、每年 365 天营业,任何时候你想购物,只要打开家中联网的计算机,敲几个键,按几下鼠标,你选中的商品就会有人送来。

(4) 网上科研

Internet 是信息的海洋,通过 Internet,科学研究工作者可以从各种数据库中检索数据,从世界各地的图书馆中查找资料,在某个专题中就某个观点发表不同的看法;并且使得各学科能够紧跟国际最新动态,避免了选题陈旧、重复劳动等许多问题。现在 Internet 已成为国内外学术界进行学术交流、召开学术会议的一条通信生命线。

(5) 发布电子广告

鉴于在 Internet 上发布信息具有宣传范围广、形式生动活泼、交互方式灵活、用户检索方便、无时间限制、无地域限制、更改方便、反馈信息获取及时等优点,使得 Internet 上的电子广告这种新兴的广告形式正随着 Internet 的发展悄然兴起并呈蓬勃发展之势;从而 Internet 也变成了全球最大的广告市场。就目前而言,在 Internet 上发布电子广告,其所面对的客户对象是分布在 160 多个国家的 6000 多万用户,而且这个客户群正以每月超过 10% 的速度增长。

(6) 电子银行储蓄、结算

1996 年 5 月 23 日,全球首家 Internet 电子银行——美国纽约安全第一网络银行(简称 SFNB)正式开通。Internet 电子银行可令你足不出户即可办理存款、转账、付账等业务,而且它一年 365 天、每天 24 小时开放,你无须排队等候。以 SFNB 为例,你输入它的网址以后,屏幕就会显示类似银行营业大厅的画面,画面上开设"账号设置""客户服务""个人财务""信息查询""行长"等柜台。你将鼠标在相应位置进行单击,就可获取所需服务。

(7) 举行网络会议

由于 Internet 已可以实现实时地传输音频和视频,因而使得网络会议成为可能。网络会议不受时间、地域的限制,只要联入 Internet,地球上任何一个角落的人都可以参加会议,并且可以像普通的会议一样自由发言。网络会议大大减少会议的差旅费，节省大量的时间，提高工作效率。

（8）远程医疗，教学

利用网络会议技术，实现异地专家会诊、远程手术指导，可大大缓解由于医护人员缺少或者分布不均衡引起的就医困难。通过计算机网络，将远程教师的教学情况与现场听课的情况进行双向传输交流，可形成远程的"面对面"教学环境，充分利用辅导方的师资，并节省大量的人力、物力。

（9）网络电话

网络电话可以让联入 Internet 的用户通过计算机进行实时的电话呼叫，它的原理是利用一种新的软件，这种软件允许互联网络用来在任何具有互联网络联结、全双工声卡和麦克风的两方之间进行长途语音电话呼叫。其通话费用较之普通长途电话收费要低得多。

（10）网络盈利

自从 1991 年 Internet 被允许开展商业应用以来，它的功能已经从单纯的信息共享的媒体发展为兼具"实际"用途的"金钱产生器"，也就是商业运用。从互联网上盈利的方式有很多，最常见的有：卖广告，向进入网站者收订阅费以及直接在网络上出售商品等。有一对美国律师夫妇，在一个偶然机会下，通过 Internet 登广告促销移民签证法律咨询服务，一下子就引来了 2.5 万名客户，做成 10 万美元生意，却只花了 20 美元通信费。像这样的例子还很多。根据美国《商业周刊》刊载的数据，1996 年在网络上的商品交易营业额估计可达 5.18 亿美元，到 2000 年时，可望激增至 66 亿美元。互联网上的商机无限，网络即商机已是一个不争的事实。

 技能拓展

下面介绍人工智能。

人工智能（Artificial Intelligence，AI）是研究、开发用于模拟、延伸和扩展人的智能的理论、方法、技术及应用系统的一门新的技术科学。人工智能是计算机科学的一个分支，它企图了解智能的实质，并生产出一种新的能以人类智能相似的方式做出反应的智能机器，该领域的研究包括机器人、语言识别、图像识别、自然语言处理和专家系统等。

人工智能可能会是计算机历史中的一个终极目标。从 1950 年，阿兰图灵提出的测试机器如人机对话能力的图灵测试开始，人工智能就成为计算机科学家们的梦想，在接下来的网络发展中，人工智能使得机器更加智能化。在这个意义上来看，这和语义网在某些方面有些相同。

我们已经开始在一些网站应用一些低级形态人工智能。Amazon 已经开始用 Mechanical Turk（注：一种人工辅助搜索技术）来介绍人工智能，以及它的任务管理服务。它能使计算机程序调整人工智能的应用来完成以前计算机无法完成的任务。自从 2005 年 11 月创建以来，Mechanical Turk 已经逐渐有了一些追随者，有一个 Turker 聚集的论坛叫 "Turker 国度"，看起来已经有相当部分的人光顾这里。但是，最近看起来用户并没有刚刚

建立起来的时候那么多。

尽管如此,人工智能还是赋予了网络很多的承诺。人工智能技术正被用于一些像 Hakia、Powerset 这样的"搜索 2.0"公司。Numenta 是 Tech legend 公司的 Jeff Hawkins(掌上型电脑发明者)创立的一个让人兴奋的公司,它试图用神经网络和细胞自动机建立一个新的类似人的大脑的计算范例。这意味着 Numenta 正试图用计算机来解决一些对我们来说很容易的问题,比如识别人脸,或者感受音乐中的式样。由于计算机的计算速度远远超过人类,我们希望新的疆界将被打破,使我们能够解决一些以前无法解决的问题。

 任务总结

通过本任务的实施,应掌握下列知识和技能。

- 了解 Internet 的相关概念。
- 了解 Internet 的功能和应用。
- 了解 Internet 的发展历程。
- 了解 Internet 的未来发展趋势。

子任务 6.2.2　Internet 的接入、浏览与搜索信息

 任务描述

通过 Internet Explorer 10.0(IE 10.0,IE 浏览器)浏览器享受互联网的资源共享,是我们每一个人应该掌握的基本技能。那么通过本次任务,我们将学习 IE 10.0 浏览器的使用方法。

 相关知识

1. 上网基础知识

(1) 万维网

万维网(World Wide Web,WWW)有多个名称,如 3W、WWW、Web、全球信息网等。WWW 最初是由欧洲粒子物理实验室 CERN 的 Tim Berners-Lee 于 1989 年负责开发的一种超文本设计语言 HTML,为分散在世界各地的物理学家提供服务,以便交换彼此的想法,工作进度及有关信息。提出发展万维网的主要目的是建立一个统一管理各种文件的媒体信息源,使人们在因特网上可以得到更多的信息服务。

WWW 系统由 Web 服务器、浏览器(Browser)及通信协议 3 部分组成。WWW 服务的核心:超文本标记语言 HTML(HyperText Markup Language)和超文本传输协议 HTTP (HyperText Transfer Protocol)。

WWW 网站包含许多的网页。网页是用超文本标记语言 HTML 编写的,并以文档、文件形式分布于世界各地的 Web 网站上,网页除了文字、图片等内容,还提供声音、动画、

视频等多媒体信息和交互式功能，并且所有的网页遵循超文本传输协议 HTTP 进行传输。

（2）超文本

超文本（HyperText）除了包含文本，还提供图片、声音、动画和视频等多种媒体信息。超文本用超链接的方法，将各种不同空间的媒体信息链接在一起的网状文本。所谓的超链接是指从一个网页指向一个目标的连接关系，这个目标可以是另一个网页，也可以是相同网页上不同的位置，还可以是一个图片、一个电子邮件、一个文件，甚至是一个应用程序。超文本的格式有很多，目前最常用的是超文本标记语言。我们日常浏览的网页都属于超文本。

（3）浏览器

浏览器是万维网（Web）服务器的客户端浏览程序。可以向万维网的 Web 服务器发送各种请求，并对从服务器发来的超文本信息和各种多媒体数据格式进行解释、显示和播放。目前，常用的浏览器主要是 Microsoft 的 IE、Mozilla 的 Firefox、Google 的 Chrome 和 Opera 等。

2. Internet 的接入方式

Internet 是世界上最大的计算机网络，它连接了全球众多的网络与计算机，是世界上最开放的信息系统。上网的首要条件是让计算机与 Internet 相连接。下面我们来学习 Internet 接入方式。

（1）拨号接入最广泛

PSTN 是英文 Published Switched Telephone Network 的缩写，中文名为公用电话交换网，即"拨号接入"，就是指通过普通电话线或光纤上网。用户在上网的同时，不能再接收电话。目前最高速率为 10Mbps，已经达到香农定理确定的信道容量极限，虽然速率远远不能够满足宽带多媒体信息的传输需求，但最大的好处是方便、普及、便宜。有根电话线，再加个百十来块的小"猫"或光猫（Modem，调制解调器）就可以了。

（2）ISDN 通话与上网两不误

ISDN 是英文 Integrated Service Digital Network 的缩写，即综合业务数字网，就是俗称的"一线通"，它的主要特点就是在上网的同时用户可以任意接收电话，而且它的速度更快，普通 Modem 需要拨号等待 1～5 分钟后才能接入，实际速度为 20～50kbps，ISDN 则只需等待 1～3 秒钟就可以实现接入，实际速度可以达到 100～128kbps。测试数据表明，双线上网速度并不能翻番，窄带 ISDN 也不能满足高质量的 VOD 等宽带应用。但是 ADSL 接入现在已经很少使用了。

（3）ADSL 是适合一个人用的宽带

ADSL 是英文 Asymmetrical Digital Subscriber Line 的缩写，即非对称数字用户环路，是一种能够通过普通电话线提供宽带数据业务的技术。ADSL 支持上行速率 640kbps～1Mbps，下行速率 1～8Mbps，其有效的传输距离为 3～5km。

它的前期投入费用较高，需要一张网卡。一般初装费 600 元左右，但上网费用较少，现在一般采用限时包月，根据限时长短从 49 元到 380 元不等。用户可以到各营业厅开户，专业技术人员会上门安装调试。

（4）DDN 主要面向单位

DDN 是英文 Digital Data Network 的缩写。DDN 的通信速率可根据用户需要在 $N \times 64\mathrm{kbps}(N=1-32)$ 之间进行选择，当然速度越快租用费用也越高。用户租用 DDN 业务需要申请开户。DDN 的收费一般可以采用包月制和计流量制，这与一般用户拨号上网的按时计费方式不同。DDN 的租用费较贵，主要面向集团公司等需要综合运用的单位。DDN 按照用户所选的速率带宽不同，收费也不同，例如在中国电信申请一条 128kbps 的区内 DDN 专线，月租费大约为 1000 元。

（5）VDSL 更快的宽带

VDSL 比 ADSL 要快。使用 VDSL，短距离内的最大下传速率可达 55Mbps，上传速率可达 2.3Mbps。VDSL 使用的介质是一对铜线，有效传输距离可超过 1000m。但 VDSL 技术仍处于发展初期，长距离应用仍需测试，端点设备的普及也需要时间。

（6）Cable-Modem 依赖有线

Cable-Modem(线缆调制解调器)是近两年开始试用的一种超高速 Modem，它利用现成的有线电视(CATV)网进行数据传输，已是比较成熟的一种技术。随着有线电视网的发展壮大和人们生活质量的不断提高，通过 Cable-Modem 利用有线电视网访问 Internet 已成为越来越受业界关注的一种高速接入方式。

（7）PON 光纤入户

PON(无源光网络)技术是一种点对多点的光纤传输和接入技术，下行采用广播方式，上行采用时分多址方式。PON 包括 ATM-PON(APON，即基于 ATM 的无源光网络)和 Ethernet-PON(EPON，即基于以太网的无源光网络)两种。PON 每个用户使用的带宽可以从 64kbps 到 155Mbps 灵活划分，一个 OLT 上所接的用户共享 155Mbps 带宽。

（8）LMDS 无线通信

LMDS 无线通信是目前可用于社区宽带接入的一种无线接入技术。每个终端用户的带宽可达到 25Mbps。但是，它的带宽总容量为 600Mbps，每基站下的用户共享带宽，因此一个基站如果负载用户较多，那么每个用户所分到的带宽就很小了。

（9）LAN 小区宽带

LAN 方式接入是利用以太网技术，采用光缆＋双绞线的方式对社区进行综合布线。所以叫小区宽带，是因为目前在各接入宽带的小区中采用此种方式的最多。用户家里的计算机通过五类跳线接入墙上的五类模块就可以实现上网。LAN 可提供 10Mbps 以上的共享带宽，并可根据用户的需求升级到 100Mbps 以上。目前市场上从事这种方式的运营商主要有长城宽带和蓝波万维，以及中国电信和各地的广电部门。

 **任务实施**

下面介绍如何浏览并保存网页。

1. 启动 IE 10.0 浏览器

方法 1：双击桌面上的 Internet Explorer 10.0 图标，如图 6-2-1 所示。

　　方法 2：在屏幕左下方的"开始"菜单中选择"所有程序"→Internet Explorer 选项，启动 IE 浏览器，如图 6-6-2 所示。启动之后，会打开相应的网址，如图 6-2-3 所示为 hao360 的首页。

图 6-2-1　Internet Explorer 10.0 图标　　　图 6-2-2　启动 Internet Explorer 选项

图 6-2-3　启动之后显示 hao360 首页

2. 认识 IE 10.0 浏览器窗口

打开 hao360 网页后,窗口各栏的名称如图 6-2-4 所示。

图 6-2-4　浏览器各栏目名称

（1）标题栏

标题栏位于浏览器窗口的最上方,显示浏览的网页名称。

主窗口左上角包括“后退”“前进”控制按钮,每个按钮可以实现相应的操作。

右上角是窗口的控制按钮,为“最小化”“最大化或还原”“关闭”按钮。

（2）菜单栏

菜单栏位于标题栏的下方,菜单栏有“文件”“编辑”“查看”“收藏夹”“工具”和“帮助”5 个菜单,单击菜单名称可弹出下拉菜单,包含 IE 的各项功能,如“文件”菜单包含“新建窗口”和“保存”网页等各项功能,如图 6-2-5 所示。

（3）地址栏

地址栏位于标题栏下方。可以直接在地址栏上输入 Web 地址即 URL。如 http：//www.jd.com/,然后按 Enter 键或单击地址栏后面的“转到”按钮,即可访问该页面。用户可以在地址栏中输入网址直接到达需要访问的网站。

（4）网页内容

菜单栏下面显示的是网页的内容,是 hao360 的首页,这里是用户查看网页内容的地方,也是大家最感兴趣的地方。

（5）状态栏

位于窗口的最下方,显示当前用户正在浏览的网页的状态、区域的属性、下载进度以及窗口显示的倍率,其中窗口显示的倍率可以在右下角根据需要加以调节。

图 6-2-5　“文件”菜单的下拉菜单

3．浏览网页

输入网址，进入 Web 站点，打开的第一页被称为首页。网站首页是一个网站的入口页面，是网站建站时树状结构的第一页，它是一个网站的主索引页，是令访客了解网站概貌并引导其阅读内容的向导。网页上有很多的超级链接，若把鼠标指针指向某一文字或者一张图片，鼠标指针变为手形，表明此处是一个超链接。在上面单击，浏览器将打开该超级链接指向的网页。例如，我们单击"新闻"就跳转到腾讯网的"腾讯新闻"，就可以浏览相应的新闻内容，如图 6-2-6 所示。

图 6-2-6　腾讯网的"腾讯新闻"

在浏览网页时，通过单击网页中的"超链接"打开相关内容和网页或网站，还可以利用工具栏的"标题栏"中的相应按钮实现网页的其他操作。

（1）单击"后退"按钮可以返回刚才访问过的网页。

（2）单击"前进"按钮可以再次打开刚才后退的页面。

（3）单击"刷新"按钮可以重新加载该页面的内容。

（4）单击"主页"按钮可以打开 IE 默认页。

（5）单击"搜索"按钮可以查出对话框，输入关键字可以查找已经打开的页面内容。

（6）单击"收藏夹"按钮可以打开收藏的网站地址，通过地址可以打开相应的网站。

4．保存网页的内容

网页上包含文字、图片和资源链接等内容。在浏览网页时，我们可以将网页上的内容保存到计算机中，以便下次查看或使用。下面主要介绍网页、文字、图片和资源的保存方法。

（1）保存全部网页内容。方法如下：

① 打开 IE，浏览要保存的网页页面。

② 选择"文件"→"另存为"命令，弹出"保存网页"对话框，如图 6-2-7 所示。

③ 选择要保存网页文件的路径。

411

图 6-2-7 "保存网页"对话框

④ 在"文件名"文本框中输入文件名称。

⑤ 在"保存类型"下拉列表框中,根据需要选择一种保存类型。类型包括"网页,全部""Web 档案,单一文件""网页,仅 HTML""文本文件",如图 6-2-8 所示。

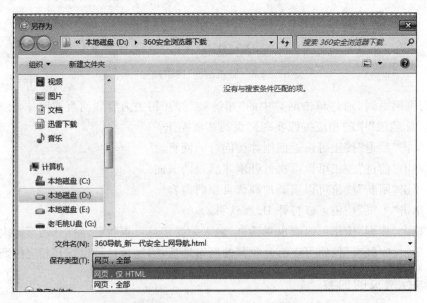

图 6-2-8 "保存类型"下拉列表框

⑥ 单击"保存"按钮,保存网页。

(2) 保存网页中的部分文字。方法如下：

① 用鼠标选中你需要保存的文字。

② 选择"编辑"→"复制"命令或者在选中的文字上面右击并选择"复制"命令,如图 6-2-9 所示。

图 6-2-9　复制所选文字

③ 打开一个空白的记事本或 Word 文档等，右击并选择"粘贴"命令。

④ 选择要保存的路径，并在"文件名"对话框中输入文件名，单击"保存"文档。

（3）保存网页中的图片。方法如下：

① 在所要保存的图片上右击。

② 在弹出的快捷菜单中选择"图片另存为"命令，弹出"保存图片"对话框，如图 6-2-10 所示。

图 6-2-10　"图片另存为"命令

③ 选择要保存图片的路径，输入图片的名称。

④ 单击"保存"按钮来保存图片。

（4）保存网页上的文件。网页上的超链接会指向一种资源，可以是网页，也可以是声音文件，文档和压缩包等文件。下载的方法如下：

① 在超链接上右击。

② 在弹出的快捷菜单中选择"目标另存为"命令。

③ 文件会自动保存于桌面"我的文档"下面的"下载"文件夹里面。

知识拓展

下面介绍主页设置的方法。

主页是每次打开 IE 浏览器时自动打开的一个页面，用户可以将最频繁打开的网站设为主页，这样当我们下次打开 IE 时就自动打开已设置主页，而不用输入网站地址。设置方法如下：

（1）在菜单栏中选择"工具"→"Internet 选项"命令，弹出"Internet 选项"对话框，如图 6-2-11 所示。

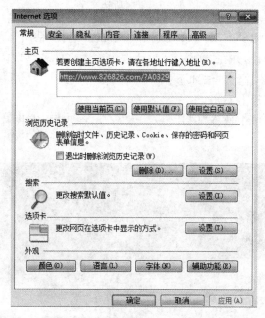

图 6-2-11　"Internet 选项"对话框

（2）选择"常规"选项卡。

（3）在"主页"选项区域中单击"使用当前页"按钮，地址框就会自动填入当前 IE 打开的网页地址；单击"使用默认值"按钮，地址框就会自动填入系统的一个默认页面地址；单击"使用空白页"按钮，则启动 IE 时只显示空白的窗口，不显示任何的页面。用户还可以在地址框中输入自己想要设置为主页的地址，如 http：//www. hao360. com，如图 6-2-12所示。

（4）设置好主页后，单击"应用"按钮，保存刚才的设置但不关闭"Internet 选项"对话框。单击"确定"按钮，保存并关闭"Internet 选项"对话框。

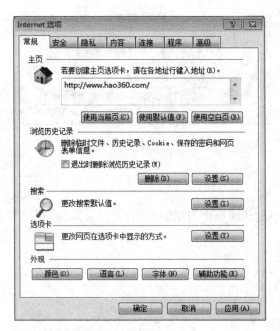

图 6-2-12　输入主页地址"http：//www.hao360.com"

技能拓展

下面介绍收藏夹的使用方法。

在打开浏览器后，单击"收藏夹"按钮，会显示以前加入收藏夹中的内容，如图 6-2-13 所示。通过单击收藏夹中的网站，可以直接打开我们喜欢的网站。例如，单击"收藏夹"中的"淘宝网"，浏览器就可以打开淘宝网的页面，我们不必在地址栏中输入淘宝网的网址。

1. 将网页地址添加到收藏夹中

当我们在浏览网站时，发现网站的内容对自己有帮助或者感觉比较精彩，想以后经常登录这个网站，我们就可以将这个网站添加到收藏夹中。下面我们将"淘宝网-淘！我喜欢"网站添加到收藏夹中。

（1）打开淘宝网网站，选择"收藏"→"添加到收藏夹"命令，弹出"添加收藏"对话框，如图 6-2-14 所示，在名称中就会出现当前所浏览网页的名称"淘宝网-淘！我喜欢"。如果要更改名称，直接输入名称，单击"确定"按钮即可。这时收藏夹中就会出现淘宝网首页网站的名称。

图 6-2-13　收藏夹

（2）下次我们再次浏览"淘宝网-淘！我喜欢"网站时，只需要打开收藏夹，单击"淘宝网-淘！我喜欢"即可。

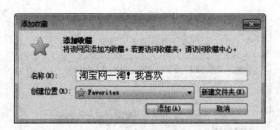

图 6-2-14 "添加收藏"对话框

2. 收藏夹的整理

进入收藏夹之后,右击任何一个网站的名称,可以对其做"删除""重命名"等操作,这里不再赘述。

 任务总结

通过本任务的实施,应掌握下列知识和技能。

- 了解万维网的相关概念。
- 掌握 Internet Explorer 10.0 的使用方法。
- 会使用 Internet Explorer 10.0 浏览网页、搜索资料。
- 掌握更改主页的方法。
- 掌握添加收藏的方法。

子任务 6.2.3　电子邮件的使用

 任务描述

随着网络的不断发展,现如今人们的生活和工作都离不开网络,人们的交流很大程度上也是通过网络来进行交流。传统意义上的写信方式交流也基本被淘汰,大部分是通过电子邮件的方式。通过本次任务,我们将学会怎么使用电子邮件来进行交流和传递文件等。

 相关知识

下面先了解一下电子邮件。

电子邮件(Electronic Mail,E-mail)也称"伊妹儿",是一种利用计算机网络交换电子媒体信息的通信方式,也是因特网上的重要信息服务方式。它为世界各地的因特网用户提供了一种极为快速、简单和经济的通信和交流信息的方法。

(1) 电子邮件的特点

① 价格便宜,通过 Internet 发送电子邮件的费用比传统通信方式便宜得多,距离越远越能显示这个特点。通常发一封电子邮件只要几毛钱就行了。

② 速度快,电子邮件与传统邮件相比较,最大的优势就是速度快。电子邮件近似以光

速来传送的,把电子邮件发送到地球的任何地方对电子邮件来说所花的时间差别是毫秒级的。

③ 方便,电子邮件能减少通信过程的环节,提高通信的效率。以前,若要发送一封信,必须先写好信件,装入信封,把信投到邮箱中。如果使用电子邮件,只要学会与电子邮件有关的操作就行了。

④ 一信多发,在 Internet 中,通过邮件清单发信到若干人手中只需几分钟和几毛钱,而传统的通信方式就无能为力了。

⑤ 邮寄实物以外的任何东西,电子邮件的内容可以包括文字、图形、声音、电影或软件。

(2) 电子邮件的格式

E-mail 地址是以域为基础的地址,它的地址格式为:用户名@电子邮件服务器域名,符号@是电子邮件地址专用标示符,读作 at。比如:Lily@126.com 就是一个邮件地址,它表示在 126.com 的邮件主机上的一个名字为 Lily 的电子邮件用户。

(3) 电子邮件的组成

SMPT(Simple Mail Transfer Protocol),简单邮件传输协议。用来从邮件客户端向邮件服务器传送邮件,或从一个邮件服务器向另一个邮件服务器发送邮件,这些发送邮件的服务器也称 SMPT 服务器。

POP3(Post Office Protocol 3),邮局协议第 3 版。是邮件检索协议,用来从邮件服务器接收邮件。这些接收邮件的服务器也称 POP3 服务器。

(4) 电子邮件的组成

电子邮件有邮件头(Head)和邮件体(Body)两部分组成。其中邮件头又包括收件人(To)、主题(Subject)、抄送(Carbon Copy)。

① 收件人:收件人的邮箱地址(E-mail)。多个邮箱地址可以用";"隔开。

② 主题:邮件的标题。

③ 抄送:将邮件同事发送给收件人以外的其他人的邮件地址。

④ 邮件体:包括邮件正文(邮件的内容)、邮件附件等。

(5) 申请免费电子邮箱

使用电子邮件必须有自己的邮箱。现在的门户网站都有自己的免费电子邮箱,网易(www.126.com、www.126.com、www.yahoo.com)、新浪(www.sohu.com)等。比如我们在 www.126.com 主页上的"免费注册电子邮件"向导进行注册,按要求填写相应的信息,如邮箱用户名、密码等信息。注册成功之后就可以使用用户名和密码登录邮箱进行收发邮件。

(6) 电子邮件的使用方式

电子邮件的使用方式有 Web 和客户端软件两种方式。Web 方式指用浏览器访问电子邮件服务商的电子邮件系统网址,输入用户名和密码,进入用户的电子邮件信箱,然后处理用户的电子邮件,如图 6-2-15 所示为登录前。

(7) 客户端软件管理电子邮件

客户端软件方式是指用支持电子邮件基本协议的软件产品(如 Outlook Express、Foxmail),使用和管理电子邮件,还可以进行远程电子邮件操作及同时处理多账号电子邮件。

图 6-2-15　登录界面

 任务实施

下面介绍腾讯 QQ 邮箱的使用方法。

(1) 登录进入邮箱，输入用户名和密码登录之后界面如图 6-2-16 所示。

图 6-2-16　登录后界面

(2) 创建邮件与发送邮件，我们试着给自己发送一个测试邮件。例如，给自己 2573006007@QQ.com 发邮件，同时抄送给 lilinidr@126.com。

具体实施步骤如下。

1. 创建邮件

单击工具栏中的"写信"按钮，打开"新邮件"窗口，如图 6-2-17 所示。

图 6-2-17　"新邮件"窗口

依次填写如下各项内容,如图 6-2-18 所示。

收件人:2573006007@QQ.com

抄送:lilinidr@126.com

主题:腾讯 QQ 邮箱的使用方法

邮件内容:你好,我是巴中职业技术学院电子信息工程系李林原,你的文件我已收到,谢谢你们的支持。

图 6-2-18　填好基本的内容

2. 添加附件

如果要通过电子邮件发送计算机的其他文件,如 Word 文档、图片和压缩包等,当写完电子邮件后,可按下列操作插入指定的文件。

(1) 单击"主题"栏下面的"添加附件"选项卡,弹出"选择要上载的文件"对话框,如图 6-2-19 所示。

图 6-2-19 "选择要上载的文件"对话框

(2) 在对话框中选择要插入的文件,单击"打开"按钮。加载之后如图 6-2-20 所示。

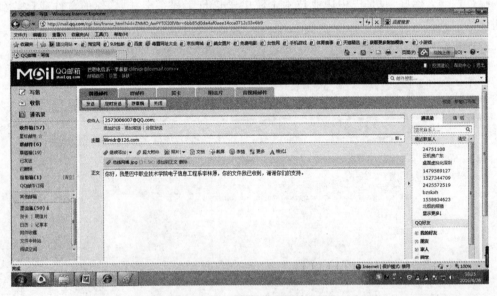

图 6-2-20 创建好邮件的窗口

3. 发送邮件

单击"发送"按钮,即可将创建好的邮件发送到上面填写的邮箱。

4. 收信和阅读邮件

（1）如果要查看是否有电子邮件，则单击左侧窗口的"收信"按钮，当下载完之后就可以阅读了。

（2）阅读邮件，单击窗口左侧的"收件箱"按钮，打开预览邮件窗口，如图 6-2-21 所示。若在邮件列表区中选择一个邮件并单击，则该内容便显示在邮件列表下方，如图 6-2-22 所示。

图 6-2-21　预览"收件箱"邮件

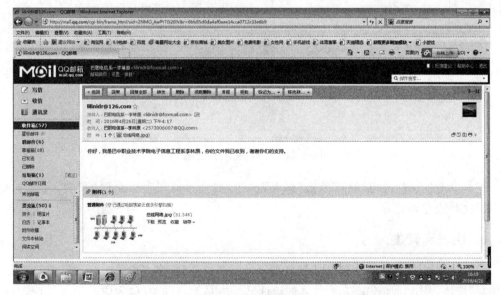

图 6-2-22　阅读邮件

5. 下载和保存附件

如果邮件含有附件,则在邮件列表框中,该邮件的右端会显示一个"回形针"图标。打开邮件,在邮件附件这一项就可以看见附件的名称。

如果要保存附件至指定的文件夹,以方便下次再次打开附件,保存方法如下:

(1) 邮件框下半部分有一个附件列表框,如图 6-2-23 所示。

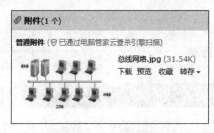

图 6-2-23　附件列表框

(2) 鼠标光标放在附件上面,就会弹出一个下载窗口,其中包含"下载""打开""收藏""转存"等项,如图 6-2-24 所示。

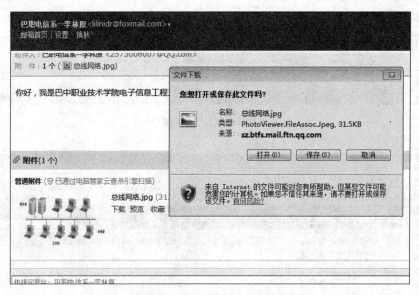

图 6-2-24　弹出"文件下载"窗口

(3) 单击"下载"按钮,然后单击"保存"按钮,文件自动保存于桌面"我的文档"下面的"下载"文件夹里面。

6. 回复和转发

(1) 回复邮件,看完一封信之后需要进行回复时,在阅读窗口中单击"回复"按钮或者"全部回复"按钮,弹出"回信"窗口,收件人的地址已经由系统自动填好,为原发件人,如图 6-2-25 所示。

(2) 回信内容填好之后,单击"发送"按钮,就完成了回信的任务。

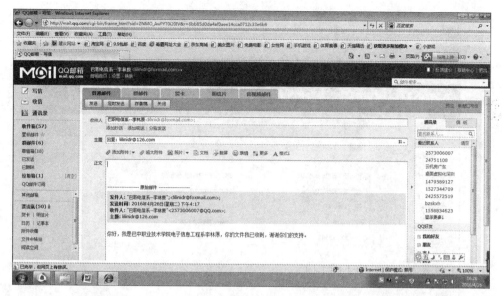

图 6-2-25 "回信"窗口

（3）转发。如果需要其他人也阅读自己收到的这封信，可以转发该邮件。方法如下：

① 在阅读窗口上单击"转发"按钮。

② 填入收件人地址，多个地址之间用"空格键"或者"逗号"隔开。

③ 必要时，在待转发的邮件下撰写附加信息。最后，单击"发送"按钮，完成邮件的转发，如图 6-2-26 所示。

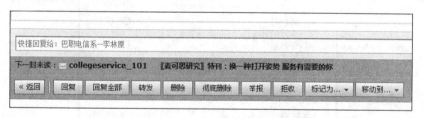

图 6-2-26 "转发邮件"窗口

 知识拓展

下面介绍通讯录的使用方法。

通讯录是电子邮件里面十分重要的工具之一，它不但可以像普通通讯录那样保存联系人的 E-mail 地址、邮编、通信地址、电话号码等信息，而且还有自动填写邮件地址的功能。通讯录的创建和使用方法如下。

（1）通讯录的建立。在通讯录中添加联系人的具体步骤如下：

① 在工具栏中单击"通讯录"选项卡，打开"通讯录"窗口，如图 6-2-27 所示。

② 单击"新建联系人"按钮，弹出"新建联系人"对话框，如图 6-2-28 所示。

③ 依次输入姓名、电子邮箱、手机号码、备注、分组等信息，单击"确定"按钮，完成添加联系人的操作。

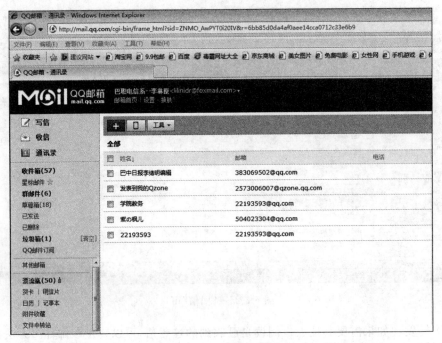

图 6-2-27 "通讯录"窗口

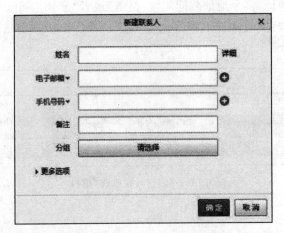

图 6-2-28 "新建联系人"对话框

（2）使用通讯录可以自动填写电子邮件地址，使发送电子邮件变得更加轻松。

① 在"通讯录"中选定具体的收件人地址，如图 6-2-29 所示。

② 单击"写信"按钮，打开新邮件窗口，收件人自动填入选定的收件人邮箱，如图 6-2-30 所示。

技能拓展

下面介绍 Foxmail 的使用方法。

（1）Foxmail 是一款优秀的中文版电子邮件客户端软件，相对于其他邮件客户端，它具有如下优势。

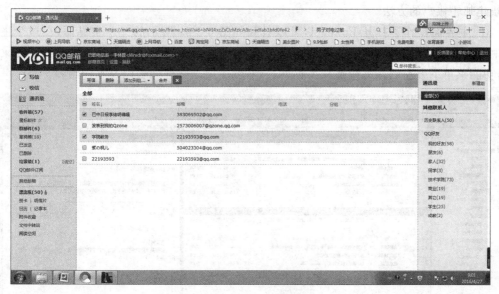

图 6-2-29　选定联系人

图 6-2-30　使用通讯录发送邮件

① 使用本地邮件客户端软件收发邮件，无须登录 Web 邮箱，收、发送邮件更加方便。同时，它可以实现多个邮箱的管理，避免了登录不同邮箱带来的麻烦。

② 使用客户端软件收到的和曾经发送过的邮件都保存在自己的计算机中，不用上网就可以对旧邮件进行阅读、检索和管理。即使邮件服务器宕机也不会造成太大影响。

③ 可以设定时间定时查询和接收邮件，相较于 Web 客户端更加快捷。

④ 安装在非系统盘符中，在重装系统后也可保留邮件的数据。

⑤ 根据自己的需要设置邮件收取的频率，并设为开机自启动。

（2）Foxmail 客户端的收发邮件的方法和一般的邮箱使用方法一样。下面主要介绍一

425

下新建邮箱账户的方法。

① 主界面操作。打开 Foxmail,可以看到如图 6-2-31 所示的一个主界面,在这个主界面中可以完成邮件收发、回复、转发、删除、新邮件撰写等基本的操作。界面上方为功能菜单栏,功能菜单下方左侧是邮箱账户名称列表,右侧主要是邮件列表以及邮件内容。

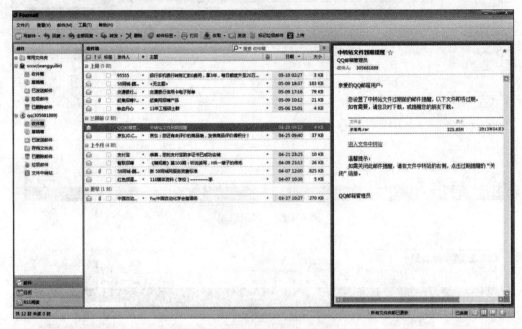

图 6-2-31　Foxmail 主界面

② 新建邮箱账户的操作。单击菜单栏中的"工具"选项卡,界面显示如图 6-2-32 所示。

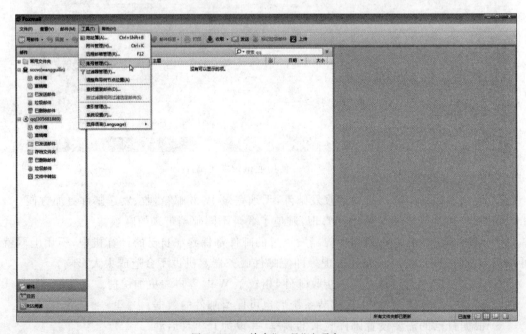

图 6-2-32　单击"工具"选项卡

③ 单击"账号管理"选项卡,弹出"账号管理"窗口,如图 6-2-33 所示。

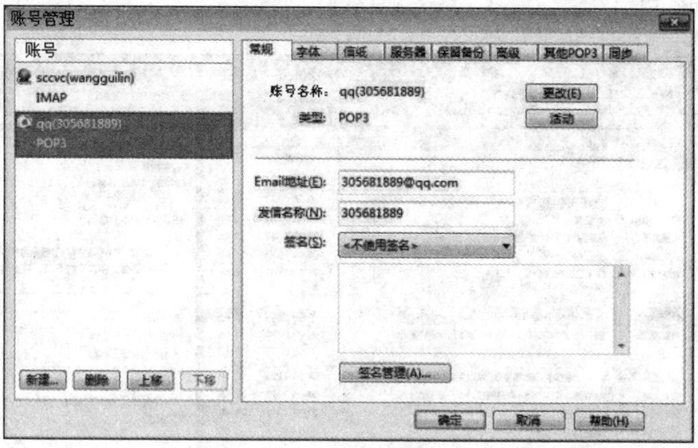

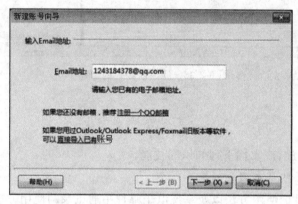

图 6-2-33　"账号管理"窗口

④ 单击左下角"新建"按钮,弹出"新建账号向导"窗口,输入需要新建的电子邮件,如图 6-2-34 所示。

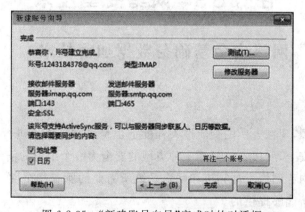

图 6-2-34　"新建账号向导"窗口

⑤ 单击"下一步"按钮,输入邮箱的密码,然后继续单击"下一步"按钮,弹出如下对话框,如图 6-2-35 所示。

图 6-2-35　"新建账号向导"完成时的对话框

⑥ 最后单击"完成"按钮,完成新账户的创建,如图 6-2-36 所示。在窗口左边的账户列表中显示了新建的账户。

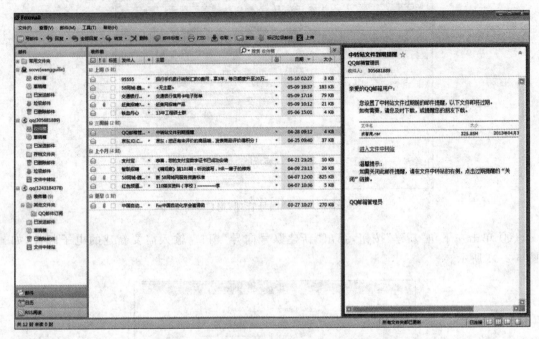

图 6-2-36　完成新账户的创建

 任务总结

通过本任务的实施,应掌握下列知识和技能。

- 了解邮件的一些基本概念。
- 掌握电子邮件的使用方法以及掌握电子邮件中通讯录的使用方法。
- 掌握 Foxmail 的使用方法。

任务 6.3　网络安全技术

子任务 6.3.1　网络安全基础与数据加密技术

 任务描述

随着网络的发展,现在人们的交流很大程度上也是通过网络来进行。但只要有计算机网络就没有绝对的安全,所以不能只靠一种类型的安全为一个组织的信息提供保护;也不能依赖一种安全产品向我们提供计算机和网络系统所需要的所有完全性。安全是一个过程,而不是某一个产品所能够提供的。

 **相关知识**

1. 网络安全的定义

网络安全从其本质上来讲就是网络上的信息安全。它涉及的领域相当广泛。这是因为在目前的公用通信网络中存在各种各样的安全漏洞和威胁。从广义来说，凡是涉及网络上信息的保密性、完整性、可用性、真实性和可控性的相关技术和理论，都是网络安全所要研究的领域。下面给出网络安全的一个通用定义。网络安全是指网络系统的硬件、软件及其系统中的数据受到保护，不因偶然或者恶意的原因而遭到破坏、更改、泄露，系统连续可靠正常地运行，网络服务不中断。网络安全在不同的环境和应用中会得到不同的解释。

(1) 运行系统安全，即保证信息处理和传输系统的安全。包括计算机系统机房环境的保护，法律、政策的保护，计算机结构设计上的安全性考虑，硬件系统的可靠安全运行，计算机操作系统和应用软件的安全，数据库系统的安全，电磁信息泄露的防护等。它侧重于保证系统正常的运行，避免因为系统的崩溃和损坏而对系统存储、处理和传输的信息造成破坏和损失，避免由于电磁泄漏，产生信息泄露，干扰他人（或受他人干扰），本质上是保护系统的合法操作和正常运行。

(2) 网络上系统信息的安全。包括用户口令鉴别，用户存取权限控制，数据存取权限、方式控制，安全审计，安全问题跟踪，计算机病毒防治，数据加密。

(3) 网络上信息传播的安全，即信息传播后果的安全。包括信息过滤，不良信息的过滤等。它侧重于防止和控制非法、有害的信息进行传播后的后果。避免公用通信网络上大量自由传输的信息失控。本质上是维护道德、法律或国家利益。

(4) 网络上信息内容的安全，即我们讨论的狭义的"信息安全"。它侧重于保护信息的保密性、真实性和完整性。避免攻击者利用系统的安全漏洞进行窃听、冒充、诈骗等有损于合法用户的行为。本质上是保护用户的利益和隐私。显而易见，网络安全与其所保护的信息对象有关。本质是在信息的安全期内保证其在网络上流动时或者静态存放时不被非授权用户非法访问，但授权用户却可以访问。显然，网络安全、信息安全和系统安全的研究领域是相互交叉和紧密相连的。下面给出本书所研究和讨论的网络安全的含义。网络安全的含义是通过各种计算机、网络、密码技术和信息安全技术，保护在公用通信网络中传输、交换和存储的信息的机密性、完整性和真实性，并对信息的传播及内容具有控制能力。网络安全的结构层次包括：物理安全、安全控制和安全服务。

2. 数据加密技术

网络安全的核心是数据加密技术，加密技术的核心是加密算法，其目的是为了提高信息系统的数据安全性、保密性和防止数据被破解所采用的主要手段之一。这是一种主动安全防御策略，用很小的代价就能为信息提供相当大的安全保护。按加密算法分类，可分为专用密钥、对称密钥和公开密钥。

(1) 专用密钥

专用密钥又称为对称密钥或单密钥,加密和解密时使用同一个密钥,即同一个算法。如 DES 和 MIT 的 Kerberos 算法。单密钥是最简单的方式,通信双方必须交换彼此的密钥,当需给对方发信息时,用自己的加密密钥进行加密,而在接收方收到数据后,用对方所给的密钥进行解密。当一个文本要加密传送时,该文本用密钥加密构成密文,密文在信道上传送,收到密文后用同一个密钥将密文解出来,形成普通文体供人们阅读。在对称密钥中,密钥的管理极为重要,一旦密钥丢失,密文将无密可保。这种方式在与多方通信时因为需要保存很多密钥而变得很复杂,而且密钥本身的安全就是一个问题。

(2) 对称密钥

对称密钥是最古老的,一般说"密电码"采用的就是对称密钥。由于对称密钥运算量小、速度快、安全强度高,因而如今仍广泛被采用。

DES 是一种数据分组的加密算法,它将数据分成长度为 64 位的数据块,其中 8 位用作奇偶校验,剩余的 56 位作为密码的长度。第一步将原文进行置换,得到 64 位的杂乱无章的数据组;第二步将其分成均等两段;第三步用加密函数进行变换,并在给定的密钥参数条件下进行多次迭代而得到加密密文。

(3) 公开密钥

公开密钥又称非对称密钥,加密和解密时使用不同的密钥,即不同的算法,虽然两者之间存在一定的关系,但不可能轻易地从一个推导出另一个。有一把公用的加密密钥,有多把解密密钥,如 RSA 算法。

非对称密钥由于两个密钥(加密密钥和解密密钥)各不相同,因而可以将一个密钥公开,而将另一个密钥保密,同样可以起到加密的作用。

在这种编码过程中,一个密码用来加密消息,而另一个密码用来解密消息。在两个密钥中有一种关系,通常是数学关系。公钥和私钥都是一组十分长的、数字上相关的素数(是另一个大数字的因数)。有一个密钥不足以翻译出消息,因为用一个密钥加密的消息只能用另一个密钥才能解密。每个用户可以得到唯一的一对密钥,一个是公开的,另一个是保密的。公共密钥保存在公共区域,可在用户中传递,甚至可印在报纸上面。而私钥必须存放在安全保密的地方。任何人都可以有你的公钥,但是只有你一个人能有你的私钥。它的工作过程是:"你要我听你的吗? 除非你用我的公钥加密该消息,我就可以听你的,因为我知道没有别人在偷听。只有我的私钥(其他人没有)才能解密该消息,所以我知道没有人能读到这个消息。我不必担心大家都有我的公钥,因为它不能用来解密该消息。"

 知识拓展

一般的数据加密可以在通信的三个层次来实现:链路加密、节点加密和端到端加密。

1. 链路加密

对于在两个网络节点间的某一次通信链路,链路加密能为网上传输的数据提供安全保证。对于链路加密(又称在线加密),所有消息在被传输之前进行加密,在每一个节点对接收到的消息进行解密,然后先使用下一个链路的密钥对消息进行加密,再进行传输。在到达目的地之前,一条消息可能要经过许多通信链路的传输。

由于在每一个中间传输节点消息均被解密后重新进行加密,因此,包括路由信息在内的链路上的所有数据均以密文形式出现。这样,链路加密就掩盖了被传输消息的源点与终点。由于填充技术的使用以及填充字符在不需要传输数据的情况下就可以进行加密,这使得消息的频率和长度特性得以掩盖,从而可以防止对通信业务进行分析。

尽管链路加密在计算机网络环境中使用得相当普遍,但它并非没有问题。链路加密通常用在点对点的同步或异步线路上,它要求先对在链路两端的加密设备进行同步,然后使用一种链模式对链路上传输的数据进行加密。这就给网络的性能和可管理性带来了副作用。

在线路/信号经常不通的海外或卫星网络中,链路上的加密设备需要频繁地进行同步,带来的后果是数据丢失或重传。另外,即使仅一小部分数据需要进行加密,也会使得所有传输数据被加密。

在一个网络节点上,链路加密仅在通信链路上提供安全性,消息以明文形式存在,因此所有节点在物理上必须是安全的,否则就会泄漏明文内容。然而保证每一个节点的安全性需要较高的费用,为每一个节点提供加密硬件设备和一个安全的物理环境所需要的费用由以下几部分组成:保护节点物理安全的雇员开销,为确保安全策略和程序的正确执行而进行审计时的费用,以及为防止安全性被破坏时带来损失而参加保险的费用。

在传统的加密算法中,用于解密消息的密钥与用于加密的密钥是相同的,该密钥必须被秘密保存,并按一定规则进行变化。这样,密钥分配在链路加密系统中就成了一个问题,因为每一个节点必须存储与其相连接的所有链路的加密密钥,这就需要对密钥进行物理传送或者建立专用网络设施。而网络节点地理分布的广阔性使得这一过程变得复杂,同时增加了密钥连续分配时的费用。

2. 节点加密

尽管节点加密能给网络数据提供较高的安全性,但它在操作方式上与链路加密是类似的:两者均在通信链路上为传输的消息提供安全性;都在中间节点先对消息进行解密,然后进行加密。因为要对所有传输的数据进行加密,所以加密过程对用户是透明的。

然而,与链路加密不同,节点加密不允许消息在网络节点以明文形式存在,它先把收到的消息进行解密,然后采用另一个不同的密钥进行加密,这一过程是在节点上的一个安全模块中进行。

节点加密要求报头和路由信息以明文形式传输,以便中间节点能得到如何处理消息的信息。因此这种方法对于防止攻击者分析通信业务是脆弱的。

3. 端到端加密

端到端加密允许数据在从源点到终点的传输过程中始终以密文形式存在。采用端到端加密(又称脱线加密或包加密),消息在被传输时到达终点之前不进行解密,因为消息在整个传输过程中均受到保护,所以即使有节点被损坏也不会使消息泄露。

端到端加密系统的价格便宜些,并且与链路加密和节点加密相比更可靠,更容易设计、实现和维护。端到端加密还避免了其他加密系统所固有的同步问题,因为每个报文包均是独立被加密的,所以一个报文包所发生的传输错误不会影响后续的报文包。此外,从用户对安全需求的直觉上讲,端到端加密更自然些。单个用户可能会选用这种加密方法,以便不影响网络上的其他用户,此方法只需要源和目的节点是保密的即可。

端到端加密系统通常不允许对消息的目的地址进行加密,这是因为每一个消息所经过的节点都要用此地址来确定如何传输消息。由于这种加密方法不能掩盖被传输消息的源点与终点,因此它对于防止攻击者分析通信业务是脆弱的。

 技能拓展

无论是实体还是虚拟计算机,通过 Symantec Endpoint Protection 都可为用户提供安全、卓越的性能和更加智能的管理,从而在不影响业务的情况下,保护用户的系统免受群发恶意软件、目标性攻击和高级持续性威胁的攻击。

有了邮件安全(E-mail Security)和端点加密(Endpoint Encryption),你就拥有了最好的保护。

无论业务的规模如何,都会为用户量身定制适合的解决方案,这就是全球许多企业信任 Symantec 的原因。下面介绍其主要功能。

(1) 系统保护,如图 6-3-1 所示。

(2) 电子邮件安全,如图 6-3-2 所示。

图 6-3-1　系统保护　　　　　　　　　图 6-3-2　电子邮件安全

(3) 磁盘和移动媒体的加密,如图 6-3-3 所示。

图 6-3-3 磁盘和移动媒体的加密

 任务总结

- 了解网络安全的定义。
- 掌握几种常见的加密技术。

子任务6.3.2 数字签名技术与数字证书技术

 任务描述

为了确保数据传输的安全性,不得不采取一系列的安全技术,如加密技术、数字签名、身份认证、密钥管理、防火墙、安全协议等。其中数字签名与数字证书就是实现网上交易安全的核心技术之一,它可以保证信息传输的保密性、数据交换的完整性、发送信息的不可否认性、交易者身份的确定性等。

 相关知识

1. 数字签名的概念

数字签名在 ISO 7498-2 标准中定义为:"附加在数据单元上的一些数据,或是对数据单元所做的密码变换,这种数据和变换允许数据单元的接收者用以确认数据单元来源和数据单元的完整性,并保护数据,防止被人(例如接收者)进行伪造。"

2. 数字证书的概念

数字证书也叫数字标识(Digital Certificate,Digital ID),是一种应用广泛的信息安全技术,一般由权威公正的第三方机构即 CA(Certificate Authority)中心签发,主要用于网上安全交往的身份认证。通俗地讲,数字证书就是个人或单位在网络上的身份证。数字证书以密码学为基础,采用数字签名、数字信封、时间戳服务等技术,在 Internet 上建立安全有效的信任机制。

3. 数字签名的实现

数字签名要实现的功能是我们平常的手写签名要实现功能的扩展。平常在书面文件上签名的主要作用有两点:一是因为对自己的签名本人难以否认,从而确定了文件已被自己签署这一事实;二是因为自己的签名不易被别人模仿,从而确定了文件是真的这一事实。采用数字签名,也能完成这些功能。

(1) 确认信息是由签名者发送的。

(2) 确认信息自签名后到收到为止未被修改过。

(3) 签名者无法否认信息是由自己发送的。

4. 发挥 EVSSL 证书的作用

可让线上交易变得更加安全,如绿色地址栏。绿色地址栏技术无疑可以为金融站点、电子商务类网站带来极大的便利,网站不用去担心访问者无法识别公司站点,网民地址栏为绿色,就会很安全。

 知识拓展

1. 公钥密码技术

公钥密码技术又称为非对称/Jn 密技术。与之相对的是对称加密技术。对称加密技术是发送方和接收方使用相同的密钥进行加密/解密,双方必须确保这个共同密钥的安全性。其基本过程如图 6-3-4 所示。

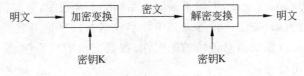

图 6-3-4 对称加密过程

其中加密变换使用的密钥和解密变换使用的密钥是完全相同的,此密钥必须以某种安全的方式告诉解密方。大家熟悉的 DES 加密标准就是一种对称加密技术。1976 年,Diffie 和 Hellman 在一篇名叫 *New Direction in Cryptography*(密码学的新方向)的文章中提出了一个新的思想,即:不仅加密算法本身可以公开,就是加密用的密钥本身也可以公开。这就是公钥密码体制。其中使用的密钥被分解为一对:一把公钥和一把私钥。只要私钥保密就可以了,公钥可以发到因特网(如网站的黄页)等公开地方供别人查询和下载。

2. EVSSL 证书的地址栏为什么会变绿

绿色代表安全,根据 VeriSign 的相关调查显示,网民更愿意在绿色地址栏的附近看到相关的提示信息。例如,在部署了绿色地址栏的页面顶部,动态签章标志附近,或其他与网站信息安全相关的页面上。

技能拓展

下面介绍数字签名的实现方法。

建立在公钥密码技术上的数字签名方法有很多,有 RSA 签名、DSA 签名和椭圆曲线数字签名算法(ECDSA)等。

下面对 RSA 签名进行详细分析,RSA 签名的整个过程如图 6-3-5 所示。

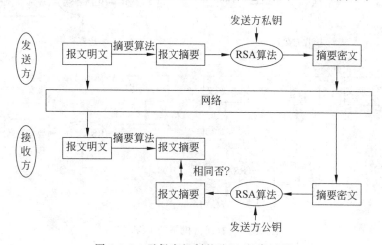

图 6-3-5　无保密机制的 RSA 签名过程

(1) 发送方采用某种摘要算法从报文中生成一个 128 位的散列值(称为报文摘要)。

(2) 发送方用 RSA 算法和自己的私钥对这个散列值进行加密,产生一个摘要密文,这就是发送方的数字签名。

(3) 将这个加密后的数字签名作为报文的附件和报文一起发送给接收方。

(4) 接收方从接收到的原始报文中采用相同的摘要算法计算出 128 位的散列值。

(5) 报文的接收方用 RSA 算法和发送方的公钥对报文附加的数字签名进行解密。

(6) 如果两个散列值相同,那么接收方就能确认报文是由发送方签名的。

最常用的摘要算法叫作 MD5(Message Digest 5),MD5 采用单向 Hash 函数将任意长度的“字节串”变换成一个 128 位的散列值,并且它是一个不可逆的字符串变换算法,换言之,即使看到 MD5 的算法描述和实现它的源代码,也无法将一个 MD5 的散列值变换回原始的字符串。这一个 128 位的散列值亦称为数字指纹,就像人的指纹一样,它就成为验证报文身份的“指纹”了。

数字签名是如何完成与手写签名类似的功能的呢? 如果报文在网络传输过程中被修改,接收方收到此报文后,使用相同的摘要算法将计算出不同的报文摘要,这就保证了接收方可以判断报文自签名后到收到为止是否被修改过。如果发送方 A 想让接收方误认为此报文是由发送方 B 签名发送的,由于发送方 A 不知道发送方 B 的私钥,所以接收方用发送方 B 的公钥对发送方 A 加密的报文摘要进行解密时,也将得出不同的报文摘要,这就保证了接收方可以判断报文是否是由指定的签名者发送。同时也可以看出,当两个散列值相同时,发送方 B 无法否认这个报文是他签名发送的。

在上述签名方案中,报文是以明文方式发生的,所以不具备保密功能。如果报文包含不能泄漏的信息,就需要先进行加密,然后再进行传送。具有保密机制的 RSA 签名的整个过程如图 6-3-6 所示。

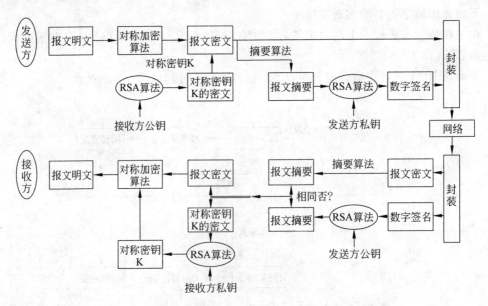

图 6-3-6 有保密机制的 RSA 签名

(1) 发送方选择一个对称加密算法(比如 DES)和一个对称密钥对报文进行加密。

(2) 发送方用接收方的公钥和 RSA 算法对步骤(1)中的对称密钥进行加密,并且将加密后的对称密钥附加在密文中。

(3) 发送方使用一个摘要算法从步骤(2)的密文中得到报文摘要,然后用 RSA 算法和发送方的私钥对此报文摘要进行加密,这就是发送方的数字签名。

(4) 将步骤(3)得到的数字签名封装在步骤(2)的密文后,并通过网络发送给接收方。

(5) 接收方使用 RSA 算法和发送方的公钥对收到的数字签名进行解密,得到一个报文摘要。

(6) 接收方使用相同的摘要算法,从接收到的报文密文中计算出一个报文摘要。

(7) 如果步骤(5)和步骤(6)的报文摘要是相同的,就可以确认密文没有被篡改,并且是由指定的发送方签名发送的。

(8) 接收方使用 RSA 算法和接收方的私钥解密出对称密钥。

(9) 接收方使用对称加密算法(比如 DES)和对称密钥对密文解密,得到原始报文。

 任务总结

• 了解网络安全中的数字签名技术。

• 了解网络安全中的数字证书技术。

子任务 6.3.3　防火墙技术

 任务描述

　　防火墙技术,最初是针对 Internet 网络不安全因素所采取的一种保护措施。顾名思义,防火墙就是用来阻挡外部不安全因素影响的内部网络屏障,其目的就是防止外部网络用户未经授权的访问。它是一种计算机硬件和软件的结合,使 Internet 与 Intranet 之间建立起一个安全网关(Security Gateway),从而保护内部网免受非法用户的侵入,防火墙主要由服务访问政策、验证工具、包过滤和应用网关 4 个部分组成,防火墙就是一个位于计算机和它所连接的网络之间的软件或硬件(其中硬件防火墙用得很少,只有国防部等地才会用,因为价格昂贵)。该计算机流入流出的所有网络通信均要经过此防火墙。

 相关知识

1. 防火墙的分类

　　从实现原理上分,防火墙的技术包括四大类:网络级防火墙(也叫包过滤型防火墙)、应用级网关、电路级网关和规则检查防火墙。它们之间各有所长,具体使用哪一种或是否混合使用,要看具体需要。

　　(1) 网络级防火墙

　　一般是基于源地址和目的地址、应用、协议以及每个 IP 包的端口来做出通过与否的判断。一个路由器便是一个"传统"的网络级防火墙,大多数的路由器都能通过检查这些信息来决定是否将所收到的包转发,但它不能判断出一个 IP 包来自何方,去向何处。防火墙检查每一条规则直至发现包中的信息与某规则相符。如果没有一条规则能符合,防火墙就会使用默认规则,一般情况下,默认规则就是要求防火墙丢弃该包。其次,通过定义基于 TCP或 UDP 数据包的端口号,防火墙能够判断是否允许建立特定的连接,如图 6-3-7 所示。

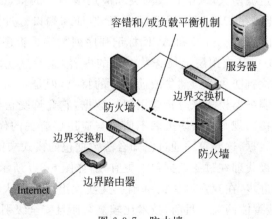

图 6-3-7　防火墙

437

（2）应用级网关

应用级网关能够检查进出的数据包,通过网关复制传递数据,防止在受信任服务器和客户机与不受信任的主机间直接建立联系。应用级网关能够理解应用层上的协议,能够做复杂一些的访问控制,并做精细的注册和稽核。它针对特别的网络应用服务协议即数据过滤协议,能够对数据包分析并形成相关的报告。应用网关对某些易于登录和控制所有输出输入的通信的环境给予严格的控制,以防有价值的程序和数据被窃取。在实际工作中,应用网关一般由专用工作站系统来完成。但每一种协议需要相应的代理软件,使用时工作量大,效率不如网络级防火墙。应用级网关有较好的访问控制,是目前最安全的防火墙技术,但实现困难,而且有的应用级网关缺乏"透明度"。在实际使用中,用户在受信任的网络上通过防火墙访问 Internet 时,经常会发现存在延迟并且必须进行多次登录(Login)才能访问 Internet 或 Intranet。

（3）电路级网关

电路级网关用来监控受信任的客户或服务器与不受信任的主机间的 TCP 握手信息,这样来决定该会话(Session)是否合法,电路级网关是在 OSI 模型中会话层上来过滤数据包,这样比包过滤防火墙要高二层。电路级网关还提供一个重要的安全功能:代理服务器(Proxy Server)。代理服务器是设置在 Internet 防火墙网关的专用应用级代码。这种代理服务准许网管员允许或拒绝特定的应用程序或一个应用的特定功能。包过滤技术和应用网关是通过特定的逻辑判断来决定是否允许特定的数据包通过,一旦判断条件满足,防火墙内部网络的结构和运行状态便"暴露"在外来用户面前,这就引入了代理服务的概念,即防火墙内外计算机系统应用层的"链接"由两个终止于代理服务的"链接"来实现,这就成功地实现了防火墙内外计算机系统的隔离。同时,代理服务还可用于实施较强的数据流监控、过滤、记录和报告等功能。代理服务技术主要通过专用计算机硬件(如工作站)来承担,如图 6-3-8 所示。

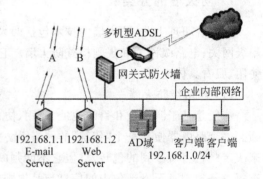

图 6-3-8　电路级网关

（4）规则检查防火墙

该防火墙结合了包过滤防火墙、电路级网关和应用级网关的特点。它同包过滤防火墙一样,规则检查防火墙能够在 OSI 网络层上通过 IP 地址和端口号过滤进出的数据包。它也像电路级网关一样,能够检查 SYN 和 ACK 标记和序列数字是否逻辑有序。当然它也像应用级网关一样,可以在 OSI 应用层上检查数据包的内容,查看这些内容是否能符合企业网络的安全规则。规则检查防火墙虽然集成前三者的特点,但是不同于应用级网关的方面是,它并不打破客户机/服务器模式来分析应用层的数据,它允许受信任的客户机和不受信任的主机建立直接的连接。规则检查防火墙不依靠与应用层有关的代理,而是依靠某种算法来识别进出的应用层数据,这些算法通过已知合法数据包的模式来比较进出的数据包,这样从理论上就能比应用级代理在过滤数据包上更有效,如图 6-3-9 所示。

随着防火墙技术的进步,在双穴网关的基础上又演化出两种防火墙配置:一种是隐蔽主机网关;另一种是隐蔽智能网关。目前,技术比较复杂而且安全级别较高的防火墙是隐蔽智能网关,它将网关隐藏在公共系统之后使其免遭直接攻击。隐蔽智能网关提供了对互联网

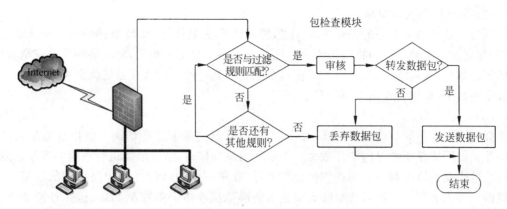

图 6-3-9 规则检查防火墙

服务进行几乎透明的访问，同时也阻止了外部未授权访问者对专用网络的非法访问。

2. 防火墙的使用

防火墙具有很好的保护作用。入侵者必须首先穿越防火墙的安全防线，才能接触目标计算机。用户可以将防火墙配置成许多不同的保护级别。高级别的保护可能会禁止一些服务，如视频流等，但至少这是用户自己的保护选择。

在具体应用防火墙技术时，还要考虑到两个方面：一是防火墙是不能防病毒的，尽管有不少的防火墙产品声称其具有这个功能。二是防火墙技术的另外一个弱点在于数据在防火墙之间的更新是一个难题，如果延迟太大将无法支持实时服务请求。并且，防火墙采用滤波技术，滤波通常使网络的性能降低 50％以上，如果为了改善网络性能而购置高速路由器，又会大大提高经济预算。

总之，防火墙是企业网安全问题的流行方案，即把公共数据和服务置于防火墙外，使其对防火墙内部资源的访问受到限制。作为一种网络安全技术，防火墙具有简单实用的特点，并且透明度高，可以在不修改原有网络应用系统的情况下达到一定的安全要求。

 知识拓展

下面介绍防火墙的功能。

防火墙对流经它的网络通信进行扫描，这样能够过滤掉一些攻击，以免其在目标计算机上被执行。防火墙还可以关闭不使用的端口。而且它还能禁止特定端口的流出通信，封锁特洛伊木马。最后，它可以禁止来自特殊站点的访问，从而防止来自不明入侵者的所有通信。

（1）网络安全的屏障

一个防火墙（作为阻塞点、控制点）能极大地提高一个内部网络的安全性，并通过过滤不安全的服务而降低风险。由于只有经过精心选择的应用协议才能通过防火墙，所以网络环境变得更安全。如防火墙可以禁止诸如众所周知的不安全的 NFS 协议进出受保护网络，这样外部的攻击者就不可能利用这些脆弱的协议来攻击内部防火墙网络。防火墙同时可以保护网络免受基于路由的攻击，如 IP 选项中的源路由攻击和 ICMP 重定向中的重定向路径。防火墙应该可以拒绝所有以上类型攻击的报文并通知防火墙管理员。

(2)强化网络安全策略

通过以防火墙为中心的安全方案配置,能将所有安全软件(如口令、加密、身份认证、审计等)配置在防火墙上。与将网络安全问题分散到各个主机上相比,防火墙的集中安全管理更经济。例如,在网络访问时,一次一密口令系统和其他的身份认证系统完全可以不必分散在各个主机上,而集中在防火墙一身上。

(3)监控审计

如果所有的访问都经过防火墙,那么,防火墙就能记录下这些访问并做出日志记录,同时也能提供网络使用情况的统计数据。当发生可疑动作时,防火墙能进行适当的报警,并提供网络是否受到监测和攻击的详细信息。另外,收集一个网络的使用和误用情况也是非常重要的。首先的理由是可以清楚防火墙是否能够抵挡攻击者的探测和攻击,并且清楚防火墙的控制是否充足。而网络使用统计对网络需求分析和威胁分析等而言也是非常重要的。

(4)防止内部信息的外泄

通过利用防火墙对内部网络的划分,可实现内部网重点网段的隔离,从而限制了局部重点或敏感网络安全问题对全局网络造成的影响。再者,隐私是内部网络非常关心的问题,一个内部网络中不引人注意的细节可能包含了有关安全的线索而引起外部攻击者的兴趣,甚至因此而暴露了内部网络的某些安全漏洞。使用防火墙就可以隐蔽那些透漏内部细节的服务,如 Finger、DNS 等。Finger 显示了主机的所有用户的注册名、真名、最后登录时间和使用 Shell 类型等。但是 Finger 显示的信息非常容易被攻击者所获悉。攻击者可以知道一个系统使用的频繁程度,这个系统是否有用户正在连线上网,这个系统是否在被攻击时引起注意等。防火墙可以同样阻塞有关内部网络中的 DNS 信息,这样一台主机的域名和 IP 地址就不会被外界所了解。除了安全作用,防火墙还支持具有 Internet 服务特性的企业内部网络技术体系 VPN(虚拟专用网)。

(5)数据包过滤

网络上的数据都是以包为单位进行传输的,每一个数据包中都会包含一些特定的信息,如数据的源地址、目标地址、源端口号和目标端口号等。防火墙通过读取数据包中的地址信息来判断这些包是否来自可信任的网络,并与预先设定的访问控制规则进行比较,进而确定是否需对数据包进行处理和操作。数据包过滤可以防止外部不合法用户对内部网络的访问,但由于不能检测数据包的具体内容,所以不能识别具有非法内容的数据包,无法实施对应用层协议的安全处理。

(6)网络 IP 地址转换

网络 IP 地址转换是一种将私有 IP 地址转化为公网 IP 地址的技术,它被广泛应用于各种类型的网络和互联网的接入中。网络 IP 地址转换一方面可隐藏内部网络的真实 IP 地址,使内部网络免受黑客的直接攻击;另一方面由于内部网络使用了私有 IP 地址,从而有效解决了公网 IP 地址不足的问题。

(7)虚拟专用网络

虚拟专用网络将分布在不同地域上的局域网或计算机通过加密通信,虚拟出专用的传输通道,从而将它们从逻辑上连成一个整体,不仅省去了建设专用通信线路的费用,还有效地保证了网络通信的安全。

(8)日志记录与事件通知

进出网络的数据都必须经过防火墙,防火墙通过日志对其进行记录,能提供网络使用的详细统计信息。当发生可疑事件时,防火墙更能根据机制进行报警和通知,提供网络是否受到威胁的信息。

 任务总结

- 了解防火墙的定义。
- 掌握防火墙的主要功能。

课 后 练 习

一、选择题

1. 下列四项中表示电子邮件地址的是(　　)。

　　A. lilin@126. net　　B. 192. 1610. 0. 1　　C. www. gov. cn　　D. www. cctv. com

2. 浏览网页过程中,当鼠标光标移动到已设置了超链接的区域时,鼠标指针形状一般变为(　　)。

　　A. 小手形状　　　　B. 双向箭头　　　　C. 禁止图案　　　　D. 下拉箭头

3. 下列软件中可以查看 WWW 信息的是(　　)。

　　A. 游戏软件　　　　B. 财务软件　　　　C. 杀毒软件　　　　D. 浏览器软件

4. 电子邮件地址 stu@zjschool. com 中的 zjschool. com 代表的是(　　)。

　　A. 用户名　　　　　B. 学校名　　　　　C. 学生姓名　　　　D. 邮件服务器名称

5. 计算机网络最突出的特点是(　　)。

　　A. 资源共享　　　　B. 运算精度高　　　　C. 运算速度快　　　　D. 内存容量大

6. E-mail 地址的格式是(　　)。

　　A. www. zjschool. cn　　　　　　　　B. 网址•用户名

　　C. 账号@邮件服务器名称　　　　　　D. 用户名•邮件服务器名称

7. Internet Explorer 浏览器的"收藏夹"的主要作用是收藏(　　)。

　　A. 图片　　　　　　B. 邮件　　　　　　C. 网址　　　　　　D. 文档

8. 网址 www. pku. edu. cn 中的 cn 表示(　　)。

　　A. 英国　　　　　　B. 美国　　　　　　C. 日本　　　　　　D. 中国

9. 下列四项中主要用于在 Internet 上交流信息的是(　　)。

　　A. BBS　　　　　　B. DOS　　　　　　C. Word　　　　　　D. Excel

10. 如果申请了一个免费电子信箱为 zjxm @sina. com,则该电子信箱的账号是(　　)。

　　A. zjxm　　　　　　B. @sina. com　　　　C. @sina　　　　　D. sina. com

11. http 是一种(　　)。

　　A. 域名　　　　　　B. 高级语言　　　　C. 服务器名称　　　D. 超文本传输协议

12. 上因特网浏览信息时,常用的浏览器是(　　)。

　　A. KV3000　　　　　B. Word 97　　　　C. WPS 2000　　　　D. Internet Explorer

13. 发送电子邮件时,如果接收方没有开机,那么邮件将(　　)。

A. 丢失   B. 退回给发件人

C. 开机时重新发送   D. 保存在邮件服务器上

14. 下列属于计算机网络通信设备的是(   )。

A. 显卡   B. 网线   C. 音箱   D. 声卡

15. 用 IE 浏览器浏览网页,在地址栏中输入网址时,通常可以省略(   )。

A. http：//   B. ftp：//   C. mailto：//   D. news：//

16. 网卡属于计算机的(   )。

A. 显示设备   B. 存储设备   C. 打印设备   D. 网络设备

17. Internet 中 URL 的含义是(   )。

A. 统一资源定位器   B. Internet 协议

C. 简单邮件传输协议   D. 传输控制协议

18. 要能顺利发送和接收电子邮件,下列设备必需的是(   )。

A. 打印机   B. 邮件服务器   C. 扫描仪   D. Web 服务器

19. 构成计算机网络的要素主要有通信协议、通信设备和(   )。

A. 通信线路   B. 通信人才   C. 通信主体   D. 通信卫星

20. 区分局域网(LAN)和广域网(WAN)的依据是(   )。

A. 网络用户   B. 传输协议   C. 联网设备   D. 联网范围

21. 要给某人发送一封 E-mail,必须知道他的(   )。

A. 姓名   B. 邮政编码   C. 家庭地址   D. 电子邮件地址

22. Internet 的中文规范译名为(   )。

A. 因特网   B. 教科网   C. 局域网   D. 广域网

23. 学校的校园网络属于(   )。

A. 局域网   B. 广域网   C. 城域网   D. 电话网

24. 下面是某单位的主页的 Web 地址 URL,其中符合 URL 格式的是(   )。

A. http//www. jnu. edu. cn

B. http：www. jnu. edu. cn

C. http：//www. jnu. edu. cn

D. http：/www. jnu. edu. cn

25. 在地址栏中显示"http：//www. sina. com. cn/",则所采用的协议是(   )。

A. HTTP   B. FTP   C. WWW   D. 电子邮件

26. WWW 最初是由(   )实验室研制的。

A. CERN   B. AT&T

C. ARPA   D. Microsoft Internet Lab

27. Internet 起源于(   )。

A. 美国   B. 英国   C. 德国   D. 澳大利亚

28. 构成计算机网络的要素主要有:通信主体、通信设备和通信协议,其中通信主体指的是(   )。

A. 交换机   B. 双绞线   C. 计算机   D. 网卡

29. 下列说法错误的是(   )。

A. 电子邮件是 Internet 提供的一项最基本的服务

B. 电子邮件具有快速、高效、方便、价廉等特点

C. 通过电子邮件,可向世界上任何一个角落的网上用户发送信息

D. 可发送的多媒体只有文字和图像

30. 网页文件实际上是一种(　　)。

　　A. 声音文件　　　　B. 图形文件　　　　C. 图像文件　　　　D. 文本文件

31. 计算机网络的主要目标是(　　)。

　　A. 分布处理

　　B. 将多台计算机连接起来

　　C. 提高计算机的可靠性

　　D. 共享软件、硬件和数据资源

32. 所有站点均连接到公共传输媒体上的网络结构是(　　)。

　　A. 总线型　　　　B. 环形　　　　C. 树状　　　　D. 混合型

33. 一座大楼内的一个计算机网络系统,属于(　　)。

　　A. PAN　　　　B. LAN　　　　C. MAN　　　　D. WAN

34. 计算机网络中可以共享的资源包括(　　)。

　　A. 硬件、软件、数据、通信信道　　　　B. 主机、外设、软件、通信信道

　　C. 硬件、程序、数据、通信信道　　　　D. 主机、程序、数据、通信信道

35. 对局域网来说,网络控制的核心是(　　)。

　　A. 工作站　　　　B. 网卡　　　　C. 网络服务器　　　　D. 网络互联设备

36. 在中继系统中,中继器处于(　　)。

　　A. 物理层　　　　B. 数据链路层　　　　C. 网络层　　　　D. 高层

二、填空题

1. 计算机网络系统主要由＿＿＿＿＿、＿＿＿＿＿和＿＿＿＿＿。

2. 计算机网络按地理范围可分为＿＿＿＿＿、＿＿＿＿＿和＿＿＿＿＿,其中＿＿＿＿＿主要用来构造一个单位的内部网。

3. 通常我们可将网络传输介质分为＿＿＿＿＿和＿＿＿＿＿两大类。

4. 常见的网络拓扑结构为＿＿＿＿＿、＿＿＿＿＿和＿＿＿＿＿。

5. 一个计算机网络典型系统可由＿＿＿＿＿子网和＿＿＿＿＿子网组成。

三、简答题

1. 计算机网络协议的概念以及其特点? 网络协议的三要素是什么? 各有什么含义?

2. 简述计算机网络的分类以及它们的应用。

3. 简述使用 IE 10.0 浏览网页的过程。

4. 简述用 Foxmail 发送邮件的过程,并向朋友发送一封带附件的邮件。

5. 简述什么是网络安全技术与数据加密技术。

6. 简述什么是数字签名技术与数字证书技术。

7. 简述什么是防火墙技术。

项目七 多媒体技术基础

多媒体这一概念常用来兼指多媒体信息和多媒体技术，且后者居多。所谓多媒体信息是指集数据、文字、图形与图像、声音为一体的综合媒体信息。多媒体技术则是将计算机技术与通信传播技术融为一体，综合处理、传送和存储多媒体信息的数字技术，它提供了良好的人机交互功能和可编程环境，极大地拓展了计算机应用领域，改变着人们工作、学习、生活的方式，并对大众传播媒体产生巨大的影响。

任务 7.1 多媒体基础知识

多媒体技术可按层次分为媒体处理与编码技术、多媒体系统技术、多媒体信息组织与管理技术、多媒体通信网络技术、多媒体人机接口与虚拟现实技术，以及多媒体应用技术这六个方面。而且还应该包括多媒体同步技术、多媒体操作系统技术、多媒体交换技术、多媒体数据库技术、超媒体技术、多媒体会议系统技术、多媒体视频点播与交互电视技术等。

 任务描述

了解媒体、多媒体、多媒体技术的概念。通过对以上概念的掌握，理解多媒体不同媒体的数据格式和相对应的编辑工具。

 相关知识

1. 媒体

媒体一词来源于拉丁语 Medium，音译为媒介，意为两者之间。它是指信息在传递过程中，从信息源到受信者之间承载并传递信息的载体和工具。也可以把媒体看作为实现信息从信息源传递到受信者的一切技术手段。媒体有两层含义，一是承载信息的物体，二是指储存信息的实体。

2. 多媒体

"多媒体"一词译自英文 Multimedia，而该词又是由 multiple 和 media 复合而成的。一般来说，我们所指的多媒体就是表示媒体，文本、音频、图像、图形、动画、视频这些媒体信息。多媒体就是多种媒体信息的综合。

3. 多媒体技术

多媒体技术是指以计算机为平台综合处理多媒体信息,如文本、图像、声音、动画、视频,在这些媒体信息之间建立起逻辑连接,并具有人机交互功能的集成系统。

4. 多媒体技术的基本特征

(1) 集成性。能够对信息进行多通道统一获取、存储、组织与合成。

(2) 控制性。多媒体技术是以计算机为中心,综合处理和控制多媒体信息,并按人的要求以多种媒体形式表现出来,同时作用于人的多种感官。

(3) 交互性。交互性是多媒体应用有别于传统信息交流媒体的主要特点之一。传统信息交流媒体只能单向地、被动地传播信息,而多媒体技术则可以实现人对信息的主动选择和控制。

(4) 非线性。多媒体技术的非线性特点将改变人们传统循序性的读写模式。以往人们读写方式大都采用章、节、页的框架,循序渐进地获取知识,而多媒体技术将借助超文本链接(HyperText Link)的方法,把内容以一种更灵活、更具变化的方式呈现给读者。

(5) 实时性。当用户给出操作命令时,相应的多媒体信息都能够得到实时控制。

(6) 互动性。它可以形成人与机器、人与人及机器间的互动,互相交流的操作环境及身临其境的场景,人们根据需要进行控制。人机相互交流是多媒体最大的特点。

(7) 信息使用的方便性。用户可以按照自己的需要、兴趣、任务要求、偏爱和认知特点来使用信息,获取图、文、声等信息的表现形式。

(8) 信息结构的动态性。用户可以按照自己的目的和认知特征重新组织信息,增加、删除或修改节点,重新建立链接。

多媒体主要媒体数据格式及编辑软件见表 7-1-1。

表 7-1-1　多媒体主要媒体数据格式及编辑软件

媒体类型	常见数据格式	常用编辑软件
文本	txt、doc、docx、pdf	记事本、Word、WPS、PDF 阅读器
图像	JPG、JPEG、PNG、GIF、BMP、TIFF、PSD	画图工具、Photoshop、CorelDRAW
声音	MP3、WMA、WAV、MID	Adobe Audition、Cool Edit Pro、GoldWave、Audacity
动画	AVI、GIF、SWF	Flash、3D Flash Animator、PhotoAnim
视频	AVI、MPEG、MPG、RMVB、DAT	会声会影、VirtualDub、Movie Maker、Adobe Premiere Pro

 知识拓展

1. 富媒体

富媒体(Rich Media)并不是一种具体的互联网媒体形式,而是指具有动画、声音、视频和交互性的信息传播方法,包含下列常见的形式之一或者几种的组合:流媒体、声音、Flash、Java、JavaScript、DHTML 等程序设计语言。富媒体可应用于各种网络服务中,如网

站设计、电子邮件、BANNER、BUTTON、弹出式广告、插播式广告等。

2. 超媒体

超媒体(Hyper Media)是超文本利用引用链接其他不同类型(内含声音、图片、动画)的文件,这些具有多媒体操作的超文本和多媒体在信息浏览环境下的结合,它是超级媒体的简称。意指多媒体超文本(Multimedia HyperText),即以多媒体的方式呈现相关文件信息。

 **技能拓展**

本任务讲述了计算机发展趋势下的新媒体形式,生活中常见的传统媒体有哪些?

 任务总结

通过本任务的学习,掌握下列知识和技能。

* 掌握多媒体的相关概念包括媒体、多媒体、多媒体技术的概念。
* 熟悉多媒体的常见媒体形式。
* 了解多媒体不同媒体形式的数据格式和常用的编辑工具。

任务 7.2 用 Photoshop CS4 进行图像处理

使用 Photoshop CS4 众多的编修与绘图工具,可以有效地进行图片的编辑工作。Adobe Photoshop 简称"PS",是由 Adobe Systems 开发和发行的图像处理软件。它有很多功能,在图像、图形、文字、视频、出版等方面都有涉及。

子任务 7.2.1 认识 Photoshop CS4

 任务描述

通过本任务熟练掌握 Photoshop CS4 中的基本界面构成和工具的使用,掌握 Photoshop CS4 的菜单栏的内容以及工作窗口的自定义设置。

 相关知识

1. Photoshop CS4 工作界面

Photoshop 主要处理以像素所构成的数字图像,其界面如图 7-2-1 所示。

2. Photoshop CS4 工具栏介绍

Photoshop CS4 中的工具可分为几个大类:选择工具、裁切和切片工具、测试工具、修饰工具、绘画工具、绘图和文字工具、导航和 3D 工具,如图 7-2-2 所示。

菜单栏

选项栏

工具栏

活动窗口

图像
编辑区

图 7-2-1 Photoshop CS4 工作界面

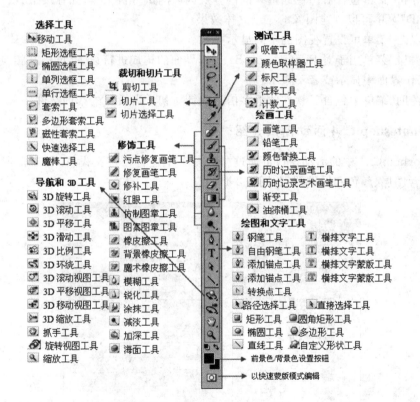

选择工具
移动工具
矩形选框工具
椭圆选框工具
单列选框工具
单行选框工具
套索工具
多边形套索工具
磁性套索工具
快速选择工具
魔棒工具

导航和 3D 工具
3D 旋转工具
3D 滚动工具
3D 平移工具
3D 滑动工具
3D 比例工具
3D 环绕工具
3D 滚动视图工具
3D 平移视图工具
3D 移动视图工具
3D 缩放工具
抓手工具
旋转视图工具
缩放工具

裁切和切片工具
剪切工具
切片工具
切片选择工具

修饰工具
污点修复画笔工具
修复画笔工具
修补工具
红眼工具
仿制图章工具
图案图章工具
橡皮擦工具
背景橡皮擦工具
魔术橡皮擦工具
模糊工具
锐化工具
涂抹工具
减淡工具
加深工具
海面工具

测试工具
吸管工具
颜色取样器工具
标尺工具
注释工具
计数工具

绘画工具
画笔工具
铅笔工具
颜色替换工具
历时记录画笔工具
历时记录艺术画笔工具
渐变工具
油漆桶工具

绘图和文字工具
钢笔工具　　横排文字工具
自由钢笔工具　横排文字工具
添加锚点工具　横排文字蒙版工具
添加锚点工具　横排文字蒙版工具
转换点工具
路径选择工具　直接选择工具
矩形工具　　　圆角矩形工具
椭圆工具　　　多边形工具
直线工具　　　自定义形状工具

前景色/背景色设置按钮
以快速蒙版模式编辑

图 7-2-2 Photoshop CS4 工具栏

3. Photoshop CS4 菜单栏介绍

　　Photoshop 菜单栏中包含的命令很丰富,从最开始的版本到现在的版本,已经有很多的改进和提高,不但菜单中的命令多了,而排列顺序也更合理。在菜单栏中包含了"文件""编辑""图像""图层""选择""滤镜""分析""3D""视图""窗口"和"帮助"菜单。不同的菜单中包含了不同性质的命令,如图 7-2-3 所示。

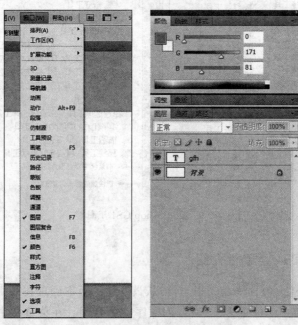

图 7-2-3　Photoshop CS4 菜单栏

- "文件"菜单中包含的命令主要用于对文件的属性进行调整和控制。
- "编辑"菜单中的命令用于对文件或者是文件中的元素进行编辑,比如复制、粘贴等基本命令。
- "图像"菜单中包含的命令主要用于对画面中的图片和元素进行颜色或者尺寸的调整,里面包含的命令也是我们在平时的工作中最为常用的。
- "图层"菜单中的命令主要是针对图层中的选项进行设置的,该菜单中的主要命令在图层面板中也有包括。
- "选择"菜单主要用于对所编辑内容的选择或选区的相关操作。
- "滤镜"菜单中包含软件中的各种滤镜,是可以创造神奇效果的命令组合菜单。
- "分析"菜单包含对图像编辑区的内容及区域测试分析工具,如标尺工具、计数工具。
- "3D"菜单可以创建图像的三维立体效果。
- "视图"菜单可设置视图的不同显示方式。
- "窗口"菜单用于对 Photoshop CS4 工作界面的构成进行设置,可控制相应的面板在工作界面中显示或者不显示。
- "帮助"菜单中包含了软件的很多信息和针对初学者设置的帮助文件。

4. Photoshop CS4 活动窗口介绍

Photoshop CS4 中的活动窗口可通过"窗口"菜单进行自定义设置,通常情况下活动窗口中应包含图层、颜色和导航器,如图 7-2-4 所示。

图 7-2-4　Photoshop CS4 活动窗口

任务实施

1. 启动与退出 Photoshop CS4

（1）启动 Photoshop CS4

- 安装 Photoshop CS4 后，在"开始"菜单中单击该程序可启动它。
- 在桌面上双击软件图标也可启动。
- 双击现有的 Photoshop 源文件（即 PSD 文件）也可以启动。

（2）退出 Photoshop CS4

- 单击菜单栏中的"关闭"按钮▣。
- 单击"文件"菜单中的"退出"命令。

2. 文件的打开与存储

（1）打开文件或素材

- 在"文件"菜单中选择"打开"选项，可打开文件或素材。
- 使用 Ctrl＋O 快捷键打开文件或素材。

（2）文件存储

- 在"文件"菜单中选择"存储"命令（Ctrl＋S）或"存储为"命令（Shift＋Ctrl＋S），可存储文件，可在"格式"下拉菜单中选择不同的文件格式进行存储，如图 7-2-5 所示。其中 PSD 为 Photoshop 源文件。

图 7-2-5　Photoshop CS4 文件的"存储为"对话框

- 要存储特殊的 Photoshop 文件,如动态 GIF 文件,可选择"文件"中"存储为 Web 和设备所用格式"(Alt+Shift+Ctrl+S)进行存储。在存储界面中可通过"预设"选项设置存储的文件格式及颜色标准,并可在存储时对图片进行切片存储,如图 7-2-6 所示。

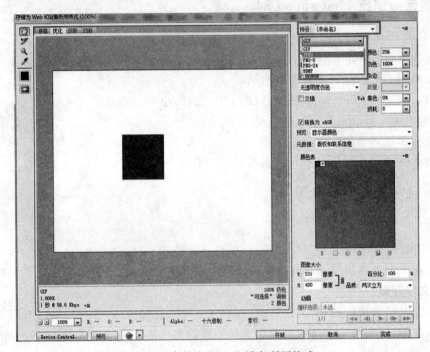

图 7-2-6 存储为 Web 和设备所用格式

 知识拓展

1. 矢量图/位图

位图图像:位图也叫栅格图,由像素点组成,每个像素点都具有独立的位置和颜色属性。在增加图像的物理像素时,图像质量会降低。

矢量图像:1∶1 比例下的位图图像和矢量图像基本难以分辨,如图 7-2-7 所示,而由矢量的直线和曲线组成的矢量图,在对它进行放大、旋转等编辑操作时不会对图像的品质造成损失,如其他软件创造的 AI、CDR、EPS 文件等,如图 7-2-8 所示。

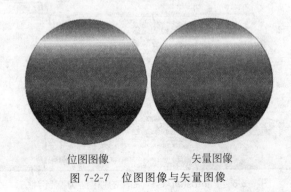

位图图像　　　　　矢量图像

图 7-2-7 位图图像与矢量图像

放大后的位图图像和矢量图像如图 7-2-8 所示。

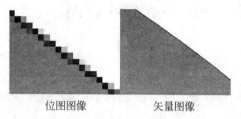

位图图像　　　　　矢量图像

图 7-2-8　放大后的位图图像与矢量图像

2. Photoshop 中的色彩模式

将图像中像素按一定规则组织起来的方法,称为色彩模式。不同的输出图像有不同的色彩模式。常用的色彩模式如 RGB、CMYK、Lab、灰度模式等。

下面介绍首选项的设置。

"编辑"菜单中提供了对 Photoshop CS4 首选项的设置,首选项设置包括常规设置、界面设置、文件处理、性能等选项的设置,可对 Photoshop CS4 进行合理、个性化的设置,如图 7-2-9 所示。

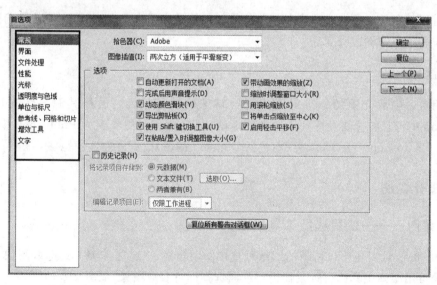

图 7-2-9　Photoshop CS4 首选项的设置

通过本任务的实施,应掌握下列知识和技能。

- 掌握 Photoshop CS4 的基本界面构成及文件的操作。
- 掌握 Photoshop CS4 工具、菜单的功能和基本操作。

子任务 7.2.2　用 Photoshop CS4 抠图

 任务描述

通过本次任务的学习,可以使大家掌握 Photoshop CS4 抠图的基本方法和技巧。

 相关知识

1. 选区

选区也叫选取范围,是 Photoshop 对图像做编辑的范围,任何编辑对选区外都无效。当图像上没有建立选择区时,相当于全部选择。

2. 图层

为了方便图像的编辑,将图像中的各个部分独立起来,对任何一个图层的编辑操作对其他图层都不起作用。

3. 通道

通道用于完全记录组成图像各种单色的颜色信息和墨水强度,并能存储各种选择区域、控制操作过程中的不透明度。

4. 滤镜

利用摄影中滤光镜的原理对图像进行特殊的效果编辑。虽然其源自滤光镜,但在 Photoshop 中将它的功能发挥到了滤光镜无法比拟的程度,使其成为 Photoshop 中最神奇的部分。Photoshop 中有 13 大类(不包括 Digmarc 滤镜)近百种内置滤镜。

 任务实施

1. 案例一——使用选区工具抠图

Photoshop 针对轮廓较清晰的图像可直接使用套索、快速选择等工具选取图像,背景单一的图像可用魔棒工具选出背景再进行反向选择即可获取图像,如图 7-2-10 所示。

使用魔棒工具选取背景　　　按下Ctrl+Shift+I快捷键反选图像

图 7-2-10　使用魔棒工具抠图

（1）打开"7.2.2—案例一"文件夹中的原图素材，选择魔棒工具，并选择背景。

（2）按下 Ctrl＋Shift＋I 快捷键反向选择。

2. 案例二——使用通道抠图

本案例，我们需要抠出人物部分，其难点在于人物头发部分的抠选。案例中我们将使用通道工具来抠取头发部分的图像，如图 7-2-11 和图 7-2-12 所示。

图 7-2-11　案例二原图

图 7-2-12　案例二效果

（1）打开"7.2.2—案例二"文件夹中的原图素材，把背景图层转成普通图层。双击图层面板的"背景"，然后单击"确定"按钮，得到"图层 0"，如图 7-2-13 所示。

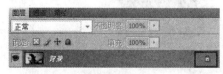
双击背景图层

确定后转成普通图层

图 7-2-13　图层转换

453

（2）使用选区工具(如磁性套索工具)先抠出图像轮廓清晰的主体部分内容,并按 Ctrl＋J
快捷键复制主体图像到新的图层中,得到"图层 1",如图 7-2-14 所示。

用磁性套索工具选出人物主体　　　　　　　　将人物主体复制到新图层

图 7-2-14　选出人物主体

（3）选择原始图层(图层 0),打开"通道"面板,选择蓝通道(选择原则为内容与背景反差
明显的通道)拖动到"新建"按钮 上,复制通道,得到"蓝 副本"通
道,如图 7-2-15 所示。

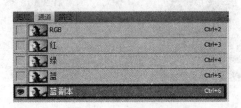

图 7-2-15　复制通道

（4）选择"蓝 副本"通道,使用画笔工具用白色涂抹掉灰色背景,并使用"色阶"工具
(Ctrl＋L)通过滑动条或输入数值调整"蓝副本"通道,使其内容为黑色背景为白色(通道中
黑色部分为选取的内容、白色部分为不选的内容),如图 7-2-16 所示。

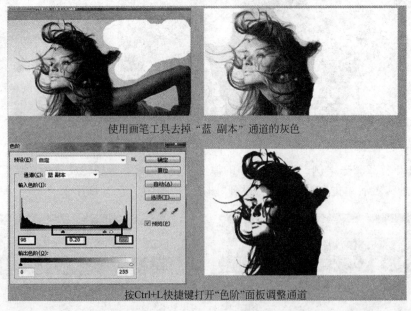

使用画笔工具去掉"蓝 副本"通道的灰色

按Ctrl+L快捷键打开"色阶"面板调整通道

图 7-2-16　调整通道

（5）按住 Ctrl 键并单击"蓝 副本"通道的预览图，选择图像背景，按下 Ctrl＋Shift＋I 快捷键反向选择图像，选择通道中的 RGB 通道，再回到图层面板中选择"图层 0"完成头发部分的选取，如图 7-2-17 所示。

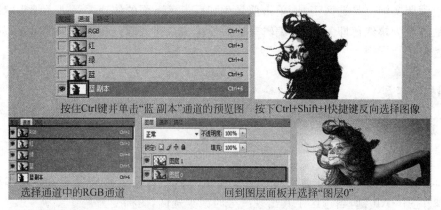

图 7-2-17　利用通道选取图像

（6）按下 Ctrl＋J 快捷键对用通道选取的头发部分进行复制，得到"图层 2"。选择"图层 1"按住 Ctrl 键再选择"图层 2"，按下 Ctrl＋E 快捷键合并"图层 1"和"图层 2"后得到"图层 1"，即为抠除的人物图像，如图 7-2-18 所示。

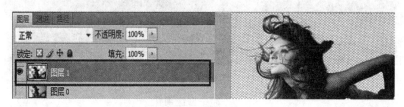

图 7-2-18　合并图层并得到最终效果

 知识拓展

1. 蒙版

蒙版是用来保护图像的任何区域都不受编辑的影响，并将对它的编辑操作作用到它所在的图层。

如图 7-2-19 所示，蒙版将对其进行的黑白控制转化为透明并作用到图像上，蒙版上黑

图 7-2-19　蒙版效果

色部分为完全透明,白色为完全不透明。

2. 快速蒙版

快速蒙版实际上是选区工具,单击前景色和后景色下面的快速蒙版进入编辑状态;画笔涂抹的地方变为桃红色即为选区,编辑完成后再单击快速蒙版按钮返回正常状态,就可以直接编辑选区了。

技能拓展

1. 选区编辑

(1)选区加减

Photoshop 中使用选区工具时可以按住 Shift 键,当选区工具出现加号时增加选区,图标变为 ;按住 Alt 键,当选区工具出现减号时减少选区,图标变为 。

(2)选区羽化

使用"羽化"命令可以柔化选区的边缘,如图 7-2-20 所示。

未羽化选区效果　　　　　　　　　羽化选区效果

图 7-2-20　选区羽化

2. 案例三——快速蒙版抠图

快速蒙版抠图一般用于轮廓比较清晰的素材("7.2.2—案例三"),如图 7-2-21 所示。

图 7-2-21　快速蒙版抠图效果

单击工具栏中的快速蒙版工具 ,选择画笔工具对需要选取的图形进行绘制,画过的部分为红色,绘制完成后再单击快速蒙版工具建立选区,再按下 Ctrl＋Shift＋I 快捷键反选图像,如图 7-2-22 所示。

画笔绘制　　　　　　　　建立选区　　　　　　　反选图像

图 7-2-22　快速蒙版抠图步骤

任务总结

通过本任务的实施,应掌握下列知识和技能。
- 掌握 Photoshop CS4 中抠图的基本方法和技巧。
- 理解通道、蒙版、选区、图层的功能。
- 学会对素材进行分析,选择合适的抠图方法。

子任务 7.2.3　Photoshop CS4 处理图像

任务描述

通过本任务的学习,大家应熟练掌握对图像的处理技巧,包括照片修复处理、图片调色等技巧。

相关知识

1. 曲线工具

曲线不是滤镜,它是在忠于原图的基础上对图像做一些调整。通过曲线,可以调节全部通道或是单独通道的对比度,可以调节任意局部的亮度、可以调节颜色。一个点改变影调明暗,两个点控制图像反差,三个点提高暗部层次,四个点产生色调分离,如图 7-2-23 所示。

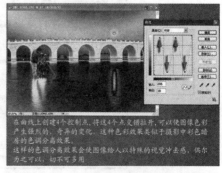

图 7-2-23　曲线工具

2. 色阶

在 Photoshop 中可以使用"色阶"(Ctrl+L)面板通过调整图像的阴影、中间调和高光的强度级别,从而校正图像的色调范围和色彩平衡。"色阶"直方图用作调整图像基本色调的直观参考。色阶也可以对任一一个通道的色彩进行调节。包括 RGB、"红""绿""蓝"四个通道,如图 7-2-24 所示。简单理解色阶,就是调节时可以使黑色的内容更黑,白色的内容更白。

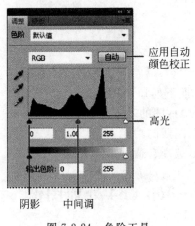

图 7-2-24　色阶工具

3. 色相饱和度

"色相/饱和度"(Ctrl+U)命令是较为常用的色彩调整命令,可以调整整个图像的色相、饱和度和明度。"色相"是色彩的首要外貌特征,除黑白灰以外的颜色都有色相的属性,是区别各种不同色彩的最准确的标准;饱和度是指色彩的鲜艳度,不同色相所能达到的纯度是不同的。"色相/饱和度"可以对图像的不同颜色进行调节,也可以用于对图像着色。"色相/饱和度"对话框如图 7-2-25 所示。

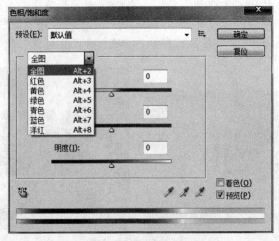

图 7-2-25　"色相/饱和度"对话框

4. 仿制图章工具

仿制图章工具,顾名思义,也就是说仿照别的图像重新复制出相同的图像。该工具的使用方法是:选择该工具后,首先按住 Alt 键选择一处源(即要仿制的图像),然后在想要仿制的地方按住鼠标左键在一个区域拖动鼠标进行仿制,如图 7-2-26 所示。

图 7-2-26　仿制图章工具

5. 修补工具

Photoshop 中的修补工具部分包含污点修复画笔工具、修复画笔工具、修补工具、红眼工具。主要用于人物照片处理,如图 7-2-27 所示。

- 污点修复画笔工具,使用时直接单击污点处即可修复(直接单击,切忌拖动处理)。
- 修复画笔工具,使用方法类似于仿制图章工具,需指定源,指定源的方法同仿制图章工具一样。

图 7-2-27　修补工具

- 修补工具,使用时小范围选择一小块区域,拖动至图像正常的区域之上。
- 红眼工具,用于修复照片曝光时留下的红眼效果。使用时直接单击红眼处即可修复。

 任务实施

案例四——人物磨皮

本案例效果对比如图 7-2-28 所示。

原图　　　　　　　　　　修复后的效果

图 7-2-28　磨皮效果

（1）打开"7.2.3—案例四"文件夹中的原图素材，复制背景图层，得到"背景 副本"图层。并对"背景 副本"图像用污点修复画笔工具、修复画笔工具、修补工具大致进行修补处理（如处理人物皮肤上的黑点），如图7-2-29所示。

图 7-2-29　初步处理

（2）选择"背景 副本"图层，使用曲线工具（Ctrl+M）向上拉动曲线，适当提高图像亮度（大约调整至输出值为143、输入值为103）。单击"确定"按钮，如图7-2-30所示。

（3）选择"背景 副本"图层，按下 Ctrl+E 快捷键与"背景"图层合并，再选择"背景"图层，按下 Ctrl+J 快捷键复制得到"背景 副本"图层，如图7-2-31所示。

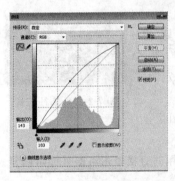

图 7-2-30　用"曲线"对话框提高亮度　　　　图 7-2-31　调亮后的背景与背景副本

（4）选择"背景 副本"图层，执行"滤镜"菜单中的"模糊"→"高斯模糊"命令，设置"模糊半径"为6，单击"确定"按钮，如图7-2-32所示。

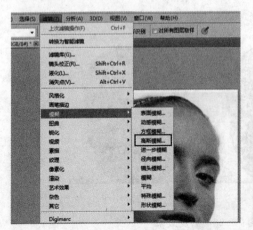

图 7-2-32　选择"高斯模糊"滤镜

（5）选择模糊后的"背景 副本"图层，按住 Alt 键单击蒙版按钮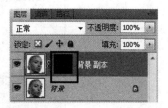，创建黑色蒙版，如图 7-2-33 所示。

图 7-2-33 创建黑色蒙版

（6）选择柔性画笔工具（即画笔硬度为 0），前景色设为白色，在人物皮肤部分涂抹，如图 7-2-34 所示。注意不要将人物五官和有轮廓的地方涂掉。在涂抹过程中随时调节画笔大小（按键盘上的中括号键调整大小，左边中括号表示缩小，右边中括号表示放大）。涂抹过程中可用 Ctrl＋"＋"快捷键放大图像，用 Ctrl＋"－"快捷键缩小图像，涂抹完成如图 7-2-35 所示。

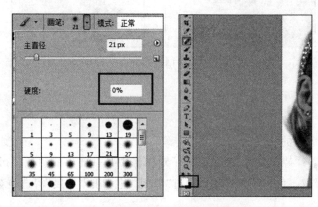

图 7-2-34 选择画笔及前景色

图 7-2-35 涂抹完成的效果

（7）在"背景 副本"的蒙版上右击，选择"应用图层蒙版"命令。再右击"背景 副本"图层

461

并选择"合并可见图层"命令完成操作,如图 7-2-36 所示。

图 7-2-36　应用图层蒙版并合并可见图层

 知识拓展

下面介绍替换颜色的功能。

"图像"→"调整"→"替换颜色"命令提供了对图像中某一部分的颜色进行调整的功能,调整的范围可通过吸管吸取。色彩范围确定后通过"色相""饱和度""明度"等选项对颜色进行调整。

 技能拓展

案例五——修改衣服的颜色

本案例效果见图 7-2-37。

图 7-2-37　颜色替换效果

（1）打开"7.2.3—案例五"文件夹中的原图素材，复制背景图层，得到"背景 副本"图层。

（2）选择"背景 副本"图层，执行"图像"→"调整"→"替换颜色"命令。在打开的"替换颜色"对话框中通过吸管选择调色的范围。

（3）通过"色相""饱和度""明度"调整选区内的图像颜色。调整好后单击"确定"按钮，如图 7-2-38 所示。

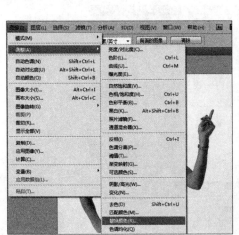

图 7-2-38　替换颜色的效果

 任务总结

通过本任务的实施，应掌握下列知识和技能。

- 掌握对照片美化的基本技巧。
- 掌握 PS 中调色的方式和工具的使用方法。
- 掌握利用 PS 中工具栏和菜单栏相互配合完成图像处理的方法。

任务 7.3　Flash 动画制作

子任务 7.3.1　认识 Flash 8

 任务描述

Flash 8 以便捷、完美、舒适的动画编辑环境，深受广大动画制作爱好者的喜爱，在制作动画之前，先对工作环境进行介绍，包括一些基本的操作方法和工作环境的组织和安排。

 相关知识

1. Flash 8 界面介绍

Flash 8 的工作窗口由标题栏、菜单栏、工具栏、图层区、时间轴、工作区和舞台、工具箱以及各种面板组成,如图 7-3-1 所示。

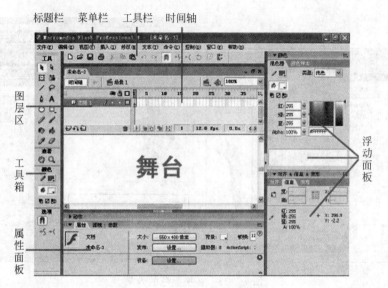

图 7-3-1　Flash 8 的工作窗口

2. 菜单

(1)"文件"菜单

"发布设置"用来设置动画文件发布选项。制作好的动画文件可以发布成 swf、gif、png、jpg 等多种格式,如图 7-3-2 所示,也可通过"导出"命令导出 swf 文件或其他格式的视频文件(如 avi、wav 等);"导入"用于向"舞台"或"库"导入素材。

(2)"编辑"菜单

"编辑"菜单的功能包括对帧的复制与粘贴、编辑时的参数设置、自定义快捷键以及字体映射等。菜单中的剪切帧、复制帧、清除帧、粘贴帧是相对一个或者多个帧而操作的。

(3)"视图"菜单

"视图"菜单用于取舍在屏幕上显示的内容,如在影片预览时可以关闭浮动面板和时间轴的显示。

"转到"命令用来控制当前舞台显示哪一个场景;"放大"命令可以放大舞台;"缩小"命令可以缩小舞台;"缩放比率"命令控制窗口和舞台的比率。

(4)"插入"菜单

"插入"菜单的命令使用率很高。"元件"是 Flash 中动画的基本个体;通过插入"图层"来实现基本动画。"插入"菜单主要包括层、帧和对象的插入及删除等操作。

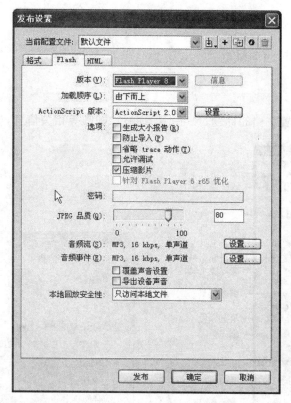

图 7-3-2 Flash 8 的"发布设置"对话框

（5）"修改"菜单

"修改"菜单中"文档"命令用来修改文档的属性；"变形"命令用于调整比例和旋转角度；"排列"命令可调整图层的上下位置；"对齐"命令可改变物体在舞台上的位置；"分离"命令可打散图片。

（6）"文本"菜单

"文本"菜单用于输入和编辑文本，文字在动画中占有很重要的位置。

（7）"命令"菜单

"命令"菜单用于对命令的保存和运行。

（8）"控制"菜单

在设计的过程中，我们要不停地测试影片，以符合自己的设计，这可以由"测试影片"或"调试影片"等命令来完成，所以说"控制"菜单是 Flash 当中重要的一环。

（9）"窗口"菜单

"窗口"菜单用于控制各个窗口及面板的打开与关闭。

（10）"帮助"菜单

"帮助"菜单可以为初学的用户提供教程和示例，是初学者学习的最佳途径。用户不但可以通过"帮助"菜单找到问题的答案，而且可以在菜单中的相关命令中连接到互联网上，可以获得更多的帮助。

3. 工具

Flash 工具栏如图 7-3-3 所示。

 知识拓展

文档属性用于设置文档的标题、尺寸、背景颜色、帧频等相关信息，如图 7-3-4 所示。

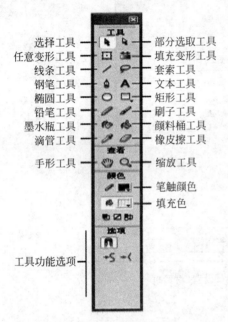

选择工具 —— 部分选取工具
任意变形工具 —— 填充变形工具
线条工具 —— 套索工具
钢笔工具 —— 文本工具
椭圆工具 —— 矩形工具
铅笔工具 —— 刷子工具
墨水瓶工具 —— 颜料桶工具
滴管工具 —— 橡皮擦工具
手形工具 —— 缩放工具
—— 笔触颜色
—— 填充色
工具功能选项 ——

图 7-3-3　Flash 8 工具栏

图 7-3-4　Flash 8"文档属性"对话框

 技能拓展

下面介绍重置工作界面的方法。

我们在使用 Flash 8 时经常会根据自己的需要调整工作界面的构成，但有时也会快速回到默认的工作界面，我们选择"窗口"→"工作区布局"→"默认"命令回到初始的工作界面。

 任务总结

通过本任务的实施，应掌握下列知识和技能。

- 掌握 Flash 8 基本界面的构成。
- 掌握 Flash 8 的工具栏中工具的使用方法。
- 掌握菜单栏常用菜单和命令的功能。
- 掌握对 Flash 8 素材的导入、作品的导出、发布以及文件格式的设置。

子任务 7.3.2 逐帧动画与补间动画

任务描述

逐帧动画是指对动画文件以帧为单位进行编辑得到的动画效果,对象在每一帧上都是不同的状态,编辑时需要逐帧进行编辑;补间动画是在编辑时只对关键帧进行编辑,其余的帧可通过建立补间的方式自动获取变化的对象形态。补间按类型可分为动画补间和形状补间。在本次任务中,将通过逐帧动画和补间动画来阐述"帧""补间"等相关概念。

相关知识

1. 时间轴与帧

时间轴是以时间为基础的线性表,让使用者以时间为基础一步步地安排每个动作。在时间轴中可处理帧和关键帧,将它们按照对象在帧中出现的顺序进行排列,如图 7-3-5 所示。

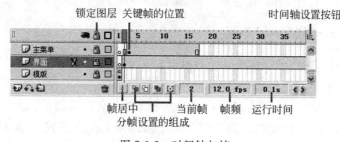

图 7-3-5 时间轴与帧

时间轴中可以对帧或关键帧进行如下修改。

- 插入、选择、删除和移动帧或关键帧。
- 将帧和关键帧拖到同一层中的不同位置,或是拖到不同的层中。
- 复制和粘贴帧和关键帧。
- 将关键帧转换为帧。
- 从"库"面板中将一个项目拖动到舞台上,从而将该项目添加到当前的关键帧中。

2. 补间

(1) 动作补间

动作补间动画是指在 Flash 的时间帧面板上,在一个关键帧上放置一个元件,然后在另一个关键帧中改变这个元件的大小、颜色、位置、透明度等,Flash 将自动根据两者之间的帧的值创建动画。动作补间动画建立后,时间帧面板的背景色变为淡紫色,在起始帧和结束帧之间有一个长长的箭头。构成动作补间动画的元素是元件,包括影片剪辑、图形元件、按钮、文字、位图、组合等,但不能是形状,只有把形状组合(Ctrl+G)或者转换成元件后才可以做

467

动作补间动画。

(2)形状补间

形状补间动画是在 Flash 的时间帧面板上,在一个关键帧上绘制一个形状,然后在另一个关键帧上(可在时间轴上建立空白关键帧)更改该形状或绘制另一个形状等,Flash 将自动根据两者之间的帧的值或形状来创建动画,它可以实现两个图形之间颜色、形状、大小、位置的相互变化。形状补间动画建立后,时间帧面板的背景色变为淡绿色,在起始帧和结束帧之间也有一个长长的箭头;构成形状补间动画的元素多为用鼠标或压感笔绘制出的形状,而不能是图形元件、按钮、文字等,如果要使用图形元件、按钮、文字,则必先打散(Ctrl+B)后才可以做形状补间动画。

 **任务实施**

1. 案例六——逐帧动画(弹跳的小球)

(1)新建一个 Flash 文档,定位到图层 1 的时间轴的第一帧,选择圆形工具 ◯ 并按住 Shift 键,在舞台上绘制圆形,填充任意颜色。

(2)将帧定位到第二帧,单击鼠标右键并选择"插入关键帧"命令,使用移动工具在舞台中修改小球的位置。以此类推,设置第三帧、第四帧……

2. 案例七——形状补间动画

(1)新建 Flash 文档,定位到图层 1 的时间轴的第一帧,选择圆形工具 ◯ 并按住 Shift 键,在舞台中绘制圆形,填充任意颜色。

(2)将帧定位到第十帧,单击鼠标右键并选择"插入空白关键帧"命令,使用矩形工具 □ 在舞台中绘制矩形,将帧定位到第一帧与第十帧之间的任意位置,在属性面板"补间"选项中选择"形状",如图 7-3-6 所示。

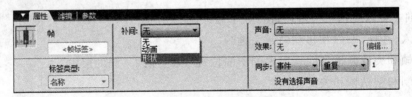

图 7-3-6 "属性"面板

 **知识拓展**

下面介绍图层。

图层就像透明的纸一样,在舞台上一层层地向上叠加。图层可以帮助用户组织文档中的插图。图层可分为普通图层、引导图层、遮罩图层、被遮罩图层。图层可以在不影响其他图层上的对象的情况下,在一个图层上绘制并编辑对象,可以利用引导层使绘画和编辑更加容易,可以利用遮罩层帮助动画创建丰富多彩的效果。

技能拓展

下面介绍图层的操作方法。

1．图层的新建

当打开 Flash 的时候,在默认的情况下只有一个图层。若要新增图层,可执行"插入"菜单下的"图层"命令或单击时间轴上的 ⏴。

2．图层的修改

(1) 当要绘制、上色或者对图层或文件夹进行修改,需要在时间轴中激活该图层。

(2) 当图层名字旁边出现一个铅笔图标时,表示该图层是当前工作图层。在工作图层中可进行相应修改操作。

3．图层的选取

(1) 单击时间轴上的图层名称。

(2) 单击属于该层时间轴上的任意一帧。

(3) 在编辑区选择该层中舞台的对象。

(4) 若要同时选择多个图层,可先按住 Shift 键或者是 Ctrl 键,再单击要选择的图层名称。

4．图层的删除

(1) 右击要删除的图层,在快捷菜单中选择"删除图层"选项。

(2) 选中图层后,单击时间轴上的 🗑 按钮。

(3) 将要删除的图层用鼠标拖动到 🗑 上。

5．图层的锁定与解锁

(1) 单击图层名字右边的锁定栏,就可以锁定图层,再次单击锁定栏可解除堆图层的锁定。

(2) 单击 🔒 按钮,可将所有的图层锁定,再次单击就可解除对所有图层的锁定。

(3) 在按住 Alt 键后,单击任意一个图层上的锁定栏,可锁定或解除此图层外的所有图层。

(4) 在按住 Ctrl 键后单击任意一个图层,可锁定或解除所有图层。

6．图层的属性设置

在任意的图层上右击,都会弹出快捷菜单,选择其中的"属性"命令,可以在打开的"图层属性"对话框中设置各种参数,如图 7-3-7 所示。

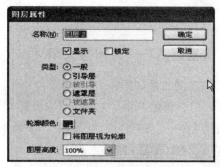

图 7-3-7 "图层属性"面板

任务总结

通过对该任务的学习,能够掌握 Flash 中帧、图层、补间的概念和功能。掌握 Flash 中简单动画的制作方法,如逐帧动画、补间动画。

子任务7.3.3 引导动画与遮罩动画

 任务描述

引导层动画由引导层和被引导层组成,引导层用于放置对象运动的路径,被引导层用于放置运动的对象。制作引导动画的过程实际就是对引导层和被引导层的编辑过程。

 相关知识

1. 引导层与被引导层

引导层是 Flash 引导层动画中绘制路径的图层。引导层中的图案可以为绘制的图形或对象定位,主要用来设置对象的运动轨迹。引导层不从影片中输出,所以它不会增加文件的大小,而且可以多次使用。

被引导层是在引导层基础上的对象图层,可以使图层上的对象沿引导层中的引导路径运动,一个引导层下可以有多个被引导层。

2. 引导线

引导线是绘制在引导层中用于引导被引导层中对象运动的路径。

* 起点和终点之间的线条必须是连续的,不能间断,可以是任何形状。
* 引导线转折处的线条弯转不宜过急、过多,否则 Flash 无法准确判定对象的运动路径。
* 被引导对象必须准确吸附到引导线上,也就是元件编辑区中心必须位于引导线上,否则被引导对象将无法沿引导路径运动。
* 引导线在最终生成动画时是不可见的。

 任务实施

案例八——地球与太阳

案例效果如图 7-3-8 所示。

(1) 新建 Flash 文档,定位到"图层 1"的第一帧,在舞台正中利用椭圆工具并按住 Shift 键绘制一个圆形表示太阳,笔触颜色设为"无" ，填充色设为红黑中心渐变 。

(2) 选择工具栏中的选择工具 ，单击绘制的"太阳",当"太阳"图形出现很多小点

图 7-3-8　地球与太阳

时,按住鼠标左键框选"太阳"的上半部分(大致以圆心为界),如图 7-3-9 所示。

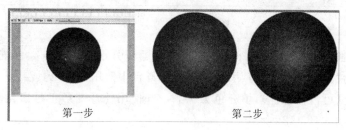

第一步　　　　　　　　　第二步

图 7-3-9　绘制"太阳"

(3) 按下 Ctrl＋X 快捷键剪切掉"太阳"的上半部分。单击时间轴上的"新建图层"按钮
,新建一个"图层 2"。选中"图层 2"的第一帧,按下 Ctrl＋Shift＋V 快捷键粘贴"太阳"的
上半部分到当前位置。双击"图层 1"的图层名并修改为"太阳下",同理将"图层 2"的名字修
改为"太阳上",如图 7-3-10 所示。

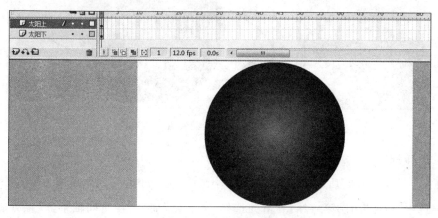

图 7-3-10　分割"太阳"

471

(4) 选择"太阳下"图层,单击"新建图层"按钮 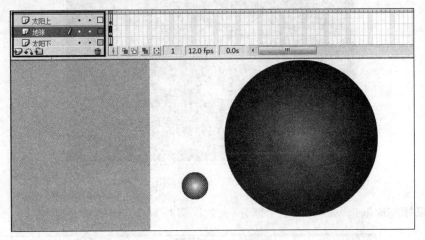,在"太阳下"与"太阳上"之间新建一个"图层 3",并更改图层名称为"地球"。在"地球"图层第一帧的舞台中利用椭圆工具并按住 Shift 键绘制一个较小的圆表示地球,笔触颜色为"无",填充色为灰白中心渐变▓▓▓,如图 7-3-11 所示。

图 7-3-11 绘制"地球"

(5) 选择"地球"图层,单击时间轴上的"添加运动引导层"按钮,新建一个引导层,并将其名称更改为"轨道",在"轨道"引导层第一帧舞台中使用椭圆工具绘制一个椭圆轨道,笔触颜色设为蓝色(可为任意色),填充色为"无"。并使用任意变形工具调整椭圆轨道到适当大小和位置,如图 7-3-12 所示。

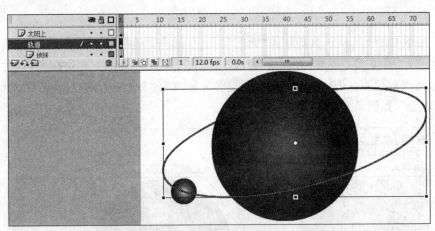

图 7-3-12 绘制轨道

(6) 选择"地球"图层第一帧,用工具栏中的任意变形工具移动"地球"使之附着于轨道上(用工具选中"地球"后,中心会出现一个小圆圈,拖动小圆圈到轨道线上)。

(7) 选中"地球"图层第一帧,右击并选择"复制帧"命令,在时间轴第 60 帧处右击并选择"粘贴帧"命令,再为"太阳上""太阳下""轨道"图层分别在第 60 帧处右击并选择"插入帧"命令,如图 7-3-13 所示。

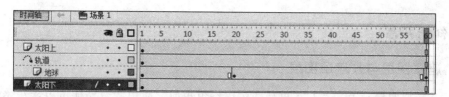

图 7-3-13 复制帧

（8）选中"地球"图层第 20 帧，右击并选择"插入关键帧"命令，在舞台中使用任意变形工具移动"地球"的位置到整个轨道逆时针方向大约 1/3 处（仍然附着于轨道线上）。同理，在第 40 帧处，再次改变"地球"位置到 2/3 处，如图 7-3-14 所示。

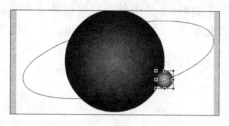
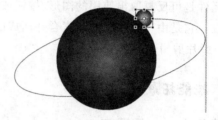

图 7-3-14 调整地球位置

（9）在"地球"图层的第 1～20 帧、第 20～40 帧、第 40～60 帧之间分别创建补间动画（选择其中任意一帧，右击并选择"创建补间动画"命令），如图 7-3-15 所示。

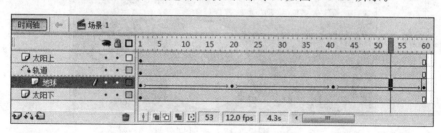

图 7-3-15 创建补间动画

（10）在舞台空白处右击并选择"文档属性"命令，在打开的文档属性面板中设置背景颜色为黑色。单击"确定"按钮，然后按下 Ctrl＋Enter 快捷键测试影片，如图 7-3-16 所示。

图 7-3-16 修改背景色并测试影片

 知识拓展

1. 遮罩图层与被遮罩图层

Flash 的遮罩层与 Photoshop 里的蒙版概念很相似。使用遮罩功能可以产生类似聚光灯扫射的效果,也可以把多个图层聚合在一个遮罩层下面形成被遮罩层,从而产生丰富多彩的效果。

2. 元件

元件是可反复取出使用的图形、按钮或一段小动画,元件中的小动画可独立于主动画进行播放。它是由多个独立的元素合并而成的,因此缩小了文件的存储空间。元件的类型有三种:影片剪辑、按钮、图形。

 技能拓展

案例九——探照灯

本案例效果如图 7-3-17 所示。

图 7-3-17 探照灯

(1) 新建一个 Flash 文档,在文档属性中将尺寸设置为 500 像素×150 像素,用矩形工具在舞台中绘制矩形,大小与舞台大小一样,笔触颜色为"无",填充色为黑蓝中心渐变。在绘制的矩形之上使用文本工具 **A** 输入文字 FLASH 并在属性面板设置文字字体颜色为蓝色,字体为"Blackoak Std",字体大小为 50。单击"滤镜"面板中的加号按钮,为文字添加"投影"滤镜,参数为默认值,效果如图 7-3-18 所示。

图 7-3-18 图层 1 效果

(2) 用选择工具框选"图层 1"的所有对象(矩形和文字)按 Ctrl＋C 快捷键复制对象;单击

"新建图层"按钮 ![图标]，在"图层 1"上新建一个"图层 2"，在"图层 2"第一帧按下 Ctrl＋Shift＋V 快捷键粘贴对象到当前位置；选中"图层 2"中粘贴的矩形，在属性面板中将其填充色改为白色，同理，将"图层 2"中粘贴的文字颜色改为橙色，如图 7-3-19 所示。

图 7-3-19 图层 2 效果

（3）单击"插入"菜单，选择"新建元件"命令，在打开的对话框中设置名称为"灯光"，类型为"影片剪辑"。在绘图区靠左边位置绘制一个圆形，笔触颜色为"无"，填充色为橙色（可为任意色），在属性面板中设置圆形的宽、高各为 140，如图 7-3-20 所示。

图 7-3-20 绘制元件

（4）在元件编辑界面"图层 1"的第 40 帧处右击并选择"插入关键帧"命令，再在第 20 帧处右击并选择"插入关键帧"命令，再使用选择工具并按住 Shift 键水平拖动圆形到右边；在第 1～20 帧、第 20～40 帧之间分别创建补间动画（选择其中任意一帧，右击并选择"创建补间动画"命令），如图 7-3-21 所示。

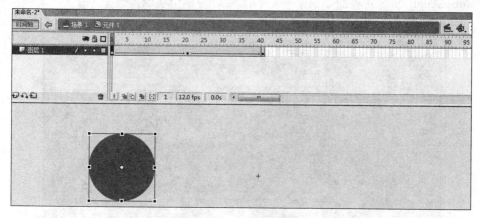

图 7-3-21 编辑元件的动画

（5）单击时间轴上的"场景 1" ![场景 元件1图标] ，回到场景中。在"图层 2"之上新建一个"图层 3"。并在"库"面板中将制作好的"灯光"元件拖动至"图层 3"第一帧舞台上（放在文字前面）；在"图层 3"上右击并选择"遮罩层"命令，如图 7-3-22 所示。

（6）按下 Ctrl＋Enter 快捷键测试影片。

图 7-3-22　拖动元件到舞台并设置遮罩层

任务总结

通过对该任务的学习,理解引导层、引导线、遮罩层、被遮罩层的作用,掌握制作运动对象沿任意指定路径运动的动画。通过制作引导层动画和遮罩动画,掌握 Flash 8 基本动画制作的操作方法,培养 Flash 软件综合应用的相关经验。学会利用辅助学习软件自主探究的学习方法,并能够互相学习,取长补短。

任务 7.4　Adobe Audition 音频处理

任务描述

Adobe Audition 3.0 是 Adobe 公司开发的一款功能非常强大的声音处理软件。

相关知识

1. Adobe Audition 3.0 界面介绍

Adobe Audition 3.0 界面如图 7-4-1 所示,可分为多个功能区。

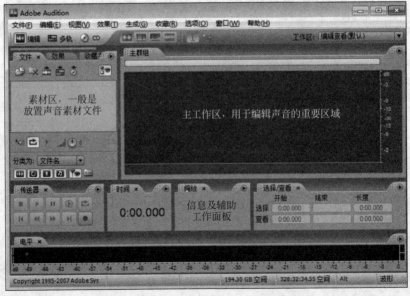

图 7-4-1　Adobe Audition 3.0 界面

2. 单轨道与多轨道

单轨和多轨分别在主界面的左上角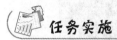，单轨界面只有一个音轨，多轨则存在多个音轨。单轨一般用于处理单个声音文件，比如说要编辑一首歌曲，消声、混音之类的；而多轨一般就是多个声音文件合成使用的。现实中我们对声音的处理会用单轨，对声音的合并会用多轨。

任务实施

1. 音乐的截取

执行"文件"→"导入"命令，导入一首音乐，然后将其拖到右面的音轨 1 上。如图 7-4-2 所示，如要截取黄色小箭头右边这段音乐，可双击这段音乐，然后它会自动进入单轨道编辑模式，在里面可以对这首音乐进行操作，用鼠标选取前面不要的那一段，然后按键盘上的 Delete 键将其删除。或选取需要的一段，右击并选择"复制到新的"命令，在素材区中出现了一个新的文件（即需要截取的音乐）。

图 7-4-2　Adobe Audition 3.0 中截取音乐

2. 歌曲的合并

截取歌曲或者声音之后，若需跟其他声音合并，需要用到多轨道编辑功能。如图 7-4-3 所示，导入四段声音，假设要在第一个声音结束后马上播放第二段声音，可以把第二段声音拖到第二轨道，然后拖放到第一段声音的后面，即可实现两段声音的连续播放。

3. 音量的增大与减小

在音乐停止状态下 <!--按钮-->，把鼠标光标移到音乐轨道上，会出现音量按钮 <!--按钮-->，按住鼠标左键上下拖动或单击后面的数字并直接输入值 <!--23-->，可调节音量的大小。

4. 声音的录制

单击音轨上的"录音备用"按钮®，把 R 所在的轨道指定为录音轨道。再单击"传送器"上的录音按钮●，即可实现在制定的录音音轨中录制声音。

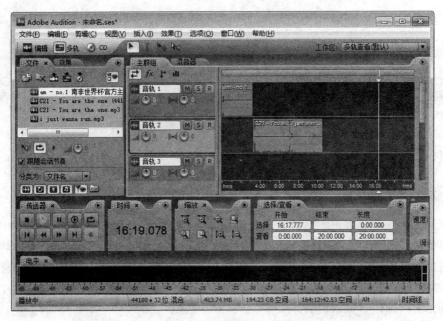

图 7-4-3 Adobe Audition 3.0 中合并声音

知识拓展

1．干声

"干声"是指没有经过任何技术处理的声音,如录制的声音,在没有经过任何修饰处理的情况下,就称为干声。

2．歌曲效果介绍

Audition 3.0 里面有很多处理歌曲的效果,如对歌曲进行变调、变速、混响、消声、加快减慢、回声、延迟等一系列的效果,如图 7-4-4 所示。

技能拓展

1．歌曲 & 声音的变速、变调

变速,顾名思义就是把声音加快或者减慢。在 Audition 里,可单击"效果"→"时间和间距"命令,在打开的"变速"对话框中可对声音进行加速、减慢、升调、降调,如图 7-4-5 所示。

2．歌曲混响

混响,就是把声音的效果处理成一种混合音

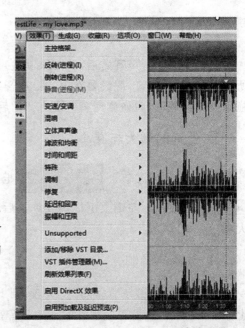

图 7-4-4 Adobe Audition 3.0 效果选项

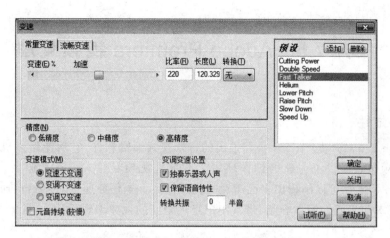

图 7-4-5　Adobe Audition 3.0"变速"选项

响的感觉,一般处理过后,声音、歌曲都会显得更加好听。单击"效果"→"混响"选项进行设置,Audition 3.0 有房间混响、回旋混响、简易混响和完美混响四种混响模式,双击打开"混响设置"面板后可做进一步设置,如图 7-4-6 所示。

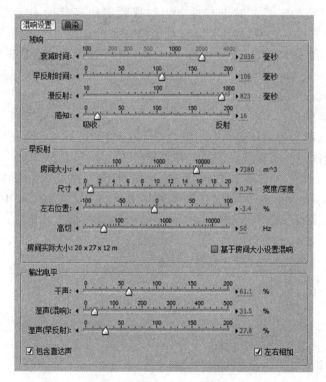

图 7-4-6　Adobe Audition 3.0 中的"混响设置"面板

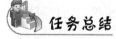任务总结

通过对该任务的学习,能够掌握 Adobe Audition 3.0 对声音的基本编辑和处理方法。

任务 7.5　Adobe Premiere 视频处理

 任务描述

　　Premiere Pro CS4 是 Adobe 公司推出的一款视频编辑软件，它功能强大、易于使用，为制作数字视频作品提供了完整的创作环境。不管是视频专业人士还是业余爱好者，使用 Premiere Pro CS4 都可以编辑出自己满意的视频作品。本任务通过对 Premiere Pro CS4 的功能、系统要求和界面的简单介绍，带领用户走进全新的视频编辑天地。

 相关知识

1. Premiere Pro CS4 的功能

　　Premiere Pro CS4 融视频和音频处理为一体，功能十分强大，无论对于专业人士还是新手都是一个非常有用的工具。对于有过电影和视频制作经验的人士而言，Premiere Pro CS4 提供了一个熟悉而且方便的编辑环境；对于没有编辑经验的人来说，Premiere Pro CS4 使得非线性编辑变得简单实用。Premiere Pro CS4 既可以用于非线性编辑，也可以用于建立 Adobe Flash Video、QuickTime、Real Media 或者 Windows Media 影片。使用 Premiere Pro CS4 可以实现以下功能。

- 视频和音频的剪辑。
- 字幕叠加。叠加透明图片，如 PSD、自带字幕软件、可外挂字幕插件。
- 音频、视频同步。调整音频、视频不同步的问题。
- 格式转换。几乎可以处理任何格式，包括对 DV、HDV、Sony XDCAM、XDCAM EX、Panasonic P2 和 AVCHD 的支持。支持 FLV、F4V、MPEG-2、QuickTime、Windows Media、AVI、BWF、AIFF、JPEG、PNG、PSD、TIFF 等格式文件的导入和导出。
- 添加、删除音频和视频(配音或画面)。
- 多层视频、音频合成。
- 加入视频转场特效。
- 音频、视频的修整。给音频、视频做各种调整，添加各种特效。
- 使用图片、视频片段制作电影。
- 导入数字摄影机中的影音段进行编辑。

2. Premiere Pro CS4 的工作界面

　　Premiere 是具有交互式界面的软件，其工作界面中存在着多个工作组件。用户可以方便地通过菜单和面板相互配合使用，直观地完成视频编辑。

　　Premiere Pro CS4 工作界面中的面板不仅可以随意控制关闭和开启，而且还能任意组合和拆分。用户可以根据自身的习惯来定制工作界面。图 7-5-1 为 Premiere Pro CS4 启动

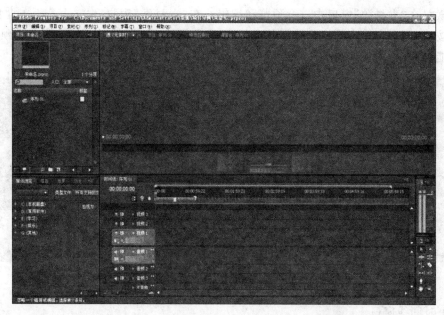

图 7-5-1　Adobe Premiere Pro CS4 工作界面

后默认的工作界面。

（1）项目窗口

"项目"窗口一般用来储存"时间线"窗口编辑合成的原始素材。在项目窗口的当前页的标签上显示了项目名，"项目"窗口分为上下两个部分，下半部分显示的是原始的素材，上半部分显示的是下半部分选中的素材的一些信息。在下半部分选中一个素材，在上半部分显示的是该素材的信息，这些信息包括该视频的分辨率、持续时间、帧率和音频的采样频率、声道等，如图 7-5-2 所示。在项目窗口的左下方，有多个按钮，各个按钮的名称如下。

图 7-5-2　Adobe Premiere Pro CS4
　　　　项目窗口

- 列表视图按钮 。
- 图标按钮 。
- 自动匹配到序列钮 。
- 查找按钮 。
- 容器按钮 。
- 新建分类按钮 。
- 清除按钮 。

（2）监视器窗口

在监视器窗口中，可以进行素材的精细调整，比如进行色彩校正和剪辑素材。默认的监视器窗口由两个窗口组成，左边是"素材源"窗口，用于播放原始素材；右边是"节目"窗口，对"时间线"窗口中的不同序列内容进行编辑和浏览。在"素材源"窗口中，素材的名称显示在左上方的标签页上，单击该标签页的下拉按钮，可以显示当前已经加载的所有素材，可以从中选择素材在"素材源"窗口中进行预览和编辑。在"素材源"窗口和"节目"窗口的下方,有一系列按钮,两个窗口中的这些按钮基本相同,它们用于控制窗口的显示,并完成预览和剪辑的功能,监视器窗口如图 7-5-3 所示。

图 7-5-3　Adobe Premiere Pro CS4 监视器窗口

（3）时间线窗口

在 Premiere Pro CS4 中,"时间线"窗口是非线性编辑器的核心窗口,在"时间线"窗口中,从左到右以电影播放时的次序显示所有该电影中的素材。视频、音频素材中的大部分编辑合成工作和特技制作都是在该窗口中完成的。"时间线"窗口如图 7-5-4 所示。

图 7-5-4　Adobe Premiere Pro CS4"时间线"窗口

（4）效果面板

在默认的工作区中"效果"面板通常位于程序界面的左下角。如果没有看到,可以选择"窗口"→"效果"命令打开该面板。在"效果"面板中,放置了 Premiere Pro CS4 中所有的视频和音频的特效和转场切换效果,通过这些效果可以从视觉和听觉上改变素材的特性,如图 7-5-5 所示。

（5）特效控制台面板

"特效控制台"面板显示了"时间线"窗口中选中的素材所采用的一系列特技效果,可以方便地对各种特技效果进行具体设置,以达到更好的

图 7-5-5　Adobe Premiere Pro CS4 效果面板

效果，如图 7-5-6 所示。

图 7-5-6　Adobe Premiere Pro CS4"特效控制台"面板

（6）调音台面板

在 Premiere Pro CS4 中，可以对声音的大小和音阶进行调整。调整的位置既可以在"效果控制"面板中，也可以在"调音台"面板中。在"调音台"面板中，可以方便地调节每个轨道声音的音量、均衡/摇摆等。Premiere Pro CS4 支持 5.1 环绕立体声，所以，在"调音台"面板中，还可以进行环绕立体声的调节。"调音台"面板如图 7-5-7 所示。

（7）工具栏面板

"工具栏"面板中的工具为用户编辑素材提供了足够用的功能，如图 7-5-8 所示。

图 7-5-7　Adobe Premiere Pro CS4"调音台"面板　　图 7-5-8　Adobe Premiere Pro CS4"工具栏"面板

（8）信息面板

"信息"面板显示了所选剪辑或过渡的一些信息，"信息"面板中显示的信息随媒体类型和当前活动窗口等因素而不断变化。如果素材在"项目"窗口中，那么"信息"窗口将显示选定素材的名称、类型(视频、音频或者图像等)、长度等信息；如果该素材在"时间线"窗口中，还能显示素材在时间标尺上的入点和出点。同时，素材的媒体类型不同，显示的信息也有差异。例如，当选择"时间线"窗口中的一段音频，或者"项目"窗口中的一个视频剪辑时，该控制面板中将显示完全不同的信息。时间线面板如图 7-5-9 所示。

(9) 历史面板

"历史"面板如图 7-5-10 所示，与 Adobe 公司其他产品中的"历史"面板一样，记录了从打开 Premiere Pro CS4 后的所有的操作命令，最多可以记录 99 个操作步骤。

图 7-5-9　Adobe Premiere Pro CS4"信息"面板　　图 7-5-10　Adobe Premiere Pro CS4"历史"面板

任务实施

案例十——片头倒计时

(1) 新建项目"片头倒计时"。

(2) 选择"文件"→"导入"命令，导入"倒计时图片素材"图片素材。

(3) 将"09.jpg"拖动到"时间线"面板的"视频 1"轨道中，选中轨道中的图片素材并单击时间线上的时间栏 ，修改为"1."，表示图片"09.jpg"播放至 1 秒处(即停留 1 秒)。修改之后"视频 1"轨道上的播放线条会自动定位到 1 秒处，这时选中轨道中的图片，将图片调整为与播放线条对齐，如图 7-5-11 所示。

图 7-5-11　素材

(4) 将"08.jpg"拖动到"时间线"面板的"视频 1"轨道中，选中轨道中的图片素材并单击时间线上的时间栏 ，修改为"2."，表示图片"08.jpg"播放至 2 秒处(即停留 1 秒)。修改之后"视频 1"轨道上的播放线条会自动定位到 2 秒处，这时选中轨道中的图片，将图片调整为与播放线条对齐，如图 7-5-12 所示。

(5) 用以上两个步骤的方法将导入的剩余图片拖动到"视频 1"轨道上。

图 7-5-12　调整素材

（6）导入"倒计时声音"素材，并拖动到音频轨上。选中声音，右击并选择"速度/持续时间"命令，将持续事件改为 9 秒 持续时间: 00:00:09:00（即与视频一致）。

 知识拓展

下面介绍非线性编辑系统。

非线性编辑是相对传统上以时间顺序进行线性编辑而言的。它是借助计算机来进行数字化制作，几乎所有的工作都在计算机里完成，不再需要那么多的外部设备，对素材的调用也是瞬间实现的，突破单一的时间顺序编辑限制，可以按各种顺序排列，具有快捷简便、随机的特性。

非线性编辑系统技术的重点在于处理图像和声音信息。这两种信息具有数据量大、实时性强的特点。实时的图像和声音处理需要有高速的处理器、宽带数据传输装置、大容量的内存和外存等一系列的硬件环境支持。

 **技能拓展**

下面介绍非线性编辑系统中的数据处理。

（1）视频压缩技术

在非线性编辑系统中，数字视频信号的数据量非常庞大，必须对原始信号进行必要的压缩。常见的数字视频信号的压缩方法有 M-JPEG、MPEG 和 DV 等。

（2）数据存储技术

由于非线性编辑要实时地完成视音频数据处理，系统的数据存储容量和传输速率也非常重要。通常单机的非编系统需应用大容量硬盘、SCSI 接口技术，对于网络化的编辑，其在线存储系统还需使用 RAID 硬盘管理技术，以提高系统的数据传输速率。

（3）图像处理技术

在非线性编辑系统中，用户可以制作丰富多彩的数字视频特技（Digital Video Effects，DVE）效果。数字视频特技有硬件和软件两种实现方式。

（4）图文字幕叠加技术

在非线性编辑中，插入字幕有硬件和软件两种方式。软件字幕是利用作图软件的原理把字幕作为图形键处理，生成带 Alpha 键的位图文件，将其调入编辑轨对某一层图像进行抠像贴图，完成字幕功能。硬件字幕的硬件构成通常由一个图形加速器和一个图文帧存组成。

 任务总结

通过对该任务的学习，能够掌握 Premiere Pro CS4 的基本界面构成以及相对应的功能。学会制作简单的视频文件，掌握素材的导入与视频轨道与音频轨道的使用方法。

课 后 练 习

一、选择题

1. 下列不属于多媒体技术基本特征的是(　　)。
   A. 交互性　　　　　B. 继承性　　　　　C. 多样性　　　　　D. 实时性
2. 下列属于图片文件的是(　　)。
   A. 太极.rmvb　　　　B. 特种兵.gif　　　　C. 英雄.wma　　　　D. 图片.avi
3. 多媒体计算机中的媒体信息是指(　　)。
   A. 数字、文字　　　　B. 声音、图形　　　　C. 动画、视频　　　　D. 上述所有信息
4. Photoshop 中 RGB 颜色模式中的 B 是指(　　)色。
   A. 黑　　　　　　　B. 黄　　　　　　　C. 蓝　　　　　　　D. 绿
5. 下列不能用来编辑图片的软件是(　　)。
   A. 记事本　　　　　B. 画图　　　　　　C. Photoshop　　　　D. CorelDRAW
6. Flash 设置文档属性尺寸高为 550px,这里的 px 是(　　)。
   A. 像素　　　　　　B. 厘米　　　　　　C. 毫米　　　　　　D. 英寸
7. 媒体有两种含义,即表示信息的载体和(　　)。
   A. 表达信息的实体　　　　　　　　　　B. 存储信息的实体
   C. 传输信息的实体　　　　　　　　　　D. 显示信息的实体
8. Photoshop 中为图层创建黑色蒙版应按住(　　)键并单击"新建蒙版"按钮。
   A. Shift　　　　　　B. Ctrl　　　　　　C. 空格　　　　　　D. Alt
9. 下列文件格式中 Flash 不能发表的是(　　)。
   A. Swf　　　　　　B. Rmvb　　　　　　C. Jpg　　　　　　D. Gif
10. Photoshop 的源文件格式为(　　)。
    A. Fla　　　　　　B. Xls　　　　　　C. Psd　　　　　　D. Jpg

二、简述题

1. 简述 Flash 中图层的类型有哪些。
2. 简述 Audition 3.0 的混响模式有哪几种。

三、操作题

1. 使用 Photoshop 给自己制作一张 2 寸红底证件照。
2. 使用 Flash 8 制作小车侧方位停车的动画,视角为俯视。
3. 在 Premiere Pro CS4 中利用自己的照片制作一个带背景音乐的电子相册。

项目八　计算机应用新进展

微信公众平台是个人、企业和组织提供业务服务与用户管理能力的全新服务平台。截至目前，全球移动互联网用户已达 15 亿。微信公众平台作为计算机新应用技术，需要大家进一步认识和掌握。

任务 8.1　微信公众平台的认识与应用

 任务描述

微信公众平台是腾讯公司在微信的基础上新增的功能模块，简称 WeChat。曾命名为"官号平台"和"媒体平台"，最终定名为"公众平台"，如何利用公众账号平台进行自媒体活动，进行一对多的媒体性行为活动，如商家通过申请公众微信服务号通过二次开发展示商家微官网、微会员、微推送、微支付、微活动、微报名、微分享、微名片等，微信公众平台里面还有自动回复、开发平台、认证等功能。通过本次任务，大家会了解到微信公众平台怎么用，进一步了解到微信平台的开发理念及计算机应用新进展带来的新媒体技术。

 相关知识

1. 初识微信公众平台

微信是腾讯公司于 2011 年推出的一个为智能手机提供即时通信服务的免费应用程序，微信支持跨通信运营商、跨操作系统平台，如图 8-1-1 所示。微信公众平台可以通过手机、平板电脑和网页快速发送语音短信、视频、图片和文字。同时，也可以使用通过共享流媒体内容的资料和基于位置的社交插件"摇一摇""漂流瓶""朋友圈""公众平台""语音记事本"等服务插件。

图 8-1-1　微信公众平台标志

截至 2016 年 4 月，微信注册用户量已经突破 4 亿，曾在 27 个国家和地区的 App Store 排行榜上排名第一，是亚洲地区最大用户群体的移动即时通信软件。目前微信已经有了亿级的用户，为增加更优质的内容，创造更好的黏性，形成一个不一样的生态循环，是微信平台发展初期的重要方向。同时微信公众账号平台还可以进行自媒体活动、一对多的媒体活动。如商家结合 O2O 的微信互动营销,形成了线上线下微信互动营销的开放应用平台。

微信支持多种语言,支持 Wi-Fi 无线局域网、2G、3G 和 4G 移动数据网络,支持苹果的 iOS、谷歌的安卓 Android、微软 Windows Phone 以及诺基亚的塞班 S60V3 和 S60V5 等智能手机操作系统,如图 8-1-2 所示。IDC 统计数据显示:目前智能手机各种系统的占有率如图 8-1-3 所示。

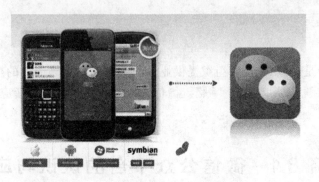

图 8-1-2　各种手机版本的微信平台

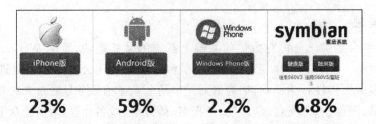

图 8-1-3　微信平台在智能手机的占有率

2. 微信功能介绍

微信是过去 20 年移动通信和网络通信的集大成者,支持跨操作系统平台的语音短信、视频、图片和文字的交流,也可以使用共享流媒体内容的资料和提示基于位置的社交插件"摇一摇""漂流瓶""朋友圈""公众平台""语音记事本"等功能,如图 8-1-4 所示。

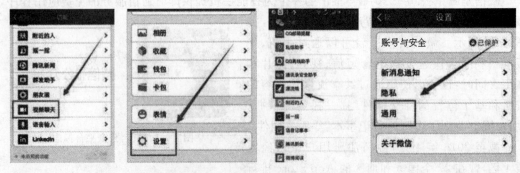

图 8-1-4　微信平台部分功能界面

下面对微信的常用功能进行介绍。

(1) 聊天:支持发送语音短信、视频、图片和文字,是一种聊天软件,支持多人群聊(最高 40 人。100 人和 200 人的群聊正在内测）。

（2）添加好友：支持查找微信号（具体步骤：依次单击微信界面下方的朋友们→添加朋友→搜号码，输入想搜索的微信号码，然后单击"查找"按钮即可）、查看 QQ 好友添加好友、查看手机通信录和分享微信号添加好友、摇一摇添加好友、二维码查找添加好友和漂流瓶接受好友等方式。

（3）实时对讲机：用户可以通过语音聊天室和一群人语音对讲，与在群里发语音不同的是，这个聊天室的消息几乎是实时的，并且不会留下任何记录。

（4）朋友圈：用户可以通过朋友圈发表文字和图片，同时可通过其他软件将文章分享到朋友圈。用户可以对好友新发的照片进行评论。

（5）语音提醒：用户可以通过语音来提醒打电话或是查看邮件。

（6）通讯录安全助手：开启后可上传手机通讯录至服务器，也可将之前上传的通讯录下载至手机。

（7）QQ 邮箱提醒：开启后可接收来自 QQ 邮箱的邮件，收到邮件后可直接回复或转发。

（8）私信助手：开启后可接收来自 QQ 微博的私信，收到私信后可直接回复。

（9）群发助手：通过群发助手把消息发给多个人。

（10）微博阅读：可以通过微信来浏览腾讯微博内容。

3. 个人微信与公众微信的区别

（1）使用的方式不同

个人的微信基本上都是在手机上操作，而公众微信是在计算机上操作，由于输入的限制（触摸屏和键盘）导致了对传播内容的编辑方式不同，而公众微信在这方面要更胜一筹。

（2）圈子不同

个人微信基本上是熟人圈子，基本是你认识的人。而公众微信顾名思义，它的圈子是定位在粉丝圈子。但是又区别于微博，微博上关注你的人可能跟你八竿子打不着，但是微信大部分的粉丝都是跟你曾经进行过联系的，所以微信的圈子是个强关系的圈子。当然这也是相对的，不是绝对的。

（3）功能不同

个人微信登录的时候自动地导入手机通讯录，系统会推荐给你的通讯录当中谁开通微信，这就建立了初步的通讯录和朋友圈，以后知道朋友的微信，可以通过里面的查找及添加功能来加朋友；在朋友圈中可以看到朋友们发布的最近信息。如果你希望认识更多的朋友，可以通过微信的摇一摇和查找附近的人来寻找陌生人并打招呼。

（4）推广方式不同

由于功能的不同，个人微信和公众微信的推广方式是完全不一样的。个人微信的推广大部分是通过介绍，也就是口碑来达成。另外用摇一摇和查找附近的人这两个功能，也是目前很多个人微信拓展朋友圈的一种手段。

而推广公众微信，功夫是在微信之外的，而不是在微信里。需要你利用手里的资源进行推广，包括线上和线下的。一是充分地利用二维码；二是尽量用活动进行推广。公众微信的推广方式有很多。

 任务实施

1. 微信的下载及安装

微信是继 QQ 之后最热门的一款社交聊天工具,下面介绍其下载和安装方法。

(1) 下载

手机下载:依次登录微信官网→软件→腾讯软件→微信,选择手机平台或按手机品牌型号下载。

电脑下载:依次登录微信官网→下载,选择手机平台或按手机品牌型号下载。

(2) 安装

计算机端下载完成之后,通过数据线、蓝牙、红外线等方式传送至手机上进行安装;也可以在计算机上通过豌豆荚、91 手机助手等工具同步安装。

2. 在苹果手机中下载并安装微信

这里以 iOS7 系统为例进行说明。对于 iOS6 系统,操作步骤也是大致相同,只是界面略有不同。

(1) 找到苹果手机屏幕上的 App Store 图标,如图 8-1-5 所示。

图 8-1-5　苹果 App Store 平台

(2) 在 App Store 商店的屏幕底部单击"搜索"选项,在搜索列表中找到微信应用,如图 8-1-6 所示,单击图标旁边的"下载安装"按钮即可。如果是第一次安装,需要输入 Apple ID 的账号和密码,等待下载安装完成以后,即可在苹果手机的主屏上找到微信了,如图 8-1-7 所示。

3. 微信的注册及登录

(1) 注册

目前支持注册微信的方式有以下两种。

图 8-1-6 苹果的 App Store 搜索

图 8-1-7 微信安装完成

- QQ 账号注册：在微信登录界面中，选择"直接用 QQ 登录"，然后直接输入 QQ 号和密码，根据提示完成注册即可。
- 手机号注册：在微信登录页面中选择"使用手机号注册"或选择"创建新账号"并输入手机号码，根据提示完成注册即可。

（2）登录

根据注册信息，在微信登录界面中直接输入账号和密码即可。登录后，可通过查找好友等方式添加好友、发布文字等（详见添加好友功能）。

4. 个人微信公众账号的注册、设置、登录

微信公众账号可以体现个人或一个公司的形象，可以推送再多的信息给客户。下面来演示一下个人微信公众账号如何注册及申请。

（1）一个没有注册过公众账号的邮箱。如果是 QQ 邮箱，那么对应的 QQ 号也不能注册公众账号。

（2）身份证扫描件，每个身份证可以注册 5 个公众账号。

（3）手机号，用来接受注册验证码。

（4）想好公众账号名称，这点非常重要。一旦申请成功，名称就不能修改了，并且该名称最好与已获得认证的腾讯微博名称相同，等公众号到 500 粉丝后可以自助认证。

① 准备工作做好后，开始进行注册，在浏览器地址栏输入 http：//mp．weixin．qq．com，进入微信公众平台注册登录页面，如图 8-1-8 所示。

② 单击"注册"按钮后进入注册界面，如图 8-1-9 所示。

③ 填写注册的邮箱，并且选中"我同意并遵守《微信公众平台服务协议》"选项。

④ 单击"注册"按钮后，会发送一封邮件到你注册的邮箱并要求激活账号，如图 8-1-10 所示。

⑤ 单击邮件中的链接后,会要求进行公众账号所有者的信息填写,根据要求填写就可以了,再上传身份证扫描件,并手机验证一下。

图 8-1-8　微信公众平台注册登录页面

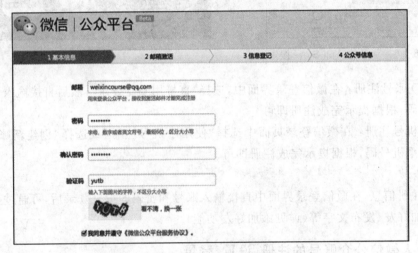

图 8-1-9　微信注册页面

图 8-1-10　微信激活页面(1)

如果是公司账号,请填写完整,方便后期公司申请一些接口使用,比如自定义菜单接口等,如图 8-1-11 所示。

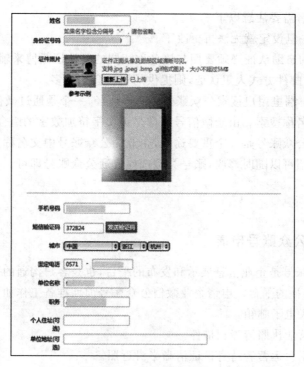

图 8-1-11　微信激活页面(2)

⑥ 微信账号名称的设置如图 8-1-12 所示,至此微信公众账号就注册成功了。

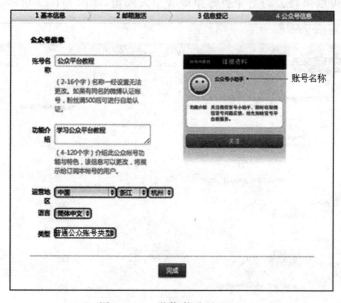

图 8-1-12　微信激活页面(3)

微信公众号申请需要注意以下三点。

(1) 账号名称一旦设定就无法再更改了。

(2) 公众账号的自助认证必须要用与该名称相同的已认证微博来辅助认证。如果两个名称不同,需要通过邮件方式人工认证,则提供的资料会比较多。

(3) 在微信客户端里用户搜索公众账号有两个途径,一个是通过微信号直接搜索,另一个是通过公众账号名称搜索。由于微信号通常是英文字符加数字的组合,这样不太好记住,因此通过中文搜索公众账号是一个重要途径,企业的公众账号中文名称要取得辨识度高,可搜索性强。功能介绍可以随时修改,账号类型选择普通公众账号即可。

技能拓展

1. 企业微信公众账号申请

企业微信公众账号是企业信息展示和发布的平台,也是客户沟通的平台、新品展示的平台、公司企业文化传播的平台。申请企业微信公众账号前期准备工作如下:

(1) 企业或个人电子邮箱。

(2) 企业有效营业执照清晰扫描件。

(3) 微信公众平台运营者持身份证清晰半身近照。

注册及登录企业微信公众平台的方法如下:

(1) 从百度中打开微信公众平台的网站,单击右上角的"注册"按钮后,会弹出以下对话框。这里的邮箱可以填写公司的企业邮箱或者个人邮箱,如图 8-1-13 所示。

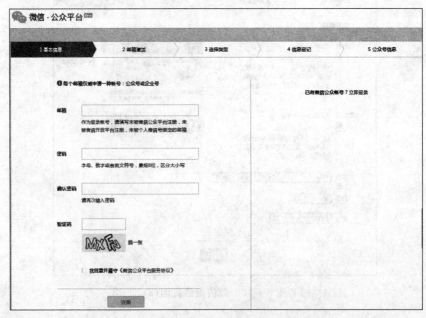

图 8-1-13　微信公众号注册页面

（2）提交以上信息后，单击"注册"按钮，弹出以下页面，然后登录到邮箱并单击链接进行账号的激活。

（3）激活成功后转入以下提示页面进行"信息登记"。这里的信息要认真填写，手机接收验证码这项可以等所有的信息都填写完并确认完成的时候再进行验证即可，如图 8-1-14 所示。

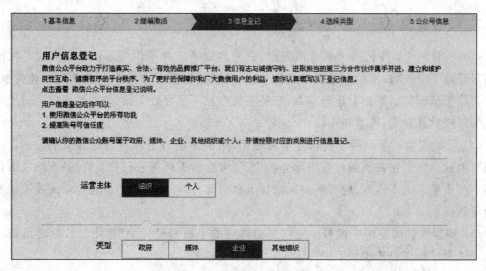

图 8-1-14　微信公众号信息登记

（4）按要求填完信息后再单击"确定"按钮即可进入下个页面，填写"公众号信息"。这里的"账户名称"可以填写公司的品牌或者简称，"类型"选项可根据需要选择。信息填好后进行提交，7 个工作日内会审核完成。到这里为止，企业微信公众平台的注册就完成了，如图 8-1-15 所示。

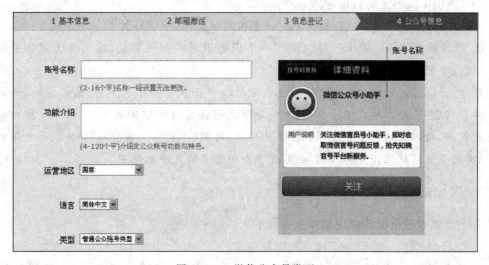

图 8-1-15　微信公众号类型

微信公众平台有三种类型可供选择，第一种是订阅号，为个人自媒体所用；第二种是服务号,为企业管理会员用户所用;第三种是企业号,为企业建立员工系统所用。

以服务号为例,微信公众平台主界面可设置 3 个一级自定义菜单、15 个二级自定义菜单。运营者根据企业性质、业务范围、订阅用户、信息类型进行灵活建设、修改及更新。

每个自定义菜单均可发布文本信息、图片信息、单图文信息、多图文信息、音频信息、视频信息等常用信息类型。

2. 微信其他问题及处理方法

(1) 下载失败。手机端下载微信失败,一般由以下三种原因引起:一是当前手机网络不稳定导致下载失败,可稍后重新下载;二是手机浏览器缓存中内容太多导致下载失败,可尝试清除手机浏览器缓存再进行下载;三是手机内存不足导致下载失败,可先将手机上不常用的文件或软件删除,再重新下载。

(2) 无法安装。下载后无法正常安装使用,可能是由以下两种原因导致的:一是由于网络原因软件数据包在下载过程中部分丢失了,可重新下载再进行安装;二是下载的微信软件版本与手机系统不匹配,应重新进入微信下载页面,选择正确的手机操作系统或手机型号后再下载微信。

(3) 更换微信绑定的手机号。先将目前绑定的手机号设置为"停用",然后再重新绑定新的手机号。操作方步骤如下:

① 登录微信后依次选择"设置"→手机通信录匹配→停用。

② 完成第一步后,直接单击"启动",输入需绑定的手机号码,输入手机收到的验证码即可。

注意:4.0 及之后版本的微信,如果是用手机号注册的微信账号,不支持更换/解绑手机号。

(4) 更换手机绑定的微信号。

① 登录旧微信号后依次选择"设置"→手机通讯录匹配→停用。

② 登录新微信号后依次选择"设置"→手机通讯录匹配→启动,输入需绑定的手机号码,再输入手机收到的验证码即可。

提示:如忘记了旧微信号或密码,可在微信软件登录页面依次单击"忘记密码"→通过手机号找回密码,输入绑定的手机号,系统会下发一条短信验证码至手机,打开手机短信中的地址链接,输入验证码重设密码。重设密码后,可用"手机号＋新密码"的方式登录旧的微信号,再将手机通讯录设置为停用,然后登录新微信号绑定手机即可。

3. 退出微信群

各平台版本退出微信群的操作方式如下。

Symbian:微信→群组→选项→删除并退出。

安卓 Android:微信→群组→单击右上角多人头像→右上角会话操作→删除并退出。

iPhone:微信→群组→单击右上角多人头像→删除并退出。

Windows Phone:微信→群组→单击右上角多人头像→单击底部的操作栏→删除并退出。

4. 开启/关闭微信在线

先开启微信的 QQ 离线消息功能,然后在微信主界面找到"微信团队",向微信团队发送四个英文字母 KTZX,即可成功开启微信在线;如需关闭微信在线,向微信团队发送 GBZX 即可。

任务总结

通过本任务的实施,应掌握下列知识和技能。

- 了解微信及微信公众平台的概念和功能。
- 了解微信公众平台的发展历程。
- 熟悉微信及微信公众平台的基本功能。
- 能够使用微信公众平台申请订阅号、服务号等基本功能。

任务 8.2 微信公众平台的基本操作

任务描述

微信公众号主要面向名人、政府、媒体、企业等机构推出的合作推广业务。通过微信渠道将品牌推广给上亿的微信用户,减少宣传成本,提高品牌知名度,打造更具影响力的品牌形象,微信未来的营销是投递式,这不同于微博的广布式,所以微信更需要真实的粉丝,产生真实的反馈。因此注册完微信公众号后,我们可以进行微信号受众的初步定位,然后针对定位精准人群去传播二维码。登录公众平台后首先进入的就是欢迎页,跟大部分 CMS(Contert Management System,内容管理系统)后台一样,这里会提供的是公众账号的一些运营数据。本任务将介绍微信公众平台的部分功能、基本操作方法,以及微信公众平台开发的技巧。

相关知识

1. 个人/官方微信账户

个人或企业经过微信官方认证的账号才属于认证账号,而订阅用户至少需要 1000 位才能申请认证微信公众号,符合条件后可在账户信息设置里单击"申请认证",从而申请微信公众号认证。

2. 关注官方微信账户

打开你的微信,在右上角快捷菜单里选择"扫描二维码",把手机摄像头对准上面的微信二维码扫描一下即可添加"关注"功能。也可以依次单击"朋友们"→"添加朋友"→"扫描二维码"进行扫描,也可以通过搜索×××微信号并直接添加好友的方式来关注微信账户。

微信目前是移动互联网最新潮的通信社交工具,有过亿的用户。借助微信平台,在手机里能够精确推送给每位朋友,关注×××微信号,每天都会通过微信进行互动。

 **任务实施**

1. 登录微信公众平台

(1) 在浏览器地址栏输入 http://mp. weixin. qq. com,进入微信公众平台注册登录页面,如图 8-2-1 所示。

图 8-2-1　微信登录页面

(2) 输入用户名和密码,单击"登录"按钮,如图 8-2-2 所示。

图 8-2-2　微信验证登录

2. 微信公众号功能

群发消息是微信最核心的营销功能之一,也是微信公众平台最吸引的地方,相当于群发短信一样,这样的营销效果是十分强大的。虽然功能强大,但是也要谨慎使用,如果使用不当,会大大影响用户体验,从而导致大量粉丝流失。特别是在移动网络时代,推送枯燥生硬的广告或者是到处都有的资讯,都会成为用户放弃你的主要原因,现在大家想看到的是生动有趣而且带有互动性的广告,或者是独家特别的资讯,这样才能让你的账户活跃起来,形成自己的品牌价值和号召力，如图 8-2-3 所示。

　　群发消息有一个比较人性化的功能，就是可以按分组、性别、地区来进行群发，方便大家做精准营销，如图 8-2-3 所示。

图 8-2-3　微信公众平台群发消息

　　左侧菜单中最上方的就是"功能"，共分为两种，即群发功能与高级功能，如图 8-2-4 所示。

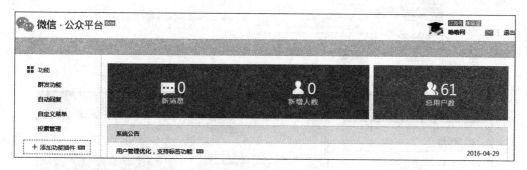

图 8-2-4　微信公众号功能

3. 群发功能

单击"群发功能"后，界面如图 8-2-5 所示。主要作用如下：

（1）群发消息包括两项主要功能，一个是新建群发消息，另一个是查看已经群发的消息的历史记录。

（2）每天只能发 1 条消息。

（3）群发消息类型，可选择文字、语音、图片、视频和图文消息等。

（4）当选错群发内容时，可以单击选项卡重新选择。

（5）"已发送"主要是用来记录已经群发的消息，状态信息会显示正在群发，或者发送成

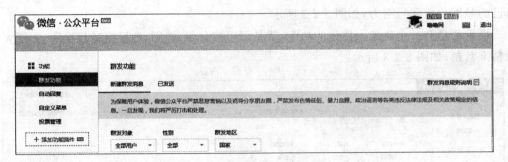

图 8-2-5　微信公众号群发功能

功,或者发送失败。现在群发消息经常会延迟 10 分钟。

(6)用户比较喜欢的是晚上 18:00 点到 22:00 点接收消息,因为这个时候处在下班路上或者在家休息,状态比较放松,适合阅读消息。所以如果要发消息,务必在晚上 22:00 之前发送出去。

还有一个隐藏得比较深很容易被用户忽略的功能,就是“公众号手机助手”,这个功能可以让你在手机端就能实现公众平台消息群发,当你出外不方便用计算机操作群发的时候,这个功能就可以帮到你。单击页面上的“设置”→“公众号手机助手”就能找到该功能,进入对应页面后,输入你的私人微信号,然后在手机端把认证公众号×××添加为好友,如图 8-2-6 所示。

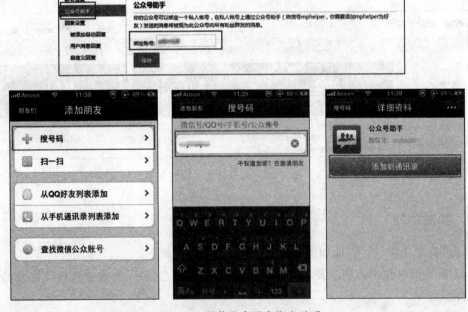

图 8-2-6　微信公众平台绑定助手

利用微信公众号助手群发消息,随时查看消息的群发状态。注意,你在手机微信中添加了认证公众号×××为好友后才能使用微信公众号助手。

提示：绑定的私人账户可通过 QQ 号码注册或手机号码注册的微信号码。

4. 高级功能

下面介绍微信公众平台的高级功能。

（1）单击公众平台界面上的"高级功能"，就可以进入相应设置页面，该页面有两个模式选择，分别为"编辑模式"和"开发模式"，如图 8-2-7 所示。

图 8-2-7 微信公众号开发模式

（2）系统默认为编辑模式，单击该模式可进入相应界面，如图 8-2-8 所示。

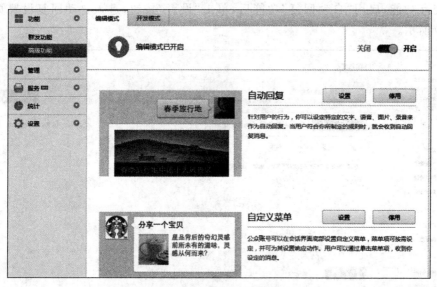

图 8-2-8 微信公众号高级功能的编辑模式

- 编辑模式开关：选择"开启"后，下面两个区域才会有"设置"和"启用"/"停用"按钮出现。
- 自动回复：单击"启用"按钮后可以使用户关注自动回复、用户默认回复和用户关键字回复功能。

- 自定义菜单：单击"启用"按钮后可以使用自定义菜单，利用自定义菜单可以给用户更好的体验。
- 群发功能：群发功能可以对订阅用户进行群发消息。群发消息是有规则的，在群发页面上方有规则介绍，如图 8-2-9 所示。

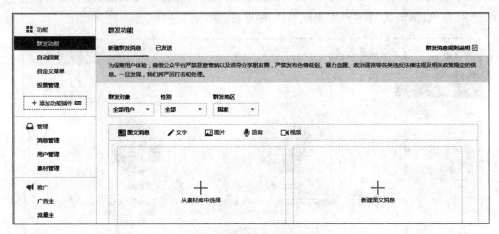

图 8-2-9　微信公众号群发功能

5. 自动回复功能介绍

自动回复是微信官方为没有开发能力的公众账号提供的强大工具，灵活使用自动回复功能不但可以引导用户进行自助信息获取，还可以提升用户使用的体验，甚至可以完成一些复杂的交互功能，启用"自动回复"功能后，单击"设置"按钮，进入自动回复设置页面，如图 8-2-10 所示。

图 8-2-10　微信公众号自动回复功能

（1）"被添加自动回复"是指用户关注公众账号时，公众账号自动发送的欢迎词；这里是给新关注用户设置欢迎信息的地方。每当有新用户关注你的官方微信账户时，系统就会自动发送这里的内容给用户。这里的设置很重要,所有用户都是通过欢迎信息来了解学习使用你的平台账户,例如提示用户输入"电话",就可以找到你们公司的联系方式;输入"帮助",可以查看所有引导的关键字。

（2）"消息自动回复"是指用户发送消息时,关键字自动回复不能匹配时进行的默认回复。如果用户发送一些没有在后台设定好的关键字或无效信息,系统就会发送这里的内容给用户,用于提醒和引导用户使用正确的关键字进行查询。这个功能就如同网站 404 错误页面一样,提示没有该信息,并引导用户回到正确的使用途径上。所以这里也是必须要设置的,否则当用户发送一些你没有设置的关键字,系统是不会反馈任何信息给用户的,这样会给用户一个错觉,你的账号不能用了,从而导致取消关注。

"被添加自动回复"和"消息自动回复"的消息设置框是一样的,只支持文字、语音、图片和视频回复,文字最多为 300 个字符,英文汉字一样计算,语音、图片和视频可从素材库中选取。

（3）"关键词自动回复"是指用户发送消息符合设定的规则时,自动回复相应内容。这里是微信公众平台的内容中心,所有需要实现交互的内容都是在这里添加,你可以设定关键字绑定之前做好的素材内容,用户就可以通过关键字来精准查找他们需要的信息。下面介绍关键词自动回复的使用方法,如图 8-2-11 所示。

图 8-2-11　微信公众号关键词自动回复

① "添加规则"功能可以用来添加新的关键字内容规则。

② 要打开已经添加好的内容规则,可以单击"添加规则"或"展开"按钮,出现的界面如图 8-2-12 所示。

- 规则名:首先要给这个规则命名,主要是方便管理及识别。
- 关键字:这里添加的关键字是提供给用户搜索查询使用的。一定记住,不要把所有不相关的关键字添加进去,要与右边内容相关,否则会影响用户查找精准信息的体验。单击"添加关键字"按钮,会显示下面的窗口,这里每次输入关键字后直接按 Enter 键就可以继续输入更多关键字,这个操作可以大大加快关键字的录入速度。
- 回复:这里主要是放关键字对应的回复内容,分别有文字、文件、图文。文字就是纯文字内容,文件可以是音频、图片、视频。图文就是图文消息。这里除了文字,文件和图文都需要先编辑好,才能直接在这里调用。回复消息最多可以添加 5 条。如果

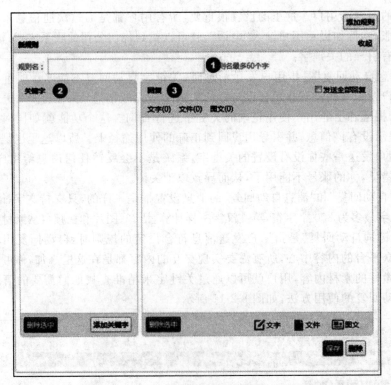

图 8-2-12　微信公众号关键字自动回复添加规则

你添加的回复内容超过 2 条,系统会随机抽取其中一条回复给用户。

- 发送全部回复:在回复框的右上角有一个"发送全部回复"的复选项,只要选中该选项,则你添加的几条消息都会同时发送给用户。最后一定要记着保存内容,如图 8-2-13 所示。

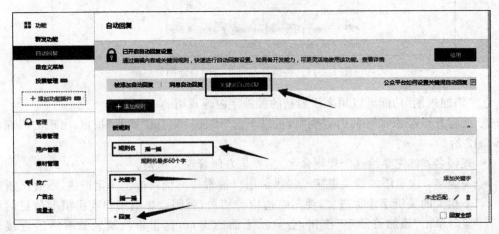

图 8-2-13　微信公众号自动回复设置

添加好关键字后,可以看到关键字后面出现"全匹配"和"已全匹配"。如果关键字后面显示"全匹配"状态,只要用户输入的文字里面只要包含这个词,都可以匹配到,并反馈对应内容给用户。如果关键字后面显示"已全匹配"状态下,代表用户一定要不多不少输入该关

504

键字才能反馈对应内容。

6. 自定义菜单介绍

公众账号可以在会话界面底部设置自定义菜单,可以按需设定菜单项,并可为其设置响应动作。可以通过单击菜单项,收到你设定的消息,或者跳转到设定的链接。

自定义菜单申请方法为:进入微信公众平台→选择功能→添加功能插件→选择自定义菜单。

微信公众平台自定义菜单的设置方法为:进入微信公众平台→选择功能→添加功能插件→选择自定义菜单→添加菜单→单击"＋"添加子菜单→设置动作→发布。

提示:

(1) 最多可创建 3 个一级菜单,一级菜单名称不多于 4 个汉字或 8 个字母。

(2) 每个一级菜单下的子菜单最多可创建 5 个,子菜单的名称不多于 8 个汉字或 16 个字母。

(3) 在"子菜单"下可设置动作,可在"发布消息"中编辑内容(可输入 600 字或字符),或者在"跳转到网络"中添加链接地址。

注意:编辑中的菜单无法马上被用户看到。发布成功后,会在 24 小时后在手机端同步显示,粉丝不会收到更新提示。若多次编辑,以最后一次保存的内容为准。

排序功能可以对菜单重新排序,直接拖动菜单即可,如图 8-2-14 所示。

发布即同步到公众账号手机端,用户在 24 小时内都将更新(一般几十分钟后就会更新)。

自定义菜单的方法如下:

(1) 单击自定义菜单的"设置"按钮,进入如图 8-2-14 所示的页面,左侧是"菜单管理"。

图 8-2-14　微信公众平台自定义菜单

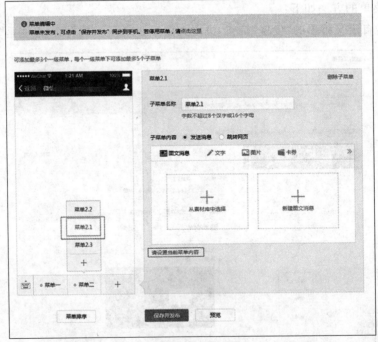

图　8-2-14(续)

(2) 预览时会弹出一个模拟手机框让编辑人员看效果,如图 8-2-15 所示。

(3) 单击"添加菜单"按钮,在弹出窗口中输入菜单名,就可以添加一个新的主菜单。可以添加子菜单,修改主菜单名,删除主菜单。删除主菜单时,连同下面的子菜单会一并删除，如图 8-2-16 所示。

图 8-2-15　微信公众平台自定义菜单的效果

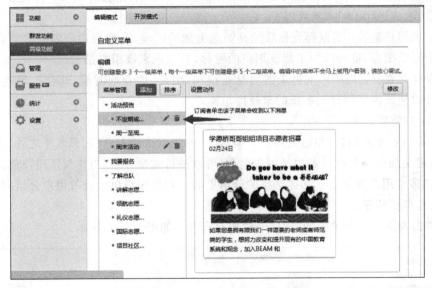

图 8-2-16　微信公众平台中删除菜单

在未添加任何子菜单时，主菜单也可以添加发送消息的动作，即在公众账号中单击主菜单时发送一个图文消息或者多媒体信息；而添加了子菜单后，单击主菜单会显示子菜单功能，无法再绑定发送消息的功能，单击主菜单的"＋"，在弹出窗口中输入菜单名，就可以添加一个新的子菜单。

子菜单下无法再建子菜单，每个主菜单中最多只能新建 5 个子菜单，子菜单动作只能绑定到发送的消息，消息的类型有文字、语音、图片、视频和图文消息。

7. 管理

（1）实时消息管理

实时消息管理是公众平台最重要的部分，这里会直接反应你的公众账户的活跃度和营销效果。首先简单介绍一下页面，左边的导航可以帮助你查看今天、昨天、前天和五天内的消息，还有星标信息，如图 8-2-17 所示。

图 8-2-17　微信公众平台实时消息管理

- 头像和用户名：单击头像和名称可以查看该用户的最近 20 条消息。如果你想查看更多信息，可以修改当前网址中的 count＝20。如果你想看该账户最近的 80 条信息，改成 count＝80 就可以了。
- 编辑用户备注：当鼠标光标移动到消息上面的时候，头像和用户名旁边就会出现一个铅笔图标，这可以用来修改用户的昵称，方便识别该用户是谁。
- 保存为素材：当用户发过来的消息是视频、图片、语音的时候，就会出现该按钮，你可以把该内容保存到系统的素材库里面。

（2）用户管理

进入用户管理界面后，左边是用户分类，除了系统默认的未分组、黑名单之外，也可以自己添加自定义的分类名称。右边是用户列表，可以进行批量分组，当你勾选用户前面的方框后，可以把多个用户批量导入到你选择的分组里面。如果你想单独修改用户分组，在用户名的右边就有调整按钮。

① 单击左侧管理菜单中的"管理"→"用户管理"，如图 8-2-18 所示。

图 8-2-18　微信公众平台用户管理

② 进入"用户管理"界面后,可以进行相关管理,比如可以增加、删除、修改标签,如图 8-2-19 所示。

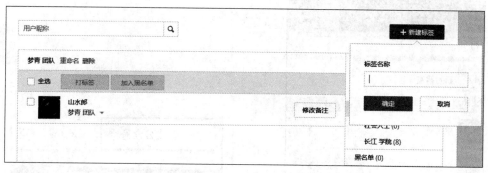

图 8-2-19　微信公众平台用户的分组管理

- 修改备注:修改关注用户的备注名称,同 QQ 备注的修改方法一样。
- 新建分组:建立新的用户分组,发送消息的时候可以限定分组来发送。
- 分组的编辑和删除:鼠标光标移动至分组上,即显示 ✏ 图标,单击即可编辑。单击分组删除按钮 🗑,即可删除选定的分组。分组删除后,分组内的用户自动移动至"未分组"中。

选择用户后(可以多选),单击"打标签"按钮,即可将用户移动至指定分组当中,并且重新打标签,如图 8-2-20 所示。

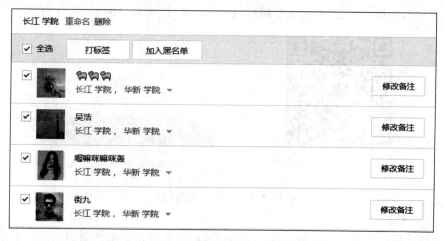

图 8-2-20　重新分组用户并打标签

注意:用户不可以由平台添加关注,只能由用户自己主动添加关注。

(3) 用户关注公众平台的方法

用户关注公众平台的方式有两种。

① 通过"账号"或"账号名称"查找来添加关注。

方法如下:选择"通讯录",单击右上角的"+"号,如图 8-2-21 所示。

接着单击"服务号"→"查找公众号",再单击搜索到的账号名称,然后输入公众账号(微信号)或者微信号名称,单击"关注"按钮,即可添加关注,添加关注后,单击"通讯录"→"服务号",即可看到添加的公众号并收听消息,如图 8-2-22 所示。

图 8-2-21　用户关注微信公众号

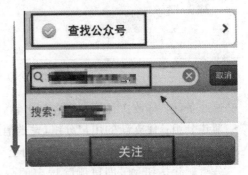

图 8-2-22　添加的公众号

② 通过扫描"二维码"添加关注,如图 8-2-23 所示。

方法如下:在手机中打开微信,单击"发现"→"扫一扫",使用手机的照相机对着上面的二维码扫一扫,结果出来后,单击账号图标,再单击"关注"即可,如图 8-2-24 所示。

图 8-2-23　微信公众账号二维码

图 8-2-24　关注微信公众账号二维码

添加关注后,单击"通讯录"→"服务号",即看到添加的公众号并收听消息。

（4）素材管理

为了便于消息的发布与管理,微信营销时,我们通常将可能多处引用的消息事先添加到素材管理部分,微信公众平台的素材管理部分可以添加单图文消息和多图文消息。下面具体介绍一下微信公众平台如何添加单图文消息。

① 首先成功登录微信公众平台,单击"管理"旁边的下三角图标,展开"管理"选项,再单击"素材管理",如图 8-2-25 所示。

② 选择"新建图文消息",鼠标光标悬浮于"＋"号位置,会显示"单图文消息"和"多图文消息"。单击"单图文消息",输入消息的"标题",再输入"作者",如图 8-2-26 所示。

- 标题:消息的总标题。
- 作者:发布人名称。为选填选项,可以不用填写。

图 8-2-25　微信公众账号的素材管理

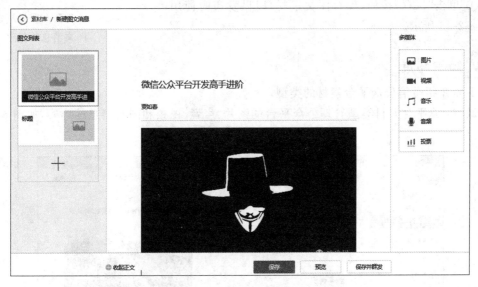

图 8-2-26　新建图文消息

- 封面：图文消息显示的封面图片，单击"上传"按钮即可上传封面。建议上传宽度为360 像素、高度为 200 像素的图片作为封面。勾选"封面图片显示在正文中"后，封面图片会在消息顶部作为文章的一部分显示出来，如图 8-2-27 所示。
- 正文：即文章的正文内容。编辑器使用与 QQ 日志正文发布时类似的用法，不再赘述。
- ✎ 🗑：多图文消息中其他图片页的编辑和删除按钮，编辑方法同封面页相同。
- ➕：添加新的图文页面。多图文页面可以在一条消息中插入多篇文章。

③ 事先编辑处理好封面图片。注意：大图片建议尺寸为 360 像素×200 像素。单击"上传"按钮，选择"图片"后单击"保存"按钮。若未能正常显示"封面图片"，说明未能成功上传封面图片，选择的封面图片尺寸或格式可能不符合单图文消息要求。务必要修改图片像素大小

511

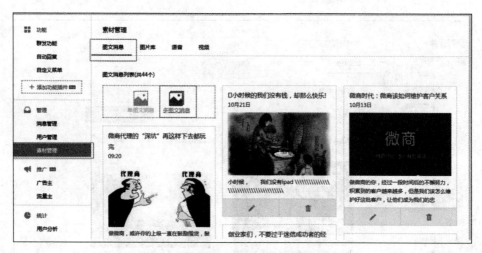

图 8-2-27　微信公众账号新建图文消息

在 360 像素×200 像素以内,建议存储为 Web 所用格式,如 JPEG、PNG 格式后再重新上传。

④ 单击"保存"按钮,保存图文素材,以供发布时使用,如图 8-2-28 所示。

图 8-2-28　微信公众账号新建图文消息的保存

 知识拓展

下面介绍微信公众平台素材的类型。

微信公众平台素材类型管理公众平台的图片、声音、视频和图文消息的内容,如图 8-2-29 所示。

图 8-2-29　微信公众平台素材类型

微信公众平台可以群发的消息类型为文字、语音、图片、视频、图文消息,除了文字可以在群发消息时直接生成,其他四种类型都需要先在素材管理界面中生成原始素材。

图文消息有两种形式,一种是单图文消息,一种是多图文消息,分别适合推送单篇文章或者是多篇文章的列表。

- 单图文消息。主要由标题、封面、提要、时间组成。
- 多图文消息。头条有大图展现,其余是标题配小图,灵活使用可以有很多种效果。一般为了珍惜每一次群发机会,我们会选择多图文消息。

 **技能拓展**

1. 微信公众平台在线编译器

前面已经提过图文消息有两种形式,先来说单篇文章的。

单击单图文消息图标后,进入消息编辑器,如图 8-2-30 所示。

图 8-2-30　微信公众平台在线编译器

① 图文消息预览区。可以让作者看到最终发到用户手机上时的效果,但是封面图片的展示和最终效果可能会有一些差别。

② 文章标题。文章标题力求抓住人的眼球,因为当消息推送到用户手机上时,用户的对话栏里最先显示的是文章标题。

注意长度尽量不要超过 13 个汉字,否则手机显示会折行,影响显示效果。

③ 封面图片上传。选图尽量与文章主题相关,同时要符合公众账号的定位,少用卡通漫画等抽象形式。

注意:图片要选择横方图,即宽度要大于高度,或者用多张竖长图做拼图也可以。如果图片里有人物,要避免人的头部被切去,否则就会出现如图 8-2-31 所示的情况。

图 8-2-31　微信公众平台消息的编辑

④ 文章摘要。该部分是关于文章的一些简要说明，可以挑选文章中某段比较精辟的话，长度不能超过 120 个汉字。

注意：摘要一定要重视，因为在没有 Wi-Fi 的环境下用户图片显示会比较慢，此时主要靠标题和摘要让用户了解文章，一段好的摘要一定会提高用户的阅读率。

⑤ 编辑器工具栏。从左到右的功能分别为：加粗、斜体、下划线、编号列表、符号列表、图片上传、样式清除、字体大小、字体颜色、字体背景。使用方式跟其他的后台编辑器一样。

⑥ 内容编辑框。编辑的内容所见即所得，图片会自动缩放至合适宽度，鼠标右击会有菜单出现，可以调整段落为左对齐、居中、右对齐，还可以插入表格。

注意：用户阅读图文消息时是在手机上，因此内容排版上要考虑手机上的阅读习惯。①样式要简单，不要有太多颜色突出显示，这样会分散注意力。②文章配图不宜多，否则会受到网速影响而无法打开界面，无特殊情况不超过 3 张。③多分段多留白，不要出现大量文字堆积的情况。④文字以 500～1000 字为宜，用户阅读都是利用碎片时间，太长了会没耐心。

⑦ 原文链接。这是微信群发消息里唯一可以加外链接的地方，很多公众账号现在都是在微信的模板里只放部分内容，全部内容必须单击原文链接才可以阅读，这是个引导流量的好方法。

注意：很多生活类或者电商类账号在通过原文链接卖货，这里要小心的是不要卖假货或者做垃圾广告。淘宝的链接应尽量和自己账号的定位相符或者品牌相同，否则容易被封号。

⑧ 发送预览，这个按钮非常有用，单击后会出现一个对话框，输入自己的微信号，单击"确定"按钮后手机会收到一条图文消息，内容格式与群发消息时用户收到的一样，可以用来检查标题、图片等格式是否正确，检查内容排版上是否有问题。由于微信的缓存机制，有时候会发现预览的消息和之前一样，过段时间再发次预览就刷新了。

图 8-2-32　发送预览

注意：如果是在微信后台上直接编辑文章，由于微信后台没有做自动保存功能，时不时单击"发送预览"按钮可以用来保存文章，如图 8-2-32 所示。

⑨ 完成。单击"完成"按钮可结束编辑操作。

2. 新建多条图文消息

多条图文消息顾名思义就是一次群发消息可以发送多篇文章，编辑器也就和单条图文消息有所不同，如图 8-2-33 所示。

- 头条图文消息预览。跟单条图文消息预览非常像，不同的是没有文章摘要区域，文章标题层叠在封面图片上。当鼠标光标移动到封面图片上时会出现遮罩层，同时有一个笔的图标出现,单击后右边的编辑器会指向头条位置,可以进行头条消息的编辑。

图 8-2-33　多条图文消息编辑器(1)

- 列表图文消息预览。其形式就跟网站的文章列表一样,只显示缩略图和文章标题。当鼠标光标移动到该区域时,会出现遮罩层,除了笔的图标还有回收站的图标,单击后分别执行编辑该条消息和删除该条消息。
- 添加一条图文消息。单击后在尾部添加一条新的图文消息,最多可添加 7 条,加上头条图文消息一共是 8 条。
- 多条图文消息编辑器。少了摘要输入框,其他与单条图文编辑器是一样的,在使用中同样要注意标题长度、图片尺寸、文字内容等。编辑器会根据左边的选择,自动切换消息内容,同时箭头指向相应的图文消息,如图 8-2-34 所示。

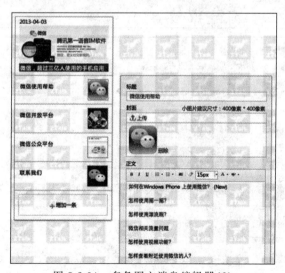

图 8-2-34　多条图文消息编辑器(2)

3. 微信公众平台统计

查看任意时间段内用户数的增长、取消关注和用户属性等统计。单击"用户统计",可以看到用户增长的详细数据分析,如图 8-2-35 所示。

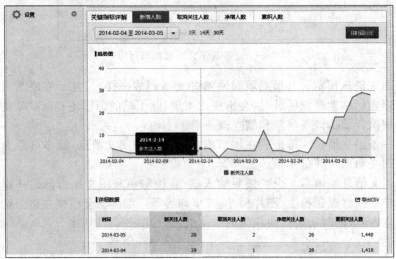

时间	新关注人数	取消关注人数	净增关注人数	累积关注人数
2014-03-05	28	2	26	1,440
2014-03-04	29	1	28	1,410
2014-03-03	27	1	26	1,381
2014-03-02	18	0	18	1,353
2014-03-01	18	3	15	1,336
2014-02-28	6	1	5	1,322
2014-02-27	9	4	5	1,309
2014-02-26	2	2	0	1,309
2014-02-25	3	1	2	1,308
2014-02-24	2	1	1	1,308
2014-02-23	3	1	2	1,307
2014-02-22	3	1	2	1,305

图 8-2-35　微信关注用户统计信息

其应用方法如下：

（1）单击"用户属性"，可以随时查看用户增长情况及用户的属性，可查看粉丝人数的变化及当前公众平台粉丝的分布情况，如图 8-2-36 所示。

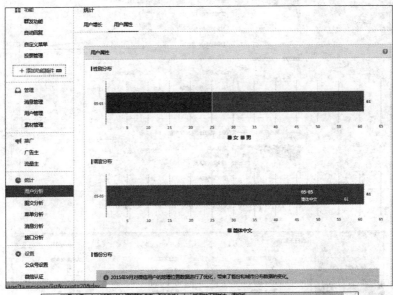

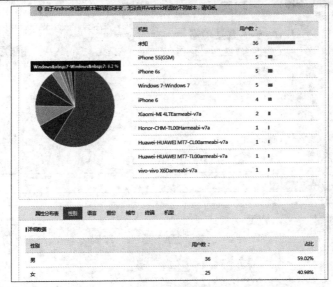

图 8-2-36　微信关注用户属性分析信息

（2）图文分析是非常重要的，可以从中了解发出去消息的阅读量，检验消息的质量，如图 8-2-37 所示。

（3）消息分析可提供每天收到的用户发来的消息数量，如图 8-2-38 所示。

（4）接口分析可分析昨日的关键指标，查看调用次数、失败率、平均耗时、最大耗时等信息，如图 8-2-39 所示。

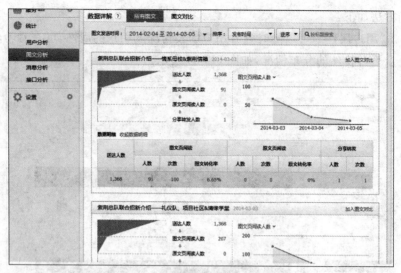

图 8-2-37　微信公众平台图文分析

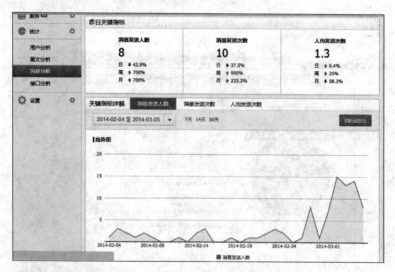

图 8-2-38　微信公众平台消息分析

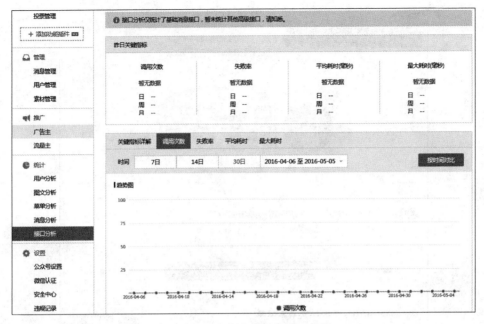

图 8-2-39　微信公众平台接口分析

4. 微信公众账号的设置

公众账号设置中首先要设置头像,企业用户可以直接拿自己微博上的头像上传。应用类或者个人类的可以根据自己公众账号定位来设计一个头像。

作为标志的图片尽量不要用红色。因为微信的未读信息通知是红色字,两者叠在一起,读者很难察觉。

需要注意的是,微信公众账号头像会有两个形状,一个是方的一个是圆的,圆的头像很容易切掉图像或者文字,在设计的时候就要考虑好,如图 8-2-40 所示。

设置方法如下:

(1)上传头像,选择图片。

要求:

① 一个月只能申请 5 次修改。

② 新头像不允许涉及政治敏感内容与色情内容。

③ 修改头像需经过审核。

④ 图片格式必须为 bmp、jpeg、jpg、gif 格式,不可大于 2MB。

(2)输入内容及微信公众号功能介绍,应根据账号定位来设置,建议文字不要超过40 个字,以账号服务内容为主,力求让用户快捷了解到你的账号是干什么的,不要写公司介绍,如图 8-2-41 所示。

(3)设置微信号,应简短易记,尽量为与自身相关的微信号,方便后期运营推广。微信号一经设定确认,将不能修改,如图 8-2-42 所示。

微信号长度必须在 6 位以上,填写后也不能修改。大小写没有关系,用户搜索时都是按

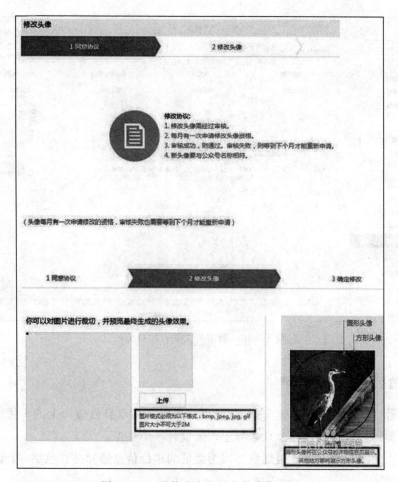

图 8-2-40　微信公众账号中的头像设置

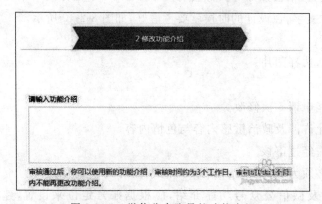

图 8-2-41　微信公众账号的功能介绍

照小写字母来搜索的。要注意的是,尽量少用下划线、减号和数字,减少用户切换键盘的动作,另外下划线和减号用户容易输错。

（4）微信公众号的原始 ID 是进行微信公众号认证的时候需要填写的,在进行二次开发时也需要,所以对于二次开发的人员原始 ID 很重要,如图 8-2-43 所示。

图 8-2-42　微信公众账号的微信号设置

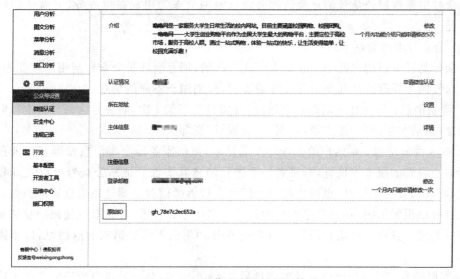

图 8-2-43　微信公众账号的原始 ID

5. 微信公众账号的开发

微信公众平台是运营者通过公众号为微信用户提供资讯和服务的平台,而公众平台开发接口则是提供服务的基础,开发者在公众平台网站中创建公众号、获取接口权限后,可以通过阅读本接口文档来帮助开发。

为了识别用户,每个用户针对每个公众号会产生一个安全的 OpenID,如果需要在多公众号、移动应用之间做用户共通,则需前往微信开放平台,将这些公众号和应用绑定到一个开放平台账号下,绑定后,一个用户虽然对多个公众号和应用有多个不同的 OpenID,但他对所有这些同一开放平台账号下的公众号和应用只有一个 UnionID,可以在"用户管理"中获取用户基本信息(UnionID 机制)文档来了解详情。

注意:

(1) 微信公众平台开发是指为微信公众号进行业务开发,为移动应用、PC 端网站、公众号第三方平台(为各行各业公众号运营者提供服务)的开发,请前往微信开放平台进行接入。

(2) 在申请到认证公众号之前,可以先通过测试号申请系统,快速申请一个接口测试号,立即开始接口测试的开发。

(3) 在开发过程中,可以使用接口调试工具来在线调试某些接口。

(4) 每个接口都有每日接口调用频次的限制,可以在公众平台官网的"开发者中心"处查看具体的频次。

(5) 在开发出现问题时,可以通过接口调用的返回码,以及报警排查指引(在公众平台官网"开发者中心"处可以设置接口报警),来发现和解决问题。

(6) 公众平台以 access_token 为接口调用凭据来调用接口,所有接口的调用需要先获取 access_token。access_token 在 2 小时内有效,过期需要重新获取,但 1 天内获取次数有限,开发者需自行存储,详见获取接口调用凭据(access_token)文档。

(7) 公众平台接口调用仅支持 80 端口。

公众号主要通过公众号消息会话和公众号内网页来为用户提供服务,下面分别介绍这两种情况。

(1) 公众号消息会话

公众号是以微信用户的一个联系人形式存在的,消息会话是公众号与用户交互的基础。目前公众号内主要有这样几类消息服务的类型,分别用于不同的场景。

① 群发消息:公众号可以以一定频次(订阅号为每天 1 次,服务号为每月 4 次),向用户群发消息,包括文字消息、图文消息、图片、视频、语音等。

② 被动回复消息:在用户给公众号发消息后,微信服务器会将消息发到开发者预先在开发者中心设置的服务器地址(开发者需要进行消息真实性验证),公众号可以在 5 秒内做出回复,可以回复一个消息,也可以用"回复"命令告诉微信服务器这条消息暂不回复。被动回复消息可以设置加密(在公众平台官网的开发者中心处设置,设置好后按照消息加解密文档来进行处理。其他三种消息的调用因为是 API 调用而不是对请求的返回,所以不需要加解密)。

③ 客服消息:在用户给公众号发消息后的 48 小时内,公众号可以给用户发送不限数量的消息,主要用于客服场景。用户的行为会触发事件推送,某些事件推送支持公众号据此发送客服消息,详见微信推送消息与事件说明文档。

④ 模板消息:在需要对用户发送服务通知(如刷卡提醒、服务预约成功通知等)时,公众号可以用特定内容模板主动向用户发送消息。

(2) 公众号内网页

许多复杂的业务场景需要通过网页形式来提供服务,这时需要用到以下内容。

• 网页授权获取用户的基本信息:通过该接口,可以获取用户的基本信息(获取用户的 OpenID 是无须用户同意的,获取用户的基本信息则需要用户同意)。

- 微信 JS-SDK：是开发者在网页上通过 JavaScript 代码使用微信原生功能的工具包，
  开发者可以使用它在网页上录制和播放微信语音、监听微信分享、上传手机本地图
  片、拍照等。

公众号内网页的开发步骤如下：

① 登录微信公众平台后台，选择"高级功能"，进入后就看到两种模式，从中选择"开发
模式"。默认开发模式是关闭的，直接单击"成为开发者"按钮，选中"同意《微信公众平台开
发者服务协议》"选项，单击"下一步"按钮，如图 8-2-44 所示。

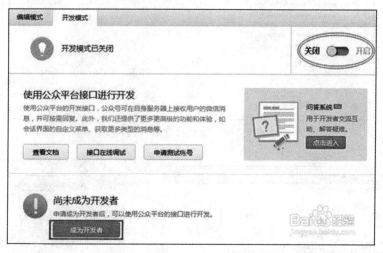

图 8-2-44　微信公众账号开发模式(1)

② 弹出 URL 和 Token 填写框，此处的 URL 为网站存放微信的文件夹 weixin，而
Token 在接入指南下载的 index.php 文件中会定义为 weixin。单击"提交"按钮后提示你已
成为开发者，如图 8-2-45 所示。

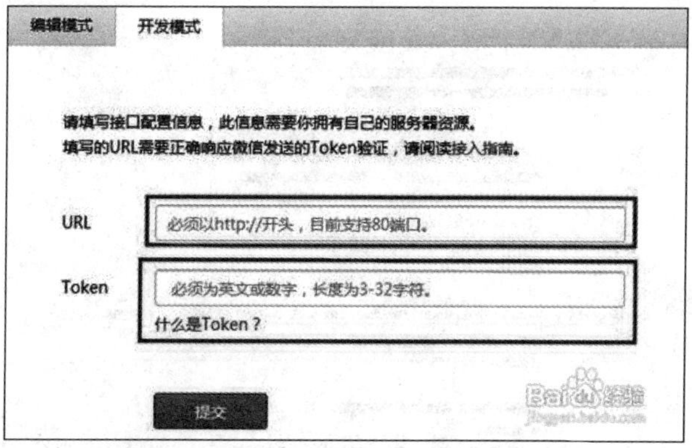

图 8-2-45　微信公众账号开发模式(2)

③ 打开接入指南，下载 PHP 示例代码，解压文件，把 wx_sample.php 修改为 index.
php，打开文件并修改 Token 的值，这里修改为 weixin，当然也可以改为你喜欢的 Token 值，
如图 8-2-46 和图 8-2-47 所示。

④ 把 index.php 上传到你的主机根目录 weixin 文件夹下，再填写 URL 和 Token，提交

后就成功了,如图 8-2-48 和图 8-2-49 所示。

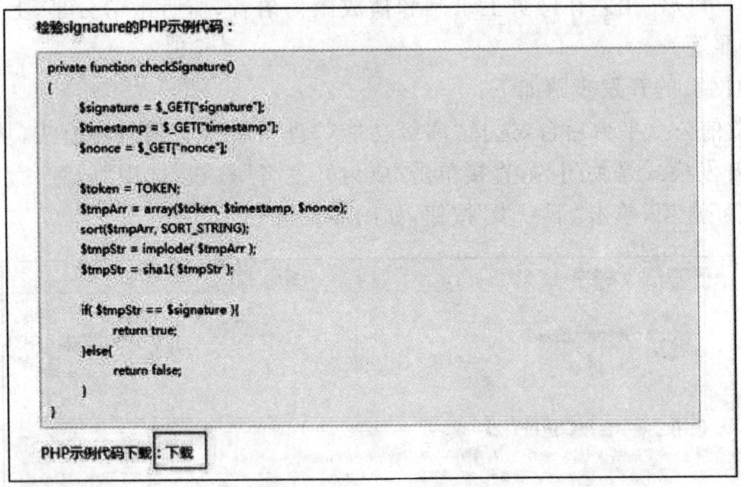

```php
检验signature的PHP示例代码:

private function checkSignature()
{
    $signature = $_GET["signature"];
    $timestamp = $_GET["timestamp"];
    $nonce = $_GET["nonce"];

    $token = TOKEN;
    $tmpArr = array($token, $timestamp, $nonce);
    sort($tmpArr, SORT_STRING);
    $tmpStr = implode( $tmpArr );
    $tmpStr = sha1( $tmpStr );

    if( $tmpStr == $signature ){
        return true;
    }else{
        return false;
    }
}

PHP示例代码下载: 下载
```

图 8-2-46　微信公众账号代码

图 8-2-47　修改 Token 的值

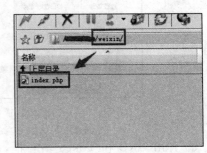

图 8-2-48　上传文件 index.php

图 8-2-49　微信公众账号 Token 的配置

任务总结

通过本任务的实施，应掌握下列知识和技能。

- 了解微信公众平台菜单的功能。
- 掌握微信公众平台的构成及管理、统计分析功能。
- 掌握微信公众平台创建应用开发的方法。
- 掌握微信公众平台图文发布的方法和技巧。
- 掌握微信公众平台的二次开发技术。

课后练习

1. 微信平台的主要功能是什么？
2. 微信公众平台注册需要哪些步骤？
3. 微信公众平台如何实现用户管理？
4. 如何实现微信公众平台订阅号及服务号的认证？
5. 如何申请微信公众平台的企业认证？
6. 在桌面上创建微信平台一键登录的快捷方式。
7. 申请公众平台账号如何实现二级目录管理。
8. 在申请成功的微信公众平台上推送单条或者多条图文并茂的新闻。
9. 在微信公众平台上如何开启微信 Wi-Fi 的功能？
10. 微信公众平台上开发者模式具有哪些功能？

参 考 文 献

[1] G. Somasundaram,Alok Shrivastava. 信息存储与管理(第 2 版)[M].罗英伟,等,译. 北京：人民邮电出版社,2013.

[2] 钱宗峰,李晓辉. 计算机应用基础(第 2 版)[M].北京：机械工业出版社,2014.

[3] 夏宝岚. 计算机应用基础(第 3 版)[M].上海：华东理工大学出版社,2015.

[4] 易伟. 微信公众平台搭建与开发揭秘(第 2 版)[M].北京：机械工业出版社,2015.

[5] 刘丽霞.iOS9 开发快速入门[M].北京：人民邮电出版社,2015.